S. G. Michlin

Fehler in numerischen Prozessen

Mathematische Lehrbücher und Monographien
Herausgegeben von der Akademie der Wissenschaften der DDR
Institut für Mathematik

II. Abteilung
Mathematische Monographien
Band 65

Fehler in numerischen Prozessen

von S. G. Michlin

Fehler in numerischen Prozessen

von S. G. Michlin

In deutscher Sprache herausgegeben
von S. Prößdorf

Mit 5 Abbildungen und 14 Tabellen

Akademie-Verlag Berlin
1985

Diese Erstveröffentlichung erfolgt in Zusammenarbeit mit dem Autor in deutscher Sprache.

Autor: Prof. Dr. Solomon Grigorjewitsch Michlin, Leningrad

Herausgeber: Prof. Dr. Siegfried Prößdorf
Akademie der Wissenschaften der DDR
Institut für Mathematik, Berlin

Übersetzer: Dr. Gunther Schmidt
Akademie der Wissenschaften der DDR
Institut für Mathematik, Berlin

ISSN 0076-5430

Erschienen im Akademie-Verlag, DDR-1086 Berlin, Leipziger Straße 3—4

Lizenznummer: 202 · 100/401/85
Printed in the German Democratic Republic
Gesamtherstellung: VEB Druckerei „Thomas Müntzer“, 5820 Bad Langensalza
Lektor: Dr. Reinhard Höppner
LSV 1085
Bestellnummer: 763 356 9 (6832)

04500

Vorwort

Gegenwärtig wird von niemandem die Notwendigkeit bestritten, die in einem Rechenprozeß auftretenden verschiedenartigen Fehler zu untersuchen und abzuschätzen, obwohl noch vor verhältnismäßig kurzer Zeit, etwa vor 35 bis 40 Jahren, viele bedeutende Vertreter der angewandten Wissenschaften glaubten, daß solche Untersuchungen überflüssig sind und daß jeder numerische Prozeß zuverlässig ist, wenn er so scheint. Man muß anerkennen, daß in der Vergangenheit dieser naive Standpunkt nicht ganz unbegründet war: Bevor moderne Rechenautomaten zum wissenschaftlichen Hilfsmittel wurden, konnten in der Regel nur Berechnungsmethoden, die grobe Näherungen lieferten, benutzt werden; solche Methoden erforderten eine geringe Anzahl von Rechnungen, bei der keine katastrophale Anhäufung von Fehlern auftreten konnte. Die Situation änderte sich, als die elektronischen Rechenautomaten eine weite Verbreitung fanden. Es wurde möglich, Berechnungen gewaltigen Umfangs auszuführen, wobei man allerdings sehr bald beobachtete, daß in einigen Fällen das Rechenergebnis wegen der Anhäufung von Rechenfehlern völlig unglaubwürdig war. Numerische Mathematiker bemerkten damals diese Erscheinung und untersuchten die spezielle, aber äußerst wichtige Frage der Anhäufung von Rundungsfehlern bei der Lösung linearer algebraischer Systeme (siehe WILKINSON u. a.). Anfang der 60-er Jahre lenkte der Autor dieses Buches in seinen Arbeiten die Aufmerksamkeit auf Fehler („Verzerrungsfehler"), die durch das ungenaue Ersetzen der gegebenen Aufgabe durch eine einfachere Näherungsaufgabe entstehen. Mit dem Verzerrungsfehler ist der zur gleichen Zeit vom Autor selbst eingeführte Begriff der Stabilität eines numerischen Prozesses verbunden. In den letzten Jahren beschäftigte sich der Autor damit, alle möglichen Ursachen für Fehler aufzudecken und diese Fehler abzuschätzen; das vorliegende Buch enthält im wesentlichen die Resultate dieser Untersuchungen. Neben den sogenannten *freien* Prozessen (bei ihnen hängt das Ergebnis eines beliebigen Schrittes nicht von den Ergebnissen der übrigen Prozeßschritte ab) werden ebenfalls rekursive numerische Prozesse untersucht. Große Aufmerksamkeit wird nichtlinearen numerischen Prozessen gewidmet, insbesondere jenen, die bei der Lösung einseitiger Variationsaufgaben entstehen. Einen bedeutenden Raum nehmen auch die Fehler bei der Lösung linearer algebraischer Systeme ein.

Wir kommen zu einer ausführlicheren Beschreibung des Inhalts. Das Buch besteht aus einem Haupttext und einem Anhang. Jeder Teil ist mit seiner eigenen Numerierung der Kapitel und Abschnitte versehen. Der Haupttext enthält 9 Kapitel. Im Kapitel 1 wird eine Klasse von Aufgaben der numerischen Mathematik beschrieben, die so gelöst werden, daß jede Aufgabe durch eine Folge einfacherer Aufgaben (genauer, durch eine beliebige Aufgabe dieser Folge) ersetzt wird. Dieses Ersetzen führt zu einem Fehler, der im vorliegenden Buch *Approximationsfehler* genannt wird — das ist ein Funktional, das den Fehler beim Ersetzen der gegebenen Aufgabe durch eine einfachere Aufgabe abschätzt. Des weiteren sind uns die Vorgaben der Näherungsaufgabe nicht gegeben; sie werden von uns berechnet, und das geschieht, mit seltenen Ausnahmen, mit einem gewissen Fehler. Somit erhalten wir eine Näherungsaufgabe in verzerrter Form; falls die verzerrte Aufgabe exakt gelöst wird, dann erhalten wir nicht die exakte, sondern eine verzerrte Lösung der Näherungsaufgabe. Das alles führt uns zum zweiten Fehlertyp, den der Autor *Verzerrungsfehler* nennt. Sowohl theoretische Überlegungen wie auch numerische Beispiele zeigen, daß der Verzerrungsfehler sehr groß sein kann, selbst wenn die Fehler der Vorgaben der Näherungsaufgabe klein sind.

Wir nehmen an, daß wir die Näherungsaufgabe lösen können, unabhängig davon, ob sie uns in exakter oder verzerrter Form gegeben ist. Das bedeutet, daß uns ein gewisser Algorithmus bekannt ist, der in jedem Schritt die Ausführung einer endlichen Anzahl von realisierbaren Operationen erfordert, und nach einer endlichen Zahl von Schritten führt dieser Algorithmus (wenn die erwähnten Operationen genau, nicht fehlerbehaftet, ausgeführt werden) entweder zur exakten Lösung der verzerrten Näherungsaufgabe oder zu einem Element, das in einem gewissen Sinne dieser Lösung nahe ist, wobei sich diese Nähe abschätzen läßt. Auf diesem Weg gelangen wir zum dritten Fehlertyp, dem *Algorithmusfehler*.

Der vierte und letzte Fehlertyp ist der *Rundungsfehler*; er ist damit verknüpft, daß die Vorschriften des oben erwähnten Algorithmus nicht genau, sondern mit Rundungsfehlern ausgeführt werden.

Im Kapitel 1 werden als Beispiel noch Quadraturformeln untersucht. Dieses Beispiel ist dadurch interessant, daß hier nur der Approximationsfehler wesentlich ist. Im allgemeinen kann in jedem konkreten Fall der eine oder andere der oben erwähnten vier Fehler nicht auftauchen.

Die Kapitel 2 bis 6 sind den Fehlern linearer numerischer Prozesse gewidmet. Im Kapitel 2 wird für einige Näherungsverfahren der Approximationsfehler, im Kapitel 3 der Verzerrungsfehler, im Kapitel 4 der Algorithmus- und der Rundungsfehler untersucht. Kapitel 5 enthält eine Fehleranalyse für die Finite-Elemente-Methode, Kapitel 6 beinhaltet eine Fehleranalyse für verschiedene Lösungsverfahren Fredholmscher und singulärer Integralgleichungen.

In den Kapiteln 7 bis 9 werden die Fehler nichtlinearer numerischer Prozesse untersucht. Im Kapitel 7 werden allgemeine Fragen betrachtet; die erzielten Ergebnisse werden auf das Ritzsche Verfahren (im speziellen auf die Finite-Elemente-Methode) für nichtlineare Aufgaben angewendet. Ausführlich werden nichtlineare rekursive Prozesse, das Newton-Kantorowitsch-Verfahren eingeschlossen, untersucht.

Im Kapitel 8 wird die näherungsweise Lösung einer Klasse von einseitigen Variationsaufgaben betrachtet. Die Approximations- und Verzerrungsfehler werden untersucht, es wird die Stabilität der exakten Lösung bezüglich kleiner Störungen der Vorgaben bewiesen, und es werden Abschätzungen für die Störung der Lösung in Abhängigkeit von den Störungen der Vorgaben angegeben.

Kapitel 9 enthält die Anwendung der Ergebnisse aus Kapitel 8 auf die Probleme des elastisch-plastischen Zustands, begründet auf der Theorie von DE-SAINT-VENANT und v. MISES und auf dem Variationsprinzip von HAAR und v. KÁRMÁN. Im Abschnitt 9.1 werden die grundlegenden Fakten der Theorie von DE-SAINT-VENANT und v. MISES sowie das Prinzip von HAAR und v. KÁRMÁN zusammengefaßt. Im Abschnitt 9.2 wird das elastisch-plastische Torsionsproblem untersucht. Es wird der Existenzsatz für die Lösung sowie die Äquivalenz zwischen dem Prinzip von HAAR und v. KÁRMÁN und dem Gleichungssystem der elastisch-plastischen Torsion formuliert (alle diese Resultate erzielten französische Mathematiker aus der Schule von Lions). Des weiteren wird die Stabilität der exakten Lösung bezüglich kleiner Störungen der Vorgaben des Problems, des Torsionsmoments und des Stabquerschnitts, bewiesen; es werden Abschätzungen für die Approximations- und Verzerrungsfehler angegeben. Im Abschnitt 9.3 werden analoge Ergebnisse für das ebene Problem des elastisch-plastischen Zustands erzielt; insbesondere wird unter gewissen Voraussetzungen die Äquivalenz des Prinzips von HAAR und v. KÁRMÁN und der Gleichungen für das ebene Problem bewiesen. Analoge Resultate enthält Abschnitt 9.4 für das dreidimensionale Problem.

Der Anhang, der insgesamt 5 Kapitel enthält, ist den Fehlern einiger Lösungsverfahren für lineare algebraische Systeme gewidmet. Dieses Problem ist eine Schlüsselfrage der numerischen Mathematik: Äußerst viele der verbreiteten Methoden enthalten als ein Hauptelement die Überführung der gegebenen Aufgabe in ein lineares Gleichungssystem.

I. N. GONTSCHAROWA führte alle Berechnungen für ein Beispiel aus Abschnitt 3.4 durch. W. B. TJUCHTIN schrieb einen Anhang zu Kapitel 8, der einen Überblick über neuere Arbeiten gibt, die Abschätzungen des Approximationsfehlers für die Lösung einer ziemlich großen Klasse von Variationsungleichungen enthalten. Der Autor möchte dafür I. N. GONTSCHAROWA und W. B. TJUCHTIN seinen herzlichsten Dank aussprechen.

Leningrad, im März 1983 S. G. MICHLIN

Inhaltsverzeichnis

1. Problemstellung

1.1. Aufgaben der numerischen Mathematik. Numerische Prozesse

1.1.1. Sehr viele Aufgaben der numerischen Mathematik lassen sich in folgendes Schema einordnen. Gegeben ist ein Objekt f; es ist ein anderes Objekt x zu bestimmen, das zwei Forderungen genügt: (i) x gehört zu einer gegebenen Klasse von Objekten X; (ii) x steht in einer gegebenen Relation r zum gegebenen Objekt f. Eine solche Aufgabe kann man wie folgt schreiben:

$$\{x \in X, x\, r\, f\} . \tag{1}$$

Das Objekt x, das den Bedingungen (1) genügt, ist die Lösung unserer Aufgabe.

Beispiel 1. Es sei das Integral

$$\int_0^1 f(t)\,\mathrm{d}t$$

zu berechnen, wobei f eine vorgegebene Funktion ist. In diesem Fall ist $f = f(t)$, $X = \mathbb{R}_1$, und die Relation r bedeutet, daß x und f durch die Gleichung

$$x = \int_0^1 f(t)\,\mathrm{d}t \tag{2}$$

miteinander verknüpft sind. In dem etwas komplizierteren Beispiel der Berechnung des Integrals

$$x(z) = \int_D f(z, t)\,\mathrm{d}t\,, \tag{3}$$

wobei D eine Menge im $\mathbb{R}_m$ und z ein Parameter ist, der einen beliebigen Wert einer Menge Ω annehmen kann, ist f eine Funktion der zwei Punkte z und t, X die Menge aller auf Ω definierten Funktionen, und die Relation r wird durch die Gleichung (3) definiert.

1.1.2. Beispiel 2. Es sei das System linearer algebraischer Gleichungen

$$Ax = b \tag{4}$$

zu lösen, wobei x und b k-dimensionale Vektoren sind und A eine $k \times k$-Matrix ist. Der Einfachheit halber seien alle Zahlen in dieser Aufgabe reell. Dann ist $f = b$, $X = \mathbb{R}_k$, und die Gleichung (4) definiert die Relation r.

Beispiel 3. Wir betrachten die gemischte Randwertaufgabe für die Wellengleichung

$$\begin{aligned} &\frac{\partial^2 x}{\partial t^2} - \Delta x = f(z, t)\,; \qquad t \geqq 0\,, \qquad z \in \Omega\,, \\ &x(z, 0) = \varphi(z)\,, \qquad x_t(z, 0) = \psi(z)\,, \\ &x(z, t)|_{z \in \partial\Omega} = \omega(z, t)\,, \end{aligned} \tag{5}$$

wobei Δ der Laplace-Operator ist. Wir suchen eine Lösung dieser Aufgabe, die zum Beispiel zur Sobolew-Klasse $\mathbf{W}_p^{(1)}([0, \infty) \times \Omega)$ gehört. Dann ist $X = \mathbf{W}_p^{(1)}([0, \infty) \times \Omega)$, f ist die Gesamtheit der Funktionen $f(z, t)$, $\varphi(z)$, $\psi(z)$, $\omega(z, t)$, und die Relation r wird durch die Gleichungen (5) bestimmt.

Beispiel 4. Sei $f(x)$ ein Funktional, das auf einer Menge X definiert ist, und es werde das Element $x \in X$ gesucht, auf dem $f(x)$ sein Minimum annimmt. In diesem Fall ist $f = f(x)$, und die Relation r kann man folgendermaßen beschreiben: Wenn x_* die Lösung unserer Variationsaufgabe ist, dann bedeutet $x_*\, r f$, daß $f(x_*) \leqq f(x)$, $\forall x \in X$, oder, was dasselbe ist, $f(x_*) = \min\limits_{x \in X} f(x)$ gilt.

1.1.3. In der Regel wird die Aufgabe (1) näherungsweise gelöst. Das bedeutet in sehr vielen Fällen folgendes: Jedem natürlichen n wird zugeordnet ein Objekt $f^{(n)}$, eine Klasse von Objekten X_n, ein Operator p_n, der X_n in X abbildet, und eine Relation r_n. Die Aufgabe wird durch eine beliebige Aufgabe der Folge

$$\{v^{(n)} \in X_n,\ v^{(n)}\, r_n f^{(n)}\}\,, \qquad n \geqq 1\,, \tag{6}$$

ersetzt. Dabei setzen wir voraus, daß die Lösung jeder Aufgabe dieser Folge nicht von den Lösungen der nachfolgenden Aufgaben abhängt, sie kann aber von den vorhergehenden abhängen. Wenn $v_*^{(n)}$ die Lösung der n-ten Aufgabe (6) ist, dann wird das Element $x_*^{(n)} = p_n v_*^{(n)}$ als Näherungslösung der Aufgabe (1) angesehen.

Wir sagen, daß die Aufgaben (6) die Aufgabe (1) approximieren, und setzen voraus, daß die approximierenden Aufgaben (6) in irgendeinem Sinne einfacher als die approximierte Aufgabe (1) sind. Den Prozeß der Lösung der Aufgabenfolge (6) nennen wir *numerischen Prozeß*. Dieser Prozeß heißt *frei*, wenn für beliebiges n die Lösung $v_*^{(n)}$ unabhängig von den Elementen $v_*^{(k)}$, $k \neq n$, bestimmt wird, und *rekursiv*, wenn $v_*^{(n)}$ mit Hilfe von $v_*^{(k)}$, $k < n$, bestimmt wird.

Beispiel 5. Wir berechnen das Integral (2) (siehe Beispiel 1) mit Hilfe der mittleren Rechteckregel mit n Stützstellen. In diesem Fall ist $f^{(n)}$ die Menge der n Ordinaten $f(t_k)$ in den Punkten $t_k = \dfrac{2k-1}{2n}$, $k = 1, 2, \ldots, n$; $X_n = \mathbb{R}_1$, p_n ist der identische Operator in $\mathbb{R}_1$, und die Relation r_n wird durch die gewählte Quadraturformel

$$v^{(n)}\, r_n f^{(n)} := v^{(n)} = \frac{1}{n} \sum_{k=1}^{n} f\left(\frac{2k-1}{2n}\right) \tag{7}$$

definiert. Der numerische Prozeß (7) ist frei.

Beispiel 6. Im Beispiel 2 setzen wir $A = I - B$, wobei I die Einheitsmatrix in $\mathbb{R}_k$ ist, und schreiben die Gleichung (4) in der Gestalt $x = Bx + b$. Wir benutzen das einfache Iterationsverfahren: Wir geben uns einen beliebigen Vektor $v^{(0)}$ vor und setzen für beliebiges natürliches n

$$v^{(n)} = Bv^{(n-1)} + b\,. \tag{8}$$

In diesem Fall ist $f^{(n)}$ die Gesamtheit der Vektoren b und $v^{(n-1)}$, $X_n = X = \mathbb{R}_k$, $p_n = I$, und die Relation r_n ist definiert durch die Formel der einfachen Iterationen

$$v^{(n)} \, r_n f^{(n)} := v^{(n)} = Bv^{(n-1)} + b \,. \tag{9}$$

Der numerische Prozeß (9) ist rekursiv.

Wir führen noch einige weitere Beispiele an. Zu den freien numerischen Prozessen gehören das Ritzsche und das Bubnow-Galerkin-Verfahren, die Finite-Elemente-Methode, die Differenzenverfahren, die Linienmethode.

Zu den rekursiven numerischen Prozessen gehören verschiedene Iterationsprozesse: das einfache Iterationsverfahren, Relaxationsverfahren, Gradientenverfahren, die Methode des steilsten Abstiegs, das Newton-Kantorowitsch-Verfahren und andere.

1.1.4. Wir nehmen an, daß wir die approximierenden Aufgaben für beliebiges n „lösen können". Darunter verstehen wir das Folgende: Es existiert ein System „elementarer" Operationen, die wir ausführen können, und wir verfügen über einen Algorithmus, der bei beliebigem n nach Ausführung einer endlichen Anzahl „elementarer" Operationen (unter der Annahme, daß diese Operationen genau, ohne Fehler, ausgeführt werden) entweder zu dem exakten Wert der Lösung $v_*^{(n)}$ von Aufgabe (6) oder zu einem Element $\tilde{v}^{(n)}$ führt, das in irgendeinem Sinn dem Element $v_*^{(n)}$ nahe ist, wobei man den Grad dieser Nähe abschätzen kann. Natürlich setzen wir dabei voraus, daß für die betrachteten n die approximierende Aufgabe lösbar ist.

Wir erklären das Gesagte an einem Beispiel: Die Aufgabe (1) habe die Gestalt

$$Ax = f \,, \tag{10}$$

wobei A ein positiv definiter Operator in einem Hilbert-Raum H ist, x ist das gesuchte und f ein gegebenes Element dieses Raumes. Wenn wir auf diese Aufgabe irgendeine Variante des Ritzschen Verfahrens (zum Beispiel die Finite-Elemente-Methode) anwenden, so kommen wir zu einer approximierenden linearen algebraischen Aufgabe der Gestalt

$$A_n v^{(n)} \stackrel{\prime}{=} f^{(n)} \,, \tag{11}$$

wobei A_n eine $N \times N$-Matrix ist, $v^{(n)}$ und $f^{(n)}$ sind N-dimensionale Vektoren; und N ist eine ganzzahlige Funktion von n. Diese Aufgabe ist für beliebiges n lösbar. Wenn wir für ihre Lösung den Gaußschen Algorithmus benutzen, kommen wir nach einer endlichen Anzahl von Schritten zur exakten Lösung $v_*^{(n)}$. Wenden wir dagegen zum Beispiel den Algorithmus der einfachen Iteration an (dafür ist vorher eine elementare Umformung der Aufgabe (11) durchzuführen), so erhalten wir nach einer endlichen Anzahl von Schritten einen Vektor $\tilde{v}^{(n)}$, der nahe bei $v_*^{(n)}$ ist. Das oben erwähnte System von elementaren Operationen enthält in beiden Fällen arithmetische Operationen; im Fall des Gaußschen Algorithmus gehört dazu noch die Bestimmung der größten Zahl einer gegebenen endlichen Zahlenmenge.

1.1.5. Für die Anwendungen ist der Fall am interessantesten, daß X und X_n Banach-Räume sind. Wir setzen außerdem noch voraus, daß f und $f^{(n)}$ Elemente der Banach-Räume Y bzw. Y_n sind. Diese Voraussetzungen behalten wir für das ganze Buch bei.

1.2. Fehlerquellen

1.2.1. Wenn die Aufgabe (1.1.1) mit irgendeiner Methode, die sich in das Schema von Abschnitt 1.1 einordnen läßt, gelöst wird, dann kann man, wie es dem Autor scheint, von vier möglichen Fehlerquellen sprechen. Dabei setzen wir voraus, daß die Aufgabe (1.1.1) genau gestellt ist. Somit vernachlässigen wir mögliche Fehler, die in Zusammenhang mit der Formulierung der genannten Aufgabe als Problem natur- oder sozialwissenschaftlicher Disziplinen stehen (Meßfehler, unzureichende Genauigkeit der grundlegenden Hypothesen u. ä.). Nach Meinung des Autors liegt die Beseitigung oder wenigstens die Verringerung solcher Fehler außerhalb des Wirkungsbereichs mathematischer Methoden. Bestenfalls ist zu erwarten, daß man bei ausreichender Information über den Genauigkeitsgrad der oben erwähnten Faktoren mit Methoden der Störungstheorie den Fehler abschätzen kann, der aus der Ungenauigkeit dieser Faktoren resultiert.

1.2.2. Wir wenden uns der Beschreibung der Fehlerquellen zu.

1. *Approximationsfehler.* Der Übergang von der exakt gestellten Aufgabe (1.1.1) zur approximierenden Aufgabe (1.1.6) mit festgewähltem n führt zum Ersetzen des Elementes x_* aus dem Raum X durch das Element $x_*^{(n)} = p_n v_*^{(n)}$ des gleichen Raumes. Den dabei entstehenden Fehler $x_* - p_n v_*^{(n)}$ wird man natürlich durch seine Norm

$$\varrho_n := \|x_* - p_n v_*^{(n)}\| = \|x_* - x_*^{(n)}\| \tag{1}$$

abschätzen. Die Größe ϱ_n bezeichnen wir als *Approximationsfehler* der Aufgabe (1.1.1).

Die Abschätzung des Approximationsfehlers ist eines der wichtigsten Probleme der numerischen Mathematik, und ihm ist eine umfangreiche Literatur gewidmet.

2. *Verzerrungsfehler.* In der Regel vollzieht sich der Übergang von der exakten Aufgabe (1.1.1) zur approximierenden Aufgabe (1.1.6) mit einem Fehler. Die Elemente $f^{(n)}$ sind nicht a-priori gegeben, sondern werden aus den Daten der exakten Aufgabe berechnet. Rechenoperationen werden fast immer mit einem gewissen Fehler ausgeführt, deshalb erhalten wir anstelle der Elemente $f^{(n)}$ in Wirklichkeit gewisse „verzerrte" Elemente $\tilde{f}^{(n)}$. Es kann vorkommen, daß auch die Relationen r_k durch „verzerrte" Relationen $\tilde{r}_n$ ersetzt werden. Die Elemente $f^{(n)}$ und die Relationen r_n bleiben in Wirklichkeit unbekannt; bekannt sind $\tilde{f}^{(n)}$ und $\tilde{r}_n$. Im Resultat ergibt sich anstelle der Folge von approximierenden Aufgaben (1.1.6) eine Folge von „verzerrten approximierenden Aufgaben"

$$\{z^{(n)} \in X_n, z^{(n)}\, \tilde{r}_n \tilde{f}^{(n)}\}\,, \qquad n \geqq 1\,. \tag{2}$$

Wir nehmen an, diese Aufgaben seien lösbar, und es seien $z^{(n)}$ ihre Lösungen. Die Größe

$$\hat{\xi}_n = \|z_*^{(n)} - v_*^{(n)}\|_{X_n} \tag{3}$$

nennen wir *X_n-Fehler der Verzerrung.* Von großem Interesse ist die Größe

$$\xi_n = \|p_n z_*^{(n)} - p_n v_*^{(n)}\|_X\,, \tag{4}$$

die wir *X-Fehler der Verzerrung* oder einfach *Verzerrungsfehler* nennen.

3. Die verzerrte Aufgabe (2) soll gelöst werden. Wir nehmen an (siehe 1.1), daß wir über einen Algorithmus verfügen, der nach Ausführung einer endlichen Anzahl von Operationen, unter der Annahme, daß diese Operationen fehlerfrei vollzogen werden, entweder zum genauen Wert des Elements $z_*^{(n)}$ führt oder zu einem solchen Element

$w^{(n)} \in X_n$, daß man die Abweichung

$$\eta_n = ||p_n w^{(n)} - p_n z_*^{(n)}||_X \tag{5}$$

abschätzen und die abschätzende Größe η_n beliebig klein machen kann. Das erstere ist ein Spezialfall des zweiten. Wir werden deshalb den zweiten Fall untersuchen, wobei wir zulassen, daß die Größe (5) manchmal gleich Null sein kann. Diese Größe nennen wir *X-Fehler des Algorithmus* oder einfach *Algorithmusfehler*; man kann auch den *X_n-Fehler des Algorithmus*

$$\hat{\eta}_n = ||w^{(n)} - z_*^{(n)}||_{X_n} \tag{6}$$

einführen. Wir bemerken, daß der Algorithmusfehler als Approximationsfehler der Aufgabe (2) aufgefaßt werden kann.

4. Praktisch enthält jeder Algorithmus eine Reihe von Operationen, deren Ausführung durch Fehler begleitet wird. Dazu gehören die arithmetischen Operationen, die Berechnung von Funktionswerten mit Hilfe von Tafeln oder Näherungsformeln u. ä. Die genannten Fehler führen dazu, daß wir anstelle des Elements $w^{(n)}$ ein anderes Element $\tilde{w}^{(n)} \in X_n$ erhalten. Die Größe

$$\hat{\zeta}_n = ||\tilde{w}^{(n)} - w^{(n)}||_{X_n} \tag{7}$$

nennen wir *X_n-Rundungsfehler*, und die Größe

$$\zeta_n = ||p_n\tilde{w}^{(n)} - p_n w^{(n)}||_X \tag{8}$$

heißt *X-Rundungsfehler* oder einfach *Rundungsfehler*.

5. Im Endeffekt wird anstelle des Elements $x_* \in X$ das Element $\tilde{w}^{(n)} \in X_n$ berechnet. Als Näherungslösung der Aufgabe (1.1.1) wird natürlich das Element $p_n\tilde{w}^{(n)}$ genommen; sein Fehler ist

$$\delta_n = ||x_* - p_n\tilde{w}^{(n)}|| \leqq \varrho_n + \xi_n + \eta_n + \zeta_n\,. \tag{9}$$

1.2.3. Wir geben einige Literaturhinweise. Fragen der Abschätzung des Approximationsfehlers entstanden fast gleichzeitig mit der Herausbildung der Analysis. Es genügt zum Beispiel, auf Fehlerabschätzungen für Quadraturformeln oder Restgliedabschätzungen für Potenzreihen hinzuweisen. Aus der Vielzahl der in den letzten Jahren erschienenen Arbeiten, in denen Approximationsfehler untersucht werden, verweisen wir hier auf die Monographien von Aubin [1], Ciarlet [1], Forsythe und Wasow [1], Gabdulchajew [3], Gawurin [1], Kantorowitsch und Akilow [1], Kantorowitsch und Krylow [1], Krasnoselski u. a. [1], Martschuk [1], Michlin [3, 22], Oganesjan und Ruchowez [1], Prössdorf und Silbermann [1], Sobolew [2], Strang und Fix [1], Vainikko [10], Varga [1].

Der Begriff des Verzerrungsfehlers wurde erstmals in Michlin [4, 5, 7] eingeführt; in den ersten beiden Arbeiten wurde die Stabilität des klassischen Ritzschen Verfahrens gegenüber Verzerrungsfehlern untersucht, in der dritten wurden einige allgemeine Sätze zur Stabilität numerischer Prozesse bewiesen, die wir oben frei genannt haben. Der Begriff „Verzerrung“ wurde von Dowbysch in der Arbeit [1] eingeführt, die Verzerrungsfehlern von Eigenwerten und Eigenräumen selbstadjungierter Operatoren gewidmet ist. In der Arbeit Jaskowa und Jakowlew [1] wird die Stabilität des Bubnow-Galerkin-Verfahrens gegenüber Verzerrungsfehlern untersucht. Welijew [1—5] untersuchte die Stabilität des Bubnow-Galerkin-Verfahrens für eine Reihe nichtstationärer linearer und nichtlinearer Aufgaben. Diejenigen der hier aufgezählten Arbeiten, die vor 1965 erschienen, sind in Michlin [8] zusammengefaßt, wo außerdem einige Resultate dieser Richtung, die sich auf nichtlineare Aufgaben beziehen, enthalten sind. Weitere Ergebnisse über Verzerrungsfehler freier numerischer Prozesse, linearer und nichtlinearer, sind in den Arbeiten MICHLIN [12, 22, 35], DEMJANOWITSCH [1], TUCKER [1], OMODEI [1], SUWOROW [1] enthalten. Das gleiche Problem für rekursive numerische Prozesse wird in MICHLIN [33, 34] untersucht.

Die Abschätzung des Algorithmusfehlers ist in der Mehrzahl der Fälle hinreichend einfach und wurde, soweit dem Autor bekannt ist, nicht speziell beleuchtet.

Viele Arbeiten sind den Rundungsfehlern gewidmet; diese Arbeiten beziehen sich hauptsächlich auf verschiedene Lösungsverfahren linearer algebraischer Systeme. Wir verweisen hier auf die Arbeiten von GOLUB [1], WILKINSON [1, 2] und WOJEWODIN [1]. Einige andere Probleme wurden in MICHLIN [33, 34] untersucht.

Zum Abschluß verweisen wir darauf, daß eine Klassifikation von Fehlern im Lehrbuch von BERESIN und SHIDKOW [1] vorgeschlagen wurde. Diese Autoren unterscheiden drei Arten von Fehlern: 1. nicht hebbare Fehler, die von der Ungenauigkeit der Aufgabenstellung (1.1.1) herrühren; 2. Verfahrensfehler, die mit den oben definierten Approximationsfehlern übereinstimmen; 3. numerische Fehler, die die oben eingeführten Verzerrungs-, Algorithmus- und Rundungsfehler in sich einschließen.

Die Überlegungen des Autors hinsichtlich des nicht hebbaren Fehlers sind (ohne Benutzung dieses Terminus) im Unterabschnitt 1.2.1 dargelegt. Was den numerischen Fehler anlangt, so möchten wir hier einige Argumente anführen, die für unsere ausführlichere Klassifikation sprechen. Der Verzerrungsfehler hängt nur davon ab, mit welcher Genauigkeit die Objekte berechnet werden, die die gegebenen Größen der Näherungsaufgabe (2) sind; er hängt nicht davon ab, welcher Algorithmus zur Lösung dieser letzten Aufgabe verwendet wird und mit welcher Genauigkeit die Vorschriften dieses Algorithmus ausgeführt werden. Von der Wahl dieses Algorithmus hängt der Algorithmusfehler ab. Schließlich wird bei gewähltem Algorithmus der Rundungsfehler vollständig durch jene Genauigkeit bestimmt, mit der die Vorschriften dieses Algorithmus ausgeführt werden. Somit zerfällt der numerische Fehler von BERESIN und SHIDKOW in drei Summanden, die unabhängig voneinander abgeschätzt werden und von denen jeder seine eigene Ursache hat.

Unsere Klassifikation wurde in MICHLIN [33] eingeführt.

1.3. Fehler von Quadraturformeln

Um die allgemeinen Überlegungen aus dem Abschnitt 1.2 zu illustrieren, analysieren wir in diesem Abschnitt die Fehler der üblichen Quadraturformeln.

Der Approximationsfehler dieser Formeln ist seit langer Zeit untersucht worden. Wir führen hier die Fehlerabschätzungen der am meisten verbreiteten Quadraturformeln an. Mit (a, b) bezeichnen wir das Integrationsintervall, mit n die Zahl der Teilintervalle und mit f den Integranden.

(i) Rechteckformel

$$\varrho_n \leqq \frac{(b-a)^2}{2n} \|f'\|_{C[a,b]} ;$$

(ii) mittlere Rechteckformel

$$\varrho_n \leqq \frac{(b-a)^3}{24n^2} \|f''\|_{C[a,b]} ;$$

(iii) Trapezformel

$$\varrho_n \leqq \frac{(b-a)^3}{12n^2} \|f''\|_{C[a,b]} ;$$

(iv) Simpsonsche Formel

$$\varrho_n \leqq \frac{(b-a)^5}{180n^4} \|f^{(4)}\|_{C[a,b]} ;$$

(v) Gaußsche Formel, $(a, b) = (-1, 1)$

$$\varrho_n \leqq \frac{2^{2n+1}(n!)^4}{(2n+1)[(2n)!]^3} \|f^{(2n)}\|_{C[-1,1]} ;$$

(vi) Euler-Maclaurinsche Formel

$$\varrho_n \leqq \frac{nh^{2m+1}B_{2m}}{(2m)!} \|f^{(2m)}\|_{C[a,b]} ;$$

in der letzten Formel ist m eine beliebig gewählte natürliche Zahl, die die Genauigkeit der Euler-Maclaurinschen Formel bestimmt, $h = (b-a)/n$, und B_{2m} sind die Bernoullischen Zahlen.

Wir bemerken noch, daß im Buch Sobolew [2] Kubaturformeln konstruiert sind, die für Integranden der Klasse $W_2^{(m)}(\Omega)$ (Ω ist das Integrationsgebiet) den kleinsten Approximationsfehler oder einen ihm naheliegenden Fehler liefern.

Die Untersuchung der übrigen Fehler führen wir für die Klasse von Quadraturformeln der Gestalt

$$\int_a^b f(t)\,dt \approx \sum_{k=1}^{n} c_k f(t_k) \tag{1}$$

durch, die folgende Eigenschaften besitzen: $c_k \geqq 0$; die Formel (1) ist für $f(t) \equiv \text{const}$ exakt, d. h.

$$\sum_{k=1}^{n} c_k = b - a . \tag{2}$$

Die Stützstellen t_k unterliegen keinerlei Beschränkungen. Den Integranden setzen wir als beschränkt voraus: $|f(t)| \leqq M = \text{const}$. Es seien die Koeffizienten c_k und die Ordinaten $y_k = f(t_k)$ ungenau berechnet, so daß uns in Wirklichkeit ihre verzerrten Werte $\tilde{c}_k = c_k + \gamma_k$ und $\tilde{y}_k = y_k + \alpha_k$ bekannt sind. Dabei setzen wir

$$|\alpha_k| \leqq \alpha , \qquad \sum_{k=1}^{n} |\gamma_k| \leqq \gamma , \tag{3}$$

voraus, wobei α und γ klein sind, und fordern, daß die verzerrten Koeffizienten $\tilde{c}_k$ den oben formulierten Bedingungen genügen:

$$\tilde{c}_k \geqq 0 , \qquad \sum_{k=1}^{n} \tilde{c}_k = b - a .$$

Der Verzerrungsfehler der Formel (1) ist gleich

$$\xi_n = \Big|\sum_{k=1}^{n} [(c_k + \gamma_k)(y_k + \alpha_k) - c_k y_k]\Big| = \Big|\sum_{k=1}^{n} (\gamma_k y_k + \tilde{c}_k \alpha_k)\Big| \leqq M\gamma + \alpha .$$

Das bedeutet, daß kleine Verzerrungen der Koeffizienten und der Ordinaten zu einer kleinen Verzerrung des nach der Quadraturformel berechneten Integrals führen.

Nach der Berechnung der Ordinaten enthält der Algorithmus zur Berechnung der rechten Seite von Formel (1) nur eine endliche Anzahl von Additionen und Multiplikationen, deshalb ist der Algorithmusfehler für das Quadraturverfahren gleich Null.

Zum Schluß schätzen wir den Rundungsfehler ab. Das Integral $\int_a^b f(t)\,dt$ berechnen wir nach der verzerrten Quadraturformel

$$\int_a^b f(t)\,dt \approx \sum_{k=1}^{n} \tilde{c}_k \tilde{y}_k . \tag{4}$$

Wir setzen voraus, daß jedes der Produkte $\tilde{c}_k \tilde{y}_k$ mit einem Fehler berechnet wird, der die Zahl s^{-p} nicht übersteigt, wobei s die Basis des Rechensystems und p eine positive Zahl ist. Dann ist der Rundungsfehler der Formel (4) nicht größer als ns^{-p}. Wenn dieser Fehler nicht größer als ein vorgegebenes ε sein soll, muß p der Ungleichung

$$p \geqq \frac{\ln (n/\varepsilon)}{\ln s} \tag{5}$$

genügen.

Es ist gleichfalls nicht schwierig, die Fehler der Quadraturformeln vom Euler-Maclaurinschen Typ zu analysieren, bei denen eine feste Anzahl negativer Koeffizienten auftritt. Bei den Fehleruntersuchungen für Kubaturformeln treten keine neuen Schwierigkeiten auf.

2. Approximationsfehler

Für das gesamte Buch vereinbaren wir folgende Bezeichnungen und Definitionen. Die Norm in $\mathbf{W}_2^{(s)}(\Omega)$ bezeichnen wir mit $\|\cdot\|_{(s),\Omega}$ oder, wenn das keine Mißverständnisse hervorrufen kann, mit $\|\cdot\|_{(s)}$; mit $\|\cdot\|_s$ oder $\|\cdot\|_{s,\Omega}$ bezeichnen wir die Norm in $\mathbf{L}_s(\Omega)$.

Der Multiindex $\alpha = (\alpha_1, \alpha_2, \dots, \alpha_m)$ heißt *Grad des Monoms* $x_1^{\alpha_1} x_2^{\alpha_2} \dots x_m^{\alpha_m}$ im $\mathbb{R}_m$. *Grad eines Polynoms* im $\mathbb{R}_m$ heißt die obere Schranke der Grade der Monome, die das Polynom bilden. Wenn alle Komponenten eines Multiindex gleich einer Zahl a sind, so bezeichnen wir den Multiindex $\boldsymbol{a}$. Wenn $P(t)$ ein Polynom im $\mathbb{R}_m$ ist und wenn für jede Koordinate sein Grad nicht größer ist als eine Zahl n, dann übersteigt folglich der Grad von $P(t)$ im $\mathbb{R}_m$ nicht den Multiindex $\boldsymbol{n}$. Mit C ohne Indizes werden wir, im allgemeinen unterschiedliche, Konstanten bezeichnen, deren genauer Wert für uns unwesentlich ist.

2.1. Das klassische Ritzsche Verfahren. Abschätzungen in der energetischen Norm

2.1.1. Wir erinnern an die Grundlagen des Ritzschen Verfahrens für lineare Aufgaben; dieses Verfahren ist ausführlich im Buch Michlin [3] dargelegt.

Es seien ein symmetrisches bilineares Funktional $A(x, y)$ und das ihm entsprechende quadratische Funktional $A(x) = A(x, x)$ auf einer linearen Menge M definiert. Das Funktional $A(x)$ werde als positiv vorausgesetzt, das heißt, $A(x) > 0$, wenn x verschieden vom Nullelement der Menge M ist. Indem wir das Skalarprodukt $[x, y] = A(x, y)$ und die Norm $|x| = \sqrt{[x, x]} = \sqrt{A(x)}$ einführen, verwandeln wir M in einen Prä-Hilbert-Raum. Die Abschließung von M in dieser Norm ergibt einen Hilbert-Raum, den wir mit H_A bezeichnen. Zur Vereinfachung der weiteren Schreibweise nehmen wir an, daß der Raum H_A reell ist. In den Anwendungen ist es häufiger der Fall, daß M eine lineare dichte Menge eines Hilbert-Raumes (seltener eines Banach-Raumes) H ist und daß $A(x, y) = (Ax, y)$ gilt für einen positiven (und symmetrischen[1])) Operator A in H. In diesem Fall heißt H_A *energetischer Raum* des Operators A, und das Skalarprodukt und die Norm in H_A heißen entsprechend *energetisches Produkt* und *energetische Norm*.

Sei nun $f(x)$ ein auf dem ganzen Raum H_A definiertes und beschränktes lineares Funktional. Wir stellen die Aufgabe der Bestimmung des Minimums des Funktionals

$$F(x) = A(x) - 2f(x) . \tag{1}$$

[1]) Dieser Zusatz ist notwendig, wenn H ein reeller Raum ist.

Diese Aufgabe wird theoretisch elementar gelöst. Nach dem bekannten Satz von F. Riesz existiert in H_A ein eindeutig bestimmtes Element x_*, so daß $f(x) = [x, x_*]$, $\forall\, x \in H_A$, gilt. Dann ist

$$F(x) = |x|^2 - 2[x, x_*] = |x - x_*|^2 - |x_*|^2 ,$$

und es ist klar, daß das Funktional $F(x)$ sein Minimum bei $x = x_*$ annimmt.

2.1.2. Die Aufgabe (1) kann man näherungsweise zum Beispiel mit dem klassischen Ritzschen Verfahren lösen. Wir wählen in H_A irgendeinen endlichdimensionalen Unterraum $H_A^{(n)}$ und suchen das Minimum des Funktionals oder, was gleichbedeutend ist, das Minimum der Norm $|x - x_*|$ auf diesem Unterraum. Das Element $x_*^{(n)} \in H_A^{(n)}$, in dem das Minimum angenommen wird, existiert und ist eindeutig bestimmt. Offensichtlich ist $x_*^{(n)}$ die in H_A orthogonale Projektion des Elements x_*, der genauen Lösung der Aufgabe (1), auf den Unterraum $H_A^{(n)}$. Wenn wir das mit dem allgemeinen Schema aus Abschnitt 1.1 vergleichen, sehen wir, daß im vorliegenden Fall $X = H_A$, $X_n = H_A^{(n)}$ ist; p_n ist der identische Operator, die Relationen r und r_n werden durch die Formeln

$$x\, r\, f := |x|^2 - 2f(x) = \min , \qquad x \in H_A ,$$
$$x^{(n)}\, r_n\, f^{(n)} := |x^{(n)}|^2 - 2f^{(n)}(x^{(n)}) = \min , \qquad x^{(n)} \in H_A^{(n)} ,$$

definiert, und schließlich ist $f^{(n)}$ die Einschränkung von f auf den Unterraum $H_A^{(n)}$. Hieraus wird klar, daß der Approximationsfehler der Ritzschen Näherungslösung für die Aufgabe (1)

$$\varrho_n = |x_* - x_*^{(n)}| = \min_{x^{(n)} \in H_A^{(n)}} |x_* - x^{(n)}|$$

mit der bestmöglichen Approximation (in der energetischen Norm) der exakten Lösung x_* durch Elemente des Unterraumes $H_A^{(n)}$ übereinstimmt. Die Größe ϱ_n hängt vom Charakter der energetischen Norm und, in einer Reihe wichtiger Fälle, von der Glattheit des Elements x_* ab; bei der Untersuchung des letzteren ist es nützlich zu beachten, daß x_* die Lösung der Eulerschen Gleichung grad $F = 0$ ist.

In den nächsten Abschnitten dieses Kapitels wenden wir die hier aufgestellten allgemeinen Überlegungen auf Randwertprobleme für Differentialgleichungen an.

Es versteht sich von selbst, daß es nur dann zweckmäßig ist, das Ritzsche Verfahren anzuwenden, wenn die Gewißheit besteht, daß $|x_*^{(n)} - x_*| \xrightarrow[n \to \infty]{} 0$ gilt. Diese Beziehung ist offensichtlich erfüllt, wenn die Folge der Unterräume $H_A^{(n)}$ vollständig in H_A ist, anders ausgedrückt, wenn man für beliebiges $\varepsilon > 0$ ein n_0 findet, so daß für jedes $n \geqq n_0$ ein Element $x^{(n)} \in H_A^{(n)}$ existiert, das die Ungleichung $|x_* - x^{(n)}| < \varepsilon$ erfüllt.

In der grundlegenden Arbeit von Ritz [1] werden die Unterräume $H_A^{(n)}$ so konstruiert, daß sie sich bei wachsendem n erweitern. Genauer wählt Ritz eine Folge von Elementen $\{\varphi_n\} \in H_A$, die vollständig in H_A ist; außerdem wird vorausgesetzt, daß jede endliche Menge dieser Elemente linear unabhängig ist. Als $H_A^{(n)}$ wählte Ritz den Unterraum mit der Basis $(\varphi_1, \varphi_2, \ldots, \varphi_n)$. Spätere Autoren nannten das System $\{\varphi_n\}$ Koordinatensystem. Wir vermerken, daß Ritz nicht den energetischen Raum eingeführt hat und eine Konvergenz der Näherungslösungen gegen die exakte in $\mathbb{C}^{(s)}$ bei entsprechend gewähltem s forderte. Das schränkte die Anwendung dieses Verfahrens ein und erschwerte die Untersuchungen. Die energetische Metrik wurde von K. Friedrichs eingeführt; der Autor dieses Buches benutzte sie zur Untersuchung des Ritzschen und des Bubnow-Galerkin-Verfahrens. Darauf wird ausführlich in Michlin [3] eingegangen.

Courant [1] zeigte, daß es nicht notwendig ist, sich erweiternde Unterräume $H_A^{(n)}$ zu wählen, und schlug folgende Modifikation des Ritzschen Verfahrens vor: Die Räume $H_A^{(n)}$ seien beliebig endlich-dimensionale Unterräume des energetischen Raumes, die als einzige Bedingung die Vollständigkeit ihrer Folge in H_A erfüllen müssen. Wenn in $H_A^{(n)}$ eine Basis

$$(\varphi_{n1}, \varphi_{n2}, \dots, \varphi_{nN}) \tag{2}$$

gewählt wird, wobei $N = N(n)$ die Dimension des Raumes $H_A^{(n)}$ ist, so gehören die Elemente φ_{nk} nicht notwendigerweise zum Unterraum $H_A^{(n')}$, $n' > n$. Somit kann es vorkommen, daß $H_A^{(n)}$ und $H_A^{(n')}$ nur das Nullelement gemeinsam haben.

Im Fall der sich erweiternden Unterräume werden wir vom *klassischen Ritzschen Verfahren* und im allgemeinen Fall vom *verallgemeinerten Ritzschen Verfahren* sprechen. Das klassische Ritzsche Verfahren hat den Vorteil, daß der Fehler $|x_* - x_*^{(n)}|$ mit wachsendem n abnimmt (siehe Michlin [3]). Man muß jedoch darauf hinweisen, daß das verallgemeinerte Ritzsche Verfahren die ideelle Grundlage der Finite-Elemente-Methode ist, eines der gegenwärtig am meisten verbreiteten Verfahren zur Lösung von Randwertaufgaben.

Zum Abschluß vermerken wir, daß in der Basis (2) in $H_A^{(n)}$ die Näherungslösung $x_*^{(n)}$ die Darstellung

$$x_*^{(n)} = \sum_{k=1}^{N} a_k^{(n)} \varphi_{nk} \tag{3}$$

besitzt, wobei die Koeffizienten $a_k^{(n)}$ aus dem algebraischen System

$$\sum_{k=1}^{N} [\varphi_{nk}, \varphi_{nj}]\, a_k^{(n)} = f(\varphi_{nj}), \qquad j = 1, 2, \dots, N, \tag{4}$$

bestimmt werden.

Die Folge der Basen

$$(\varphi_{n1}, \varphi_{n2}, \dots, \varphi_{nN}), \qquad n = 1, 2, \dots, \tag{5}$$

nennen wir *Koordinatensystem* des verallgemeinerten Ritzschen Verfahrens und die Elemente φ_{nk} *Koordinatenelemente* dieses Verfahrens.

2.2. Einige Verallgemeinerungen des Satzes von Jackson auf Funktionen mehrerer Veränderlicher

2.2.1. Die unserer Meinung nach wichtigste Verallgemeinerung des Satzes von Jackson für Funktionen mehrerer Veränderlicher erzielte Charrik [1–3]. In ihren Arbeiten [1, 2] wurden Spezialfälle untersucht, der allgemeine Satz ist in der Arbeit [3] bewiesen. Hier formulieren wir das grundlegende Resultat dieses letzten Artikels.

Sei Ω ein beschränktes Gebiet im $\mathbb{R}_m$, r und $s < r$ seien natürliche Zahlen. Weiterhin sei $\varphi(t)$ eine Funktion der Klasse $\mathbf{C}^{(\nu)}$ in einem Gebiet $\Omega_1 \supset \overline{\Omega}$, wobei ν hinreichend groß ist, Ω_1 sei homöomorph der Kugel, und schließlich gelte $\varphi|_{\partial\Omega} = 0$, $\operatorname{grad} \varphi|_{\partial\Omega} \neq 0$ und $\varphi(t) \neq 0$ für $t \notin \partial\Omega$.

Satz 2.2.1 (Charrik [3]). *Sei $x \in \mathbf{C}^{(r)}(\overline{\Omega})$ und $\mathrm{D}^\alpha x|_{\partial\Omega} = 0$, $0 \leqq |\alpha| \leqq s - 1$. Dann existiert für beliebiges natürliches n ein Polynom $P_n(t)$ vom Grad $\leqq n$ im $\mathbb{R}_m$, das die Un-*

gleichung

$$\|x - \varphi^s P_n\|_{C^{(\bar r)}(\bar\Omega)} \leqq C\omega^{(r)}\left(x, \frac{1}{n}\right) n^{-(r-\bar r)}, \qquad 0 \leqq \bar r \leqq r, \tag{1}$$

erfüllt.

Hierbei bezeichnet $\omega^{(r)}$ den größten Stetigkeitsmodul der r-ten Ableitungen der Funktion $x(t)$ in der Metrik von $\mathbf{C}(\bar\Omega)$, und die Konstante C hängt weder von x noch von n ab.

Der Beweis von Satz 2.2.1 beruht auf der Konstruktion und der Untersuchung von Analoga zu den Operatoren von Jackson. Wir bemerken, daß die Konstante C aus der Ungleichung (1) abgeschätzt werden kann.

2.2.2. Satz 2.2.2 (Schaposchnikowa [2]). *Das Gebiet Ω und die Funktion $\varphi(t)$ mögen die Bedingungen des Unterabschnitts 2.2.1 erfüllen, $x \in \mathbf{W}_2^{(r)}(\Omega)$ und $\mathrm{D}^\alpha x|_{\partial\Omega} = 0$, $0 \leqq |\alpha| \leqq s - 1$. Dann existiert für beliebiges natürliches n ein Polynom $P_n(t)$ vom Grad $\leqq n$ im R_m, das die Ungleichung*

$$\|x - \varphi^s P_n\|_{(\bar r),\Omega} \leqq C\omega_{\mathbf{L}_2}^{(r)}\left(x, \frac{1}{n}\right) n^{-(r-\bar r)}, \qquad 0 \leqq \bar r \leqq r, \tag{2}$$

erfüllt, wobei C weder von x noch von n abhängt und $\omega_{\mathbf{L}_2}^{(r)}$ der größte $\mathbf{L}_2$-Stetigkeitsmodul der Ableitungen $\mathrm{D}^\alpha x$, $|\alpha| = r$, ist.

Der Beweis von Satz 2.2.2 beruht darauf, daß die grundlegenden Eigenschaften der von Charrik eingeführten Operatoren beim Übergang von $\mathbf{C}^{(k)}(\bar\Omega)$ zu $\mathbf{W}_2^{(k)}(\Omega)$ erhalten bleiben. Die Konstante C in der Ungleichung (2) kann ebenfalls abgeschätzt werden.

2.2.3. Folgerung 2.2.1. *Der Rand $\partial\Omega$ sei eine $(m-1)$-dimensionale Lipschitz-Fläche, und es gelte $x \in \mathbf{W}_2^{(r)}(\Omega)$. Dann existiert ein Polynom $Q_n(t)$ vom Grad $\leqq n$ im R_m, das die Ungleichung*

$$\|x - Q_n\|_{(\bar r),\Omega} \leqq C_1 \max_{|\alpha|=r} \|\mathrm{D}^\alpha x\|_{2,\Omega}\, n^{-(r-\bar r)}, \qquad 0 \leqq \bar r \leqq r-1, \tag{3}$$

erfüllt.

Beweis. Wenn der Rand $\partial\Omega$ hinreichend glatt ist, so daß eine Funktion $\varphi(t)$ mit den in 2.2.1 beschriebenen Eigenschaften existiert, dann genügt es wegen $\omega_{\mathbf{L}_2}^{(r)}(x, \delta) \leqq \leqq 2 \max_{|\alpha|=r} \|x^{(\alpha)}\|_{2,\Omega}$, in (2) $s = 0$ zu setzen. Im allgemeinen Fall setzen wir die Funktion $x(t)$ unter Beibehaltung der Klasse auf den ganzen R_m so fort, daß sie außerhalb einer Kugel $\Omega_0 = \{t: |t| \leqq R\}$ verschwindet; eine solche Fortsetzung ist möglich (siehe Calderon [1]). Sei $x^*(t)$ die fortgesetzte Funktion, mit dem gleichen Symbol $x^*(t)$ bezeichnen wir ihre Einschränkung auf Ω_0. Die Hypersphäre $\partial\Omega_0$ ist unendlich glatt, und folglich gilt für die Funktion $x^*(t)$ die Ungleichung (3): Es existiert ein Polynom $Q_n(t)$ vom Grad $\leqq n$ im R_m, so daß

$$\|x^* - Q_n\|_{(\bar r),\Omega_0} \leqq C \max_{|\alpha|=r} \|\mathrm{D}^\alpha x^*\|_{2,\Omega_0}\, n^{-(r-\bar r)}. \tag{4}$$

Die Funktion $x^*(t)$ ist die Fortsetzung der Funktion $x(t)$ unter Beibehaltung der Klasse, deshalb existiert eine Konstante $\varkappa$ (die „Fortsetzungskonstante“) mit

$$|\alpha| \leqq r, \qquad \|\mathrm{D}^\alpha x^*\|_{2,\Omega_0} \leqq \varkappa\, \|\mathrm{D}^\alpha x\|_{2,\Omega};$$

außerdem ist offensichtlich

$$\|x^* - Q_n\|_{(\bar{r}),\Omega_0} \geqq \|x - Q_n\|_{(\bar{r}),\Omega} .$$

Die beiden letzten Beziehungen gestatten es, die Ungleichung (4) durch die Ungleichung (3) mit der Konstanten $C_1 = \varkappa C$ zu ersetzen. ∎

2.2.4. Wir kehren zum Satz 2.2.2 zurück. Es sei $m = 1$ und Ω das Intervall $(0, 1)$. In diesem Fall kann man $\varphi(t) = t(1-t)$ setzen, und die Ungleichung (2) ergibt folgendes: Ist $x \in \mathbf{W}_2^{(r)}(0, 1) \cap \mathring{\mathbf{W}}_2^{(s)}(0, 1)$, dann existiert für beliebiges natürliches n ein Polynom $P_n(t)$ vom Grad $\leqq n$, so daß

$$\|x - P_{n,s}\|_{(\bar{r}),(0,1)} \leqq C\omega_{\mathbf{L}_2}^{(r)}\left(x, \frac{1}{n}\right) n^{-(r-\bar{r})}; \qquad 0 \leqq \bar{r} \leqq r , \qquad (5)$$
$$P_{n,s}(t) = t^s(1-t)^s P_n(t) .$$

Völlig analog liefert die Folgerung 2.2.1, daß für $x \in \mathbf{W}_2^{(r)}(0, 1)$ und beliebiges natürliches n ein Polynom $Q_n(t)$ vom Grad $\leqq n$ existiert, das die Ungleichung

$$\|x - Q_n\|_{(\bar{r}),(0,1)} \leqq C\|\mathrm{D}^r x\|_{2,(0,1)}\, n^{-(r-\bar{r})} , \qquad 0 \leqq \bar{r} \leqq r - 1 , \qquad (6)$$

erfüllt.

2.3. Gewöhnliche Differentialgleichungen

2.3.1. Wir untersuchen die Randwertaufgabe für die Gleichung zweiter Ordnung

$$Ax := -\frac{\mathrm{d}}{\mathrm{d}t}\left(p(t)\frac{\mathrm{d}x}{\mathrm{d}t}\right) + q(t)\,x = f(t); \qquad 0 < t < 1 , \qquad (1)$$
$$x(0) = x(1) = 0 .$$

Wir machen folgende Voraussetzungen: $p \in \mathbf{C}^{(1)}[0, 1]$, $q \in \mathbf{L}_\infty(0, 1)$, $f \in \mathbf{L}_2(0, 1)$; $p_0 \leqq p(t) \leqq p_1$, $0 < p_0 \leqq p_1 < \infty$, $q(t) \geqq 0$. Mit diesen Annahmen ist der Operator A positiv definit in $\mathbf{L}_2(0, 1)$; die schwache Lösung der Aufgabe (1) stimmt mit der Lösung der Variationsaufgabe

$$|x|^2 - 2\int_0^1 f(t)\,x(t)\,\mathrm{d}t = \min; \qquad x(0) = x(1) = 0 \qquad (2)$$

überein, wobei

$$|x|^2 = \int_0^1 \left\{p(t)\left(\frac{\mathrm{d}x}{\mathrm{d}t}\right)^2 + q(t)\,x^2(t)\right\}\mathrm{d}t \qquad (3)$$

ist. Der Raum H_A besteht aus denjenigen Funktionen $x(t)$, für die das Integral (3) endlich ist und die in den Punkten $t = 0$ und $t = 1$ verschwinden. Später werden wir folgende Abschätzung der energetischen Norm benutzen: Ist $q(t) \leqq q_1$, dann ist

$$|x|^2 \leqq (p_1 + q_1/\pi^2)\,\|x'\|^2 := c_0\|x'\|^2; \qquad (4)$$

hier bezeichnet $\|\cdot\|$ die Norm in $\mathbf{L}_2(0, 1)$. Der Beweis folgt offensichtlich aus der Tatsache, daß der kleinste Eigenwert des Operators $-\mathrm{d}^2/\mathrm{d}t^2$ mit den Randbedingungen $x(0) = x(1) = 0$ gleich π^2 ist.

2.3.2. Als $H_A^{(n)}$ nehmen wir den n-dimensionalen Unterraum mit der Basis $\{\sin k\pi t\}$, $1 \leqq k \leqq n$. Wenn $x^{(n)}$ ein beliebiges Element aus $H_A^{(n)}$ ist, dann gilt

$$\varrho_n^2 = |x_* - x_*^{(n)}| \leqq |x_* - x^{(n)}| \leqq c_0 \, ||x_*' - x^{(n)\prime}|| \, . \tag{5}$$

Wir nehmen an, es sei $x_* \in \mathbf{W}_2^{(r)}(0, 1)$, $r \geqq 3$. Das ist erfüllt für $p \in \mathbf{W}_2^{(r-1)}(0, 1)$ und $q, f \in \mathbf{W}_2^{(r-2)}(0, 1)$. Die Funktion $x_*(t)$ läßt sich in die Fourier-Reihe

$$x_*(t) = \sum_{k=1}^{\infty} a_k \sin k\pi t$$

entwickeln. Als $x^{(n)}$ nehmen wir den endlichen Abschnitt dieser Reihe:

$$x^{(n)} = \sum_{k=1}^{n} a_k \sin k\pi t \, .$$

Wir schätzen den Koeffizienten

$$a_k = 2 \int_0^1 x_*(t) \sin k\pi t \, dt$$

ab. Nach partieller Integration erhalten wir wegen der Randbedingungen (1)

$$a_k = -\frac{2}{k^3\pi^3} \int_0^1 x_*'''(t) \cos k\pi t \, dt + \frac{2}{k^3\pi^3} x_*''(t) \cos k\pi t \Big|_0^1$$

und somit

$$|a_k| \leqq \frac{C}{k^3} [||x_*'''||_{\mathbf{L}_2} + ||x_*''||_{\mathbf{L}_\infty}] \, .$$

Weitere partielle Integration (die möglich ist, wenn $r > 3$ gilt) verbessert die letzte Abschätzung nicht. Folglich ergibt sich

$$||x_*' - x^{(n)\prime}||^2 = \frac{1}{2} \sum_{k=n+1}^{\infty} k^2\pi^2 a_k^2 \leqq C[||x_*'''||_{\mathbf{L}_2}^2 + ||x_*''||_{\mathbf{L}_\infty}^2] \sum_{k=n+1}^{\infty} \frac{1}{k^4} <$$

$$< C[||x_*'''||_{\mathbf{L}_2}^2 + ||x_*''||_{\mathbf{L}_\infty}^2] \int_n^{\infty} \frac{dk}{k^4} = C[||x_*'''||_{\mathbf{L}_2}^2 + ||x_*''||_{\mathbf{L}_\infty}^2] \frac{1}{n^3} \, ,$$

und die Formel (5) liefert folgende Abschätzung des Approximationsfehlers:

$$\varrho_n \leqq C[||x_*'''||_{\mathbf{L}_2} + ||x_*''||_{\mathbf{L}_\infty}] \, n^{-3/2} \, . \tag{6}$$

2.3.3. Es sei nach wie vor $x_* \in \mathbf{W}_2^{(r)}(0, 1)$. Für $r > 3$ kann man eine bessere Abschätzung des Approximationsfehlers erhalten, wenn man als $H_A^{(n)}$ den Unterraum der Polynome der Gestalt

$$Q_n(t) = t(1 - t) \sum_{j=0}^{k} a_j t^j \, , \qquad 0 \leqq k \leqq n - 1 \, ,$$

wählt. Auf Grund der Ungleichung (2.2.5) existiert ein Polynom $Q_n(t)$ mit

$$||x_* - Q_n||_{(\bar r)} \leqq C\omega_{\mathbf{L}_2}^{(r)}\left(x_*, \frac{1}{n}\right) n^{-(r-\bar r)} \, , \qquad 0 \leqq \bar r \leqq r \, .$$

Wenn $x_*^{(n)}$ die Näherungslösung aus dem Unterraum $H_A^{(n)}$ ist, gilt folglich

$$\varrho_n = |x_* - x_*^{(n)}| \leqq C\omega_{\mathbf{L}_2}^{(r)}\left(x_*, \frac{1}{n}\right) n^{-r+1} \, . \tag{7}$$

2.3.4. Der Approximationsfehler für gewöhnliche Differentialgleichungen in gleichmäßigen Metriken wurde von KRYLOW [1], MICHLIN [2], BERTRAM [1], BÖRSCH-SUPAN [1], LEHMANN [1] und DSHISCHKARIANI [2, 3] untersucht; in Sobolew-Räumen untersuchten diesen Fehler ILJIN [2] und DSHISCHKARIANI [3]. VAINIKKO [2] betrachtete auch das Eigenwertproblem.

2.4. Gleichungen vom elliptischen Typ. Abschätzungen in der energetischen Norm

2.4.1. Wir untersuchen die erste Randwertaufgabe für die elliptische Gleichung (oder für das elliptische Gleichungssystem) der Gestalt

$$\sum_{|\alpha|,|\beta|=0}^{s} (-1)^{|\alpha|} D^{\alpha}(A_{\alpha\beta} D^{\beta} x) = f(t), \qquad x \in \Omega; \tag{1}$$

$$D^{\gamma} x|_{\partial\Omega} = 0, \qquad 0 \leqq |\gamma| \leqq s-1. \tag{2}$$

Der Rand $\partial\Omega$ erfülle die Forderungen aus 2.2.1, d. h., $\partial\Omega$ kann man durch die Gleichung $\varphi(t) = 0$ darstellen, wobei $\varphi \in C^{(\nu)}(\Omega_1)$, $\Omega_1 \supset \bar{\Omega}$, und Ω_1 homöomorph der Kugel ist; $\varphi(t) \neq 0$, $t \notin \partial\Omega$ und $\operatorname{grad} \varphi|_{\partial\Omega} \neq 0$. Wir nehmen an, daß der Operator der Aufgabe (1)—(2) symmetrisch und positiv definit in $L_2(\Omega)$ ist. Die energetische Norm für diesen Operator wird durch die Formel

$$|x|^2 = \int_{\Omega} \sum_{|\alpha|,|\beta|=0}^{s} A_{\alpha\beta} D^{\alpha} x D^{\beta} x \, dt \tag{3}$$

bestimmt. Die Koeffizienten $A_{\alpha\beta}$ seien Funktionen von t, die in $\bar{\Omega}$ beschränkt und meßbar sind. Dann ist offensichtlich

$$|x| \leqq C_0 \|x\|_{(s),\Omega}. \tag{4}$$

Die Aufgabe (1)—(2) werden wir näherungsweise mit dem Ritzschen Verfahren lösen, als $H_A^{(n)}$ wählen wir den Unterraum der Funktionen der Gestalt $\varphi^s(t) P_n(t)$, wobei $P_n(t)$ ein Polynom vom Grad $\leqq n$ im R_m ist. Im allgemeinen gehört die Lösung x_* unserer Aufgabe zum Raum $W_2^{(s)}(\Omega)$; wir nehmen aber an, daß sie glatter ist: Sei $x_* \in W_2^{(r)}(\Omega)$ für eine hinreichend große Zahl r. Dann existiert ein Produkt $\varphi^s(t) \tilde{P}_n(t) \in H_A^{(n)}$ derart, daß

$$|x_* - \varphi^s \tilde{P}_n| \leqq C \omega_{L_2}^{(r)}\left(x_*, \frac{1}{n}\right) n^{-(r-s)}.$$

Wenn $x_*^{(n)}$ die Ritzsche Näherungslösung der Aufgabe (1)—(2) ist, so folgt aus Abschnitt 2.1

$$|x_* - x_*^{(n)}| \leqq |x_* - \varphi^s \tilde{P}_n| \leqq C_0 \|x_* - \varphi^s \tilde{P}_n\|_{(s)}$$

und somit

$$\varrho_n = |x_* - x_*^{(n)}| \leqq C \omega_{L_2}^{(r)}\left(x_*, \frac{1}{n}\right) n^{-(r-s)}. \tag{5}$$

2.4.2. Es werde nun die Differentialgleichung (1) unter natürlichen Randbedingungen gelöst. Wie zuvor nehmen wir an, daß der Operator dieser Aufgabe symmetrisch und positiv definit in $L_2(\Omega)$ ist, daß die energetische Norm der Ungleichung (4) genügt und daß die Lösung, die wir weiterhin mit x_* bezeichnen, zur Klasse $W_2^{(r)}(\Omega)$

gehört. $H_A^{(n)}$ sei der Unterraum der Polynome vom Grad $\leqq n$ im $\mathbb{R}_m$. Indem wir Folgerung 2.2.1 benutzen und die Überlegungen aus Unterabschnitt 2.4.1 wiederholen, gelangen wir zur Abschätzung

$$|x_* - x_*^{(n)}| \leqq C\|x_*\|_{(r)}\, n^{-(r-s)}\,. \tag{6}$$

Die gleiche Abschätzung (6) erhält man, wenn die Randbedingungen für $0 \leqq |\gamma| \leqq \leqq k-1$, $k < s$, die Gestalt (2) haben und alle übrigen Randbedingungen natürlich sind. In diesem Fall muß als $H_A^{(n)}$ der Unterraum der Funktionen $\varphi^k(t)\, P_n(t)$ gewählt werden, wobei $P_n(t)$ Polynome vom Grad $\leqq n$ im $\mathbb{R}_m$ sind.

2.4.3. Hinsichtlich der Bedingungen, die für die exakte Lösung $x_* \in \mathbf{W}_2^{(r)}(\Omega)$, $r > s$, garantieren, siehe Agmon, Douglis, Nirenberg [1, 2].

2.5. Einige Fehlerabschätzungen für die Ableitungen. Literaturhinweise

2.5.1. Wir betrachten die Aufgabe (2.4.1)—(2.4.2). Im Abschnitt 2.4 haben wir eine Abschätzung des Approximationsfehlers für die Näherungslösung dieser Aufgabe in der energetischen Metrik hergeleitet. Faktisch ist das eine Abschätzung für die Ableitungen, deren Ordnung gleich der Hälfte der Ordnung der Gleichung (2.4.1) ist. Es ist von großem Interesse, analoge Abschätzungen für die Ableitungen anderer Ordnungen zu erhalten. Dieser Frage sind eine Reihe von Arbeiten gewidmet, in denen die in Abschnitt 2.4.2 beschriebenen Koordinatenfunktionen betrachtet werden.

Iljin [1, 3] untersuchte die grundlegenden Randwertprobleme für nichtentartete elliptische Gleichungen zweiter Ordnung; für diese Aufgaben werden Abschätzungen der Norm $\|x_* - x_A^{(n)}\|_{C(\bar{\Omega})}$ angegeben unter der Bedingung, daß das Abklingverhalten gewisser Größen A_n bekannt ist, die in bestimmter Weise von den Näherungslösungen $x_*^{(n)}$ abhängen. Bei analogen Voraussetzungen wird der Approximationsfehler in $\mathbf{C}(\bar{\Omega})$ und in $\mathbf{C}^{(1)}(\bar{\Omega})$ für die erste Randwertaufgabe der biharmonischen Gleichung abgeschätzt. In [3] verbesserte Iljin die Abschätzungen für die elliptische Gleichung zweiter Ordnung. Für dieselbe Gleichung erhielt Charrik [1] eine Abschätzung der Größen A_n; eine analoge Abschätzung für die biharmonische Gleichung ist in der Arbeit Charrik [2] angegeben. Im Artikel von Iljin [5] werden elliptische Gleichungen beliebiger gerader Ordnung $2s$ betrachtet und Abschätzungen des Approximationsfehlers in $\mathbf{W}_p^{(\tilde{s})}(\Omega)$, $1 < p < \infty$, angegeben, wobei $\tilde{s}$ eine nicht sehr große nichtnegative ganze Zahl ist.

2.5.2. Im Artikel von Kantorowitsch [3] (siehe auch die Monographie Kantorowitsch und Akilow [1]) wird ein allgemeines Schema vorgeschlagen, um den Approximationsfehler von Projektionsverfahren in Banach-Räumen zu untersuchen. In Michlin [11] [1]) wird eine Modifikation dieses Schemas vorgeschlagen, mit deren Hilfe der Approximationsfehler des Ritzschen Verfahrens in $\mathbf{W}_2^{(\tilde{s})}$ abgeschätzt wird, wobei $\tilde{s} > 2s$ eine nicht sehr große natürliche Zahl ist. Man muß darauf hinweisen, daß die Abschätzungen dieser Arbeit schlechter sind als diejenigen von Iljin [5], die dem Wert $p = 2$ entsprechen. Eine andere Modifikation des Schemas von Kantorowitsch

[1]) Die Resultate dieser Arbeit Michlin [11], die erst 1970 erschien, wurden 1968 auf dem Symposium zu Ehren des 60. Geburtstags von Akademiemitglied S. L. Sobolew dargelegt.

wurde in SCHAPOSCHNIKOWA [1] benutzt, die damit eine Abschätzung des Approximationsfehlers für die Ableitungen der Ordnung $\tilde{s} < 2s$ erhielt. Ihre Abschätzungen sind schlechter als die von ILJIN [5] bei $p = 2$ für $\tilde{s} > s$ und besser für $\tilde{s} < s$. Im Artikel von SCHAPOSCHNIKOWA [3] werden Abschätzungen in gewissen Banach-Räumen angegeben; unter anderem wird gezeigt, daß für $\tilde{s} \leqq s$ die Abschätzungen von ILJIN [5] auch für $p \neq 2$ verbessert werden können.

2.5.3. In MICHLIN [32] wird die Methode seiner Arbeit [11] und der Arbeit von SCHAPOSCHNIKOWA [1] auf nichtselbstadjungierte elliptische Aufgaben übertragen, die mit dem Bubnow-Galerkin-Verfahren gelöst werden können. Durch Benutzung verbesserter Markowscher Ungleichungen gelang es, die Resultate aus MICHLIN [11] und von SCHAPOSCHNIKOWA [1] zu verbessern; die neuen Abschätzungen stimmen mit denen von ILJIN (bei $p = 2$) für $\tilde{s} > s$ und mit den Abschätzungen von SCHAPOSCHNIKOWA [1] für $\tilde{s} < s$ überein.

Im Abschnitt 2.6 werden die notwendigen Markowschen Ungleichungen, in den Abschnitten 2.7 — 8 die Ergebnisse aus MICHLIN [11, 32] und SCHAPOSCHNIKOWA [1] für selbstadjungierte elliptische Aufgaben dargelegt. Im Abschnitt 2.9 werden nichtselbstadjungierte elliptische Aufgaben betrachtet.

2.6. Einige Markowsche Ungleichungen

2.6.1. Sei $P_n(t)$ ein Polynom vom Grad $\leqq n$ der reellen Veränderlichen t auf dem Intervall $a \leqq t \leqq b$. Mit $q_k(t)$, $k = 0, 1, 2, \ldots$, bezeichnen wir die in $\mathbf{L}_2(a, b)$ orthonormierten Polynome vom Grad k; diese Polynome unterscheiden sich nur durch den konstanten Faktor $[2/(b - a)]^{1/2}$ von den auf das Intervall (a, b) transformierten normierten Legendreschen Polynomen. Wegen der Identität

$$P_n(t) = \sum_{k=0}^{n} a_k q_k(t)\,, \qquad a_k = \text{const}\,,$$

gilt

$$P_n^2(t) \leqq \sum_{k=0}^{n} a_k^2 \sum_{k=0}^{n} q_k^2(t) = \|P_n\|^2_{\mathbf{L}_2(a,b)} \sum_{k=0}^{n} q_k^2(t)\,.$$

Weiterhin ist $q_k(t) = [2/(b - a)]^{1/2}\, p_n(\tau)$, wobei $p_n(\tau)$ die auf dem Intervall $(-1, +1)$ orthonormierten Legendreschen Polynome sind, und $\tau = (b - a)^{-1}\,(2t - a - b)$. Da $\max\limits_{|\tau| \leqq 1} p_n(\tau) = \sqrt{(2n + 1)/2}$ ist, so gilt

$$\max_{t \in [a,b]} \sum_{k=0}^{n} q_k^2(t) = \frac{2}{b - a} \sum_{k=0}^{n} \frac{2n + 1}{2}$$

und folglich

$$\|P_n\|_{\mathbf{C}[a,b]} \leqq Cn\|P_n\|_{\mathbf{L}_2(a,b)}\,. \tag{1}$$

Diese Ungleichung ist gut bekannt.

2.6.2. Wir leiten jetzt die Markowsche Ungleichung für Polynome mehrerer Veränderlicher in $\mathbf{L}_2$ her. Im Artikel HILLE, SZEGÖ und TAMARKIN [1] (siehe auch BARI [1]) wird folgende Ungleichung für Polynome einer reellen Veränderlichen aufgestellt: Wenn $P_n(t)$ ein Polynom vom Grad n ist, dann gilt

$$\|P_n'\|_{\mathbf{L}_p(a,b)} \leqq Cn^2\|P_n\|_{\mathbf{L}_p(a,b)}\,. \tag{2}$$

Die Konstante C hängt nur von p und von $b - a$ an. Diese Ungleichung benutzen wir für $p = 2$.

Die Ungleichung (2) läßt sich offensichtlicherweise für Polynome vom Grad $\leqq n$ im $\mathbb{R}_m$ verallgemeinern, wenn das Intervall (a, b) durch ein Parallelepiped ersetzt wird. In der Tat, man kann annehmen, daß die Kanten des Parallelepipeds parallel zu den Koordinatenachsen verlaufen. Sei $\alpha = (\alpha_1, \alpha_2, \ldots, \alpha_m)$ der Multiindex mit $\alpha_k = \delta_{jk}$, wobei der Index j fixiert ist, und für die Punkte der j-ten Kante des Parallelepipeds gelte $a_j \leqq t_j \leqq b_j$. Die Ungleichung (2) liefert

$$\int_{a_j}^{b_j} |D^\alpha P_n(t)|^2 \, dt_j \leqq Cn^4 \int_{a_j}^{b_j} |P_n(t)|^2 \, dt_j .$$

Durch Integration nach den anderen Koordinaten ergibt sich

$$||D^\alpha P_n||_{L_2(\Pi)} \leqq Cn^2 ||P_n||_{L_2(\Pi)} , \qquad |\alpha| = 1 , \tag{3}$$

(Π ist das Parallelepiped). Damit gilt

$$||D^\alpha P_n||_{L_2(\Pi)} \leqq Cn^{2|\alpha|} ||P_n||_{L_2(\Pi)} , \qquad \forall \alpha . \tag{4}$$

2.6.3. Wir betrachten nun im $\mathbb{R}_m$ ein endliches Gebiet Ω mit einem Rand, der die Bedingungen des Abschnitts 2.2.1 erfüllt. Wir stellen Ω in der Form $\Omega = \Omega' \cup \Omega_\delta$; $\Omega' \cap \Omega_\delta = \emptyset$ dar. Hierbei ist Ω_δ die Grenzschicht der Dicke δ, und δ ist eine hinreichend kleine feste Zahl. Jeden Punkt des abgeschlossenen Gebiets $\overline{\Omega'}$ machen wir zum Mittelpunkt eines Würfels, dessen Kanten parallel zu den Koordinatenachsen sind und der zusammen mit seiner Berandung ganz in Ω liegt. Nach dem Borelschen Lemma wählen wir eine endliche Anzahl solcher Würfel, die eine Überdeckung von Ω' bilden; das seien die Würfel $Q_1, Q_2, \ldots, Q_k$. Auf Grund der Ungleichung (4) gilt

$$||D^\alpha P_n||_{2,Q_j} \leqq Cn^{2|\alpha|} ||P_n||_{2,Q_j} , \qquad \forall \alpha .$$

Diese Ungleichungen summieren wir über alle j, ersetzen links die erhaltene Summe durch die kleinere Größe $||D^\alpha P_n||_{2,\Omega'}$ und die rechte Summe durch den größeren Wert $k||P_n||_{2,\Omega}$. Im Ergebnis erhalten wir

$$||D^\alpha P_n||_{2,\Omega'} \leqq Cn^{2|\alpha|} ||P_n||_{2,\Omega'} , \qquad \forall \alpha . \tag{5}$$

2.6.4. Wir betrachten jetzt die Grenzschicht Ω_δ. Die Dicke δ dieser Schicht wählen wir folgendermaßen. Sei $t_0 \in \partial\Omega$. Wir konstruieren eine Hypersphäre mit dem Mittelpunkt in t_0, die die Eigenschaft besitzt, daß jede zur Normalen von $\partial\Omega$ im Punkt t_0 parallele Gerade den innerhalb der Hypersphäre liegenden Teil Γ_0 der Fläche $\partial\Omega$ nicht mehr als einmal schneidet. Es ist bekannt (siehe zum Beispiel Michlin [10]), daß der Radius d dieser Hypersphäre unabhängig von t_0 gewählt werden kann. Der Teil Γ_0 des Randes $\partial\Omega$ kann durch eine Gleichung der Gestalt $\xi_m = g(\xi')$ mit $\xi' = (\xi_1, \xi_2, \ldots, \xi_{m-1})$ gegeben werden, wobei die Achse ξ_m die Richtung der Normalen an $\partial\Omega$ im Punkt t_0 hat und der Ursprung des neuen Koordinatensystems mit t_0 zusammenfällt. Da die Funktion $\varphi(t)$ (siehe 2.2.1) hinreichend glatt ist, wobei $\operatorname{grad} \varphi|_{\partial\Omega} \neq 0$, so ist die Funktion $g(\xi')$ ebenfalls hinreichend glatt, und man findet ein kleines $\delta > 0$ derart, daß das in Ω_δ liegende abgeschlossene Gebiet

$$E_{t_0,\delta} = \{t\colon -\delta \leqq \xi_i \leqq \delta, 1 \leqq i \leqq m-1, g(\xi') - \delta \leqq \xi_m \leqq g(\xi')\}$$

sich innerhalb der Hypersphäre mit dem Radius d und dem Mittelpunkt in t_0 befindet.

Wir führen die Koordinaten

$$\eta_i = \xi_i , \qquad 1 \leqq i < m-1; \qquad \eta_m = -\xi_m + g(\xi')$$

ein. In den Koordinaten $\eta_1, \eta_2, \dots, \eta_m$ geht das Gebiet $E_{t_0,\delta}$ in das Parallelepiped

$$F_\delta = \{\eta\colon -\delta \leqq \eta_i \leqq \delta, 1 \leqq i \leqq m-1; 0 \leqq \eta_m \leqq \delta\}$$

über. Offensichtlich ist die Jacobische Funktionaldeterminante der Transformation der Koordinaten ξ_i in die Koordinaten η_i betragsmäßig gleich Eins, und die ersten Ableitungen von x nach t_i lassen sich durch die gleichen Ableitungen nach η_j, $i, j = 1, 2, \dots, m$, abschätzen und umgekehrt.

Jedem Punkt $t_0 \in \partial\Omega$ kann man ein Gebiet $E_{t_0,\delta}$ zuordnen, und diese Gebiete bilden eine Überdeckung von Ω_δ. Nach dem Borelschen Lemma kann eine endliche Anzahl von Gebieten $E_{t_0,\delta}$ ausgewählt werden, die ebenfalls eine Überdeckung von Ω_δ bilden. Für jedes der Parallelepipede F_δ gilt die Ungleichung (4), aus der ihrerseits die neue Ungleichung

$$\|D^\alpha P_n\|_{2,\Omega_\delta} \leqq C\,\|P_n\|_{2,\Omega}\, n^{2|\alpha|}\,, \qquad \forall\alpha\,,$$

folgt. Die Addition mit (5) ergibt die gesuchte Markowsche Ungleichung

$$\|D^\alpha P_n\|_{2,\Omega} \leqq C\,\|P_n\|_{2,\Omega}\, n^{2|\alpha|}\,, \qquad \forall\alpha\,. \tag{6}$$

Es ist nicht schwierig, eine analoge Ungleichung auch für $p \neq 2$ herzuleiten.

2.6.5. Wir beweisen nun die Ungleichung

$$\|\varphi^{s-1} P_n\|_{2,\Omega} \leqq Cn^2\,\|\varphi^s P_n\|_{2,\Omega}\,. \tag{7}$$

Wir beginnen mit dem Fall einer Veränderlichen, den man auf einen Vergleich der Integrale

$$\int_0^\delta P_n^2(t)\,dt\,, \qquad \int_0^\delta t^2 P_n^2(t)\,dt$$

zurückführen kann, wobei $\delta > 0$ eine feste Zahl ist. Partielle Integration liefert

$$\int_0^\delta P_n^2(t)\,dt = \delta P_n^2(\delta) - 2\int_0^\delta tP_n(t)\,P_n'(t)\,dt\,.$$

Wir schätzen die rechte Seite ab. Zunächst folgt aus (1)

$$\delta P_n^2(\delta) \leqq \frac{1}{\delta}\,\|tP_n\|^2_{C[0,\delta]} \leqq Cn^2\,\|tP_n\|^2_{2,(0,\delta)}\,.$$

Weiterhin gilt

$$\left|2\int_0^\delta tP_n(t)\,P_n'(t)\,dt\right| \leqq \frac{1}{\varepsilon}\int_0^\delta t^2P_n^2(t)\,dt + \varepsilon\int_0^\delta P_n'^2(t)\,dt \leqq$$

$$\leqq \frac{1}{\varepsilon}\int_0^\delta t^2P_n^2(t)\,dt + C\varepsilon n^4\int_0^\delta P_n^2(t)\,dt\,.$$

Indem wir $\varepsilon = (2Cn^4)^{-1}$ setzen, finden wir die gesuchte Abschätzung:

$$\|P_n\|_{2,(0,\delta)} \leqq Cn^2\,\|tP_n\|_{2,(0,\delta)}\,. \tag{8}$$

Wenden wir uns dem allgemeinen Fall zu. Innerhalb Ω ist die Abschätzung trivial: Wenn Ω' ein inneres Teilgebiet ist und $|\varphi(t)| \geqq \beta$, $\forall t \in \Omega'$ gilt, dann ist

$$\|\varphi^{k-1} P_n\|_{2,\Omega'} \leqq \frac{1}{\beta}\,\|\varphi^k P_n\|_{2,\Omega'}\,. \tag{9}$$

Es genügt deshalb, ein Gebiet der Gestalt $E_{t_0,\delta}$ zu betrachten und die Integrale

$$\int_{E_{t_0,\delta}} \varphi^{2k-2}(t)\, P_n^2(t)\, dt\,, \qquad \int_{E_{t_0,\delta}} \varphi^{2k}(t)\, P_n^2(t)\, dt$$

miteinander zu vergleichen. Wir substituieren wie im Abschnitt 2.6.4 die Variablen t_i durch die Variablen η_i. Das Gebiet $E_{t_0,\delta}$ geht in das Parallelepiped F_δ über, und dabei wird das Integral

$$\int_{E_{t_0,\delta}} \varphi^{2s}(t)\, P_n^2(t)\, dt \tag{10}$$

von oben und unten durch das Integral

$$\int_{F_\delta} \eta_m^{2s} P_n^2(t)\, d\eta \tag{11}$$

mit Konstanten, die nicht von n abhängen, abgeschätzt. Der Ausdruck $\eta_m^{k-1} P_n(t)$ ist ein Polynom in η_m vom Grad $\leqq n + k - 1$, und infolge Ungleichung (8) gilt

$$\int_0^\delta \eta_m^{2k-2} P_n^2(t)\, d\eta_m \leqq Cn^4 \int_0^\delta \eta_m^{2k} P_n^2(t)\, d\eta_m\,.$$

Die Integration über η_i, $1 \leqq i \leqq m - 1$, in den Grenzen von $-\delta$ bis $+\delta$ liefert wegen der Äquivalenz der Integrale (10) und (11)

$$\int_{E_{t_0,\delta}} \varphi^{2k-2}(t)\, P_n^2(t)\, dt \leqq Cn^4 \int_{E_{t_0,\delta}} \varphi^{2k}(t)\, P_n^2(t)\, dt\,.$$

Hieraus folgt zusammen mit Ungleichung (9) die Abschätzung (7).

2.7. Abschätzungen für die Approximation der höheren Ableitungen

2.7.1. Weiter oben wurde erwähnt, daß Kantorowitsch ein Schema zur Konstruktion und Untersuchung von Projektionsverfahren vorgeschlagen hat. Wir legen das Schema hier nicht in der allgemeinsten Form dar, sondern in einer solchen Variante, die man auf das Ritzsche Verfahren anwenden kann.

Wir betrachten die Gleichung

$$Ax = f\,, \tag{1}$$

wobei A ein linearer stetiger Operator ist, der einen Banach-Raum X eineindeutig auf einen Banach-Raum Y abbildet. Dann sind die beiden Operatoren A und A^{-1} beschränkt. Wir konstruieren eine in X vollständige Folge endlichdimensionaler Räume X_n; das bedeutet bekanntlich, daß für alle $x \in X$ gilt

$$E_n(x) := \inf_{x^{(n)} \in X_n} \|x - x^{(n)}\| \xrightarrow[n\to\infty]{} 0\,. \tag{2}$$

Wir setzen $Y_n = AX_n$; für jedes n wählen wir einen Operator Q_n, der Y auf Y_n projiziert. Die Näherungslösung der Gleichung (1) konstruieren wir als Element $x^{(n)} \in X_n$, das die Gleichung

$$Q_n A x^{(n)} = Q_n f \tag{3}$$

erfüllt. Wenn x_* und $x_*^{(n)}$ die exakten Lösungen der Gleichungen (1) bzw. (3) sind, dann gilt, wie in den oben zitierten Arbeiten von Kantorowitsch gezeigt wurde,

$$\|x_* - x_*^{(n)}\|_X \leqq (1 + \|A^{-1} Q_n A\|_X)\, E_n(x_*)\,. \tag{4}$$

Hieraus folgt die Abschätzung

$$\|x_* - x_*^{(n)}\|_X \leqq C\|Q_n\|_{Y\to Y_n} E_n(x_*) . \tag{5}$$

2.7.2. In MICHLIN [11] wird eine Modifikation des Schemas von KANTOROWITSCH, vorgeschlagen. Es gelte $X \subset Y \subset Z$, wobei Y und Z Hilbert-Räume sind und X ein Banach-Raum ist; das Zeichen $\subset$ bedeutet die dichte Einbettung. In der Gleichung (1) betrachten wir A auch als Operator in Z und nehmen an, daß er positiv definit ist, d. h., für alle $x \in D(A)$ gilt

$$(Ax, x)_Z \geqq \gamma^2\|x\|_Z^2; \qquad \gamma^2 = \text{const} > 0;$$

gleichzeitig setzen wir, in Übereinstimmung mit Unterabschnitt 2.7.1, voraus, daß A den Raum X eineindeutig auf Y abbildet.

Wir wählen eine in X vollständige Folge von Unterräumen $\{X_n\}$, und es sei $(\varphi_{n1}, \varphi_{n2}, \dots, \varphi_{nN})$ die Basis in X_n. Wir setzen $Y_n = AX_n$ und definieren den Operator Q_n, der Y auf Y_n abbildet, durch die Beziehung

$$(f - Q_nf, \varphi_{nj})_Z = 0 , \qquad j = 1, 2, \dots , N , \qquad \forall f \in Y . \tag{6}$$

Wir beweisen, daß Q_n ein Projektor aus Y auf Y_n ist. Nach Definition gilt Q_n: $Y \to Y_n$, und deshalb ist $Q_nf \in Y_n$ für $f \in Y$ und folglich

$$Q_nf = \sum_{k=1}^{N} a_k^{(n)} A\varphi_{nk} .$$

Weiterhin ergibt sich nach Definition $(Q_nf - f, \varphi_{nj}) = 0$ oder

$$\sum_{k=1}^{N} a_k^{(n)}(A\varphi_{nk}, \varphi_{nj})_Z = (f, \varphi_{nj})_Z , \qquad 1 \leqq j \leqq N . \tag{7}$$

Der Operator A ist positiv definit in Z, deshalb ist auch die Matrix des Systems (7) positiv definit; dieses System ist eindeutig lösbar, und der Operator Q_n ist für alle natürlichen n definiert. Es bleibt zu zeigen, daß $Q_n^2 = Q_n$ ist. Ist $f \in Y$, dann gilt $Q_nf \in Y_n \subset Y$ und $Q_n^2f \in Y_n$, also

$$Q_n^2f = \sum_{k=1}^{N} b_k^{(n)} A\varphi_{nk} .$$

Aus $(Q_n^2f - Q_nf, \varphi_{nj}) = 0$ folgt $(Q_n^2f, \varphi_{nj}) = (Q_nf, \varphi_{nj}) = (f, \varphi_{nj})$ oder

$$\sum_{k=1}^{N} b_k^{(n)}(A\varphi_{nk}, \varphi_{nj}) = (f, \varphi_{nj}) , \qquad j = 1, 2, \dots , N .$$

Das System (7) ist eindeutig lösbar, deshalb gilt $b_k^{(n)} = a_k^{(n)}$ und $Q_n^2f = Q_nf$.

Wenn wir in (6) das Element f nach dem Operator Q_n durch $Ax^{(n)}$ ersetzen, erhalten wir das Bubnow-Galerkinsche Gleichungssystem für die Gleichung (1). Da A ein positiv definiter Operator in Z ist, so ist (6), oder das äquivalente System (7), auch das Ritzsche System dieser Gleichung. Wegen $Q_nf \in Y_n$ ist

$$Q_nf = \sum_{k=1}^{N} a_k^{(n)} A\varphi_{nk} , \qquad a_k^{(n)} = \text{const} ,$$

und folglich

$$\|Q_nf\|_Y^2 = \Big\|\sum_{k=1}^{N} a_k^{(n)} A\varphi_{nk}\Big\|_Y^2 \leqq \Lambda_n^{(N)} \sum_{k=1}^{N} |a_k^{(n)}|^2 , \tag{8}$$

wobei $\Lambda_n^{(N)}$ der größte Eigenwert der Matrix aus den Skalarprodukten $(A\varphi_{nk}, \varphi_{nj})_Y$ ist; $j, k = 1, 2, \dots , N$. Wir bemerken, daß $a_k^{(n)}$ die Ritzschen Koeffizienten der Näherungslösung $x_*^{(n)}$ sind:

$$x_*^{(n)} = \sum_{k=1}^{N} a_k^{(n)} \varphi_{nk} .$$

Wie gewöhnlich bezeichnen wir mit $[\cdot, \cdot]$ und $|\cdot|$ das Skalarprodukt und die Norm im energetischen Raum Z_A des Operators A. Aus der letzten Beziehung erhalten wir

$$|x_*^{(n)}|^2 = \sum_{j,k=1}^{N} a_j^{(n)} \bar{a}_k^{(n)} [\varphi_{nj}, \varphi_{nk}] = \sum_{j,k=1}^{N} a_j^{(n)} \bar{a}_k^{(n)} (A\varphi_{nj}, \varphi_{nk})_Z \geqq \lambda_n^{(1)} \sum_{k=1}^{N} |a_k^{(n)}|^2 ;$$

hierbei bezeichnet $\lambda_n^{(1)}$ den kleinsten Eigenwert der Matrix aus den Skalarprodukten $(A\varphi_{nj}, \varphi_{nk})_Z$; $j, k = 1, 2, \ldots, N$. Somit ist (siehe MICHLIN [3])

$$\sum_{k=1}^{N} |a_k^{(n)}|^2 \leqq \frac{|x_*^{(n)}|^2}{\lambda_n^{(1)}} \leqq \frac{|x_*|^2}{\lambda_n^{(1)}} \leqq \frac{||f||_Z^2}{\gamma^2 \lambda_n^{(1)}} .$$

Aus der Einbettung $Y \subset Z$ folgt die Existenz einer Konstanten C derart, daß $||f||_Z \leqq \leqq C||f||_Y$, und aus (8) folgt die gesuchte Abschätzung

$$||Q_n||_{Y \to Y_n} \leqq C \sqrt{\Lambda_n^{(N)} / \lambda_n^{(1)}} . \tag{9}$$

Wenn die Basis des Unterraums $H_A^{(n)}$ in Z_A orthonormiert ist, dann gilt $\lambda_n^{(1)} = 1$, und die letzte Abschätzung vereinfacht sich:

$$||Q_n||_{Y \to Y_n} \leqq C \sqrt{\Lambda_n^{(N)}} . \tag{10}$$

Aus der Formel (5) erhält man die Abschätzung des Approximationsfehlers in der X-Norm:

$$||x_* - x_*^{(n)}||_X \leqq C \sqrt{\Lambda_n^{(N)}} \, E_n(x_*) . \tag{11}$$

2.7.3. Wir kehren zur Aufgabe (2.4.1)—(2.4.2) zurück. Wir setzen voraus, daß das System (2.4.1) gleichmäßig elliptisch in Ω ist, und daß der Operator der betrachteten Aufgabe in $\mathbf{L}_2(\Omega)$ positiv definit ist. Die Lösung $x_*(t)$ wird beliebig glatt, wenn die Funktionen $\varphi(t)$, $f(t)$, $A_{\alpha\beta}(t)$ hinreichend glatt sind. Wir nehmen $x_* \in \mathbf{W}_2^{(r)}(\Omega)$ an für eine hinreichend große Zahl r.

Zuerst betrachten wir den einfacheren Fall eines Polynoms $\varphi(t)$. Die Aufgabe (2.4.1) bis (2.4.2) lösen wir mit dem Ritzschen Verfahren; als Koordinatenfunktionen wählen wir die Polynome $\varphi^s(t)\, P_n^{(j)}(t)$, wobei $P_n^{(j)}$ Polynome vom Grad $\leqq n$ in R_m sind. Die Näherungslösung hat die Gestalt $x_*^{(n)}(t) = \varphi^s(t)\, P_n(t)$, hierbei ist $P_n(t)$ ebenfalls ein Polynom vom Grad $\leqq n$ im R_m.

Wir führen die Räume $X = \mathring{\mathbf{W}}_2^{(\tilde{s})}(\Omega)$, $Y = \mathbf{W}_2^{(l)}(\Omega)$, $Z = \mathbf{L}_2(\Omega)$ mit $l \geqq 0$, $\tilde{s} = = 2s + l \leqq r$ ein. Die obere Null bezeichnet hier den Unterraum des Raumes $\mathbf{W}_2^{(\tilde{s})}(\Omega)$, der durch die Bedingungen (2.4.2) definiert wird.

Die Koordinatenfunktionen $\varphi_{nj}(t)$ setzen wir orthonormiert in $\mathbf{W}_2^{(s)}(\Omega)$ voraus. Wie unschwer einzusehen ist, sind dann die Zahlen $\lambda_n^{(1)}$ von unten positiv beschränkt, und ss gilt die Abschätzung (11) (näheres siehe MICHLIN [8]).

Sei N die Anzahl der Funktionen φ_{nj} bei festem n. Wir setzen $\tau = (\tau_1, \tau_2, \ldots, \tau_N)$ und $||\tau||^2 = |\tau_1|^2 + |\tau_2|^2 + \ldots + |\tau_N|^2$. Dann ist $\Lambda_n^{(N)} = \max_{||\tau||=1} ||A\Phi_n(\cdot, \tau)||_Y^2$ mit $\Phi_n(t, \tau) = \sum_{j=1}^{N} \tau_j \varphi_{nj}(t)$. Für eine beliebige Funktion $u \in \mathring{\mathbf{W}}_2^{(\tilde{s})}(\Omega)$ gilt die Ungleichung $|Au||_Y \leqq C||u||_X$; insbesondere ist $||A\Phi_n||_Y \leqq C||\Phi_n||_X = C||\Phi_n||_{(\tilde{s}),\Omega}$. Nun ist aber $\Phi_n(t, \tau)$ ein Polynom vom Grad $\leqq n +$ const in R_m, und wegen Ungleichung (2.6.3) gilt

$$||\Phi_n||_{(\tilde{s}),\Omega} \leqq Cn^{2(\tilde{s}-s)}\,||\Phi_n||_{(s),\Omega} \leqq Cn^{2(\tilde{s}-s)} \sum_{k=1}^{N} |\tau_k|^2 = Cn^{2(\tilde{s}-s)}.$$

Somit ergibt sich

$$\Lambda_n^{(N)} \leqq Cn^{4(\tilde{s}-s)}. \tag{12}$$

Es bleibt noch die beste Approximation

$$E_n(x_*) = \inf_{x^{(n)}\in X_n} ||x_* - x^{(n)}||_X = \inf_{x^{(n)}\in X_n} ||x_* - x^{(n)}||_{(\tilde{s}),\Omega}$$

abzuschätzen. Die Funktion $x^{(n)}$ ist ein Polynom vom Grad $\leqq n$ + const im R_m und $x_* \in \mathring{W}_2^{(r)}(\Omega)$; nach Satz 2.2.2 existiert ein Polynom $\bar{x}^{(n)} \in X_n$ mit

$$||x_* - \bar{x}^{(n)}||_{(\tilde{s}),\Omega} \leqq Cn^{-(r-\tilde{s})}\omega_{L_2}^{(r)}\left(x_*, \frac{1}{n}\right).$$

Das bedeutet $E_n(x_*) \leqq Cn^{-(r-\tilde{s})}\omega_{L_2}^{(r)}\left(x_*, \frac{1}{n}\right)$. Somit folgt aus den Formeln (5) und (12)

$$\varrho_n = ||x_* - x_*^{(n)}||_{(\tilde{s}),\Omega} \leqq Cn^{-r+3\tilde{s}-2s}\omega_{L_2}^{(r)}\left(x_*, \frac{1}{n}\right). \tag{13}$$

Das ist die gesuchte Abschätzung des Approximationsfehlers für die Ableitungen der Ordnung $\tilde{s} \geqq 2s$.

2.7.4. Wir kehren zum allgemeinen Fall zurück und setzen voraus, daß die Funktion $\varphi(t)$ hinreichend glatt, aber kein Polynom ist. Wir schätzen erneut die Größe $\Lambda_n^{(N)} = \max_{||\tau||=1} ||A\Phi_n(\cdot,\tau)||_Y^2$ ab. Für jede Funktion $u \in \mathring{W}_2^{(\tilde{s})}(\Omega)$ gilt die Ungleichung $||Au||_{(l)} \leqq C||u||_{(\tilde{s})}$; insbesondere ist $||A\Phi_n||_{(l)} \leqq C||\Phi_n||_{(\tilde{s})}$. Die Norm in $W_2^{(\tilde{s})}(\Omega)$ kann man mit Hilfe der Formel

$$||u||_{(\tilde{s})} = \sum_{\sigma,\zeta} ||D^{\sigma+\zeta}u||_2$$

definieren, wobei sich die Summation über alle Multiindizes σ und ζ mit $|\sigma| \leqq s + l$ und $|\zeta| \leqq s$ erstreckt. Wir beweisen die Ungleichung

$$||D^{\sigma+\zeta}\Phi_n||_2 \leqq Cn^{2|\sigma|}||\Phi_n||_2. \tag{14}$$

Es gilt $\Phi_n(t,\tau) = \varphi^s(t)\,P_n(t,\tau)$ mit einem Polynom $P_n(t,\tau)$ vom Grad $\leqq n$ im R_m. Wir konstruieren ein Polynom $q_n(t)$ vom Grad $\leqq n$ im R_m derart, daß

$$||\nu \leqq |\sigma + \zeta|, \qquad |D^\nu[\varphi^s(t) - q_n(t)]| = O(n^{-v+\nu}), \qquad \forall \nu;$$

vermöge Satz 2.2.1 ist dies möglich. Wir setzen v hinreichend groß voraus. Weiterhin gilt

$$||D^{\sigma+\zeta}\Phi_n(\cdot,\tau)||_2 \leqq ||D^{\sigma+\zeta}(q_nP_n(\cdot,\tau))||_2 + ||D^{\sigma+\zeta}(\varphi^s - q_n)\,P_n(\cdot,\tau)||_2. \tag{15}$$

Der Term $D^\zeta(q_n(t)\,P_n(t,\tau))$ ist ein Polynom vom Grad $\leqq 2n - \zeta \leqq 2n$ im R_m, und wegen Ungleichung (2.6.4) erhalten wir

$$||D^{\sigma+\zeta}(q_nP_n(\cdot,\tau))||_2 \leqq Cn^{2|\sigma|}||D^\zeta(q_nP_n(\cdot,\tau))||_2. \tag{16}$$

Weiterhin ist

$$||D^\zeta(q_nP_n(\cdot,\tau))||_2 \leqq ||D^\zeta(\varphi^sP_n(\cdot,\tau))||_2 + ||D^\zeta[(\varphi^s - q_n)\,P_n(\cdot,\tau)]||_2. \tag{17}$$

Wir schätzen den zweiten Summanden ab:

$$\|D^\zeta[(\varphi^s - q_n)\, P_n(\cdot, \tau)]\|_2 = \|\sum_{\alpha \leqq \zeta} D^\alpha(\varphi^s - q_n)\, D^{\zeta-\alpha} P_n(\cdot, \tau)\|_2$$

$$\leqq \frac{C}{n^{v-|\zeta|}} \sum_{\alpha \leqq \zeta} \|D^{\zeta-\alpha} P_n(\cdot, \tau)\|_2 \leqq C n^{-v+3\|\zeta\|} \|P_n(\cdot, \tau)\|_2$$

$$\leqq C n^{-v+3|\zeta|+2s} \|\varphi^s P_n(\cdot, \tau)\|_2 \leqq C \|\varphi^s P_n(\cdot, \tau)\|^2;$$

hierbei wurden die Ungleichungen (2.6.6) und (2.6.11) benutzt sowie die Tatsache, daß v hinreichend groß ist. Aus den Sobolewschen Einbettungssätzen ergibt sich die Ungleichung

$$\|\varphi^s P_n(\cdot, \tau)\|_2 \leqq C \|\varphi^s P_n(\cdot, \tau)\|_{(s)}$$

und folglich auch die Abschätzung

$$\|D^\zeta[(\varphi^s - q_n)\, P_n(\cdot, \tau)]\|_2 \leqq C \|\varphi^s P_n(\cdot, \tau)\|_{(s)}\,. \tag{18}$$

Analog finden wir

$$\|D^{\zeta+\sigma}[(\varphi^s - q_n)\, P_n(\cdot, \tau)]\|_2 \leqq C \|\varphi^s P_n(\cdot, \tau)\|_{(s)}\,. \tag{19}$$

Aus den Ungleichungen (19) folgt offensichtlich die Abschätzung (14), die ihrerseits

$$\|\Phi_n\|^2_{(\tilde{s})} \leqq C n^{4\tilde{s}-2s} \|\Phi_n\|^2_{(s)} \leqq C n^{4\tilde{s}-2s}$$

liefert. Infolge Satz 2.2.1 gilt $E_n(x_*) \leqq C n^{-r+s} \omega^{(r)}_{L_2}\left(x_*, \frac{1}{n}\right)$. Die letzten beiden Ungleichungen führen zusammen mit (10) zur Abschätzung (13).

2.7.5. Wenn die Gleichung (2.4.1) mit natürlichen Randbedingungen gelöst wird, dann kann man eine Abschätzung erhalten, die ähnlich zu (13) ist. Als Koordinatenfunktionen können Polynome gewählt werden. Dabei bleiben alle vorhergehenden Überlegungen im wesentlichen unverändert, allerdings ergibt sich für die beste Approximation (2.2.3) und schließlich

$$\varrho_n = \|x_* - x_*^{(n)}\|_{(\tilde{s})} \leqq C n^{-r+3\tilde{s}-2s}\,. \tag{20}$$

2.8. Abschätzung für die Approximation der niedrigeren Ableitungen

2.8.1. Abschätzungen dieser Art wurden unter anderem von SCHAPOSCHNIKOWA [1] erhalten, die eine andere Modifikation des Schemas von KANTOROWITSCH benutzte. Wie vorhin wird zu den Räumen X und Y noch ein Raum Z hinzugefügt, wobei nach wie vor Y und Z Hilbert-Räume sind. Im Unterschied zu Abschnitt 2.7 sind jetzt die Räume durch die Beziehung $X \subset Z \subset Y$ miteinander verbunden. Wir nehmen an, daß eine Einschränkung $\hat{A}$ des Operators A der Aufgabe (2.7.1) derart existiert, daß $D(\hat{A}) \subset Z$, $R(\hat{A}) \subset Z$ und $\hat{A}$ ein positiv definiter Operator in Z ist. Den energetischen Raum des Operators $\hat{A}$ bezeichnen wir mit $\hat{Z}$. Es gibt zwei Möglichkeiten der Konstellation der Räume:

$$X \subset \hat{Z} \subset Z \subset Y \tag{1}$$

und

$$\hat{Z} \subset X \subset Z \subset Y\,. \tag{2}$$

Wir führen den dualen Raum Y^* von Y bezüglich des Skalarprodukts in Z ein und nehmen $Y^{**} = Y$ an, wobei Y^{**} der duale Raum zu Y^* bezüglich des gleichen Skalarprodukts in Z ist.

2.8.2. Wir wählen eine Folge endlichdimensionaler Unterräume $\{X_n\}$, die vollständig in $X \cap Y^*$ ist, und es sei

$$(\varphi_{n1}, \varphi_{n2}, \dots, \varphi_{nN}), \qquad n = 1, 2, \dots, \tag{3}$$

eine Basis in X_n. Wir nehmen an, daß bei beliebigem n die Elemente in $\hat{Z}$ orthonormiert sind.

Mit $\tilde{A}$ wird die Einschränkung des Operators A auf $Y^* \cap X$ bezeichnet und $\tilde{A}$ wird als positiv definiter Operator aus Y^* in Y vorausgesetzt (siehe BIRMAN [1] sowie MICHLIN [8]). Wir setzen weiterhin voraus, daß der entsprechende energetische Raum mit $\hat{Z}$, dem energetischen Raum des Operators $\hat{A}$, übereinstimmt.

Wir bezeichnen $Y_n = AX_n$ und definieren die Projektoren Q_n durch die Beziehungen

$$\forall f \in Y; \qquad Q_n f \in Y_n, \qquad (f - Q_n f, \varphi_{nj}) = 0, \qquad j = 1, 2, \dots, N; \tag{4}$$

die linke Seite der Gleichung (4) ist als der Wert des Funktionals $(f - Q_n f) \in Y = Y^{**}$ auf dem Element $\varphi_{nj} \in Y^*$ zu verstehen. Genauso wie im Abschnitt 2.7 zeigt man, daß Q_n ein Projektor aus Y auf Y_n ist.

Wir nehmen an, daß die Beziehung (1) erfüllt ist, und schätzen die Norm $\|Q_n\|_Y$ ab. Die Näherungslösung hat die Gestalt

$$x_*^{(n)} = \sum_{k=1}^{N} a_k^{(n)} \varphi_{nk};$$

dabei gilt $Ax_*^{(n)} = Q_n f$ und folglich

$$\|Q_n f\|_Y^2 = \sum_{j,k=1}^{N} (A\varphi_{nk}, A\varphi_{nj})_Y \, a_k^{(n)} \bar{a}_j^{(n)} \leqq \Lambda_n^{(N)} \sum_{k=1}^{N} |a_k^{(n)}|^2; \tag{5}$$

hierbei ist wie im Abschnitt 2.7 $\Lambda_n^{(N)}$ der größte Eigenwert der Matrix $(A\varphi_{nk}, A\varphi_{nj})_Y$; $j, k = 1, 2, \dots, N$. Die Elemente φ_{nk} sind orthonormiert in $\hat{Z}$, deshalb gilt

$$\sum_{k=1}^{N} |a_k^{(n)}|^2 = |x_*^{(n)}| := \|x_*^{(n)}\|_{\hat{Z}}^2 .$$

Es ist leicht einzusehen, daß x_* die Lösung der Aufgabe $\tilde{A}x = f$ und $x_*^{(n)}$ die Ritzsche Näherungslösung dieser Aufgabe ist. In MICHLIN [3] ist $|x_*^{(n)}| \leqq |x_*|$ gezeigt; daraus folgt

$$\sum_{k=1}^{N} |a_k^{(n)}|^2 \leqq |x_*|^2 \leqq C\|x_*\|_X^2 = C\|A^{-1}f\|_X^2 \leqq C\|f\|_Y^2 .$$

Jetzt ergibt sich aus (5) $\|Q_n\|_{Y \to Y_n} \leqq C\sqrt{\Lambda_n^{(N)}}$ und

$$\|x_* - x_*^{(n)}\|_X \leqq C\sqrt{\Lambda_n^{(N)}}\, E_n(x_*) . \tag{6}$$

2.8.3. Wir betrachten nun den Fall (2). Die Ungleichung (5) bleibt richtig. Für beliebige Elemente $h \in Y$ und $g \in Y^*$ gilt $|(h, g)| \leqq \|h\|_Y \|g\|_{Y^*}$. Auf Grund der Gleichung (4) und der Beschränktheit des Operators $\tilde{A}^{-1}$, des Inversen zum positiv definiten Operator $\tilde{A}$ gilt

$$\sum_{k=1}^{N} |a_k^{(n)}|^2 = |x_*^{(n)}|^2 \leqq |x_*|^2 = (\tilde{A}x_*, x_*) = (f, x_*) \leqq \|f\|_Y \|x_*\|_X = $$
$$= \|f\|_Y \|A^{-1}f\|_{Y^*} \leqq C\|f\|_Y^2 .$$

Damit erhalten wir aus (5) $\|Q_n f\|_Y \leqq C\sqrt{\Lambda_n^{(N)}}\,\|f\|_Y$ und folglich $\|Q_n\|_{Y\to Y_n} \leqq C\sqrt{\Lambda_n^{(N)}}$. Hieraus ergibt sich schließlich

$$\|x_* - x_*^{(n)}\|_X \leqq C\sqrt{\Lambda_n^{(N)}}\, E_n(x_*) . \tag{7}$$

2.8.4. Wir wenden uns der Aufgabe (2.4.1-2) zu. Alle in den vorigen Abschnitten gemachten Voraussetzungen über die Vorgaben und die Lösung dieser Aufgabe sollen bestehen bleiben. Sei l eine ganze Zahl, $0 \leqq l \leqq 2s$, und $\tilde{s} = 2s - l$. Wir führen die Räume $X = \mathring{\mathbf{W}}_2^{(\tilde{s})}(\Omega)$, $Y = \mathbf{W}_2^{(-l)}(\Omega)$, $Z = \mathbf{L}_2(\Omega)$ ein. Dann ist $X \subset Z \subset Y$; genauso wie früher bedeutet das obere 0, daß die Funktionen aus X den Bedingungen (2.4.2) genügen. Im vorliegenden Fall ist $\hat{Z} \sim \mathring{\mathbf{W}}_2^{(s)}(\Omega)$, deshalb entspricht die Konstellation der Räume (1) und (2) den Werten $0 < l < s$ bzw. $s < l < 2s$. Um zu beweisen, daß sich auf unsere Aufgabe das Schema aus Unterabschnitt 2.8.2 anwenden läßt, haben wir die Richtigkeit der folgenden Behauptungen nachzuweisen: a) die Operatoren A und A^{-1} sind beschränkt, b) der Operator $\tilde{A}$ ist positiv definit, c) der energetische Raum des Operators $\tilde{A}$ stimmt mit $\hat{Z}$ überein. Die Beschränktheit des Operators A ist offensichtlich. Weiterhin gilt im vorliegenden Fall $Y^* = X$; hieraus folgt $\tilde{A} = A$. Es ist unschwer einzusehen, daß A ein symmetrischer und positiver Operator aus $X = Y^*$ in Y ist und daß sein energetischer Raum mit $\hat{Z}$ zusammenfällt. Wenn wir weiterhin beweisen, daß der Operator A^{-1} beschränkt ist, dann ist der positive Operator $\tilde{A}$ positiv definit. Somit genügt es, die Beschränktheit des Operators A^{-1} zu beweisen.

Nach Definition ist A die Erweiterung des Operators $\hat{A}$, die durch die Beziehung

$$(Ax, y)_Z = (x, \hat{A}^*y)_Z = (x, \hat{A}y)_Z \,; \qquad x \in \mathring{\mathbf{W}}_2^{(\tilde{s})}(\Omega)\,, \qquad y \in \mathbf{W}_2^{(2s)}(\Omega)\,, \tag{8}$$

definiert ist.

Der Operator $\hat{A}$ ist positiv definit in $Z = \mathbf{L}_2(\Omega)$ und besitzt deshalb einen trivialen Kern. Wir zeigen, daß der Kern des erweiterten Operators A keine weiteren Elemente enthält.

Sei $Ax_0 = 0$. Dann ist $(x_0, \hat{A}y)_Z = 0$. Das bedeutet, daß x_0, betrachtet als Funktional in $Z = \mathbf{L}_2(\Omega)$, auf dem Wertebereich des Operators $\hat{A}$, d. h. auf dem gesamten Raum $\mathbf{L}_2(\Omega)$, annuliert wird. Dann ist aber $x_0 = 0$, d. h., der Operator A hat einen trivialen Kern, und es existiert der inverse Operator A^{-1}. Weiterhin ist $\hat{A}$ offensichtlich ein Noetherscher Operator, und sein Index ist gleich Null. Wie in Michlin [9] (siehe auch Michlin [15]) gezeigt wurde, ist der Operator A ebenfalls Noethersch mit dem gleichen Index wie $\hat{A}$, d. h. mit dem Index Null. Eben wurde gezeigt, daß der Kern des Operators A trivial ist, somit ist der Kern des adjungierten Operators A^* ebenfalls trivial. Hieraus folgt, daß der Operator A^{-1} auf dem gesamten Raum $\mathbf{W}_2^{(\tilde{s}-2s)}$ definiert ist. Gleichzeitig ist er abgeschlossen als Inverse des Noetherschen (und folglich abgeschlossenen) Operators A. Aus dem Gesagten folgt nun, daß der Operator A^{-1} beschränkt ist.

2.8.5. Wie im Abschnitt 2.7 haben wir $x_*^{(n)} = \varphi^s(t)\, P_n(t)$ mit einem Polynom $P_n(t)$ vom Grad $\leqq n$ im $\boldsymbol{R}_m$, und

$$\Lambda_n^{(N)} = \max_{\|\tau\|=1} \|\sum_{k=1}^{N} \tau_k A\varphi_{nk}\|_{(-l)}^2 = \max_{\|\tau\|=1} \|A\Phi_n(\cdot,\tau)\|_{(-l)}^2 .$$

Der Operator A ist beschränkt, deshalb ist

$$\|A\Phi_n(\cdot,\tau)\|_{(-l)} \leqq C\,\|\Phi_n(\cdot,\tau)\|_{(2s-l)} = C\,\|\Phi_n(\cdot,\tau)\|_{(\tilde{s})} .$$

Wir betrachten zuerst den Fall $\tilde{s} > s$, oder $l < s$, was (1) entspricht. Infolge Ungleichung (2.6.6) gilt

$$\|\Phi_n(\cdot,\tau)\|_{(\tilde{s})} \leqq Cn^{2(\tilde{s}-s)}\,\|\Phi_n(\cdot,\tau)\|_{(s)} \leqq Cn^{2(\tilde{s}-s)} . \tag{9}$$

Weiterhin ist nach Satz 2.2.2

$$E_n(x_*) = \inf_{x^{(n)}\in X_n} \|x_* - x^{(n)}\|_{(\tilde{s})} \leqq Cn^{-r+\tilde{s}}\omega_{L_2}^{(r)}\left(x_*, \frac{1}{n}\right),$$

und aus (6) folgt

$$\varrho_n = \|x_* - x_*^{(n)}\|_{(\tilde{s})} \leqq Cn^{-r+3\tilde{s}-2s}\omega_{L_2}^{(r)}\left(x_*, \frac{1}{n}\right), \qquad s < \tilde{s} \leqq 2s . \tag{10}$$

Nun untersuchen wir den Fall $0 \leqq \tilde{s} \leqq s$. Die Ungleichung (9) wird durch eine einfachere ersetzt:

$$\|\Phi_n(\cdot,\tau)\|_{(\tilde{s})} \leqq C\,\|\Phi_n(\cdot,\tau)\|_{(s)} = C ,$$

hieraus folgt die Abschätzung

$$\varrho_n = \|x_* - x_*^{(n)}\|_{(\tilde{s})} \leqq Cn^{-r+\tilde{s}}\omega_{L_2}^{(r)}\left(x_*, \frac{1}{n}\right), \qquad 0 \leqq \tilde{s} < s . \tag{11}$$

Die Abschätzung (10) ist genauer, während die Abschätzung (11) mit der entsprechenden Abschätzung aus dem Artikel Schaposchnikowas [1] übereinstimmt.

Wir bemerken, daß bei $p = 2$ und $\tilde{s} > s$ die Abschätzungen Iljins [5] mit den entsprechenden Abschätzungen der Abschnitte 2.7 und 2.8 übereinstimmen; bei $p = 2$ und $\tilde{s} \leqq s$ sind die Abschätzungen von Iljin etwas schwächer als die entsprechenden Abschätzungen aus Abschnitt 2.4 ($\tilde{s} = s$) und 2.8 ($\tilde{s} < s$). Schaposchnikowa zeigte in [3], daß die hier erwähnten Abschätzungen von Iljin verbessert werden können.

Einige Fragen der Fehlerabschätzung für das Ritzsche Verfahren in allgemeinen Banach-Räumen wurden im Artikel Schaposchnikowa [4] untersucht.

2.9. Bubnow-Galerkin-Verfahren

2.9.1. Die Grundlagen des Bubnow-Galerkin- und auch des allgemeineren Galerkin-Petrow-Verfahrens sind in Michlin [2] und [4] dargelegt; wir setzen voraus, daß diese Grundlagen dem Leser bekannt sind.

In diesem Abschnitt beschäftigen wir uns mit der Abschätzung des Approximationsfehlers des Bubnow-Galerkin-Verfahrens, die wahrscheinlich erstmals von Krasnoselski [1] in einer äußerst allgemeinen Situation, und zwar für nichtlineare Aufgaben, aufgestellt wurde. Diese Abschätzung ist in verschiedenen Varianten mit ausführlichen Beweisen im Buch Krasnoselski u. a. [1] dargelegt; dort sind ebenfalls die notwendigen Literaturhinweise gegeben. Hier beschränken wir uns darauf, die genannte Abschätzung im einfachsten Fall (ohne Beweis) anzuführen.

Sei A_0 ein selbstadjungierter, positiv definiter Operator in einem Hilbert-Raum H, K ein linearer Operator in H mit $D(K) \supset D(A_0)$, und der Operator $T = A_0^{-1} K$ sei vollstetig im energetischen Raum $H_0 := H_{A_0}$. Sei $A = A_0 + K$, und die Gleichung $Ax = 0$ habe nur die triviale Lösung. Dann hat die inhomogene Gleichung $Ax = f$, $\forall f \in H$, genau eine verallgemeinerte Lösung (das ist die Lösung der Gleichung $x + Tx = A_0^{-1}f$). Wir bezeichnen diese Lösung mit x_*. Unter diesen Bedingungen (siehe MICHLIN [2]) existiert für hinreichend große n genau eine Bubnow-Galerkinsche Näherungslösung $x_*^{(n)}$ und $|x_* - x_*^{(n)}| \xrightarrow[n\to\infty]{} 0$; $|\cdot|$ sei die Norm in H_0. Die oben erwähnte Fehlerabschätzung hat die Gestalt

$$E_n(x_*) \leqq |x_* - x_*^{(n)}| \leqq CE_n(x_*) \; ; \tag{1}$$

hierbei hat $E_n(x_*)$ die gleiche Bedeutung wie in den vorigen Abschnitten dieses Kapitels.

Die Arbeiten VAINIKKOS [1, 3, 4, 9] enthalten Abschätzungen des Approximationsfehlers für das Bubnow-Galerkin-Verfahren in dem Fall, daß die Koordinatenelemente die Eigenelemente eines A_0 ähnlichen Operators (d. h., eines Operators mit gleichem Definitionsgebiet) sind. VAINIKKO [5, 6, 8] enthält Abschätzungen des Approximationsfehlers für das Bubnow-Galerkin-Verfahren beim Eigenwertproblem. Abschätzungen des Approximationsfehlers für das Bubnow-Galerkin-Verfahren enthalten auch die Arbeiten DSHISCHKARIANIS [1, 4—7, 9].

2.9.2. Wir geben einige Resultate der oben aufgezählten Arbeiten wieder. In DSHISCHKARIANI [4] wird die Gleichung

$$A_0 x + Kx = f \tag{2}$$

unter den am Anfang dieses Abschnitts gemachten Voraussetzungen und unter der zusätzlichen Annahme betrachtet, daß der Operator KA_0^{-1} im Raum H_0 vollstetig ist. Sei der Operator B ähnlich A_0; d. h., B ist ein selbstadjungierter, positiv definiter Operator und $D(B) = D(A_0)$. Wir setzen noch voraus, daß B (und folglich auch A_0) ein diskretes Spektrum hat. Seien ω_k und v_k die Eigenwerte und Eigenelemente des Operators B. Als Koordinatenelemente wählen wir v_k und bezeichnen mit δ_n den Defekt der Näherungslösung $x_*^{(n)}$: $\delta_n := A_0 x_*^{(n)} + Kx_*^{(n)} - f$; wir nehmen an, daß $\delta_n \in D(B^r)$, $r \geqq 0$ gilt; für $r = 0$ ist diese Annahme offensichtlich erfüllt. Es wird gezeigt, daß $||\delta_n||_H = o(1)$. In DSHISCHKARIANI [4] werden die folgenden Abschätzungen erzielt:

$$||A_0(x_* - x_*^{(n)})||_H = \frac{||T_1||_H \, ||B^r \delta_n||}{\omega_{n+1}^r} \; ; \tag{3}$$

$$|x_* - x_*^{(n)}| \leqq \omega_{n+1}^{-r-1/2} [||T||_H \, ||T_1||_H \, ||A_0^{-1}B||_H]^{1/2} \, ||B^r \delta_n|| \, . \tag{4}$$

Hierbei ist $|\cdot|$ die Norm in H_0, dem energetischen Raum des Operators A_0, I ist der identische Operator, $T = (I + A_0^{-1}K)^{-1}$, $T_1 = (I + KA_0^{-1})^{-1}$.

VAINIKKO untersuchte in [9] eine allgemeinere Gleichung der Gestalt $Ax = f$, wobei der Operator A aus einem Banach-Raum in einen anderen wirkt. Wir stellen hier die Ergebnisse dieses Artikels vor, die sich auf die Gleichung (2) beziehen. B sei weiterhin ein A_0 ähnlicher Operator, und es sei P_λ die Zerlegung der Einheit des Operators B. Wir bezeichnen $H_\lambda = P_\lambda H$. Diesmal verstehen wir als Näherungslösung der Gleichung (2) die Lösung der Gleichung

$$P_\lambda(Ax_\lambda - f) = 0 \, , \qquad A = A_0 + K \, . \tag{5}$$

Wir nehmen an, daß bei einem α_0, $0 \leqq \alpha_0 \leqq 1$, der Operator $A^{\alpha_0-1}KA^{-\alpha_0}$ in H vollstetig ist. Sei T die Abschließung dieses Operators in H; wir setzen voraus, daß die Gleichung $x + Tx = 0$ nur die triviale Lösung besitzt. Außerdem sei die exakte Lösung $x_* \in D(B^{\alpha_1})$. Dann existiert ein λ_0 derart, daß für $\lambda \geqq \lambda_0$ die Gleichung (5) eine eindeutige Lösung besitzt, und für $\alpha_0 \leqq \alpha \leqq \alpha_1$ gilt die Abschätzung

$$\begin{aligned} &E_\lambda^{(\alpha)} \leqq \|B^\alpha(x_* - x_\lambda)\| \leqq CE_\lambda^{(\alpha)}\,; \\ &E_\lambda^{(\alpha)} = \|B^\alpha x_* - P_\lambda B^\alpha x_*\| = O(\lambda^{\alpha-\alpha_1})\,. \end{aligned} \tag{6}$$

2.9.3. Wir betrachten die Randwertaufgabe

$$\begin{aligned} &\sum_{|\alpha|,|\beta|=0}^{s} (-1)^{|\alpha|}\,\mathrm{D}^\alpha(A_{\alpha\beta}\mathrm{D}^\beta x) = f(t)\,, \qquad t \in \Omega\,, \\ &\mathrm{D}^\gamma x|_{\partial\Omega} = 0\,, \qquad 0 \leqq |\gamma| \leqq s-1\,. \end{aligned} \tag{7}$$

Wir setzen voraus, daß der Operator dieser Aufgabe, den wir mit A bezeichnen, in der Form $A = A_0 + K$ darstellbar ist, wobei der Operator A_0 positiv definit in $\mathbf{L}_2(\Omega)$ und der Operator $T = A_0^{-1}K$ vollstetig im energetischen Raum H_0 des Operators A_0 ist. Weiterhin nehmen wir an, daß der Rand des Gebiets Ω hinreichend glatt ist, und daß die Aufgabe (7) nicht mehr als eine Lösung besitzt; dann existiert die Lösung dieser Aufgabe (möglicherweise eine verallgemeinerte). Sei diese Lösung $x_* \in \mathbf{W}_2^{(r)}(\Omega)$ mit hinreichend großem r. In Übereinstimmung mit dem Spezialfall des modifizierten Schemas von Kantorowitsch, das im Unterabschnitt 2.7.2 beschrieben wurde, setzen wir $X = \mathring{\mathbf{W}}_2^{(\tilde{s})}(\Omega)$, $Y = \mathbf{W}_2^{(l)}(\Omega)$, $Z = \mathbf{L}_2(\Omega)$. Sei weiterhin $l \geqq 0$, $\tilde{s} = 2s + 1$ (siehe 2.7.3). Wir führen die gleichen Koordinatenfunktionen wie in 2.7.3 ein und definieren die Projektoren durch die Beziehung (2.7.6). Dann bleiben alle Überlegungen vom Abschnitt 2.7 gültig, und wir erhalten, daß die Abschätzung (2.7.12) ebenfalls für die mit dem Bubnow-Galerkin-Verfahren und den oben genannten Koordinatenfunktionen gewonnene Näherungslösung der Aufgabe (7) gilt.

Gleichfalls ist es unschwer einzusehen, daß für die Aufgabe (7) die Abschätzungen für die niedrigeren Ableitungen gelten, die im Abschnitt 2.8 aufgestellt wurden.

2.10. Differenzenverfahren

Der Approximationsfehler von Differenzenverfahren ist in der monographischen Literatur recht gut beleuchtet, und wir beschränken uns hier nur auf wenige kurze Hinweise. Eine ausführlichere Darstellung kann man zum Beispiel in den Monographien Forsythe und Wasow [1], Babuška, Práger und Vitásek [1], Martschuk [1], Godunow und Rjabenki [1] finden.

2.10.1. Wir betrachten das Dirichlet-Problem für die Laplace-Gleichung in einem zweidimensionalen Gebiet mit hinreichend glattem Rand:

$$\begin{aligned} &\Delta x = \frac{\partial^2 x}{\partial t_1^2} + \frac{\partial^2 x}{\partial t_2^2} = 0\,, \qquad t = (t_1, t_2) \in \Omega\,. \\ &x|_{\partial\Omega} = \varphi\,. \end{aligned} \tag{1}$$

Wir konstruieren ein quadratisches Gitter mit der Schrittweite h. Mit Ω_1 bezeichnen wir die abgeschlossene Teilmenge von Ω, die die Eigenschaft besitzt, daß für $t \in \Omega_1$ und beliebige Werte ξ, $|\xi| \leqq 1$, gilt $(t_1 + \xi h, t_2) \in \overline{\Omega}$ und $(t_1, t_2 + \xi h) \in \overline{\Omega}$. In den Punkten der Menge Ω_1 wird die Laplace-Gleichung durch die Differenzengleichung

$$X(t_1, t_2) = \tfrac{1}{4} [X(t_1 + h, t_2) + X(t_1 - h, t_2) + X(t_1, t_2 + h) + X(t_1, t_2 - h)] \tag{2}$$

approximiert; in den Punkten der Menge $\Omega \backslash \Omega_1$ wird für die Funktion X eine lineare Interpolationsformel konstruiert, die es gestattet, die Randbedingungen zu imitieren.

Die in Ω_1 liegenden Gitterpunkte heißen *innere*, und die in $\Omega \backslash \Omega_1$ liegenden heißen *Randgitterpunkte*. In den inneren Gitterpunkten betrachten wir die Gleichung (2), in den Randgitterpunkten die oben erwähnte Interpolationsformel. Im Ergebnis erhalten wir ein lineares algebraisches System (das *Gittersystem*), von dem bekannt ist daß es eine eindeutige Lösung X_h besitzt.

Es ist bewiesen (siehe Forsythe und Wasow [1]), daß gilt

$$\|x_h - X_h\|_{L_\infty} \leqq (\tfrac{1}{12} M_4 \sup Q + M_2)\, h^2\,, \tag{3}$$

wenn die exakte Lösung der Aufgabe (1) $x_* \in C^{(4)}(\overline{\Omega})$ ist und x_h eine in den in $\overline{\Omega}$ liegenden Gitterpunkten definierte Funktion ist, die dort mit der Funktion x_* übereinstimmt. Q ist eine stetige und in $\overline{\Omega}$ nichtnegative Funktion, M_k ist die obere Grenze der Beträge der partiellen Ableitungen k-ter Ordnung von x_*.

Ähnliche Resultate sind in der gleichen Monographie für allgemeine elliptische Gleichungen zweiter Ordnung in einem Gebiet Ω beliebiger Dimension und für allgemeinere Randbedingungen enthalten. In der Monographie von Babuška, Práger und Vitásek [1] werden Abschätzungen des Approximationsfehlers des Differenzenverfahrens für die biharmonische Gleichung in der Ebene angegeben.

2.10.2. Rjabenki und Filippow bewiesen einen äußerst interessanten allgemeinen Satz über die Abschätzung des Approximationsfehlers für Differenzenverfahren. Dieser Satz ist ausführlich in den Monographien Godunow und Rjabenki [1] und Martschuk [1] bewiesen. Wir betrachten die numerische Aufgabe der Gestalt

$$Lx = f\,, \qquad lx = \varphi\,. \tag{4}$$

Hierbei sind x und f die gesuchte bzw. die gegebene Funktion, definiert in einem Gebiet $\Omega \subset R_m$; die Funktion φ ist definiert auf $\partial\Omega$, L und l sind lineare Operatoren. Die Aufgabe (4) werde ersetzt durch die Differenzenaufgabe

$$L_h x^h = f^h\,, \qquad l_h x^h = \varphi^h\,, \tag{5}$$

in der x^h, f^h, φ^h Gitterfunktionen sind, die im allgemeinen zu verschiedenen Räumen von Gitterfunktionen gehören; $x^h \in X_h, f^h \in F_h, \varphi^h \in \Phi_h$.

Sei $(\cdot)_h$ ein Operator, der eine auf Ω oder $\partial\Omega$ gegebene Funktion in eine Gitterfunktion transformiert, die auf der entsprechenden Menge der Gitterpunkte gegeben ist. Der Satz von Rjabenki-Filippow besteht in folgendem: Es seien die Approximationsgleichungen

$$\begin{aligned} &\|(Lx)_h - L_h x^h\|_{X_h} \leqq Ch^k\,, \qquad \|(lx)_h - l_h x^h\|_{\Phi_h} \leqq Ch^k\,, \\ &\|(f)_h - f^h\|_{F_h} \leqq Ch^k\,, \qquad \|(\varphi)_h - \varphi^h\|_{\Phi_h} \leqq Ch^k \end{aligned} \tag{6}$$

erfüllt, und es sei der inverse Operator der Aufgabe (5) unabhängig von h beschränkt, so daß gilt.

$$\|x^h\|_{X_h} \leqq C\{\|f^h\|_{F_h} + \|\varphi^h\|_{\Phi_h}\} . \tag{7}$$

Dann gilt die Abschätzung des Approximationsfehlers

$$\|(x_*)_h - x_*^h\| \leqq Ch^k . \tag{8}$$

2.11. Kollokationsverfahren

2.11.1. Dieses Verfahren wurde erstmals von Kantorowitsch in [1] vorgeschlagen. Das Wesen der Methode ist folgendes. Es sei näherungsweise die lineare Gleichung (die Linearität ist übrigens unwesentlich)

$$Ax = f ; \qquad x \in X , \qquad f \in Y , \tag{1}$$

zu lösen, wobei X und Y Banach-Räume sind. Der Operator A wirkt aus X in Y, und die Elemente des Raumes Y bilden eine Teilmenge der auf einem Kompaktum $K \subset R_m$ stetigen Funktionen. Wir wählen eine in X vollständige Folge endlichdimensionaler Unterräume $\{X_n\}$, und setzen $\dim X_n = N(n) = N$, $Y_n = AX_n$.

Es möge der auf dem ganzen Raum Y definierte Operator A^{-1} existieren, dann ist $\dim Y_n = N$, und die Folge $\{Y_n\}$ ist vollständig in Y. Wenn $\{\varphi_{nk}\}$, $k = 1, 2, \ldots, N$, eine Basis in X_n ist und $\psi_{nk}(t) = A\varphi_{nk}$, $t \in K$, gilt, dann ist $\{\psi_{nk}\}$ eine Basis in Y_n.

Wir wählen in K Punkte $t_j = t_i^{(n)}$, $j = 1, 2, \ldots, N$, die *Kollokationsknoten* heißen. Die Näherungslösung suchen wir als Element des Unterraums X_n,

$$x^{(n)} = \sum_{k=1}^{N} a_k^{(n)} \varphi_{nk} , \tag{2}$$

und bestimmen die Koeffizienten $a_k^{(n)}$ aus der Bedingung, daß die Gleichung (1) in den Kollokationsknoten erfüllt ist:

$$\sum_{k=1}^{N} a_k^{(n)} \psi_{nk}(t_j) = f(t_j) . \tag{3}$$

2.11.2. In einer Reihe von Arbeiten ist der Approximationsfehler der hier betrachteten Methode untersucht worden. Wir zitieren hier die wichtigsten Resultate einiger dieser Arbeiten. Zunächst bemerken wir, daß einige Abschätzungen des genannten Fehlers und ebenso zusätzliche bibliographische Hinweise in den Büchern Kantorowitsch und Akilow [1] sowie Krasnoselski u. a. [1] gegeben sind.

In den Arbeiten von Karpilowskaja [1—3] wurde der Approximationsfehler des Kollokationsverfahrens für gewöhnliche Differentialgleichungen der Ordnung $2s$ unter den Bedingungen der ersten Randwertaufgabe untersucht. Die Gleichung sei auf dem Intervall $a \leqq t \leqq b$ gegeben, und die exakte Lösung sei $x_* \in C^{(r,\alpha)}[a, b]$, $0 < \alpha \leqq 1$. Die Näherungslösung $x_*^{(n)}$ wird als Polynom vom Grad $n + 2s$ gesucht, das die Randbedingungen der Aufgabe erfüllt. Die Koeffizienten und die rechte Seite der Differentialgleichung mögen zur Klasse $C^{(r,\alpha)}[a, b]$ gehören, und die Aufgabe soll nicht mehr als eine Lösung besitzen. Wenn als Kollokationspunkte die Tschebyscheffschen oder Gaußschen Knotenpunkte gewählt werden, so gilt entsprechend

$$\|x_* - x_*^{(n)}\|_{C^{(s)}} \leqq C \frac{\ln n}{n^{r+\alpha}} \tag{4}$$

und

$$||x_* - x_*^{(n)}||_{C(s)} \leqq \frac{C}{n^{r+\alpha-1/2}} . \tag{5}$$

In den zitierten Arbeiten KARPILOWSKAJAS wurde ebenfalls die erste Randwertaufgabe für die Gleichung

$$\Delta x + \lambda p(t)\, x = f(t) \tag{6}$$

im Quadrat $R: 0 \leqq t_1, t_2 \leqq \pi$ untersucht. Als Koordinatenfunktionen werden die Eigenfunktionen dieser Aufgabe für die Laplace-Gleichung genommen:

$$\varphi_{ik}(t) = \sin it_1 \sin kt_2 \; ; \qquad 0 \leqq i \leqq m , \qquad 0 \leqq k \leqq n ,$$

und als Kollokationsknoten werden $\left(\frac{2i-1}{2m+1}\pi, \frac{2k-1}{2n+1}\pi\right)$ gewählt. Wenn λ kein Eigenwert der betrachteten Aufgabe ist und $p, f \in \mathrm{Lip}_\alpha(R)$, dann gilt ($x_*^{(m,n)}$ ist die Näherungslösung)

$$||\Delta(x_* - x_*^{(m,n)})||_{C(R)} \leqq C \ln^2 m \ln^2 n \left(\frac{1}{m^2} + \frac{1}{n^2}\right). \tag{7}$$

In den Artikeln von KARPILOWSKAJA [2, 3] werden ebenfalls einige andere Aufgaben betrachtet.

2.11.3. In der Arbeit von GABDULCHAJEW [1] wird die Fredholmsche Integralgleichung

$$Ax(t) := \mu x(t) - \frac{1}{2\pi} \int_0^{2\pi} K(t, s)\, x(s)\, ds = f(t) \tag{8}$$

im Raum der 2π-periodischen Funktionen mit der C-Norm betrachtet. Die Näherungslösung wird in Gestalt einer stückweise linearen Funktion mit den Knotenpunkten $t_j = t_j^{(n)} = 2\pi j/n$ konstruiert; dieselben Punkte dienen als Kollokationsknoten. Es wird folgende Behauptung bewiesen. Sei μ kein Eigenwert der Gleichung (8) und n eine solche Zahl, daß gilt

$$r := \omega\left(K, \frac{2\pi}{n}\right) ||A^{-1}|| < 1 . \tag{9}$$

Dann besitzt das algebraische System des Kollokationsverfahrens eine eindeutige Lösung. Wenn $x_*(t)$ die exakte und $x_*^{(n)}(t)$ die Näherungslösung der Gleichung (8) ist, dann gilt

$$||x_* - x_*^{(n)}||_C \leqq \big(1 + P_A/(1 - r)\big)\, \omega\left(x_*, \frac{2\pi}{n}\right). \tag{10}$$

Hierbei ist $P_A = ||A||\, ||A^{-1}||$ die Konditionszahl des Operators A, und ω bezeichnet in den letzten beiden Formeln den Stetigkeitsmodul.

In der gleichen Arbeit von GABDULCHAJEW [1] sind auch einige Resultate enthalten, die sich auf eindimensionale singuläre Integralgleichungen beziehen.

2.11.4. Im Buch von PRÖSSDORF und SILBERMANN [1] (siehe auch das Buch MICHLIN und PRÖSSDORF [1]) wird das Kollokationsverfahren auf die eindimensionale singuläre

Integralgleichung der Gestalt

$$a(t)\,x(t) + \frac{b(t)}{\pi i} \int_{\Gamma} \frac{x(s)}{s-t}\,ds + Tx = f(t) \tag{11}$$

angewendet. Hierbei ist Γ die Kreislinie $|t| = 1$, $a(t)$ und $b(t)$ sind stetig, und das Symbol entartet nicht, d. h. $a^2(t) - b^2(t) \neq 0$, $t \in \Gamma$; T ist ein vollstetiger Operator in $\mathbf{L}_p(\Gamma)$, $1 < p < \infty$. Als Koordinatenfunktionen werden die trigonometrischen Polynome der Ordnung n bezüglich $\Theta = \arg t$ und als Kollokationsknoten die Punkte $t_j^{(n)} = \exp\left(\frac{2\pi i j}{n}\right)$ gewählt. Sei $\tilde{a}(t) = a(t) + b(t)$, $\tilde{b}(t) = a(t) - b(t)$; $\operatorname{ind} \tilde{a}(t) = \tilde{b}(t)$; $a(t), b(t) \in \mathbf{C}^{(r,\mu)}(\Gamma)$; $T: \mathbf{L}_p(\Gamma) \to \mathbf{C}^{(r,\nu)}(\Gamma)$. Dann gilt

$$||x_* - x_*^{(n)}||_p = O(n^{-r-\lambda}), \qquad \lambda = \min(\mu, \nu). \tag{12}$$

Einige Ergebnisse sind dort auch für Gleichungen der Gestalt (11) mit entartetem Symbol enthalten.

Prössdorf und Schmidt [1] untersuchten das Kollokationsverfahren für die Gleichung (11) mit $T = 0$, den Kollokationsknoten $t_j^{(n)} = \exp\left(\frac{2\pi i j}{n}\right)$ und mit stückweise linearen Koordinatenfunktionen, deren Knotenpunkte mit den Kollokationsknoten übereinstimmen. Das Hauptergebnis des erwähnten Artikels besteht in folgendem: Die Koeffizienten $a(t)$ und $b(t)$ seien stetig. Für die Konvergenz in $\mathbf{L}_2(\Gamma)$ des hier beschriebenen Kollokationsverfahrens ist notwendig und hinreichend, daß gilt

$$a(t) + \tilde{\lambda} b(t) \neq 0\,; \qquad \forall t \in \Gamma, \qquad \forall \tilde{\lambda} \in [-1, +1]. \tag{13}$$

Wenn $a, b \in \mathrm{Lip}_\mu(\Gamma)$, $f \in \mathrm{Lip}_\lambda(\Gamma)$, dann gilt

$$||x_* - x_*^{(n)}||_{\mathbf{L}_2(\Gamma)} = O(n^{-\nu} \ln n), \qquad \nu = \min(\lambda, \mu). \tag{14}$$

In der Arbeit von Prössdorf und Schmidt [1] wurden auch einige Ergebnisse für unstetige Koeffizienten erzielt.

2.11.5. Eine Reihe von Resultaten zur Abschätzung des Approximationsfehlers für Fredholmsche und eindimensionale singuläre Integralgleichungen ist im Buch von Gabdulchajew [3] enthalten.

3. Verzerrungsfehler

3.1. Verzerrungsfehler eines linearen freien numerischen Prozesses

3.1.1. Der Verzerrungsfehler numerischer Prozesse wurde in einer Reihe von Arbeiten des Autors und seiner Schüler untersucht. Die erste Arbeit in dieser Richtung Michlin [4]) wurde 1960 veröffentlicht; die Arbeiten des Zeitraums von 1960 bis 1965 sind im Buch Michlin [8] zusammengefaßt. Diese Arbeiten sind eng mit dem damals vom Verfasser eingeführten Begriff der Stabilität eines numerischen Prozesses gegenüber Verzerrungen verknüpft. In Michlin [8] sind auch bis dahin nicht veröffentlichte Ergebnisse enthalten, die im wesentlichen nichtlineare numerische Prozesse betreffen; solche Prozesse werden in den Kapiteln 7—9 untersucht. Später wurde eine Reihe von Ergebnissen zum Verzerrungsfehler der Finite-Elemente-Methode erzielt (siehe Michlin [13, 14]); die Resultate dieser Richtung werden im Kapitel 5 betrachtet.

Die in diesem Kapitel dargelegten Resultate beziehen sich auf die Verzerrung linearer numerischer Prozesse und wurden teilweise in den oben erwähnten älteren Arbeiten sowie zum Teil in der neueren Arbeit Michlin [33] erzielt.

3.1.2. Wir betrachten den freien linearen numerischen Prozeß, der aus der Lösung einer Folge unabhängiger Gleichungen

$$A_n x^{(n)} = f^{(n)}; \qquad x^{(n)} \in X_n, \qquad f^{(n)} \in Y_n, \qquad n = 0, 1, 2, \dots, \tag{1}$$

besteht. Hierbei sind X_n und Y_n Banach-Räume, A_n ist ein abgeschlossener linearer Operator, der X_n auf Y_n abbildet. Wir nehmen an, daß die Operatoren A_n beschränkt invertierbar sind, d. h., jeder der Operatoren A_n^{-1} existiert, ist beschränkt und auf dem gesamten Raum Y_n definiert.

Der verzerrte numerische Prozeß, den man natürlich ebenfalls linear voraussetzt, hat die Gestalt

$$(A_n + \Gamma_n)\, z^{(n)} = f^{(n)} + \delta^{(n)}; \qquad n = 0, 1, 2, \dots \tag{2}$$

Man kann annehmen, daß der Operator Γ_n, die Verzerrung des Operators A_n, in irgendeinem Sinn klein ist im Vergleich zu A_n. Wir setzen voraus, daß die Größe $\|A_n^{-1}\Gamma_n\|$ beliebig klein gemacht werden kann. Die Norm des Elements $\delta^{(n)}$ kann man ebenfalls beliebig klein voraussetzen, aber diese Annahme spielt in der linearen Theorie keine wesentliche Rolle für die folgenden Überlegungen.

Wir schätzen den Verzerrungsfehler des Prozesses (1) ab. Wir fordern, daß $\|A_n^{-1}\Gamma_n\| \leqq \beta$ gilt für eine vorgegebene Zahl β, $0 < \beta < 1$. Unter dieser Bedingung ist der Operator $A_n + \Gamma_n$ beschränkt invertierbar. In der Tat ist $A_n + \Gamma_n = A_n(I_n + A_n^{-1}\Gamma_n)$ (I_n bezeichnet den identischen Operator in X_n). Der erste Faktor ist beschränkt invertierbar nach Voraussetzung, der zweite ist es auf Grund des bekannten Satzes von Banach, und dabei gilt

$$(A_n + \Gamma_n)^{-1} = (I_n + A_n^{-1}\Gamma_n)^{-1}A_n^{-1}\,. \tag{3}$$

Die Gleichung (2) hat die eindeutige Lösung

$$z_*^{(n)} = (I_n + A_n^{-1}\Gamma_n)^{-1}\, A_n^{-1}(f^{(n)} + \delta^{(n)})\,.$$

Die Lösung der Gleichung (1) ist $x_*^{(n)} = A_n^{-1}f^{(n)}$, deshalb gilt

$$z_*^{(n)} - x_*^{(n)} = [(I_n + A_n^{-1}\Gamma_n)^{-1} - I_n]\, x_*^{(n)} + (I_n + A_n^{-1}\Gamma_n)^{-1}\, A_n^{-1}\delta^{(n)}\,. \tag{4}$$

Wenn I der identische und $I + \gamma$ ein beschränkt invertierbarer Operator in einem Banach-Raum ist, dann gilt $(I + \gamma)\,[(I + \gamma)^{-1} - I] = -\gamma$ und folglich $(I + \gamma)^{-1} - I = -(I + \gamma)^{-1}\,\gamma$. Insbesondere gilt

$$(I_n + A_n^{-1}\Gamma_n)^{-1} - I_n = -(I_n + A_n^{-1}\Gamma_n)^{-1}\, A_n^{-1}\Gamma_n\,. \tag{5}$$

Da $\|(I_n + A_n^{-1}\Gamma_n)^{-1}\| \leqq (1 - \beta)^{-1}$ ist, gelangen wir somit zur gesuchten Abschätzung des Verzerrungsfehlers:

$$\hat{\xi}_n := \|z_*^{(n)} - x_*^{(n)}\| \leqq \frac{1}{1-\beta}[\|A_n^{-1}\Gamma_n x_*^{(n)}\| + \|A_n^{-1}\delta^{(n)}\|]\,. \tag{6}$$

Hieraus folgt die etwas einfachere und für die Anwendung günstigere Abschätzung

$$\hat{\xi}_n \leqq \frac{1}{1-\beta}[\|A_n^{-1}\Gamma_n\|\,\|x_*^{(n)}\| + \|A_n^{-1}\delta^{(n)}\|]\,. \tag{7}$$

Mit Hilfe von Formel (7) kann der Verzerrungsfehler des Prozesses (1) abgeschätzt werden, wenn die Abschätzungen der exakten Lösungen $x_*^{(n)}$ der Gleichung (1) bekannt sind.

3.2. Die Stabilität eines freien Prozesses gegenüber Verzerrungen

3.2.1. Von Interesse sind Bedingungen, unter denen der Verzerrungsfehler unabhängig von n klein bleibt, wenn die Verzerrungen Γ_n und $\delta^{(n)}$ in irgendeinem Sinn klein sind. Derartige Bedingungen hängen mit dem Begriff der Stabilität des numerischen Prozesses gegenüber Verzerrungen zusammen; dieser Begriff wurde in Michlin [8] formuliert und in Michlin [17, 22] weiter präzisiert.

Es erweist sich als zweckmäßig, zwei unterschiedliche Definitionen der Stabilität anzugeben. Nach der ersten Definition nennen wir den Prozeß (3.1.1) *stabil* gegenüber Verzerrungsfehlern in der Folge von Raumpaaren $(X_n,\ Y_n)$, wenn solche positiven Zahlen p, q, r existieren, daß aus der Ungleichung $\|A_n^{-1}\Gamma_n\| \leqq r$ die eindeutige Lösbarkeit der Gleichung (3.1.2) für alle n sowie die Ungleichung

$$\|z_*^{(n)} - x_*^{(n)}\| \leqq p\,\|A_n^{-1}\Gamma_n\| + q\,\|\delta^{(n)}\| \tag{1}$$

folgen.

Die zweite Definition ist sinnvoll, wenn die Verzerrungen Γ_n beschränkte Operatoren sind. In diesem Fall heißt der Prozeß (3.1.1) *stabil* gegenüber Verzerrungen in der Folge von Raumpaaren $(X_n,\ Y_n)$, wenn solche positiven Konstanten p, q, r existieren, daß aus der Ungleichung $\|\Gamma_n\| \leqq r$ die eindeutige Lösbarkeit der Gleichung (3.1.2) für jedes n und die Ungleichung

$$\|z_*^{(n)} - x_*^{(n)}\| \leqq p\,\|\Gamma_n\| + q\,\|\delta^{(n)}\| \tag{2}$$

folgen.

Im weiteren werden wir der Kürze wegen sagen, daß ein numerischer Prozeß stabil (oder instabil) ist, wenn er stabil (oder instabil) ist gegenüber Verzerrungsfehlern; die Worte „in der Folge von Raumpaaren (X_n, Y_n)“ werden wir weglassen, sofern dies keine Mißverständnisse hervorrufen kann.

3.2.2. Satz 3.2.1. *Für die Stabilität des numerischen Prozesses* (3.1.1) *im Sinne der ersten Definition ist notwendig und hinreichend, daß gilt*

$$\|A_n^{-1}\| \leqq C_1, \qquad \|x_*^{(n)}\| \leqq C_2; \qquad C_1, C_2 = \text{const}. \tag{3}$$

Beweis: Die Hinlänglichkeit der Bedingungen (3) folgt sofort aus der Abschätzung (3.1.7): Wenn die genannten Bedingungen erfüllt sind, kann man $r = \beta$, $0 < \beta < 1$, setzen, und aus (3.1.7) folgt die Ungleichung (1) mit den Konstanten

$$p = \frac{C_2}{1-\beta}, \qquad q = \frac{C_1}{1-\beta}.$$

Notwendigkeit. Der Prozeß (3.1.1) sei stabil im Sinne der ersten Definition. Wir nehmen $\Gamma_n = 0$ an, so daß nur die rechten Seiten der Gleichungen (3.1.1) verzerrt werden. Die Ungleichung (1) hat dann die Gestalt $\|y^{(n)}\| \leqq q\|\delta^{(n)}\|$, wobei $y^{(n)} = z_*^{(n)} - x_*^{(n)}$. Weiterhin ist $A_n z_*^{(n)} = f^{(n)} + \delta^{(n)}$ und somit $A_n y^{(n)} = \delta^{(n)}$. Folglich gilt $\|A_n y^{(n)}\| \geqq q^{-1}\|y^{(n)}\|$. Das bedeutet, daß die Normen $\|A_n^{-1}\|$ unabhängig von n beschränkt sind, und man kann $C_1 = q$ setzen.

Zum Beweis der zweiten Bedingung (3) setzen wir $\delta^{(n)} = 0$ voraus. Dann gilt für $\|A_n^{-1}\Gamma_n\| \leqq r$

$$\|z_*^{(n)} - x_*^{(n)}\| \leqq p\|A_n^{-1}\Gamma_n\|. \tag{4}$$

Wir wählen $\Gamma_n = rA_n$. Dann besitzt die Gleichung (3.1.2) die Gestalt $(1 + r)A_n z^{(n)} = f^{(n)}$. Hieraus folgt $z_*^{(n)} = (1 + r)^{-1} x_*^{(n)}$, und aus (4) erhalten wir $\|x_*^{(n)}\| \leqq p(1 + r) = \text{const}$.

3.2.3. Satz 3.2.2 (siehe Michlin [7, 8]). *Für die Stabilität des Prozesses* (3.1.1) *im Sinne der zweiten Definition in der Folge der Raumpaare (X_n, Y_n) ist notwendig und hinreichend, daß die folgenden Bedingungen erfüllt sind:* 1) $\|A_n^{-1}\| \leqq C_1 = \text{const}$; 2) *es existiert eine Konstante C_3 derart, daß für einen beliebigen Operator B_n, der aus X_n nach Y_n wirkt und dessen Norm gleich Eins ist, die Ungleichung*

$$\|A_n^{-1}B_n x_*^{(n)}\| \leqq C_3 \tag{5}$$

gilt.

Beweis. Die Notwendigkeit der Bedingung $\|A_n^{-1}\| \leqq C_1$ wird genauso wie im Satz 3.2.1 gezeigt. Wir beweisen die Notwendigkeit der Bedingung (5). Sei $\delta^{(n)} = 0$. Wir setzen $\Gamma_n = \varepsilon B_n$, $\varepsilon = \text{const} < r$. Dann ist $(A_n + \Gamma_n) z_*^{(n)} = f^{(n)}$, woraus

$$z_*^{(n)} + A_n^{-1}\Gamma_n z_*^{(n)} = x_*^{(n)}$$

und

$$z_*^{(n)} - x_*^{(n)} + A_n^{-1}\Gamma_n(z_*^{(n)} - x_*^{(n)}) = -A_n^{-1}\Gamma_n x_*^{(n)} \tag{6}$$

folgt. Weiterhin gilt

$$\|A_n^{-1}\Gamma_n x_*^{(n)}\| = \varepsilon\,\|A_n^{-1}B_n x_*^{(n)}\| = \|\Gamma_n\|\,\|A_n^{-1}B_n x_*^{(n)}\|;$$

$$\|A_n^{-1}\Gamma_n(z_*^{(n)} - x_*^{(n)})\| = \varepsilon\|A_n^{-1}B_n(z_*^{(n)} - x_*^{(n)})\| \leqq$$

$$\leqq \varepsilon\,\|A_n^{-1}\|\,\|z_*^{(n)} - x_*^{(n)}\| \leqq \varepsilon C_1\,\|z_*^{(n)} - x_*^{(n)}\|,$$

und aus (6) ergibt sich

$$||z_*^{(n)} - x_*^{(n)}|| \geqq \frac{||\Gamma_n|| \, ||A_n^{-1} B_n x_*^{(n)}||}{1 + \varepsilon C_1}.$$

Der Vergleich mit der Stabilitätsungleichung (2), die im vorliegenden Fall die Form $||z_*^{(n)} - x_*^{(n)}|| \leqq p ||\Gamma_n||$ hat, liefert

$$||A_n^{-1} B_n x_*^{(n)}|| \leqq p(1 + \varepsilon C_1).$$

Für $\varepsilon \to 0$ finden wir, daß die Bedingung (5) mit $C_3 = p$ erfüllt ist.

Wir beweisen nun die Hinlänglichkeit der Bedingungen des Satzes. Wir setzen $r = \beta/C_1$, $\beta = \text{const}$, $0 < \beta < 1$, und fordern, daß $||\Gamma_n|| \leqq r$. Für $\Gamma_n = 0$ ist $z_*^{(n)} = x_*^{(n)} + A_n^{-1}\delta^{(n)}$, $||z_*^{(n)} - x_*^{(n)}|| \leqq C_1 ||\delta_{(n)}||$, und der Satz ist bewiesen. Wenn $\Gamma_n \neq 0$, dann setzen wir $B_n = \Gamma_n / ||\Gamma_n||$ und $z_*^{(n)} = u^{(n)} + v^{(n)}$, wobei

$$(A_n + \Gamma_n)\, u^{(n)} = f^{(n)}, \qquad (A_n + \Gamma_n)\, v^{(n)} = \delta^{(n)}. \tag{7}$$

Wir erhalten

$$||v^{(n)}|| \leqq ||(I_n + A_n^{-1}\Gamma_n)^{-1}|| \, ||A_n^{-1}|| \, ||\delta^{(n)}|| \leqq \frac{C_1}{1 - \beta} ||\delta^{(n)}||. \tag{8}$$

Nach Formel (3.1.5) ergibt sich aus der ersten Gleichung (7):

$$||u^{(n)} - x_*^{(n)}|| = ||(I_n + A_n^{-1}\Gamma_n)^{-1} A_n^{-1} \Gamma_n x_*^{(n)}||$$
$$\leqq \frac{||A_n^{-1} B_n x_*^{(n)}||}{1 - \beta} ||\Gamma_n|| \leqq \frac{C_3}{1 - \beta} ||\Gamma_n||.$$

Folglich ist die Stabilitätsungleichung (2) für die Konstanten $p = (1 - \beta)^{-1} C_3$, $q = (1 - \beta)^{-1} C_1$ erfüllt. ▮

3.2.4. Folgerung 3.2.1. *Wenn die Normen* $||x_*^{(n)}||$ *gleichmäßig beschränkt sind, dann ist für die Stabilität des Prozesses* (3.1.1) *im Sinne der zweiten Definition notwendig und hinreichend, daß* $||A_n^{-1}|| \leqq C = \text{const}$.

Wir weisen auf einen Spezialfall hin, der gewöhnlich bei der Realisierung von Näherungsverfahren auftritt. Seien X_n Unterräume des Raumes X, und es gelte $x_*^{(n)} \xrightarrow[n \to \infty]{} x_*$; dann nennen wir den numerischen Prozeß (3.1.1) *konvergent*. Für solch einen Prozeß sind die Größen $||x_*^{(n)}||$ beschränkt, und für seine Stabilität ist notwendig und hinreichend, daß $||A_n^{-1}|| \leqq C_1 = \text{const}$.

Folgerung 3.2.2 (Suworow [1]). *Für die Stabilität des Prozesses* (3.1.1) *im Sinne der zweiten Definition ist notwendig und hinreichend, daß gilt*

$$||A_n^{-1}|| \leqq C_1, \qquad ||A_n^{-1}|| \, ||x_*^{(n)}|| \leqq C_3; \qquad C_1, C_3 = \text{const}. \tag{9}$$

Beweis. Die Hinlänglichkeit der Bedingung (9) sowie die Notwendigkeit der ersten Bedingung sind offensichtlich; wir beweisen die Notwendigkeit der zweiten Bedingung.

Der Prozeß sei stabil. Auf Grund des Satzes 3.2.2 gilt $||A_n^{-1} B_n x_*^{(n)}|| \leqq C_2$, $\forall B_n$, $||B_n|| = 1$. Wir nehmen an, die Produkte $||A_n^{-1}|| \, ||x_*^{(n)}||$ seien nicht beschränkt. Indem man zu Teilfolgen übergeht, kann man erreichen, daß $||A_n^{-1}|| \cdot ||x_*^{(n)}|| \xrightarrow[n \to \infty]{} \infty$. Für jedes n existiert ein Element $y^{(n)}$, so daß $||y^{(n)}|| = 1$ und $||A_n^{-1} y^{(n)}|| \geqq \frac{1}{2} ||A_n^{-1}||$. Außerdem konstruieren wir ein auf X_n definiertes lineares Funktional l_n mit den Eigenschaften $||l_n|| = 1$, $|l_n x_*^{(n)}| = ||x_*^{(n)}||$. Wir definieren $B_n x^{(n)} = (l_n x^{(n)})\, y^{(n)}$. Offensichtlich ist $||B_n|| = 1$. Wir erhalten somit $A_n^{-1}B_n x_*^{(n)} = ||x_*^{(n)}||\, A_n^{-1}y^{(n)}$ und $||A_n^{-1}B_n x_*^{(n)}|| \geqq \frac{1}{2}\,||A_n^{-1}||\cdot||x_*^{(n)}|| \xrightarrow[n\to\infty]{} \infty$, was der Voraussetzung widerspricht. ∎

Aus Folgerung 3.2.2 ergibt sich unmittelbar

Folgerung 3.2.3. *Wenn die Normen $||A_n^{-1}||$ nach unten gleichmäßig positiv beschränkt sind, dann ist für die Stabilität des Prozesses* (3.1.1) *im Sinne der zweiten Definition notwendig und hinreichend, daß* $||A_n^{-1}|| \leqq C_1$, $||x_*^{(n)}|| \leqq C_2$; $C_1, C_2 = \text{const}$. *Wenn der Prozeß* (3.1.1) *außerdem noch konvergent ist, dann ist für seine Stabilität die Bedingung* $||A_n^{-1}|| \leqq C_1$ *notwendig und hinreichend.*

Die Folgerung 3.2.3 wurde in Michlin [8] unabhängig von Folgerung 3.2.2 bewiesen.

3.2.5. Ist $\sup\limits_n ||A_n^{-1}|| = \infty$, dann ist der Prozeß (3.1.1) instabil in der Folge (X_n, Y_n). Wir betrachten den Fall, wenn $\sup\limits_n ||A_n^{-1}||_{Y_n\to X_n} < \infty$ (siehe Michlin [35]). Wir führen die neuen Räume $\overline{X}_n$ und $\overline{Y}_n$ ein, die entsprechend mit X_n und Y_n als Elementmengen übereinstimmen, aber mit den Normen

$$||\cdot||_{\overline{X}_n} = \frac{1}{\sqrt{||A_n^{-1}||}}\,||\cdot||_{X_n}\,; \qquad ||\cdot||_{\overline{Y}_n} = \sqrt{||A_n^{-1}||}\;||\cdot||_{Y_n} \tag{10}$$

versehen sind.

Satz 3.2.3. *Der Prozeß* (3.1.1) *ist im Sinne der zweiten Definition in der Folge* $(\overline{X}_n, \overline{Y}_n)$ *genau dann stabil, wenn die Ungleichung*

$$||x_*^{(n)}||_{\overline{X}_n} \leqq C = \text{const} \tag{11}$$

erfüllt ist.

Der Beweis folgt sofort aus den auf die Räume $\overline{X}_n$, $\overline{Y}_n$ angewandten Beziehungen (9) und aus der offensichtlichen Identität $||A_n^{-1}||_{\overline{Y}_n\to\overline{X}_n} = 1$.

Bemerkung 3.2.1. Satz 3.2.3 gilt auch dann, wenn die Normen in $\overline{X}_n$ und $\overline{Y}_n$ durch die Formeln

$$||\cdot||_{\overline{X}_n} = \gamma(n)\,||\cdot||_{X_n}\,; \qquad ||\cdot||_{\overline{Y}_n} = \frac{1}{\gamma(n)}\,||\cdot||_{Y_n} \tag{12}$$

definiert werden, wobei $\gamma(n)$ eine beliebige positive Funktion von n ist mit

$$(||A_n^{-1}||_{Y_n\to X_n})^{-1} \geqq C\gamma^2(n)\,, \qquad C = \text{const}. \tag{13}$$

3.3. Die Stabilität des Ritzschen Verfahrens

3.3.1. Das Ritzsche Verfahren wurde im Abschnitt 2.1 kurz beschrieben. Mit $a^{(n)}$ und $f^{(n)}$ bezeichnen wir entsprechend die Vektoren mit den Komponenten $a_k^{(n)}$ und (f, φ_{nk}), $k = 1, 2, \ldots, N$, und mit M_n die Ritzsche Matrix mit den Elementen $[\varphi_{nk}, \varphi_{nj}]$, $k, j = 1, 2, \ldots, N$. Das System (2.1.4) hat dann die Gestalt

$$M_n a^{(n)} = f^{(n)}\,; \qquad n = 1, 2, \ldots \tag{1}$$

Wir betrachten $a^{(n)}$ und $f^{(n)}$ als Element des Raumes R_N und M_n als Operator in R_N. Das allgemeine Schema aus Abschnitt 1.1 ergibt im vorliegenden Fall $X = H_A$,

$X_n = R_N$, $x^{(n)} = a^{(n)}$; die Beziehung r_n wird durch das System (2.1.4) oder, was dasselbe ist, durch das System (1) gegeben. Schließlich wird der Operator p_n, der R_N in H_A abbildet, durch die Formel (2.1.3) definiert.

3.3.2. Mit dem Ritzschen Verfahren sind zwei numerische Prozesse verbunden: der Prozeß (1) zur Berechnung des Koeffizientenvektors $a^{(n)}$ und der Prozeß der Berechnung der Näherungslösungen $x_*^{(n)}$. Wenn mit $a_*^{(n)}$ die Lösung der Gleichung (1) bezeichnet wird, dann gilt

$$x_*^{(n)} = p_n a_*^{(n)}; \tag{2}$$

um die allgemeinen Sätze aus Abschnitt 3.2 anzuwenden, schreiben wir diesen Prozeß in einer anderen Form. Wir betrachten p_n als Operator aus R_N in $X_n = H_A^{(n)}$, dann existiert der inverse Operator $S_n = p_n^{-1}$, $S_n x^{(n)} = a^{(n)}$. Indem wir diese Beziehung in (3.1.2) einsetzen, erhalten wir einen Prozeß, der die Näherungslösungen bestimmt:

$$M_n S_n x^{(n)} = f^{(n)}. \tag{3}$$

Im Verlauf dieses Abschnitts untersuchen wir die Stabilität der beiden hier erwähnten Prozesse im Sinne der zweiten Definition aus Abschnitt 3.2.

3.3.3. In einem Hilbert-Raum sei eine Folge der Gestalt (2.1.5) gegeben. Weiterhin sei G_n die Gramsche Matrix der Elemente $\varphi_{n1}, \varphi_{n2}, \dots, \varphi_{nN}$ und $\lambda_n^{(1)}$ der kleinste Eigenwert dieser Matrix. Die Folge (2.1.5) heißt *stark minimal* in H, wenn die Zahlen $\lambda_1^{(1)}$ von unten durch eine positive Zahl beschränkt sind, die nicht von n abhängt.

Der Begriff der starken Minimalität wurde von TALDYKIN [1] für Folgen der Gestalt (2.1.6) eingeführt; einige Eigenschaften solcher Folgen wurden in MICHLIN [8] untersucht.

Satz 3.3.1. *Für die Stabilität des Prozesses* (1) *zur Berechnung der Ritzschen Koeffizienten in der Folge* (R_N, R_N) *ist notwendig und hinreichend, daß das Koordinatensystem stark minimal im energetischen Raum der betrachteten Aufgabe ist.*

Beweis. Die Ritzsche Matrix stimmt mit der Gramschen Matrix (in der energetischen Metrik) der Koordinatenelemente $\varphi_{n1}, \varphi_{n2}, \dots, \varphi_{nN}$ überein. Diese Matrix ist symmetrisch und positiv definit, und ihre Eigenwerte sind positiv; sei $\lambda_n^{(1)}$ der kleinste Eigenwert. Mit A_n bezeichnen wir den Operator, der von der Matrix M_n erzeugt wird und in R_N wirkt. Das Element $x_*^{(n)}$ (siehe Abschnitt 1.2) ist im gegebenen Fall mit der Lösung $a_*^{(n)}$ des Systems (1) zu identifizieren. Offensichtlich ist $||A_n^{-1}|| = 1/\lambda_n^{(1)}$. Nach Satz 3.2.1 ist für die Stabilität notwendig, daß gilt $||A_n^{-1}|| \leqq C_1 = \text{const}$, oder $\lambda_n^{(1)} \geqq 1/C_1$. Um die Hinlänglichkeit der Bedingung des Satzes zu beweisen, muß die Beschränktheit der Normen $||a_*^{(n)}||$ nachgeprüft werden (siehe Folgerung 3.2.1). Der Ritzsche Prozeß konvergiert in H_A, deshalb gilt $||x_*^{(n)}|| \leqq C = \text{const}$. Weiterhin ist

$$|x_*^{(n)}|^2 = \left[\sum_{k=1}^{N} a_k^{(n)}\varphi_{nk}, \sum_{j=1}^{N} a_j^{(n)}\varphi_{nj}\right] = (M_n a^{(n)}, a^{(n)}) \geqq \frac{1}{\lambda_n^{(1)}} ||a^{(n)}||^2 .$$

Hieraus folgt $||a^{(n)}|| \leqq \sqrt{C_1}\, C$, womit der Satz bewiesen ist. ∎

Für das klassische Ritzsche Verfahren wurde der Satz 3.3.1 in MICHLIN [4] bewiesen; der allgemeine Fall wird hier erstmals betrachtet.

3.3.4. Satz 3.3.2. *Der Prozeß* (3) *zur Berechnung der Ritzschen Näherungslösungen ist in der Folge der Raumpaare* $(H_A^{(n)}, \mathbb{R}_N)$ *dann und nur dann stabil, wenn das Koordinatensystem stark minimal in* H_A *ist.*

Beweis. Der Prozeß (3) konvergiert in H_A. Vermöge Folgerung 3.2.1 ist Satz 3.3.2 genau dann bewiesen, wenn gezeigt wird, daß die Normen $||A_n^{-1}||_{\mathbb{R}_N \to H_A}$ beschränkt sind. Hierbei ist der Operator A_n mit $M_n S_n = M_n p_n^{-1}$ zu identifizieren, so daß $A_n^{-1} = p_n M_n^{-1}$ gilt. Wir haben $x_*^{(n)} = p_n a_*^{(n)}$. Wie wir oben sahen, gilt $|x_*^{(n)}| = (M_n a_*^{(n)}, a_*^{(n)})$, deshalb ist $|p_n a_*^{(n)}|^2 = (M_n a_*^{(n)}, a_*^{(n)}) = ||M_n^{1/2} a_*^{(n)}||^2$. Wegen $a_*^{(n)} = M_n^{-1} f^{(n)}$ gilt folglich

$$|p_n M_n^{-1} f^{(n)}| = ||M_n^{-1/2} f^{(n)}||_{\mathbb{R}_N}$$

oder

$$||p_n M_n^{-1}||_{\mathbb{R}_N \to H_A^{(n)}} = ||M_n^{-1/2}||_{\mathbb{R}_N} = (\lambda_n^{(1)})^{-1/2} .$$

Die letzte Größe ist dann und nur dann beschränkt, wenn das Koordinatensystem stark minimal in der energetischen Norm ist. ∎

Für das klassische Ritzsche Verfahren wurde die Hinlänglichkeit der Bedingung von Satz 3.3.2 im Artikel Jaskowa und Jakowlew [1] und die Notwendigkeit in Michlin [8] bewiesen. In beiden Fällen unterscheidet sich die Beweismethode von der oben dargelegten.

Bemerkung. Die Stabilität numerischer Prozesse, die sich aus dem Ritzschen Verfahren für Eigenwertaufgaben selbstadjungierter Operatoren (deren Spektrum als diskret vorausgesetzt wird) ergeben, wurde für das klassische Ritzsche Verfahren in Dowbysch [1] untersucht. Die Resultate dieses Artikels sind mit einigen Veränderungen in Michlin [8] dargelegt.

3.3.5. Wir untersuchen die Stabilität des Ritzschen Verfahrens im allgemeinen Fall, wenn $\inf_n \lambda_n^{(1)} \geqq 0$ ist. In den Folgen der Raumpaare $(\mathbb{R}_N, \mathbb{R}_N)$ und $(H_A^{(n)}, \mathbb{R}_N)$ können diese Prozesse instabil sein (wenn $\inf_n \lambda_n^{(1)} = 0$), und wir führen anstelle $\mathbb{R}_N$ neue Räume ein.

Sei $\gamma(n)$ eine positive Funktion von n dergestalt, daß $\lambda_1^{(1)} \geqq C_0^2 \gamma^2(n)$, $C_0 = \text{const.}$ Insbesondere kann man $\gamma^2(n) = \lambda_n^{(1)}$ setzen. Wir führen N-dimensionale Hilbert-Räume $\overline{X}_n$ und $\overline{Y}_n$ ein, deren Elemente N-dimensionale Zahlenvektoren sind, und die Normen werden durch die Formeln

$$||b||_{\overline{X}_n} = \gamma(n)\, ||b||_{\mathbb{R}_N}, \qquad ||b||_{\overline{Y}_n} = \frac{1}{\gamma(n)} ||b||_{\mathbb{R}_N}, \qquad \forall b \in \mathbb{R}_N, \tag{4}$$

definiert.

Diesmal bezeichne A_n den Operator, der durch die Matrix M_n erzeugt wird und aus $\overline{X}_n$ in $\overline{Y}_n$ wirkt, und wir nehmen $a^{(n)} \in \overline{X}_n$, $f^{(n)} \in \overline{Y}_n$ an.

Satz 3.3.3. *Der Prozeß* (1) *ist in der Folge der Raumpaare* $(\overline{X}_n, \overline{Y}_n)$ *stabil.*

Beweis. Es genügt nachzuprüfen, daß die Ungleichungen

$$||A_n^{-1}||_{\overline{Y}_n \to \overline{X}_n} \leqq C_1, \qquad ||a_*^{(n)}||_{\overline{X}_n} \leqq C_2 \tag{5}$$

erfüllt sind.

Wir schätzen die Größe $||A_n^{-1}||_{\overline{Y}_n \to \overline{X}_n}$ ab:

$$||A_n^{-1}||_{\overline{Y}_n \to \overline{X}_n} = \sup_{b \in \mathbb{R}_N} \frac{||A_n^{-1} b||_{\overline{X}_n}}{||b||_{\overline{Y}_n}} = \gamma^2(n) \sup_{b \in \mathbb{R}_N} \frac{||M_n^{-1} b||_{\mathbb{R}_N}}{||b||_{\mathbb{R}_N}} = \frac{\gamma^2(n)}{\lambda_n^{(1)}} \leqq \frac{1}{C_0^2},$$

und die erste Ungleichung (5) ist damit nachgewiesen. Wir bemerken, daß für $\gamma(n) = \sqrt{\lambda_n^{(1)}}$ gilt $\|A_n^{-1}\|_{\overline{Y}_n\to\overline{X}_n} = 1$.

Sei $v^{(n)}$ ein beliebiges Element aus $H_A^{(n)}$:

$$v^{(n)} = \sum_{k=1}^{N} b_k \varphi_{nk} .$$

Wir setzen $b = (b_1, b_2, \dots, b_N)$ und finden

$$|v^{(n)}|^2 = (M_n b, b)_{R_N} \geqq \lambda_n^{(1)} \|b\|_{R_N}^2 \geqq C_0^2 \|b\|_{\overline{X}_n}^2 .$$

Das Ritzsche Verfahren konvergiert in H_A, deshalb gilt $|x_{(n)}^*| \leqq C = \text{const}$. Wegen Ungleichung (6) gilt $\|a_*^{(n)}\| \leqq C/C_0$, und die zweite Ungleichung in (5) ist ebenfalls erfüllt. ∎

Bemerkung 3.3.1. Sei $\mu_n^{(1)}$ der kleinste Eigenwert der Matrix $\tilde{M}_n$ aus den Skalarprodukten $(\varphi_{nk}, \varphi_{nj})_H$; $j, k = 1, 2, \dots, N$. Es ist ausreichend, daß $\gamma(n)$ der Ungleichung $\mu_n^{(1)} \geqq C^2\gamma^2(n)$, $C = \text{const} > 0$, genügt. Zum Beweis genügt es zu zeigen, daß $\mu_n^{(1)} \leqq C'\lambda_n^{(1)}$, $C' = \text{const}$, ist. In der Tat,

$$\mu_n^{(1)} = \inf_{b\in R_N} \frac{(\tilde{M}_n b, b)_{R_N}}{\|b\|_{R_N}^2} = \inf_{b\in R_N} \frac{\left\|\sum_{k=1}^{N} b_k\varphi_{nk}\right\|_H^2}{\|b\|_{R_N}^2},$$

$$\lambda_n^{(1)} = \inf_{b\in R_N} \frac{(M_n b, b)_{R_N}}{\|b\|_{R_N}^2} = \inf_{b\in R_N} \frac{\left|\sum_{k=1}^{N} b_k\varphi_{nk}\right|^2}{\|b\|_{R_N}^2}.$$

Sei λ_0 die untere Grenze des Spektrums des Operators A, und das zweite Infimum möge bei $b = \bar{b} = (\bar{b}_1, \bar{b}_2, \dots, \bar{b}_N)$ angenommen werden. Dann gilt

$$\mu_n^{(1)} \leqq \frac{\left\|\sum_{k=1}^{N} \bar{b}_k\varphi_{nk}\right\|_H^2}{\|\bar{b}\|_{R_N}^2} \leqq \frac{1}{\lambda_0} \frac{\left|\sum_{k=1}^{N} \bar{b}_k\varphi_{nk}\right|^2}{\|\bar{b}\|_{R_N}^2} = \frac{\lambda_n^{(1)}}{\lambda_0},$$

und man kann $C' = 1/\lambda_0$ setzen.

3.3.6. Satz 3.3.4. *Der Prozeß* (3) *ist in der Folge der Raumpaare* $(H_A^{(n)}, \overline{Y}_n)$ *stabil.*

Zum Beweis dieses Satzes benutzen wir eine Methode des Artikels von JASKOWA und JAKOWLEW [1].

Beweis. Die Gleichung (1) schreiben wir in der Form

$$A_n a^{(n)} = f^{(n)}, \tag{7}$$

wobei wir $a^{(n)} \in \overline{X}_n$, $f^{(n)} \in \overline{Y}_n$ annehmen. Mit A_n bezeichnen wir den Operator, der aus $\overline{X}_n$ in $\overline{Y}_n$ wirkt und von der Matrix M_n erzeugt wird. Neben Gleichung (7) betrachten wir die verzerrte Gleichung

$$(A_n + \Gamma_n)\, c^{(n)} = f^{(n)} + \delta^{(n)} . \tag{8}$$

Die verzerrte Ritzsche Näherungslösung hat die Gestalt

$$z_*^{(n)} = \sum_{k=1}^{N} c_k^{(n)} \varphi^{nk} = p_n c^{(n)} .$$

Hieraus folgt

$$|z_*^{(n)} - x_*^{(n)}| = \big(M_n(c^{(n)} - a^{(n)}),\, c^{(n)} - a^{(n)}\big)_{R_N} \leqq$$
$$\leqq ||A_n(c^{(n)} - a^{(n)})||_{\overline{Y}_n}\, ||c^{(n)} - a^{(n)}||_{\overline{X}_n}\,.$$

Vermöge Satz 3.3.3 existieren solche Zahlen $p, q, r > 0$, daß aus $||\Gamma_n||_{\overline{X}_n \to \overline{Y}_n} \leqq r$ folgt

$$||c^{(n)} - a^{(n)}||_{\overline{X}_n} \leqq p\, ||\Gamma_n||_{\overline{X}_n \to \overline{Y}_n} + q\, ||\delta^{(n)}||_{\overline{Y}_n}\,. \tag{10}$$

Aus (7) und (8) ergibt sich

$$(A_n + \Gamma_n)(c^{(n)} - a^{(n)}) = (I_n + \Gamma_n A_n^{-1})\, A_n(c^{(n)} - a^{(n)}) = \delta^{(n)} - \Gamma_n a^{(n)}\,,$$

I_n ist der identische Operator in $\overline{Y}_n$. Wie in 3.3.5 gezeigt wurde, ist $||A_n^{-1}||_{\overline{Y}_n \to \overline{X}_n} \leqq 1/C_0^2$. Wir fordern, daß $||\Gamma_n||_{\overline{X}_n \to \overline{Y}_n} \leqq \beta/C_0^2$ gelte, wobei β eine willkürliche Zahl aus dem Intervall (0, 1) ist. Dann ist $||(I_n + \Gamma_n A_n^{-1})||_{\overline{Y}_n} \leqq (1 - \beta)^{-1}$, und wegen der Beschränktheit der Normen $||a^{(n)}||_{\overline{X}_n}$ gilt

$$||A_n(c^{(n)} - a^{(n)})||_{\overline{Y}_n} \leqq \frac{1}{1-\beta}\,[||\delta^{(n)}||_{\overline{Y}_n} + C'\, ||\Gamma_n||_{\overline{X}_n \to \overline{Y}_n}]\,, \qquad C' = \text{const.} \tag{11}$$

Aus den Formeln (9)—(11) folgt offensichtlich

$$|z_*^{(n)} - x_*^{(n)}| \leqq p_1\, ||\Gamma_n||_{\overline{X}_n \to \overline{Y}_n} + q_1\, ||\delta^{(n)}||_{\overline{Y}_n}\,; \tag{12}$$

als r_1 kann man die Zahl $r_1 = \min\,(r, \beta/C_0^2)$ wählen. ∎

3.3.7. Spezialfälle der Sätze 3.3.3 und 3.3.4 sind die später im Kapitel 5 formulierten Sätze über die Stabilität der Finite-Elemente-Methode.

3.3.8. Sei $\inf \lambda_n^{(1)} = 0$. Dann ist der Prozeß zur Berechnung der Ritzschen Koeffizienten instabil in (R_N, R_N), und der Prozeß zur Bestimmung der Näherungslösung ist instabil in $(H_A^{(n)}, R_N)$. Das heißt, daß die Fehler $||c^{(n)} - a^{(n)}||_{R_N}$ und $|z_*^{(n)} - x_*^{(n)}|$ selbst bei kleinen Störungen $||\Gamma_n||_{R_N \to R_N}$ und $||\delta^{(n)}||_{R_N}$ groß sein können. Es ist jedoch unschwer einzusehen, daß die Abschätzung für $|z_*^{(n)} - x_*^{(n)}|$ in diesem Fall wesentlich kleiner ist als diejenige für die Größe $||c^{(n)} - a^{(n)}||_{R_N}$. In der Tat, aus (10) und (12) folgt

$$||c^{(n)} - a^{(n)}||_{R_N} \leqq \frac{1}{\gamma(n)}\left[\frac{p}{\gamma^2(n)}\, ||\Gamma_n||_{R_N \to R_N} + \frac{q}{\gamma(n)}\, ||\delta^{(n)}||_{R_N}\right] \leqq$$
$$\leqq \frac{\bar p}{\gamma(n)}\left[\frac{||\Gamma_n||_{R_N \to R_N}}{\gamma^2(n)} + \frac{||\delta^{(n)}||_{R_N}}{\gamma(n)}\right]; \qquad \bar p = \max\,(p, q)\,;$$

$$|z_*^{(n)} - x_*^{(n)}| \leqq \left[\frac{p'}{\gamma^2(n)}\, ||\Gamma_n||_{R_N \to R_N} + \frac{q'}{\gamma(n)}\, ||\delta^{(n)}||_{R_N}\right] \leqq$$
$$\leqq \bar p' \left[\frac{||\Gamma_n||_{R_N \to R_N}}{\gamma^2(n)} + \frac{||\delta^{(n)}||_{R_N}}{\gamma(n)}\right]; \qquad \bar p' = \max\,(p', q')\,;$$

die rechte Seite der ersten Ungleichung enthält den kleinen Teiler $\gamma(n)$, woraus auch unsere Behauptung folgt.

3.4. Beispiele

3.4.1. Beispiel 1. Wir betrachten die Gleichung

$$(t + 1)\, x(t) = 1\,, \qquad 0 \leqq t \leqq 1\,. \tag{1}$$

Der Operator der Multiplikation mit $t + 1$ ist positiv definit in $L_2(0, 1)$, und die Gleichung (1) ist äquivalent zum Minimumproblem für das Funktional

$$\int_0^1 [(t + 1)\, x^2(t) - 2x(t)]\, dt\,. \tag{2}$$

Die letzte Aufgabe kann man mit dem Ritzschen Verfahren lösen. Als Koordinatensystem nehmen wir die Folge t^n, $n = 0, 1, 2, \ldots$ Nach einem bekannten Satz von MÜNZ (siehe z. B. NATANSON [1]) ist dieses System vollständig in $L_2(0, 1)$, da die Reihe der inversen Exponenten $\sum_{n=1}^{\infty} n^{-1}$ divergiert. Aus dem gleichen Satz von MÜNZ folgt leicht (siehe MICHLIN [8]), daß dieses System nicht stark minimal ist, und somit ist das Ritzsche Verfahren mit diesem Koordinatensystem instabil in $L_2(0, 1)$. Wir werden sehen, wie sich diese Instabilität in den Rechnungen auswirkt.

3.4.2. Im oben gewählten Koordinatensystem besitzt die Näherungslösung die Darstellung

$$x^{(n)}(t) = \sum_{k=1}^{n} a_k^{(n)} t^{k-1}\,, \tag{3}$$

was zum unverzerrten Ritzschen System

$$\sum_{k=1}^{n} \frac{2k + 2j + 3}{(k + j + 1)(k + j + 2)}\, a_k^{(n)} = \frac{1}{j + 1}\,, \qquad 0 \leqq j \leqq n - 1\,, \tag{4}$$

führt.

Die erweiterte Ritzsche Matrix 5-ter Ordnung hat die Gestalt

$$\begin{pmatrix} \frac{3}{2} & \frac{5}{6} & \frac{7}{12} & \frac{9}{20} & \frac{11}{30} & 1 \\ \frac{5}{6} & \frac{7}{12} & \frac{9}{20} & \frac{11}{30} & \frac{13}{42} & \frac{1}{2} \\ \frac{7}{12} & \frac{9}{20} & \frac{11}{30} & \frac{13}{42} & \frac{15}{56} & \frac{1}{3} \\ \frac{9}{20} & \frac{11}{30} & \frac{13}{42} & \frac{15}{56} & \frac{17}{72} & \frac{1}{4} \\ \frac{11}{30} & \frac{13}{42} & \frac{15}{56} & \frac{17}{72} & \frac{19}{90} & \frac{1}{5} \end{pmatrix} \tag{5}$$

Wie üblich erhält man die erweiterten Ritzschen Matrizen niederer Ordnung durch Abschneiden.

Die Ritzschen Gleichungssysteme der Ordnungen 3 bis 5 wurden auf der EDVA BESM-6 gelöst. Dabei stellte sich heraus, daß für das System 5-ter Ordnung Überlauf eintritt, und es gelang nicht, die Lösung zu erhalten. Umso mehr war es sinnlos, die Ritzschen Systeme höherer Ordnung zu lösen. Die exakten Werte der Koeffizienten $a_k^{(n)}$, $n = 1, 2, 3, 4$, sind in Tabelle 1 wiedergegeben. In Tabelle 2 sind die dezimalen Approximationen dieser Koeffizienten mit 6 gesicherten Ziffern (nach dem Komma) zusammengefaßt. Dort sind ebenfalls die dezimalen Näherungen der Koeffizienten für $n = 5$ enthalten, die folgendermaßen berechnet wurden. Da es nicht gelang, die genauen Werte dieser Koeffizienten zu berechnen, wurden für $n = 5$ die Elemente der erweiterten Ritzschen Matrix durch ihre dezimalen Näherungen mit 12 Ziffern (nach dem Komma) ersetzt; danach wurden die dezimalen Näherungen der Koeffizienten berechnet, von denen wir 6 Ziffern beibehalten haben.

Von Interesse ist die Klärung der Frage, wie nahe (in der energetischen Metrik) die nicht verzerrte Lösung der exakten Lösung $x_*(t)$ ist. In unserem Beispiel wird die energetische Norm durch die Formel

$$|x|^2 = \int_0^1 (1 + t)\, x^2(t)\, dt$$

definiert, und diese ist äquivalent der L_2-Norm. Es wurden die Werte $|x_* - x_*^{(n)}|$ für $n = 1, 2, 3, 4, 5$ berechnet und in Tabelle 3 zusammengestellt. Sie zeigt, daß die ohne Fehler berechneten Näherungslösungen ziemlich gut gegen die exakte Lösung in der energetischen Metrik konvergieren. Beim klassischen Ritzschen Verfahren nimmt der Approximationsfehler in der energetischen Metrik mit wachsendem n ab. Die letzte Zahl in Tabelle 3 zeigt, daß für $n = 5$ die Ritzschen Koeffizienten nicht genau genug berechnet wurden.

Tabelle 1. Exakte Werte der unverzerrten Ritzschen Koeffizienten

n	k			
	1	2	3	4
1	$\frac{2}{3}$			
2	$\frac{12}{13}$	$-\frac{6}{13}$		
3	$\frac{62}{63}$	$-\frac{50}{63}$	$\frac{20}{63}$	
4	$\frac{320}{321}$	$-\frac{100}{107}$	$\frac{70}{107}$	$-\frac{70}{321}$

Tabelle 2. Dezimale Näherungen der unverzerrten Ritzschen Koeffizienten

n	1	2	3	4	5
1	0,666667				
2	0,923077	−0,461538			
3	0,981270	−0,793651	0,317460		
4	0,996885	−0,934579	0,654206	−0,218069	
5	0,992859	−0,864970	0,367892	0,200555	−0,199993

Tabelle 3. Approximationsfehler der Näherungslösungen

n	1	2	3	4	5
	0,1627	0,0290	0,0051	0,0008	0,0016

Zum Abschluß dieses Unterabschnitts stellen wir die exakten Werte sowie die $n = 3, 4, 5$ entsprechenden Näherungswerte der gesuchten Funktion in einer Tabelle (Tabelle 4) zusammen. Alle Werte sind mit 6 gesicherten Ziffern nach dem Komma angegeben. Wie wir sehen, konvergieren in den fixierten Punkten die Näherungswerte der Lösungen ziemlich langsam und nicht monoton gegen die exakten Werte. Das ist damit verbunden, daß das Ritzsche Verfahren im allgemeinen nur in der energetischen Metrik konvergiert, die im gegebenen Fall der L_2-Metrik äquivalent ist.

Tabelle 4. Exakte Werte und unverzerrte Näherungswerte der gesuchten Funktion

t	exakte Werte	Näherungswerte		
		$n = 3$	$n = 4$	$n = 5$
0,0	1,000000	0,984310	0,995807	0,994871
0,1	0,909091	0,908003	0,909744	0,910432
0,2	0,833333	0,838072	0,835098	0,833902
0,3	0,769231	0,774517	0,773706	0,776198
0,4	0,714286	0,717339	0,721801	0,708571
0,5	0,666667	0,666538	0,678548	0,663192
0,6	0,625000	0,622114	0,641773	0,630532
0,7	0,588235	0,584066	0,608823	0,609512
0,8	0,555556	0,552395	0,576560	0,593628
0,9	0,526316	0,527100	0,541364	0,566283
1,0	0,500000	0,508182	0,499133	0,493396

3.4.3. Wir verzerren die erweiterte Ritzsche Matrix, indem wir alle Elemente durch ihre dezimalen Näherungen mit 4 gesicherten Ziffern nach dem Komma ersetzen. Wir geben in Tabelle 5 die verzerrten Ritzschen Koeffizienten an, die mit 6 gesicherten Ziffern nach dem Komma berechnet wurden.

Tabelle 5. Die verzerrten Ritzschen Koeffizienten

n	k				
	1	2	3	4	5
3	0,983100	−0,794960	0,317048		
4	0,995807	−0,923202	0,627642	−0,201115	
5	0,994871	−0,882381	0,377633	0,258677	−0,255133

Ein Vergleich mit Tabelle 2 zeigt, daß sich die Verzerrung der Koeffizienten in der Regel schon in der zweiten oder dritten Ziffer nach dem Komma auswirkt, wogegen in der erweiterten Ritzschen Matrix die Verzerrung erst die fünfte Ziffer betraf. Das hängt mit der Instabilität des Ritzschen Verfahrens für dieses Beispiel in der Folge ($\mathbb{R}_N$, $\mathbb{R}_N$) zusammen.

3.4.4. Wir betrachten jetzt den Ritzschen Lösungsprozeß der Aufgabe (1), wenn als Koordinatenfunktionen die mit Faktoren versehenen Legendreschen Polynome genommen werden; diese Faktoren haben dieselbe Wachstumsordnung wie die Normierungsfaktoren:

$$\varphi_n(t) = [\sqrt{n}]\, P_{n-1}(2t - 1)\,.$$

Die Funktionen $\varphi_n(t)$ sind stark minimal in $\mathbf{L}_2(0, 1)$ (siehe Michlin [8]) und folglich auch in der energetischen Metrik der Aufgabe (1). Für $n \leqq 6$ erhielten wir die exakten Werte (in Form einfacher Brüche) der Ritzschen Koeffizienten; in Tabelle 6 sind die Dezimalwerte dieser Koeffizienten mit sechs gesicherten Ziffern nach dem Komma angegeben. Ein Blick auf diese Tabelle läßt vermuten, daß sich die Ritzschen Koeffizienten $a_k^{(n)}$ bei wachsendem n einem Grenzwert nähern, und daß sie bei wachsendem k

ziemlich schnell fallen. In MICHLIN [8] wurde gezeigt, daß für ein in der energetischen Norm stark minimales Koordinatensystem beim klassischen Ritzschen Verfahren die Grenzwerte $a_k = \lim\limits_{n\to\infty} a_k^{(n)}$ existieren und daß $\{a_k\} \in l_2$ gilt.

Die erweiterten Matrizen wurden der gleichen Verzerrung wie in 3.4.3 unterzogen: ihre Elemente wurden durch dezimale Näherungen mit vier gesicherten Ziffern ersetzt, und die dabei erhaltenen Systeme wurden mit der höchstmöglichen Genauigkeit gelöst. Die Werte der verzerrten Ritzschen Koeffizienten mit sechs gesicherten Ziffern sind in Tabelle 7 enthalten. Ein Vergleich mit Tabelle 6 zeigt, daß die Verzerrungen der Ritzschen Koeffizienten nur in den fünften und sechsten Ziffern erscheinen und folglich die gleiche Ordnung wie die Verzerrung der Elemente der erweiterten Ritzschen Matrix haben.

Tabelle 6. Die dezimalen Näherungen der unverzerrten Ritzschen Koeffizienten; Koordinatenfunktionen — Legendresche Polynome

	1	2	3	4	5	6	7
3	0,693146	−0,238318	0,054517	−0,005452			
4	0,693147	−0,238324	0,054565	−0,005615	0,001070		
5	0,693147	−0,238325	0,054567	−0,005620	0,001101	−0,000204	
6	0,693147	−0,238325	0,054567	−0,005620	0,001102	−0,000210	0,000038

Tabelle 7. Die dezimalen Näherungen der verzerrten Ritzschen Koeffizienten; Koordinatenfunktionen — Legendresche Polynome

	1	2	3	4	5	6	7
3	0,693146	−0,238314	0,054516	−0,005452			
4	0,693146	−0,238320	0,054564	−0,005615	0,001070		
5	0,673146	−0,238321	0,054566	−0,005620	0,001101	−0,000204	
6	0,693146	−0,238321	0,054566	−0,005620	0,001102	−0,000210	0,000038

3.4.5. In diesem und dem folgenden Unterabschnitt beschreiben wir kurz die numerischen Ergebnisse zweier Beispiele, die ausführlich in MICHLIN [8] betrachtet wurden. Wir lösen mit dem Ritzschen Verfahren die in $L_2(0, 1)$ positiv definite Aufgabe

$$-\frac{d^2x}{dt^2} = \frac{1}{1+t}\,; \qquad 0 \leqq t \leqq 1\,; \qquad x(0) = x'(1) = 0\,; \tag{6}$$

als Koordinatensystem wählen wir die Folge $\{\varphi_n(t)\}$ mit $\varphi_n(t) = t^n$, $n = 1, 2, \ldots$. Mit Hilfe des Satzes von Münz kann man leicht zeigen, daß dieses System vollständig, aber nicht stark minimal in der energetischen Metrik der Aufgabe (6) ist.

Die ersten acht Näherungen erhält man, indem man das lineare algebraische System mit der erweiterten Matrix

$$\begin{pmatrix}
1 & 1 & 1 & 1 & 1 & 1 & 1 & 1 & 1 & 2 \\
1 & \frac{4}{3} & \frac{3}{2} & \frac{8}{5} & \frac{5}{3} & \frac{12}{7} & \frac{7}{4} & \frac{16}{9} & 2 & \frac{1}{2} \\
1 & \frac{3}{2} & \frac{9}{5} & 2 & \frac{15}{7} & \frac{9}{4} & \frac{7}{3} & \frac{12}{5} & \frac{5}{6} & 2 \\
1 & \frac{8}{5} & 2 & \frac{19}{7} & \frac{5}{2} & \frac{8}{3} & \frac{14}{5} & \frac{32}{11} & 2 & \frac{7}{12} \\
1 & \frac{5}{3} & \frac{15}{7} & \frac{5}{2} & \frac{25}{9} & 3 & \frac{35}{11} & \frac{10}{3} & \frac{47}{6} & 2 \\
1 & \frac{12}{7} & \frac{9}{4} & \frac{8}{3} & 3 & \frac{36}{11} & \frac{7}{2} & \frac{48}{13} & 2 & \frac{37}{60} \\
1 & \frac{7}{4} & \frac{7}{3} & \frac{14}{5} & \frac{35}{11} & \frac{7}{2} & \frac{49}{13} & 4 & \frac{319}{420} & 2 \\
1 & \frac{16}{9} & \frac{12}{5} & \frac{32}{11} & \frac{10}{3} & \frac{48}{13} & 4 & \frac{64}{5} & 2 & \frac{533}{840}
\end{pmatrix} \tag{7}$$

sowie auch sämtliche Systeme löst, die man aus (7) durch Abschneiden erhält. Die Ritzschen Koeffizienten, die Lösungen der erwähnten Systeme sind, bezeichnen wir mit $a_k^{(n)}$. Diese Systeme werden exakt, ohne Fehler, gelöst, und danach werden die so erhaltenen unverzerrten Ritzschen Koeffizienten durch ihre dezimalen Näherungen mit vier gesicherten Ziffern ersetzt (Tabelle 8).

Tabelle 8. Die dezimalen Näherungen der unverzerrten Ritzschen Koeffizienten; Koordinatenfunktionen — Potenzen von t

	1	2	3	4	5	6	7	8
1	0,3069							
2	0,6480	−0,3411						
3	0,6869	−0,4579	0,0788					
4	0,6922	−0,4899	0,1312	−0,0267				
5	0,6930	−0,4977	0,1547	−0,0541	0,0110			
6	0,6931	−0,4995	0,1631	−0,0708	0,0260	−0,0050		
7	0,6931	−0,4999	0,1657	−0,0786	0,0378	−0,0136	0,0025	
8	0,6931	−0,5000	0,1664	0,0817	0,0446	0,0218	0,0075	0,0013

Wir verzerren nun die erweiterte Matrix (7), indem wir in ihr die rechten Seiten durch ihre dezimalen Näherungen mit vier gesicherten Ziffern nach dem Komma ersetzen. Die verzerrten Ritzschen Koeffizienten, die wir als exakte Lösungen der Gleichungssysteme mit der verzerrten erweiterten Matrix sowie den entsprechenden abgeschnittenen Matrizen erhalten, bezeichnen wir mit $b_k^{(n)}$. Die Koeffizienten $b_k^{(n)}$ ersetzen wir durch ihre dezimalen Näherungen mit vier gesicherten Ziffern (Tabelle 9):

Tabelle 9. Die dezimalen Näherungen der verzerrten Ritzschen Koeffizienten

	1	2	3	4	5	6	7	8
1	0,3069							
2	0,6483	−0,3414						
3	0,6883	−0,4614	0,0800					
4	0,6974	−0,5160	0,1710	−0,0455				
5	0,7127	−0,6690	0,6300	−0,5810	0,2142			
6	0,7633	−1,428	4,172	−7,665	6,590	−2,125		
7	0,9141	−4,595	25,28	−71,00	101,6	−71,79	19,91	
8	1,627	−24,54	204,8	−819,1	1747	−2047	1243	−305,7

Ein Vergleich der Tabellen 8 und 9 zeigt, daß der Verzerrungsfehler der Ritzschen Koeffizienten bei diesem Beispiel zusammen mit n äußerst stark wächst.

3.4.6. Wir betrachten noch die Aufgabe

$$-\frac{\mathrm{d}}{\mathrm{d}t}\left[(2+t)\frac{\mathrm{d}x}{\mathrm{d}t}\right] = 1\,, \qquad -1 \leqq t \leqq 1\,; \qquad x(-1) = x(1) = 0\,, \tag{8}$$

die positiv definit in $\mathbf{L}_2(-1, 1)$ ist. Als Koordinatensystem wählen wir die Folge der Integrale der normierten Legendreschen Polynome

$$\varphi_n(t) = \sqrt{\frac{2n+1}{2}} \int_{-1}^{t} P_n(t)\,\mathrm{d}t\,; \qquad n = 1, 2, \ldots \tag{9}$$

Dieses System ist stark minimal im energetischen Raum der Aufgabe (8) (siehe MICHLIN [8]). Wie im vorigen Beispiel wurden die Ritzschen Systeme von der ersten bis zur achten Ordnung aufgestellt und exakt gelöst. In Tabelle 10 sind die dezimalen Näherungen dieser Lösungen mit vier gesicherten Ziffern nach dem Komma wiedergegeben. Danach wurden die Ritzschen Systeme verzerrt: alle Elemente der erweiterten Matrizen wurden durch ihre dezimalen Näherungen mit vier gesicherten Ziffern nach dem Komma ersetzt. In diesem Fall war es schwierig, die exakten Lösungen zu erhalten; deshalb wurde, um Rundungsfehler zu vermeiden, mit einer großen Anzahl von Ziffern gerechnet, für $n \leqq 4$ wurden sieben Ziffern und für $5 \leqq n \leqq 8$ zwölf Ziffern nach dem Komma mitgeführt.

In Tabelle 11 sind die verzerrten Werte der Ritzschen Koeffizienten mit vier gesicherten Ziffern nach dem Komma zusammengefaßt. Ein Vergleich der beiden letzten Tabellen zeigt, daß im betrachteten Fall die Verzerrungen der Ritzschen Koeffizienten Größen der gleichen Ordnung sind wie die Verzerrungen der Elemente der erweiterten Ritzschen Matrix.

Tabelle 10. Die dezimalen Näherungen der unverzerrten Ritzschen Koeffizienten

	1	2	3	4	5	6	7	8
1	−0,4082							
2	−0,4374	0,1129						
3	−0,4395	0,1213	−0,0308					
4	−0,4397	0,1219	−0,0330	0,0083				
5	−0,4397	0,1219	−0,0332	0,0089	−0,0022			
6	−0,4397	0,1220	−0,0332	0,0090	−0,0024	0,0006		
7	−0,4397	0,1220	−0,0332	0,0090	−0,0024	0,0006	−0,0002	
8	−0,4397	0,1220	−0,0332	0,0090	−0,0024	0,0006	−0,0002	0,0001

Tabelle 11. Die dezimalen Näherungen der verzerrten Ritzschen Koeffizienten

	1	2	3	4	5	6	7	8
1	−0,4083							
2	−0,4374	0,1129						
3	−0,4396	0,1213	−0,0308					
4	−0,4397	0,1219	−0,0330	0,0083				
5	−0,4398	0,1220	−0,0332	0,0089	−0,0022			
6	−0,4398	0,1220	−0,0332	0,0089	−0,0024	0,0006		
7	−0,4398	0,1220	−0,0332	0,0089	−0,0024	0,0007	−0,0002	
8	−0,4398	0,1220	−0,0332	0,0089	−0,0024	0,0007	−0,0002	0,0001

3.4.7. Ein weiteres Beispiel, bei dem sich die Erscheinungen der Instabilität bemerkbar machen, wird in MICHLIN [17], [22] betrachtet.

3.5. Über die Stabilität des Bubnow-Galerkin-Verfahrens

3.5.1. In einem separablen Hilbert-Raum, den wir zur Vereinfachung der Bezeichnungen reell voraussetzen, betrachten wir die Gleichung

$$Ax := A_0x + Kx = f\,, \tag{1}$$

wobei A_0 ein positiv definiter selbstadjungierter Operator und das Produkt $T = A_0^{-1}K$ vollstetig im energetischen Raum H_0 des Operators A_0 sei. In einer Arbeit des Autors von 1948 (ausführlicher siehe MICHLIN [3]) wurden folgende Sätze aufgestellt:

a) *Die Gleichung* (1) *ist äquivalent der in H_0 betrachteten Gleichung*

$$x + Tx = A_0^{-1}f =: \tilde{f} \tag{2}$$

in folgendem Sinne: Eine beliebige Lösung der Gleichung (1) *genügt der Gleichung* (2), *und jede Lösung der Gleichung* (2) *ist eine verallgemeinerte Lösung der Gleichung* (1).

b) *Bei einem gegebenen Koordinatensystem führt das Bubnow-Galerkin-Verfahren, angewandt auf die Gleichungen* (1) *und* (2), *zu ein und demselben algebraischen System.*

c) *Wenn das Koordinatensystem in H_0 vollständig ist, dann konvergiert das Bubnow-Galerkin-Verfahren für die Gleichung* (1) (*und folglich auch für die Gleichung* (2)) *in H_0.*

3.5.2. Aus dem in 3.5.1 Gesagten folgt, daß es ausreicht, die Stabilität des Bubnow-Galerkin-Verfahrens für die Gleichung (2) zu untersuchen. Wie beim Ritzschen Verfahren untersuchen wir zwei numerische Prozesse: den zur Berechnung des Vektors der Bubnow-Galerkin-Koeffizienten und den zur Berechnung der Bubnow-Galerkinschen Näherungslösung. Die Stabilität dieser Prozesse wurde in der Arbeit von JASKOWA und JAKOWLEW [1] für die allgemeineren Galerkin-Petrow-Verfahren untersucht; es wurde bewiesen, daß für die Stabilität der genannten Prozesse die starke Minimalität in H_0 der Koordinatensysteme hinreichend ist. In VAINIKKO [7] wurde gezeigt, daß die Bedingung der starken Minimalität auch notwendig ist; dort wurde ebenfalls der Beweis der Hinlänglichkeit vereinfacht. In diesem Abschnitt geben wir den Inhalt des Artikels von VAINIKKO [7] wieder, wobei wir uns auf das einfachere Bubnow-Galerkin-Verfahren beschränken. Wir erhalten so einen verhältnismäßig einfachen Beweis des Satzes über die Stabilität des Prozesses zur Berechnung der Bubnow-Galerkinschen Koeffizienten.

3.5.3. Zur Konstruktion der Bubnow-Galerkinschen Näherungslösung der Gleichung (2) werde das Koordinatensystem $\{\varphi_n\} \subset H_0$ benutzt, das den üblichen Bedingungen genügt; insbesondere werden für beliebiges n die Elemente $\varphi_1, \varphi_2, \ldots, \varphi_n$ als linear unabhängig vorausgesetzt. Sei $\{\omega_n\}$ das System, das durch Orthogonalisierung des Systems $\{\varphi_n\}$ in H_0 entsteht. Beide Systeme sind durch rekursive Beziehungen der Gestalt

$$\omega_k = \sum_{j=1}^{k}{}' c_{kj}\varphi_j\,, \qquad \varphi_k = \sum_{j=1}^{k}{}' \gamma_{kj}\omega_j \tag{3}$$

miteinander verknüpft. Mit C_n bezeichnen wir die Matrix der ersten n Beziehungen (3).

Lemma 3.5.1. *Wenn die Folge $\{\varphi_n\}$ stark minimal in H_0 ist, dann sind die Normen $\|C_n\|_{R_n \to R_n}$ beschränkt; anderenfalls gehen sie zusammen mit n monoton gegen unendlich.*

Beweis: Wir haben $[\omega_k, \omega_j] = \delta_{kj}$, wobei $[\cdot, \cdot]$ das Skalarprodukt in H_0 bezeichnet. Aus der Darstellung (3) erhalten wir

$$C_n M_n C_n^* = I_n\,, \tag{4}$$

wobei M_n die gleiche Bedeutung wie im Abschnitt 3.3 hat; der Stern bezeichnet die adjungierte Matrix, I_n ist die Einheitsmatrix im R_n. Beziehung (4) liefert $M_n^{-1} = C_n^* C_n$ und folglich $\|C_n\| = \sqrt{\|M_n^{-1}\|} = [\lambda_n^{(1)}]^{-1/2}$. Alles weitere ist offensichtlich. ∎

Satz 3.5.1. *Für die Stabilität des Prozesses zur Berechnung der Bubnow-Galerkinschen Näherungslösung für die Gleichung* (2) *in der Folge der Raumpaare* $(H_0^{(n)}, R_n)$ *ist notwendig und hinreichend, daß das Koordenatensystem stark minimal in* H_0 *ist.* $H_0^{(n)}$ *bezeichnet den Unterraum von* H_0 *mit der Basis* $(\varphi_1, \varphi_2, \dots, \varphi_n)$.

Dem Beweis stellen wir einige Vorüberlegungen voran. Wir bezeichnen mit $a_*^{(n)}$ und $b_*^{(n)}$ entsprechend den unverzerrten bzw. den verzerrten Vektor der Bubnow-Galerkinschen Koeffizienten und mit $x_*^{(n)}$ und $z_*^{(n)}$ die unverzerrte bzw. die verzerrte Näherungslösung. Weiterhin setzen wir $f^{(n)} = ((f, \varphi_1), (f, \varphi_2), \dots, (f, \varphi_n))$, $\varphi^{(n)} = (\varphi_1, \varphi_2, \dots, \varphi_n)$, $\alpha^{(n)} = (C_n^*)^{-1} a_*^{(n)}$, $\beta^{(n)} = (C_n^*)^{-1} b_*^{(n)}$. Schließlich bezeichnen wir mit B_n die Matrix aus den Elementen $[\varphi_k + T\varphi_k, \varphi_j]$; $j, k = 1, 2, \dots, n$. Mit diesen Bezeichnungen erhalten wir

$$x_*^{(n)} = \sum_{k=1}^{n} a_k^{(n)} \varphi_k = a_*^{(n)} \varphi^n .$$

Weiterhin ist $a_*^{(n)} = C_n^* \alpha^{(n)}$, woraus folgt

$$x_*^{(n)} = \sum_{k=1}^{n} \sum_{j=k}^{n} c_{jk} \alpha_j^{(n)} \varphi_k = \sum_{j=1}^{n} \alpha_j^{(n)} \sum_{k=1}^{j} c_{jk} \varphi_k = \sum_{j=1}^{n} \alpha_j^{(n)} \omega_j .$$

Analog ist

$$z_*^{(n)} = \sum_{j=1}^{n} \beta_j^{(n)} \omega_j$$

und folglich

$$z_*^{(n)} - x_*^{(n)} = \sum_{j=1}^{n} (\beta_j^{(n)} - \alpha_j^{(n)})\, \omega_j . \tag{5}$$

Die verzerrten bzw. unverzerrten Bubnow-Galerkinschen Gleichungssysteme haben entsprechend die Gestalt

$$(B_n + \Gamma_n)\, b^{(n)} = f^{(n)} + \delta^{(n)} ; \qquad B_n a^{(n)} = f^{(n)} ,$$

oder

$$(C_n B_n C_n^* + C_n \Gamma_n C_n^*)\, \beta^{(n)} = C_n (f^{(n)} + \delta^{(n)}) ,$$
$$C_n B_n C_n^* \alpha^{(n)} = C_n f^{(n)} .$$

Hieraus folgt

$$(C_n B_n C_n^* + C_n \Gamma_n C_n^*)\, (\beta^{(n)} - \alpha^{(n)}) = C_n \delta^{(n)} - C_n \Gamma_n C_n^* \alpha^{(n)} . \tag{6}$$

Mit Π_n bezeichnen wir den Orthoprojektor von H_0 auf $H_0^{(n)}$. Wir zeigen, daß eine Konstante $\tau > 0$ existiert, so daß gilt

$$|\Pi_n v^{(n)}| \geq \tau |v^{(n)}| , \qquad \forall n,\ \forall v^{(n)} \in (I + T)\, H_0^{(n)} . \tag{7}$$

Wir nehmen das Gegenteil an. Dann kann man eine Folge $v^{(n)} \in (I + T)\, H_0^{(n)}$, $n = 1, 2, \dots$, derart finden, daß $|v^{(n)}| = 1$ und $|\Pi_n v^{(n)}| \xrightarrow[n\to\infty]{} 0$. Sei $v^{(n)} = (I + T)\, w^{(n)}$, dann ist $w^{(n)} \in H_0^{(n)}$. Dabei ist $|w^{(n)}| \leq |I + T|$ und $|\Pi_n (I + T)\, w^{(n)}| = |w^{(n)} + \Pi_n T w^{(n)}| \xrightarrow[n\to\infty]{} 0$. Die Folge $\{w^{(n)}\}$ ist beschränkt und deshalb schwach kompakt in H_0. Aus $\{w^{(n)}\}$ wählen wir eine Teilfolge aus, die wir wiederum mit $\{w^{(n)}\}$ bezeichnen und die in H_0 schwach gegen ein Element $w^{(0)}$ konvergiert. Dann gilt $Tw^{(n)} \to Tw^{(0)}$

in H_0. Außerdem ist $\Pi_n T w^{(n)} = \Pi_n T w^{(0)} + \Pi_n T(w^{(n)} - w^{(0)})$. Der erste Summand auf der rechten Seite konvergiert in der Norm von H_0 gegen $Tw^{(0)}$, da die Folge der Unterräume $\{H_0^{(n)}\}$ in H_0 vollständig ist; der zweite Summand strebt in der gleichen Norm gegen Null. Somit gilt $\Pi_n T w^{(n)} \to T w^{(0)}$. Aus der Beziehung $|w^{(n)} + \Pi_n T w^{(n)}| \to$ $\to 0$ folgt nun $(I + T)\, w^{(0)} = 0$. Hieraus ergibt sich $\lim v^{(n)} = \lim (I + T)\, w^{(n)} =$ $= (I + T)\, w^{(0)} = 0$, was der Bedingung $|v^{(n)}| = 1$ widerspricht.

Jetzt beweisen wir, daß für hinreichend große n die Ungleichung

$$\frac{1}{\mu} ||c^{(n)}|| \leqq ||C_n B_n C_n^* c^{(n)}|| \leqq |I + T|\, ||c^{(n)}||\,, \qquad \forall c^{(n)} \in \mathbb{R}_n\,, \tag{8}$$

mit $\mu = \tau^{-1} |(I + T)^{-1}|$ gilt. Es ist leicht zu sehen, daß $C_n B_n C_n^*$ die Matrix der Skalarprodukte $(\omega_k + T\omega_k, \omega_j), j, k = 1, 2, \ldots, n$, ist. Hieraus ergibt sich

$$\begin{aligned} ||C_n B_n C_n^* c^{(n)}||^2 &= \sum_{j=1}^{n} \Big| \sum_{k=1}^{n} (\omega_k + T\omega_k, \omega_j)\, c_k^{(n)} \Big|^2 \\ &= \sum_{j=1}^{n} \Big| \Big((I + T) \sum_{k=1}^{n} c_k^{(n)} \omega_k, \omega_j\Big) \Big|^2 = \Big|\Pi_n (I + T) \sum_{k=1}^{n} c_k^{(n)} \omega_k \Big|^2 \\ &\leqq |I + T|^2 \Big| \sum_{k=1}^{n} c_k^{(n)} \omega_k \Big|^2 = |I + T|^2\, ||c^{(n)}||\,. \end{aligned}$$

Andererseits liefert die Ungleichung (7)

$$\begin{aligned} \Big|\Pi_n (I + T) \sum_{k=1}^{n} c_k^{(n)} \omega_k \Big|^2 &\geqq \tau^2 \Big|(I + T) \sum_{k=1}^{n} c_k^{(n)} \omega_k \Big|^2 \\ &\geqq \frac{1}{\mu^2} \Big| \sum_{k=1}^{n} c_k^{(n)} \omega_k \Big|^2 = \frac{1}{\mu^2} ||c^{(n)}||^2\,. \end{aligned}$$

3.5.4. Wir kommen zum B e w e i s des Satzes 3.5.1. Das Koordinatensystem $\{\varphi_n\}$ sei stark minimal in H_0. Vermöge Lemma 3.5.1 gilt $||C_n|| = ||C_n^*|| \leqq C_0 = \text{const.}$ Wir setzen $r = (2\mu C_0^2)^{-1}$, und es sei $||\Gamma_n|| \leqq r$. Dann ist $||C_n \Gamma_n C_n^*|| \leqq 1/2\mu$. Die linke Ungleichung (8) zeigt, daß gleichzeitig $||C_n B_n C_n^*|| \geqq 1/\mu$, und die Matrix auf der linken Seite der Gleichung (6) ist umkehrbar. Dabei ist $||[C_n(B_n + \Gamma_n)\, C_n^*]^{-1}|| \leqq 2\mu$; aus der Beziehung (6) und der Tatsache, daß das Bubnow-Galerkin-Verfahren konvergiert, folgt

$$|z_*^{(n)} - x_*^{(n)}| = ||\beta^{(n)} - \alpha^{(n)}|| \leqq p\, ||\Gamma_n|| + q\, ||\delta^{(n)}|| \tag{9}$$

mit gewissen Konstanten p und q. Die Hinlänglichkeit der Bedingungen ist bewiesen.

Sei nunmehr das Koordinatensystem nicht stark minimal in H_0. Infolge Lemma 3.5.1 gilt $||C_n|| \xrightarrow[n \to \infty]{} \infty$. Wir wählen $\delta^{(n)}$ derart, daß $||C_n \delta^{(n)}|| \geqq \frac{1}{2} ||C_n||\, ||\delta^{(n)}||$. Die erste Ungleichung (8) liefert für $\Gamma_n = 0$:

$$||\beta^{(n)} - \alpha^{(n)}|| \geqq \frac{||C_n||}{2\, |I + T|} ||\delta^{(n)}||\,.$$

Da der Koeffizient bei $||\delta^{(n)}||$ unendlich wächst, ist der betrachtete Prozeß instabil. Damit ist auch die Notwendigkeit der Bedingungen des Satzes bewiesen. ∎

3.5.5. Satz 3.5.2. *Wenn das Koordinatensystem stark minimal in H_0 ist, dann ist der Prozeß zur Berechnung der Bubnow-Galerkinschen Koeffizienten stabil in der Folge der Raumpaare ($\mathbb{R}_n$, $\mathbb{R}_n$).*

Der Beweis ist sehr einfach: Wegen $b^{(n)} - a^{(n)} = C_n^*(\beta^{(n)} - \alpha^{(n)})$ und $||C_n^*|| \leqq C_0$ folgt aus Ungleichung (9)

$$||b^{(n)} - a^{(n)}|| \leqq C_0 p\, ||\Gamma_n|| + C_0 q\, ||\delta^{(n)}|| \,. \blacksquare$$

Bemerkung. In den Arbeiten von Welijew [1—9] wurde die Stabilität des Bubnow-Galerkin-Verfahrens (genauer des Faedo-Galerkin-Verfahrens) für eine große Klasse nichtstationärer Operatorgleichungen untersucht. Ein Teil der Ergebnisse von Welijew ist in Michlin [8] dargelegt (und teilweise verbessert); einige seiner Resultate wurden im Artikel Topoljanski und Saprudski [1] verbessert. Wir vermerken noch, daß in den Arbeiten von Mamatow [1, 2] die Stabilität des Faedo-Galerkin-Verfahrens für Aufgaben untersucht wurde, bei denen quasilineare parabolische Gleichungen mit (im allgemeinen nichtlinearen) Randbedingungen gelöst werden, die die Ableitung der gesuchten Funktion nach der Zeit enthalten. Atakischiewa [1] und Saprudski [1] untersuchten die Stabilität des Bubnow-Galerkin-Verfahrens in Banach-Räumen.

3.6. Verzerrungsfehler eines rekursiven numerischen Prozesses

3.6.1. Wir betrachten den unendlichen rekursiven numerischen Prozeß

$$\sum_{k=0}^{n} A_{nk} x^{(k)} = f^{(n)}, \qquad n = 0, 1, 2, \ldots . \tag{1}$$

Dabei seien $x^{(n)} \in X_n$, $f^{(n)} \in Y_n$, X_n und Y_n Banach-Räume, und es seien A_{nk} lineare Operatoren, die aus X_k in Y_n wirken. Wir nehmen an, daß jeder der Operatoren A_{nn} beschränkt invertierbar ist und daß die Produkte $A_{nn}^{-1} A_{nk}$, $0 \leqq k \leqq n - 1$, beschränkt sind. Unter diesen Voraussetzungen existiert eine Folge von Elementen $x^{(n)} \in X_n$, die das unendliche System (1) erfüllt.

Jeder Operator A_{nk} sei mit dem Fehler Γ_{nk} berechnet und jedes Element $f^{(n)}$ mit dem Fehler $\delta^{(n)}$, so daß anstelle des Systems (1) in Wirklichkeit das System

$$\sum_{k=0}^{n} (A_{nk} + \Gamma_{nk})\, z^{(k)} = f^{(n)} + \delta^{(n)}, \qquad n \geqq 0\,, \tag{2}$$

gelöst wird.

Die Fehler Γ_{nk} mögen die Eigenschaft besitzen, daß man sie in folgendem Sinn beliebig klein machen kann: Für beliebiges $\varepsilon > 0$ kann die Abschätzung

$$\sum_{k=0}^{n} ||A_{nn}^{-1} \Gamma_{nk}|| \leqq \varepsilon\,, \qquad \forall n \geqq 0\,, \tag{3}$$

erreicht werden.

3.6.2. Wir schätzen den Verzerrungsfehler $\hat{\xi}_n = ||z^{(n)} - x^{(n)}||$ ab. Die Gleichungen (1) und (2) formen wir um zu

$$A_{nn} x^{(n)} = g^{(n)} := f^{(n)} - \sum_{k=0}^{n-1} A_{nk} x^{(k)}\,; \tag{4}$$

$$\begin{aligned} &(A_{nn} + \Gamma_{nn})\, z^{(n)} = g^{(n)} + \varkappa^{(n)}\,; \\ &\varkappa^{(n)} := \delta^{(n)} - \sum_{k=0}^{n-1} A_{nk}(z^{(k)} - x^{(k)}) - \sum_{k=0}^{n-1} \Gamma_{nk} z^{(k)}\,. \end{aligned} \tag{5}$$

Der Übergang zu diesen neuen Gleichungen transformiert den rekursiven Prozeß in einen äquivalenten freien Prozeß, und zur Abschätzung des Verzerrungsfehlers kann die Ungleichung (3.1.7) benutzt werden. Letztere bedeutet im vorliegenden Fall: Ist $\|A_{nn}^{-1}\Gamma_{nn}\| \leqq \beta$, $0 < \beta < 1$, dann gilt

$$\hat{\xi}_n \leqq \frac{1}{1-\beta}[\|A_{nn}^{-1}\Gamma_{nn}x_*^{(n)}\| + \|A_{nn}^{-1}\varkappa^{(n)}\|] \leqq$$

$$\leqq \frac{1}{1-\beta}\{\|A_{nn}^{-1}\Gamma_{nn}\| \, \|x_*^{(n)}\| + \sum_{k=0}^{n-1} \|A_{nn}^{-1}\Gamma_{nk}\| \, \|x_*^{(k)}\| +$$

$$+ \sum_{k=0}^{n-1} [\|A_{nn}^{-1}A_{nk}\| + \|A_{nn}^{-1}\Gamma_{nk}\|] \, \hat{\xi}_k + \|A_{nn}^{-1}\| \, \|\delta^{(n)}\|\} =$$

$$= \frac{1}{1-\beta}\{\sum_{k=0}^{n} \|A_{nn}^{-1}\Gamma_{nk}\| \, \|x_*^{(n)}\| + \|A_{nn}^{-1}\| \, \|\delta^{(n)}\| +$$

$$+ \sum_{k=0}^{n-1} [\|A_{nn}^{-1}A_{nk}\| + \|A_{nn}^{-1}\Gamma_{nk}\|] \, \hat{\xi}_k\} .$$

Die Form (6) gestattet es, nacheinander die Abschätzungen für $\hat{\xi}_0, \hat{\xi}_1, \hat{\xi}_2, \ldots$ zu berechnen, wenn Abschätzungen für $\|x_*^{(n)}\|$, $n = 0, 1, 2, \ldots$, bekannt sind.

3.7. Stabilität eines rekursiven numerischen Prozesses

3.7.1. Den Prozeß (3.6.1) nennen wir stabil gegenüber Verzerrung in der Folge der Raumpaare (X_n, Y_n), wenn solche Konstanten $p_1, p_2, p_3 > 0$ existieren, daß aus der Ungleichung

$$\sum_{k=0}^{n} \|A_{nn}^{-1}\Gamma_{nk}\| \leqq p_3 , \qquad \forall n \geqq 0 , \tag{1}$$

die nachstehende Abschätzung für den Verzerrungsfehler folgt:

$$\hat{\xi}_n \leqq p_1 \max_{j \leqq n} \sum_{k=0}^{j} \|A_{jj}^{-1}\Gamma_{jk}\| + p_2 \max_{j \leqq n} \|A_{jj}^{-1}\delta^{(j)}\| . \tag{2}$$

Diese Definition entspricht der ersten Definition der Stabilität eines freien numerischen Prozesses.

Bemerkung 3.7.1. Im vorigen Abschnitt wurde gezeigt, daß sich jeder rekursive numerische Prozeß leicht in einen freien umformen läßt. Es wäre möglich, die Stabilität eines rekursiven Prozesses als Stabilität des entsprechenden freien Prozesses zu definieren, und dann wären die Behauptungen des Abschnitts 3.2 anwendbar. Allerdings erweisen sich in diesem Fall die Bedingungen dieser Behauptungen als umfangreich und schwer verifizierbar; deshalb halten wir es für besser, für den rekursiven Prozeß eine unabhängige Definition der Stabilität zu geben.

Satz 3.7.1. *Sei* $h^{(n)} \in Y_n$, $n = 0, 1, 2, \ldots$, *und es sei* $t^{(n)}$, $n = 0, 1, 2, \ldots$, *die Folge der Lösungen des unendlichen rekursiven Systems*

$$\sum_{k=0}^{n} A_{nk}t^{(k)} = h^{(n)} , \qquad \forall n \geqq 0 . \tag{3}$$

Wenn die Ungleichungen

$$\|t^{(n)}\| \leqq C_0 \max_{j \leqq n} \|A_{jj}^{-1}h^{(j)}\| , \qquad C_0 = \text{const} , \tag{4}$$

und

$$\|x_*^{(n)}\| \leqq C_1 = \text{const} \tag{5}$$

erfüllt sind, wobei $x_*^{(n)}$, $n = 0, 1, 2, \ldots$, *die Folge der Lösungen des Systems* (3.6.1) *ist, dann ist der numerische Prozeß* (3.6.1) *stabil.*

Beweis. Die Gleichung (3.6.2) formen wir um zu

$$\sum_{k=0}^{n} A_{nk}(z^{(k)} - x^{(k)}) = \delta^{(n)} - \sum_{k=0}^{n} \Gamma_{nk}(z^{(k)} - x^{(k)}) - \sum_{k=0}^{n} \Gamma_{nk}x^{(k)} .$$

Infolge der Ungleichungen (4) und (5) gilt

$$\hat{\xi}_n \leqq C_0\{\max_{j\leqq n} \|A_{jj}^{-1}\delta^{(j)}\| + \max_{j\leqq n} \sum_{k=0}^{j} \|A_{jj}^{-1}\Gamma_{jk}\| \cdot \max_{j\leqq n} \hat{\xi}_j + C_1 \max_{j\leqq n} \sum_{k=0}^{j} \|A_{jj}^{-1}\Gamma_{jk}\|\} . \tag{6}$$

Wir bezeichnen

$$\sigma_n = \max_{j\leqq n} \|A_{jj}^{-1}\delta^{(j)}\| + C_1 \max_{j\leqq n} \sum_{k=0}^{j} \|A_{jj}^{-1}\Gamma_{jk}\| . \tag{7}$$

Offensichtlich ist σ_n eine nichtfallende Funktion von n. Wir wählen p_3 so klein, daß $\beta = C_0 p_3 < 1$. Dann ist

$$\hat{\xi}_n \leqq \beta \max_{j\leqq n} \hat{\xi}_j + \sigma_n . \tag{8}$$

Wir zeigen, daß

$$\hat{\xi}_n \leqq \frac{\sigma_n}{1-\beta}, \qquad \forall n \geqq 0 . \tag{9}$$

Die Ungleichung (9) gilt für $n = 0$, in diesem Fall hat (8) die Gestalt $\hat{\xi}_0 \leqq \beta\hat{\xi}_0 + \sigma_0$. Die Ungleichung (9) gelte für $n \leqq N - 1$; wir beweisen, daß sie dann auch für $n = N$ gilt. Ist

$$\max_{j\leqq N} \hat{\xi}_j = \hat{\xi}_N , \tag{10}$$

dann ist infolge (8) $\hat{\xi}_N \leqq \beta\hat{\xi}_N + \sigma_N$, und die Ungleichung (9) ist bewiesen. Wenn die Gleichheit (10) nicht gilt, dann ist $\max_{j\leqq N} \hat{\xi}_j = \hat{\xi}_k$ für eine Zahl k, $0 \leqq k \leqq N - 1$, und folglich

$$\hat{\xi}_N < \hat{\xi}_k \leqq \frac{\sigma_k}{1-\beta} \leqq \frac{\sigma_N}{1-\beta},$$

was zu beweisen war. Nun ist klar, daß die Ungleichung (2) mit den Konstanten

$$p_1 = \frac{C_1}{1-\beta}, \qquad p_2 = \frac{1}{1-\beta}, \qquad p_3 = \frac{\beta}{C_0}, \qquad \forall \beta \in (0, 1) , \tag{11}$$

erfüllt ist. ∎

3.7.2. Es ist nicht schwer, eine einfache Bedingung anzugeben, die die Gültigkeit der Ungleichung (4) sichert: es genügt, daß

$$\sum_{k=0}^{n-1} \|A_{nn}^{-1}A_{nk}\| \leqq q = \text{const} < 1 . \tag{12}$$

In der Tat, aus Gleichung (3) folgt

$$\|t^{(n)}\| \leqq q \max_{k\leqq n-1} \|t^{(k)}\| + \|A_{nn}^{-1}h^{(n)}\| . \tag{13}$$

Sei $\max_{k \leqq n} \|t^{(k)}\| = \|t^{(l)}\|, l \leqq n$. Für $l = n$ ergibt sich aus (13)

$$\|t^{(n)}\| \leqq q\,\|t^{(n)}\| + \|A_{nn}^{-1} h^{(n)}\| \quad \text{oder} \quad \|t^{(n)}\| \leqq (1-q)^{-1}\,\|A_{nn}^{-1} h^{(n)}\|\,.$$

Für $l < n$ ergibt sich, indem man in (13) n durch l ersetzt, $\|t^{(l)}\| \leqq q\,\|t^{(l)}\| + \|A_{ll}^{-1} h^{(l)}\|$ und folglich

$$\|t^{(n)}\| < \|t^{(l)}\| \leqq (1-q)^{-1}\,\|A_{ll}^{-1} h^{(l)}\| \leqq (1-q)^{-1} \max_{j \leqq n} \|A_{jj}^{-1} h^{(j)}\|\,.$$

3.7.3. Satz 3.7.2. *Der rekursive Prozeß* (3.6.1) *ist stabil, wenn die Bedingungen* (5) *und* (12) *erfüllt sind.*

Der Beweis folgt aus der Ungleichung (3.6.6). Aus der Annahme

$$\sum_{k=0}^{n} \|A_{nn}^{-1} \Gamma_{nk}\| \leqq \beta\,, \qquad 0 < \beta < 1\,,$$

und (3.6.6) erhalten wir

$$\hat{\xi}_n \leqq \frac{1}{1-\beta}\,[C_1 \sum_{k=0}^{n} \|A_{nn}^{-1} \Gamma_{nk}\| + \|A_{nn}^{-1} \delta^{(n)}\| + (q+\beta) \max_{k \leqq n} \hat{\xi}_k]\,.$$

Wir wählen β so klein, daß $q_1 := (q+\beta)(1-\beta)^{-1} < 1$. Dann gilt

$$\hat{\xi}_n \leqq q_1 \max_{k \leqq n} \hat{\xi}_k + \frac{1}{1-\beta}\,C_1\,[\sum_{k=0}^{n} \|A_{nn}^{-1} \Gamma_{nk}\| + \|A_{nn}^{-1} \delta^{(n)}\|]\,. \tag{14}$$

Die Gleichungen (14) und (8) stimmen bis auf die Bezeichnungen überein, und analog zur Formel (9) erhalten wir

$$\hat{\xi}_n \leqq q_1' \sum_{k=0}^{n} \|A_{nn}^{-1} \Gamma_{nk}\| + p_2' \|A_{nn}^{-1} \delta^{(n)}\|\,. \;\blacksquare \tag{15}$$

Bemerkung 3.7.2. Aus Bemerkung 3.7.1 ist klar, daß der Satz 3.7.2 einen Spezialfall von Satz 3.7.1 darstellt. Wir glauben, daß es zweckmäßig ist, diesen Spezialfall hervorzuheben, da die Abschätzung (15) der Ordnung nach etwas besser ist, als es die Formel (2) fordert, die in der Definition der Stabilität vorkommt.

3.8. Verzerrungsfehler und Stabilität der Methode des steilsten Abstiegs

3.8.1. Die Ergebnisse der Abschnitte 3.6 und 3.7 wenden wir auf die Methode des steilsten Abstiegs an, die von Temple [1] und, unabhängig von ihm, von Kantorowitsch [2] (siehe auch Kantorowitsch und Akilow [1]) vorgeschlagen wurde. Kantorowitsch gab ebenfalls eine Abschätzung der Konvergenzgeschwindigkeit dieser Methode (siehe unten die Formel (3)); im Artikel von Temple wird nur die Tatsache der Konvergenz dieses Verfahrens bewiesen. Wir erinnern kurz an die Grundzüge der Methode des steilsten Abstiegs.

Sei A ein beschränkter selbstadjungierter und positiv definiter Operator, der in einem Hilbert-Raum H wirkt, und es sei die Gleichung

$$Ax = f \tag{1}$$

zu lösen. Wir geben ein beliebiges Element $x^{(0)} \in H$ vor, das wir als nullte Näherung der gesuchten Lösung x_* von Gleichung (1) ansehen. Die Näherung $x^{(n)}$ wird aus der

$(n-1)$-ten Näherung $x^{(n-1)}$ mittels der Formeln

$$y^{(n-1)} = Ax^{(n-1)} - f\,, \qquad \sigma_{n-1} = \frac{||y^{(n-1)}||^2}{(Ay^{(n-1)}, y^{(n-1)})}\,, \qquad x^{(n)} = x^{(n-1)} - \sigma_{n-1} y^{(n-1)} \tag{2}$$

konstruiert. Wie im Artikel KANTOROWITSCH [2] gezeigt wurde, gilt $x^{(n)} \xrightarrow[n\to\infty]{} x_*$ mit der Abschätzung

$$||x_* - x^{(n)}|| \leqq \frac{||y_1||}{m}\left(\frac{M-m}{M+m}\right)^n, \tag{3}$$

wobei M und m entsprechend die obere und untere Grenze des Operators A sind:

$$M = \sup_{||f||=1} (Af, f)\,, \qquad m = \inf_{||f||=1} (Af, f)\,.$$

Die Methode des steilsten Abstiegs ist somit mit dem unendlichen rekursiven Prozeß

$$x^{(n)} - B_n x^{(n-1)} = f^{(n)} \tag{4}$$

verknüpft, wobei

$$B_n = I - \sigma_{n-1} A\,, \qquad f^{(n)} = \sigma_{n-1} f\,. \tag{5}$$

3.8.2. Wir untersuchen den Verzerrungsfehler und die Stabilität des Prozesses (4). Offensichtlich ist $M^{-1} \leqq \sigma_{n-1} \leqq m^{-1}$; die obere und untere Grenze des Operators B_n sind folglich $1 - \sigma_{n-1} m$ und $1 - \sigma_{n-1} M$. Weiterhin ist

$$1 - \sigma_{n-1} M \geqq -\frac{M-m}{m}, \qquad 1 - \sigma_{n-1} m \leqq \frac{M-m}{M}\,.$$

Hieraus folgt

$$||B_n|| \leqq \max\left(\frac{M-m}{m}, \frac{M-m}{M}\right) = \frac{M-m}{m}\,. \tag{6}$$

In den Bezeichnungen von Abschnitt 3.6 ist $A_{nn} = I$, $A_{n,n-1} = -B_n$, $A_{nk} = 0$, $k \leqq n-2$. Wir bezeichnen mit ϑ_n den Berechnungsfehler der Größe σ_{n-1}, dann ist $\Gamma_{n,n-1} = \vartheta_n A$ und $\Gamma_{nk} = 0$ für $k \neq n-1$; außerdem ist $\delta^{(n)} = \vartheta_n f$.

Wir wenden uns der Formel (3.6.6) zu. Die Bedingung $||A_{nn}^{-1}\Gamma_{nn}|| \leqq \beta$, $0 < \beta < 1$, ist hier wegen $\Gamma_{nn} = 0$ trivialerweise erfüllt. Man kann $\beta = 0$ setzen, und die Formel (3.6.6) nimmt die Gestalt

$$\hat{\xi}_n \leqq \left(\frac{M-m}{m} + |\vartheta_n|\, M\right)\hat{\xi}_{n-1} + |\vartheta_n|\,(C_0 M + ||f||)\,. \tag{7}$$

an. Hierbei ist C_0 die obere Schranke der Werte $||x_*^{(n)}||$; eine solche endliche Schranke existiert, da die Methode des steilsten Abstiegs konvergiert, und sie ist, ausgehend von Ungleichung (3), unschwer zu berechnen.

Wir analysieren die Formel (7). Der Fehler ϑ_n sei hinreichend klein, $|\vartheta_n| \leqq \varepsilon$. Wenn dabei $M < 2m$ ist, dann gilt für genügend kleines ε

$$\frac{M-m}{m} + |\vartheta_n|\, M \leqq \frac{M-m}{m} + \varepsilon M := q < 1\,.$$

Nun ist

$$\hat{\xi}_n \leqq q\hat{\xi}_{n-1} + \varepsilon a\,, \qquad a = C_0 M + ||f|| \tag{8}$$

und noch

$$\hat{\xi}_0 = 0\,, \tag{9}$$

weil das Element $x^{(0)}$ nicht berechnet, sondern vorgegeben wird, und deshalb natürlich $z^{(0)} = x^{(0)}$ angenommen werden kann. Offensichtlich gilt $\hat{\xi}_n \leqq \tau_n$, wobei τ_n die Lösung der Differenzengleichung

$$\tau_n = q\tau_{n-1} + \varepsilon a\,, \qquad \tau_0 = 0 \tag{10}$$

ist. Mithin ergibt sich

$$\tau_n = \frac{\varepsilon a}{1-q}(1-q^n)\,,$$

und die Abschätzung des Verzerrungsfehlers hat die Gestalt

$$\hat{\xi}_n \leqq \frac{\varepsilon a}{1-q}(1-q^n) < \frac{\varepsilon a}{1-q}\,. \tag{11}$$

Somit gilt: Wenn (i) $M < 2m$ und (ii) die obere Fehlerschranke ε der Größe σ_{n-1} hinreichend klein ist, dann ist der Verzerrungsfehler der Methode des steilsten Abstiegs eine Größe der Ordnung $O(\varepsilon)$, und diese Abschätzung ist gleichmäßig bezüglich n.

Wenn wenigstens eine der Bedingungen (i) oder (ii) verletzt ist, dann kann der Verzerrungsfehler unbegrenzt mit n wachsen.

3.8.3. Ähnliche Ergebnisse liefert auch die Analyse der Stabilität. Die Bedingung (3.7.5) ist offensichtlich erfüllt, und die Bedingung (3.7.12) bedeutet im untersuchten Fall $\|B_n\| \leqq q < 1$. Diese Bedingung ist für $M < 2m$ erfüllt, und dann kann man $q = (M-m)/m$ setzen. Nach Satz 3.7.2 ist die Methode des steilsten Abstiegs stabil, wenn $M < 2m$ gilt. Das gleiche Resultat liefert auch Satz 3.7.1.

3.8.4. Für $M \geqq 2m$ kann zur Fehlerabschätzung unmittelbar die Formel (7) benutzt werden. Wir nehmen an, daß die Größe ϑ_n beschränkt ist, dann ist $(M-m)/m + \vartheta_n M \leqq r = \text{const}$ und

$$\hat{\xi}_n \leqq r\hat{\xi}_{n-1} + |\vartheta_n|\, a\,, \qquad \hat{\xi}_0 = 0\,. \tag{12}$$

Die Lösung dieser Ungleichung ist

$$\hat{\xi}_n \leqq a \sum_{k=1}^{n} |\vartheta_k|\, r^{n-k}\,. \tag{13}$$

Wir fixieren eine natürliche Zahl N. Wenn $\hat{\xi}_N \leqq \xi$ für eine kleine Zahl ξ sein soll, dann genügt es, σ_{k-1}, $1 \leqq k \leqq N$, mit einer solchen Genauigkeit zu berechnen, daß

$$|\vartheta_k| \leqq \frac{\xi}{Nar^{N-k}}\,. \tag{14}$$

3.9. Stabilität des Kollokationsverfahrens

3.9.1. Das unverzerrte algebraische System des Kollokationsverfahrens habe die Gestalt

$$M_n a^{(n)} = f^{(n)}\,, \tag{1}$$

wobei M_n die Matrix der Zahlen $\psi_{kn}(t_j^{(n)}) = (A\varphi_{kn})(t_j^{(n)})$ ist und $a^{(n)} = (a_1^{(n)}, a_2^{(n)}, \ldots, a_N^{(n)})$, $f^{(n)} = \big(f(t_1^{(n)}), f(t_2^{(n)}), \ldots, f(t_N^{(n)})\big)$. Sei K ein Kompaktum im m-dimensionalen Euklidischen Raum $\mathbb{R}_m$. Die Kollokationsknoten $t_j^{(n)}$ wählen wir in den Eckpunkten eines Parallelepiped-Gitters, das in K liegt. Die Kanten dieses Parallelepiped-Gitters, die parallel der k-ten Koordinatenachse sind, mögen die Längen $h_k^{(n)}$, $k = 1, 2, \ldots, m$, besitzen; wir nehmen an, daß $c_1 h_n \leqq h_k^{(n)} \leqq c_2 h_n$ mit Konstanten c_1, c_2 und $h_n \xrightarrow[n\to\infty]{} 0$ gilt.

Wir betrachten $a^{(n)}$ als Element des Raumes $\mathbb{R}_N$ und $f^{(n)}$ als Element des Raumes Y_{Ns}, der ebenfalls N-dimensional und mit der Norm

$$\|f^{(n)}\|_{Y_{Ns}} = h^{s/2} \|f^{(n)}\|_{\mathbb{R}_N}, \tag{2}$$

s ist eine reellwertige Konstante, versehen ist. Den durch die Matrix M_n erzeugten Operator, der aus $\mathbb{R}_N$ in Y_{Ns} wirkt, bezeichnen wir mit A_n; das System kann jetzt in der Operatorform

$$A_n a^{(n)} = f^{(n)} \tag{3}$$

geschrieben werden; das entsprechende verzerrte System schreiben wir in der üblichen Form

$$(A_n + \Gamma_n)\, b^{(n)} = f^{(n)} + \delta^{(n)}. \tag{4}$$

Den durch M_n erzeugten und in $\mathbb{R}_N$ wirkenden Operator bezeichnen wir mit dem gleichen Symbol M_n.

3.9.2. Seien $s_n^{(k)}$, $k = 1, 2, \ldots, N$, die singulären Zahlen der Matrix M_n, d. h. die Eigenwerte der nichtnegativen Matrix $M_n^* M_n$, und es sei $s_n^{(1)} \leqq s_n^{(2)} \leqq \cdots \leqq s_n^{(N)}$.

Satz 3.9.1. *Es gelte*

$$s_n^{(1)} \geqq C_0 h_n^{-s}, \qquad C_0 = \text{const} > 0 \tag{5}$$

und $\|a^{(n)}\| \leqq C_1 = \text{const}$. *Dann ist der numerische Prozeß des Kollokationsverfahrens* (3) *im Sinne der zweiten Definition (siehe* 3.2) *stabil in der Folge der Raumpaare* $(\mathbb{R}_N, Y_{Ns})$. *Wenn hingegen*

$$s_n^{(1)} \leqq \gamma(h_n)\, h_n^{-s}, \qquad \gamma(h_n) \xrightarrow[h_n\to 0]{} 0 \tag{6}$$

gilt, dann ist der Prozeß (3) *in der gleichen Folge instabil.*

Beweis. Wegen Folgerung 3.2.2 ist für die Stabilität des Prozesses (3) im erwähnten Sinne notwendig und hinreichend, daß gilt (i) $\|A_n\| \leqq C_1$, (ii) $\|A_n^{-1}\| \cdot \|a^{(n)}\|_{\mathbb{R}_N} \leqq C_2$ für gewisse Konstanten C_1 und C_2. Wir schätzen die Größe

$$\|A_n^{-1}\| = \sup_{g^{(n)} \in Y_{Ns}} \frac{\|A_n^{-1} g^{(n)}\|_{\mathbb{R}_N}}{\|g^{(n)}\|_{Y_{Ns}}} = h_n^{-s/2} \sup_{g^{(n)} \in \mathbb{R}_N} \frac{\|M_n^{-1} g^{(n)}\|_{\mathbb{R}_N}}{\|g^{(n)}\|_{\mathbb{R}_N}} = h_n^{-s/2} \cdot \|M_n^{-1}\|$$

ab. Aus der Beziehung $M_n^{-1}(M_n^*)^{-1} = (M_n^* M_n)^{-1}$ folgt, daß $1/s_n^{(N)}, 1/s_n^{(N-1)}, \ldots, 1/s_n^{(1)}$ die singulären Zahlen der Matrix M_n^{-1} sind. Hieraus folgt $\|M_n^{-1}\| = \|(M_n^* M_n)^{-1}\|^{1/2} = 1/\sqrt{s_n^{(1)}}$ und schließlich

$$\|A_n^{-1}\| = \frac{1}{\sqrt{h_n^s s_n^{(1)}}}. \tag{7}$$

Wenn die Ungleichung (6) gilt, dann ergibt sich $\|A_n^{-1}\| \geqq [\gamma(h_n)]^{-1/2} \xrightarrow[h_n\to 0]{} \infty$, und der Prozeß (3) ist instabil. Es gelte die Ungleichung (5). Dann ist $\|A_n^{-1}\| \leqq C_0^{-1/2}$, und die Bedingung (i) ist erfüllt. Bedingung (ii) ist nach Voraussetzung erfüllt, so daß der Kollokationsprozeß stabil ist. ∎

Wir heben einen Spezialfall hervor. Zuerst bemerken wir folgendes: Wegen $f \in \mathbf{C}(K)$ gilt auch $f \in \mathbf{L}_2(K)$ und somit

$$h_n^m \sum_{j=1}^{N} f_j^2 \leqq C = \text{const},$$

oder, was dasselbe ist, $\|f^{(n)}\|_{Y_{Nm}} \leqq C$. Sei nunmehr die Ungleichung (5) für $s = m$ erfüllt, dann ist die Norm $\|A_n^{-1}\|$ durch die Konstante $C^{-1/2}$ beschränkt. Wie soeben bemerkt wurde, sind ebenfalls die Normen $\|f^{(n)}\|_{Y_{Nm}}$ und somit auch die Normen $\|a^{(n)}\|_{R_N} \leqq \|A_n^{-1}\| \, \|f^{(n)}\|_{Y_{Nm}}$ beschränkt. Vermöge Folgerung 3.2.2 ist der Prozeß (3) stabil. Somit ist für $s = m$ die Bedingung (5) notwendig und hinreichend für die Stabilität des Kollokationsprozesses (3).

3.9.3. In Abschnitt 3.3 wurde die Definition der starken Minimalität einer Folge

$$(\varphi_{n1}, \varphi_{n2}, \dots, \varphi_{nN}) ; \qquad N = N(n) , \qquad n = 1, 2, \dots , \tag{8}$$

formuliert. Wir führen eine weitere Definition ein: Die Folge (8) heißt *fast orthonormiert*, wenn die Eigenwerte der Gramschen Matrizen dieser Folge von unten und oben positiv beschränkt sind. Offensichtlich ist eine fast orthonormierte Folge auch stark minimal. Diese Definition verallgemeinert die bekannte Definition TALDYKINS [1]. Die von uns fast orthonormiert genannten Folgen heißen bei TALDYKIN regulär.

Satz 3.9.2. *Sei X ein separabler Hilbert-Raum, die Folge* (8) *sei fast orthonormiert in X und der Prozeß* (3) *möge im Sinne der zweiten Definition* (*siehe* 3.2) *stabil sein. Dann ist der Prozeß zur Berechnung der Näherungslösung nach dem Kollokationsverfahren stabil, im Sinne der gleichen Definition, in der Folge der Raumpaare* (X_N, Y_{Ns}). *Wenn die Folge* (8) *stark minimal in X und der Prozeß* (3) *instabil ist, dann ist der Prozeß der Berechnung der Näherungslösung ebenfalls instabil.*

Beweis. Wenn die Folge (8) fast orthonormiert in X ist, dann gilt

$$\|x_*^{(n)} - z_*^{(n)}\|_X^2 = \left(M_n(a^{(n)} - b^{(n)}), a^{(n)} - b^{(n)}\right) \leqq \Lambda_0 \, \|a^{(n)} - b^{(n)}\|_{R_N}^2 ;$$

hierbei ist M_n die Gramsche Matrix der Elemente von (8) bei festem n und Λ_0 die obere Schranke der Eigenwerte dieser Matrizen für alle n. $x_*^{(n)}$ und $z_*^{(n)}$ sind entsprechend die unverzerrte und verzerrte Näherungslösung, mit denen die Vektoren $a^{(n)}$ und $b^{(n)}$ durch die Beziehungen $x_*^{(n)} = \sum_{k=1}^{N} a_k^{(n)} \varphi_{nk}$, $z_*^{(n)} = \sum_{k=1}^{N} b_k^{(n)} \varphi_{nk}$ verknüpft sind. Da die Berechnung der Koeffizienten ein stabiler Prozeß ist, existieren Konstanten $p, q, r > 0$, so daß für $\|\Gamma_n\| \leqq r$ gilt

$$\|x_*^{(n)} - z_*^{(n)}\| \leqq \sqrt{\Lambda_0} \left(p \, \|\Gamma_n\|_{R_N \to Y_{Ns}} + q \, \|\delta^{(n)}\|_{Y_{Ns}}\right) ;$$

die letzte Ungleichung bedeutet, daß die Berechnung der Näherungslösung ein stabiler Prozeß ist.

Wenn die Folge (8) stark minimal in X ist, erhalten wir

$$\|x_*^{(n)} - z_*^{(n)}\| \geqq \sqrt{\lambda_0} \, \|a^{(n)} - b^{(n)}\|_{R_N} ,$$

wobei λ_0 die positive untere Schranke der Eigenwerte der Matrix M_n bezeichnet. Nach Voraussetzung ist der Prozeß (3) instabil, deshalb sind bei beliebigen, unabhängig von n festgehaltenen Normen $||\Gamma_n||$ und $||\delta^{(n)}||$ die Normen $||a^{(n)} - b^{(n)}||$ unbeschränkt, folglich sind die Normen $||x_*^{(n)} - z_*^{(n)}||$ gleichfalls unbeschränkt, und der Prozeß der Berechnung der Näherungslösungen ist instabil. ▮

3.9.4. Einige Abschätzungen der kleinsten singulären Zahl kann man erhalten, wenn man die Determinante $D_n = \det M_n$ untersucht. Wir beschränken uns auf den Fall $m = 1$, $K = [0, 1]$, und die Knotenpunkte seien $t_j^{(n)} = j/n$, $j = 1, 2, \ldots, n$. Wir nehmen an, daß die Funktionen $\psi_{nk}(t) = (A\varphi_{nk})(t)$ einer Lipschitz-Bedingung mit einem festen Exponenten γ und einer Konstanten, die durch eine Potenz von k abgeschätzt wird, genügen:

$$|\psi_{nk}(t') - \psi_{nk}(t'')| \leqq Ck^{\beta}|t' - t''|^{\gamma}\,; \qquad \beta = \text{const}; \tag{9}$$

außerdem setzen wir voraus, daß

$$|\psi_{nk}(t)| \leqq Ck^{\alpha}\,, \qquad \alpha = \text{const} \geqq 0\,. \tag{10}$$

Der Einfachheit halber schreiben wir ψ_k anstelle ψ_{nk} und t_j anstelle $t_j^{(n)}$, so daß die Determinante die folgende Form hat:

$$D_n = \begin{vmatrix} \psi_1(t_1) & \psi_2(t_1) & & \psi_n(t_1) \\ \psi_1(t_2) & \psi_2(t_2) & & \psi_n(t_2) \\ \cdots & \cdots & \cdots & \cdots \\ \psi_1(t_n) & \psi_2(t_n) & & \psi_n(t_n) \end{vmatrix}. \tag{11}$$

Die zweite Zeile der Determinante D_n subtrahieren wir von der ersten, die dritte von der zweiten usw.; von der $(n - 1)$-ten Zeile subtrahieren wir die n-te. Die Elemente der ersten $n - 1$ Zeilen haben die Form $\psi_k(t_j) - \psi_k(t_{j+1})$ und werden infolge Ungleichung (9) folgendermaßen abgeschätzt:

$$|\psi_k(t_j) - \psi_k(t_{j+1})| \leqq Cn^{-\gamma}k^{\beta}\,;$$

die Elemente der letzten Zeile werden abgeschätzt durch Ck^{α}. Der Satz von Hadamard (siehe z. B. SMIRNOW [1], S. 48) liefert

$$|D_n| \leqq \frac{C^n}{n^{\gamma(n-1)}} \Big[\sum_{k=1}^{n} k^{2\alpha}\Big]^{1/2} \Big[\sum_{k=1}^{n} k^{2\beta}\Big]^{(n-1)/2}.$$

Wegen $\alpha \geqq 0$ ist $k^{2\alpha} \leqq \int\limits_k^{k+1} u^{2\alpha}\, du$ und

$$\sum_{k=1}^{n} k^{2\alpha} < \int\limits_1^{n+1} u^{2\alpha}\, du < (2\alpha + 1)^{-1}\,(n + 1)^{2\alpha+1}\,;$$

analog ist

$$\sum_{k=1}^{n} k^{2\beta} < (2\beta + 1)^{-1}\,(n + 1)^{2\beta+1}\,.$$

Somit gilt

$$|D_n| \leqq \frac{C_1^n}{n^{\gamma(n-1)}}\,(n + 1)^{\frac{2\alpha+1}{2} + \frac{(2\beta+1)(n+1)}{2}}\,; \qquad C_1 = \text{const},$$

woraus sich leicht die etwas einfachere Abschätzung

$$|D_n| \leqq C_2^n n^{(\beta+(1/2)-\gamma)(n-1)+\alpha+(1/2)}\,, \qquad C_2 = \text{const}, \tag{12}$$

ergibt. Weiterhin ist

$$D_n^2 = \det(M_n^* M_n) = s_n^{(1)} s_n^{(2)} \ldots s_n^{(n)} \geqq [s_n^{(1)}]^n\,,$$

woraus folgt

$$s_n^{(1)} \leqq D_n^{2/n} \leqq C_2^2 n^{(2\beta+1-2\gamma)(1-(1/n))+(2\alpha+1)/n} \leqq C_3^2 n^{2(\beta-\gamma)+1}; \qquad C_3 = \text{const.} \tag{13}$$

Infolge Satz 3.9.1 ist für $m = s = 1$ und $\beta > \gamma$ der Prozeß (3) instabil. Insbesondere ist für $\gamma = 1$ der Prozeß (3) instabil bei $\beta > 1$.

3.9.5. Der Satz von Hadamard liefert oft nur eine grobe Abschätzung der Determinante. Wir betrachten ein Beispiel, bei dem diese Abschätzung verbessert werden kann.

Sei A der identische Operator. Die Aufgabe besteht dann in der Interpolation der Funktion $f(t)$ durch eine Linearkombination der Gestalt

$$\sum_{k=1}^{N} a_k^{(n)} \varphi_{nk}(t)$$

auf einem gegebenen Kompaktum K. Sei $m = 1$, $K = [0, 1]$ und $\varphi_{nk}(t) = \varphi_k(t) = t^{k-1}$, $k = 1, 2, \ldots$ Wir setzen noch $t_j = t_j^{(n)} = j/n$, $j = 0, 1, 2, \ldots, n-1$. Die Determinante des Kollokationssystems

$$D_n = \begin{vmatrix} 1 & 0 & 0 & 0 \\ 1 & t_1 & t_2 & t_{n-1} \\ 1 & t_1^2 & t_2^2 & t_{n-1}^2 \\ \cdot & \cdot & \cdot & \cdot \\ 1 & t_1^{n-1} & t_2^{n-1} & t_{n-1}^{n-1} \end{vmatrix} = t_1 t_2 \ldots t_{n-1} \begin{vmatrix} 1 & 1 & 1 \\ t_1 & t_2 & t_{n-1} \\ \cdot & \cdot & \cdot \\ t_1^{n-2} & t_2^{n-2} & t_{n-1}^{n-2} \end{vmatrix},$$

ist die Vandermondesche Determinante der Zahlen $t_1, t_2, \ldots, t_{n-1}$, versehen mit dem Faktor $t_1 t_2 \ldots t_{n-1} = \dfrac{(n-1)!}{n^{n-1}}$. Somit ist

$$D_n = \frac{(n-1)!}{n^{n-1}} \prod_{1 \leqq k < j \leqq n} (t_j - t_k) < 1 .$$

In diesem Fall ergibt sich $s_n^{(1)} < 1 = hh^{-1}$; $h = 1/n$, $\gamma(h) = h \to 0$, und der Kollokationsprozeß ist in der Folge der Raumpaare $(\mathbb{R}_n, Y_{ns})$ instabil.

3.9.6. Zum Abschluß dieses Abschnitts erläutern wir den Inhalt der Arbeit Vainikko [8], in der wahrscheinlich erstmals die Frage der Stabilität von Kollokationsverfahren untersucht wurde. In dieser Arbeit wird die gewöhnliche Differentialgleichung

$$x^{(m)}(t) + \sum_{k=0}^{m-1} c_k(t)\, x^{(k)}(t) = f(t) \tag{14}$$

mit den Randbedingungen

$$\sum_{k=0}^{m-1} [\alpha_{jk} x^{(k)}(a) + \beta_{jk} x^{(k)}(b)] = 0 ;$$
$$j = 0, 1, \ldots, m-1 ; \qquad \alpha_{jk}, \beta_{jk} = \text{const}, \tag{15}$$

betrachtet. Es wird vorausgesetzt, daß die entsprechende homogene Aufgabe nur die Nullösung besitzt. Dann existiert eine Folge von Polynomen $(m + k)$-ten Grades

$$P_k(t) = \sum_{l=0}^{m+k} c_{kl} t^l ; \qquad k = 0, 1, 2, \ldots ,$$

die die Randbedingungen (15) erfüllen. Diese Folge wählen wir als Koordinatensystem des Kollokationsverfahrens. Als Kollokationsknoten nehmen wir bei gegebenem n die Wurzeln $t_j^{(n)}$ des Polynoms $\omega_n(t)$, wobei $\{\omega_n(t)\}$ ein in der Metrik $\mathbf{L}_2(a, b; \varrho(t))$ orthonormiertes und vollständiges Polynomsystem ist. Das Gewicht $\varrho(t)$ sei eine nichtnegative und auf (a, b) summierbare Funktion, die der Bedingung

$$\int_a^b [\varrho(t)]^{-1} \, dt < \infty$$

genügt. Die Näherungslösung der Aufgabe wird als Funktion der Gestalt

$$x_n(t) = \sum_{k=0}^{n-1} a_k^{(n)} P_k(t) \tag{16}$$

gesucht, und die Koeffizienten $a_k^{(n)}$ werden aus dem Gleichungssystem

$$\sum_{k=0}^{n} [P_k^{(m)}(t_j^{(n)}) + \sum_{i=0}^{m-1} c_i(t_j^{(n)}) \, P_k^{(i)}(t_j^{(n)})] \, a_k^{(n)} = f(t_j^{(n)}) \,, \qquad j = 1, 2, \ldots, n \,, \tag{17}$$

bestimmt.

Unter der Voraussetzung, daß die Koeffizienten $c_k(t)$ und die rechte Seite $f(t)$ stetige Funktionen sind, wird bewiesen, daß das System (17) für hinreichend große n eindeutig lösbar ist; die Näherungslösungen $x_n(t)$ konvergieren in der Metrik von $\mathbf{L}_2^{(m)}(a, b; \varrho(t))$ gegen die exakte Lösung $x_*(t)$. Der Approximationsfehler besitzt die Abschätzung

$$||x_*^{(m)} - x_n^{(m)}||_{\mathbf{L}_2(a, b; \varrho)} \leqq C E_n(x_*^{(m)}) \,, \tag{18}$$

wobei $E_n(u)$ die beste Approximation der Funktion $u(t)$ durch Polynome vom Grad $\leqq n$ in der Metrik von $\mathbf{L}_2(a, b; \varrho)$ ist.

Mit H_n bezeichnen wir den Unterraum des Raumes $\mathbf{L}_2(a, b; \varrho)$, der von den Linearkombinationen der Polynome (16) gebildet wird. Es wird bewiesen, daß die Berechnung der Näherungslösungen in der Folge der Raumpaare $(H_n, \mathbb{R}_n)$ dann und nur dann ein stabiler Prozeß ist, wenn die Folge $\{P_k^{(m)}(t)\}$ stark minimal in $\mathbf{L}_2(a, b; \varrho)$ ist.

4. Algorithmus- und Rundungsfehler

4.1. Die Konditionszahl

4.1.1. Sei A ein beschränkter und beschränkt invertierbarer Operator, der aus einem Banach-Raum X in einen Banach-Raum Y wirkt. *Konditionszahl* des Operators A heißt das Produkt

$$P_A = ||A|| \cdot ||A^{-1}|| . \tag{1}$$

Offensichtlich ist $P_A \geqq 1$.

Wenn $X = X = R_n$ ist, dann ist A eine Zahlenmatrix der Ordnung $n \times n$. Wenn diese Matrix positiv definit ist, gilt $||A|| = \lambda_n^{(n)}$, $||A^{-1}|| = 1/\lambda_n^{(1)}$, wobei $\lambda_n^{(1)}$ und $\lambda_n^{(n)}$ entsprechend der kleinste und der größte Eigenwert der Matrix A sind; in diesem Fall ist die Konditionszahl gleich

$$P_A = \lambda_n^{(n)}/\lambda_n^{(1)} . \tag{2}$$

Wenn A eine beliebige nichtsinguläre Matrix im R_n ist, dann ist die Matrix A^*A positiv definit. Seien $s_n^{(n)}$ und $s_n^{(1)}$ der größte bzw. der kleinste Eigenwert der letzten Matrix, oder anders ausgedrückt, die größte bzw. die kleinste singuläre Zahl der Matrix A. Dann gilt

$$P_A = \sqrt{s_n^{(n)}/s_n^{(1)}} . \tag{3}$$

4.1.2. Die Konditionszahl eines Operators besitzt in einigen Fragen, die Fehlerabschätzungen betreffen, eine große Bedeutung; ein solcher Fall wurde oben, im Abschnitt 1.4, erwähnt. Wir geben noch einen weiteren Fall an. Sei A ein beschränkter und beschränkt invertierbarer Operator in einem separablen Hilbert-Raum H. Die Gleichung

$$Ax = f \tag{4}$$

werden wir näherungsweise mit der Fehlerquadratmethode lösen: jedem natürlichen n ordnen wir eine andere natürliche Zahl N zu und wählen aus H einen N-dimensionalen Unterraum $H^{(n)}$; wir suchen ein Element $x_*^{(n)} \in H^{(n)}$, das der Bedingung $||Ax_*^{(n)} - f|| = \min$ genügt. Die Existenz eines solchen Elements ist offensichtlich. Wir schätzen den Approximationsfehler $\varrho_n = ||x_* - x_*^{(n)}||$ ab (siehe den Artikel Michlin und Radewa [1]). Wir haben

$$x_* - x_*^{(n)} = A^{-1}A(x_* - x_*^{(n)}) = A^{-1}(f - Ax_*^{(n)})$$

und folglich $\varrho_n \leqq ||A^{-1}|| \cdot ||f - Ax_*^{(n)}||$. Für ein beliebiges $x^{(n)} \in H^{(n)}$ gilt

$$||f - Ax_*^{(n)}|| \leqq ||f - Ax^{(n)}|| = ||A(x_* - x^{(n)})|| \leqq ||A|| \cdot ||x_* - x^{(n)}|| ,$$

so daß

$$\varrho_n \leqq P_A \| x_* - x^{(n)} \| \, .$$

Wenn wir nun die Bezeichnung

$$\forall x \in H \, , \qquad E_n(x) = \inf_{x^{(n)} \in H^{(n)}}{}' \; \| x - x^{(n)} \|$$

einführen, erhalten wir die uns interessierende Abschätzung

$$\varrho_n = \| x_* - x_*^{(n)} \| \leqq P_A E_n(x_*) \, . \tag{5}$$

4.2. Algorithmusfehler im Iterationsprozeß

4.2.1. Es ist wohlbekannt, daß für einen selbstadjungierten Operator A im Hilbert-Raum H mit positiven unteren und oberen Schranken $0 < m \leqq M < \infty$ die Aufgabe (4.1.4) so umgeformt werden kann, daß sie sich mittels Iterationen lösen läßt. Es genügt nämlich, die Gleichung (4.1.4) durch die Gleichung

$$(I - B)\, x = \frac{2}{M + m} f \, , \qquad B = I - \frac{2}{M + m} A \, , \tag{1}$$

zu ersetzen. Die untere und obere Schranke des Operators B sind entsprechend gleich $\mp (M - m)/(M + m)$. Deshalb gilt

$$\| B \| = \frac{M - m}{M + m} = \frac{P_A - 1}{P_A + 1} < 1 \, , \tag{2}$$

und die einfachen Iterationen für die Gleichung (1) konvergieren wie die geometrische Reihe nach Potenzen von $(P_A - 1)/(P_A + 1)$. Es ist klar, daß die Konvergenz umso besser ist, je kleiner die Konditionszahl ist; wenn P_A hinreichend groß ist, wird die Konvergenz der Iterationen beliebig langsam.

4.2.2. Die in 4.2.1 gemachten Überlegungen wenden wir auf das klassische Ritzsche Verfahren an. In einem separablen Hilbert-Raum H_0 betrachten wir das Minimumproblem für das Funktional $|x|^2 - 2lx$, wobei $|\cdot|$ die Norm in H_0 ist und das lineare Funktional l auf dem gesamten Raum definiert und beschränkt ist. In H_0 wählen wir ein Koordinatensystem $\{\varphi_n\}$ und bezeichnen mit $H_0^{(n)}$ den Unterraum von H_0 mit der Basis $(\varphi_1, \varphi_2, \dots, \varphi_n)$. Die Näherungslösung $x_*^{(n)}$ unserer Variationsaufgabe konstruieren wir als Element des Unterraums $H_0^{(n)}$, das das Minimum des Funktionals $|x|^2 - 2lx$ auf diesem Unterraum realisiert. Offensichtlich ist

$$x_*^{(n)} = \sum_{k=1}^{n} a_k^{(n)} \varphi_k \, ,$$

wobei die Koeffizienten $a_k^{(n)}$ aus dem algebraischen System

$$\sum_{k=1}^{n} [\varphi_k, \varphi_j] \, a_k^{(n)} = l\varphi_j \; ; \qquad j = 1, 2, \dots, n \, ,$$

bestimmt werden, $[\cdot, \cdot]$ bezeichnet das Skalarprodukt in H_0. Das letzte System schreiben wir in der Form einer Operatorgleichung

$$M_n a^{(n)} = f^{(n)} \; ; \tag{3}$$

der Sinn der Bezeichnungen ist offensichtlich. Mit $\lambda_n^{(1)}$ und $\lambda_n^{(n)}$ bezeichnen wir den kleinsten bzw. den größten Eigenwert der Ritzschen Matrix M_n und setzen

$$B_n = I_n - 2M_n/(\lambda_n^{(1)} + \lambda_n^{(n)}) .$$

Die Gleichung (3) ersetzen wir durch die äquivalente Gleichung

$$a^{(n)} - B_n a^{(n)} = \frac{2f^{(n)}}{\lambda_n^{(1)} + \lambda_n^{(n)}} ; \tag{4}$$

die wegen $||B_n|| = (P_n - 1)/(P_n + 1)$, $P_n = P_{M_n}$, mittels Iterationen lösbar ist. Wenn die Anfangsnäherung gleich Null ist und wir uns auf N Iterationen beschränken, dann besitzt der entsprechende Algorithmusfehler für die Gleichung (4) die Abschätzung

$$\frac{2||f^{(n)}||}{\lambda_n^{(1)} + \lambda_n^{(n)}} \cdot \frac{||B||^{N+1}}{1 - ||B||} = \frac{||f^{(n)}||}{\lambda_n^{(1)}} ||B||^{N+1} . \tag{5}$$

Wenn $\lambda_n^{(1)} \xrightarrow[n\to\infty]{} 0$ oder $\lambda_n^{(n)} \xrightarrow[n\to\infty]{} \infty$, dann gilt $P_n \to \infty$, $||B_n|| \to 1$, und somit verschlechtert sich die Abschätzung des Algorithmusfehlers. Es ist deshalb wünschenswert, solch ein Koordinatensystem zu benutzen, für das $\lambda_0 \leqq \lambda_n^{(1)} \leqq \lambda_n^{(n)} \leqq \Lambda_0$ gilt mit positiven Konstanten λ_0 und Λ_0; anders ausgedrückt, es ist zweckmäßig, als Koordinatensystem ein in H_0 fast orthonormiertes System zu verwenden. In diesem Fall kann die Bestimmung der Matrix B_n vereinfacht werden, und zwar kann man $B_n = I_n - 2M_n/(\Lambda_0 + \lambda_0)$ setzen und anstelle von (4) die Gleichung

$$a^{(n)} - B_n a^{(n)} = \frac{2f^{(n)}}{\Lambda_0 + \lambda_0} \tag{6}$$

aufstellen, die ebenfalls der Gleichung (3) äquivalent ist. Bei dieser Festlegung sind die untere und die obere Schranke der Matrix B_n entsprechend gleich

$$1 - \frac{2\lambda_n^{(n)}}{\Lambda_0 + \lambda_0} \geqq 1 - \frac{2\Lambda_0}{\Lambda_0 + \lambda_0} = -\frac{\Lambda_0 - \lambda_0}{\Lambda_0 + \lambda_0}$$

und

$$1 - \frac{2\lambda_n^{(1)}}{\Lambda_0 + \lambda_0} \leqq 1 - \frac{2\lambda_0}{\Lambda_0 + \lambda_0} = \frac{\Lambda_0 - \lambda_0}{\Lambda_0 + \lambda_0} .$$

Hieraus ergibt sich $||B_n|| \leqq (\Lambda_0 - \lambda_0)/(\Lambda_0 + \lambda_0)$; die rechte Seite dieser Ungleichung ist konstant und kleiner als Eins. Für den Algorithmusfehler nach N Iterationen erhalten wir die Abschätzung

$$\frac{||f^{(n)}||}{\lambda_0} \left(\frac{\Lambda_0 - \lambda_0}{\Lambda_0 + \lambda_0}\right)^{N+1} \tag{7}$$

Wir zeigen, daß $||f^{(n)}|| \leqq C$ gilt, wobei C nicht von n abhängt. Ein fast orthonormiertes System ist stark minimal; in Michlin [8] wird gezeigt (siehe Satz 7.2), daß für ein stark minimales Koordinatensystem die Folge der Vektoren $a^{(n)} = (a_1^{(n)}, a_2^{(n)}, \ldots$ $\ldots, a_n^{(n)}, 0, \ldots)$ einen Grenzwert in l_2 besitzt. Daraus folgt, daß die Folge der Normen $||a^{(n)}||_{R_n}$ beschränkt ist. Sei $||a^{(n)}||_{R_n} \leqq C_0 = \text{const.}$ Dann erhalten wir aus Gleichung (3)

$$||f^{(n)}|| \leqq ||M_n|| \cdot ||a^{(n)}|| = \lambda_n^{(n)} ||a^{(n)}|| \leqq \Lambda_0 C_0 .$$

Nunmehr ergibt sich aus (7) die von n unabhängige Abschätzung des Algorithmusfehlers

$$\frac{\Lambda_0 C_0}{\lambda_0}\left(\frac{\Lambda_0-\lambda_0}{\Lambda_0+\lambda_0}\right)^{N+1} \tag{8}$$

Die Überlegungen und Resultate dieses Abschnitts lassen sich leicht auf das verallgemeinerte Ritzsche Verfahren anwenden.

4.3. Rundungsfehler beim rekursiven Prozeß

4.3.1. Wir betrachten das System (3.6.2), das endlich oder auch unendlich sein kann. Für das weitere ist es wichtig, daß die Operatoren $A_{nk} + \Gamma_{nk}$ und die rechten Seiten $f^{(n)} + \delta^{(n)}$ genau bekannt sind. Der Kürze wegen bezeichnen wir

$$A_{nk} + \Gamma_{nk} = \hat{A}_{nk}\,, \qquad f^{(n)} + \delta^{(n)} = \hat{f}^{(n)}\,, \tag{1}$$

dann schreibt sich das System (3.6.2) in der Form

$$\forall n \geqq 0\,, \qquad \sum_{k=0}^{n} \hat{A}_{nk} z^{(n)} = \hat{f}^{(n)}\,. \tag{2}$$

Wie unschwer einzusehen ist, sind die Operatoren $\hat{A}_{nn}$ beschränkt invertierbar, wenn die Normen $\|A_{nn}^{-1}\Gamma_{nk}\|$ hinreichend klein sind, und die Produkte $A_{nn}^{-1}A_{nk}$ sind in diesem Fall beschränkt. Wenn die Ungleichung (3.7.4) erfüllt ist, dann gilt auch die analoge Ungleichung

$$\|z^{(n)}\| \leqq \hat{C}_0 \max_{j\leqq n} \|\hat{A}_{jj}^{-1}\hat{f}^{(j)}\|\,, \qquad \hat{C}_0 = \text{const}, \qquad n \geqq 0\,. \tag{3}$$

Die exakte Lösung des Systems (2) ist

$$z^{(n)} = -\sum_{k=0}^{n-1} \hat{A}_{nn}^{-1}\hat{A}_{nk} z^{(k)} + \hat{A}_{nn}^{-1}\hat{f}^{(n)}\,, \qquad n \geqq 0\,. \tag{4}$$

Die Berechnung der rechten Seite von (4) ist gewöhnlich von einem gewissen Fehler begleitet. Seien $v^{(1)}, v^{(2)}, \dots, v^{(n-1)}$ genau bekannte Elemente und sei $\bar{z}^{(n)}$ der exakte Wert des Ausdrucks

$$-\sum_{k=0}^{n-1} \hat{A}_{nn}^{-1}\hat{A}_{nk} v^{(k)} + \hat{A}_{nn}^{-1}\hat{f}^{(n)}\,. \tag{5}$$

Wir nehmen an, daß wir bei der Berechnung der Größe (5) durch gewisse Rundungsfehler nicht das Element $\bar{z}^{(n)}$, sondern ein anderes Element $v^{(n)} = \bar{z}^{(n)} + \alpha^{(n)}$ erhalten. Hierbei ist $\alpha^{(n)}$ der resultierende Rundungsfehler, von dem wir annehmen, daß er die Ungleichung

$$\|\alpha^{(n)}\| \leqq \varepsilon \|v^{(n)}\| \tag{6}$$

für ein vorgegebenes positives ε, das beliebig klein sein kann, erfüllt. Wir nehmen folglich an, daß das Element $\bar{z}^{(n)}$ mit einem relativen Fehler, der ε nicht übersteigt, berechnet wird.

4.3.2. Wir bezeichnen $-\hat{A}_{nn}^{-1}\hat{A}_{nk} = a_{nk}$, $\hat{A}_{nn}^{-1}\hat{f}^{(n)} = b^{(n)}$. Mit diesen Bezeichnungen haben das System (4) und die Ungleichung (3) die Gestalt

$$z^{(n)} = \sum_{k=0}^{n-1} a_{nk} z^{(k)} + b^{(n)}\,, \qquad n \geqq 0\,, \tag{7}$$

und

$$\|z^{(n)}\| \leqq \hat{C}_0 \max_{j \leqq n} \|b^{(j)}\|, \qquad n \geqq 0. \tag{8}$$

Die Lösung des Systems (7) ergibt unter Beachtung der Rundungsfehler eine Folge von Elementen

$$v^{(0)} = z^{(0)} + \alpha^{(0)} = b^{(0)} + \alpha^{(0)} := z^{(0)} + \gamma^{(0)},$$

$$v^{(1)} = a_{10}v^{(0)} + b^{(1)} + \alpha^{(1)} = z^{(1)} + a_{10}\alpha^{(0)} + \alpha^{(1)} := z^{(1)} + \gamma^{(1)}$$

usw. Die allgemeinen Formeln besitzen die Gestalt

$$v^{(n)} = \sum_{k=0}^{n-1} a_{nk}v^{(k)} + b^{(n)} + \alpha^{(n)}, \tag{9}$$

$$v^{(n)} = z^{(n)} + \gamma^{(n)}, \tag{10}$$

$$\gamma^{(n)} = \sum_{k=0}^{n-1} a_{nk}\gamma^{(k)} + \alpha^{(n)}. \tag{11}$$

Das System (11) stimmt bis auf die Bezeichnungen mit dem System (7) überein; aus (8) folgt somit

$$\|\gamma^{(n)}\| \leqq \hat{C}_0 \max_{j \leqq n} \|\alpha^{(j)}\| \leqq \hat{C}_0\varepsilon \max_{j \leqq n} \|v^{(j)}\| \leqq \hat{C}_0\varepsilon[\max_{j \leqq n} \|z^{(j)}\| + \max_{j \leqq n} \|\gamma^{(j)}\|]. \tag{12}$$

Die Normen $\|z^{(n)}\|$ mögen unabhängig von n beschränkt sein; das ist z. B. der Fall, wenn die Bedingungen von Satz 3.7.1 erfüllt und die Fehler Γ_{nk} und $\delta^{(n)}$ hinreichend klein sind. Sei $\|z^{(n)}\| \leqq \hat{C}_1$, dann gilt

$$\|\gamma^{(n)}\| \leqq \hat{C}_0\hat{C}_1\varepsilon + \hat{C}_0\varepsilon \max_{j \leqq n} \|\gamma^{(j)}\|. \tag{13}$$

Sei $k \leqq n$. Aus (13) folgt

$$\|\gamma^{(k)}\| \leqq \hat{C}_0\hat{C}_1\varepsilon + \hat{C}_0\varepsilon \max_{j \leqq k} \|\gamma^{(j)}\| \leqq \hat{C}_0\hat{C}_1\varepsilon + \hat{C}_0\varepsilon \max_{j \leqq n} \|\gamma^{(j)}\|.$$

Wir nehmen an, daß $\max_{j \leqq n} \|\gamma^{(j)}\|$ für $j = l$ angenommen wird. Dann ist $\|\gamma^{(l)}\| \leqq \hat{C}_0\hat{C}_1\varepsilon + \hat{C}_0\varepsilon \|\gamma^{(l)}\|$ oder $\|\gamma^{(l)}\| \leqq \hat{C}_0\hat{C}_1\varepsilon/(1 - \hat{C}_0\varepsilon)$, und umso mehr

$$\|\gamma^{(n)}\| \leqq \frac{\hat{C}_0\hat{C}_1\varepsilon}{1 - \hat{C}_0\varepsilon}. \tag{14}$$

Das bedeutet, unter den oben gemachten Voraussetzungen sind die Rundungsfehler beschränkt und konvergieren zusammen mit ε unabhängig von n gegen Null.

4.3.3. Ähnliche Ergebnisse erhält man auch in dem Fall, daß die Berechnungen mit einem vorgegebenen absoluten Fehler durchgeführt werden. Wie vorhin nehmen wir an, daß die Berechnung des Elements (5) ein Element $v^{(n)} = \bar{z}^{(n)} + \alpha^{(n)}$ ergibt, aber diesmal ist $\|\alpha^{(n)}\| \leqq \varepsilon$, wobei die Zahl ε wieder beliebig klein sein kann. Die Beziehungen (7)—(11) bleiben bestehen, die Kette der Ungleichungen (12) vereinfacht sich und führt zum gesuchten Resultat:

$$\|\gamma^{(n)}\| \leqq \hat{C}_0 \max_{j \leqq n} \|\alpha^{(j)}\| \leqq \hat{C}_0\varepsilon; \tag{15}$$

die Forderung der Beschränktheit der Normen $\|z^{(n)}\|$ ist in diesem Fall nicht notwendig.

Bemerkung 4.3.1. Die Abschätzungen (14) und (15) können ebenfalls unter der Voraussetzung abgeleitet werden, daß die Operatoren $\hat{A}_{nk}$ der Bedingung (3.7.11) genügen.

Bemerkung 4.3.2. In vielen Arbeiten werden Rundungsfehler analysiert, die bei der Lösung linearer algebraischer Gleichungssysteme entstehen. Wir erwähnen einige wenige dieser Arbeiten. Den Rundungsfehlern der direkten Verfahren sind die Bücher WILKINSONS [1, 2] und WOJEWODINS [1] gewidmet. Im letzten Buch wird große Aufmerksamkeit wahrscheinlichkeitstheoretischen Abschätzungen geschenkt. Von den Arbeiten, die Rundungsfehler von Iterationsprozessen für lineare algebraische Systeme untersuchen, nennen wir den älteren Artikel GOLUB [1] und die neuere Arbeit WOŹNIAKOWSKI [1]. Die Ergebnisse von GOLUB legen wir kurz im Abschnitt 4.5 dar.

4.4. Rundungsfehler der Methode des steilsten Abstiegs

4.4.1. Wie in Abschnitt 3.8 gezeigt wurde, führt die Methode des steilsten Abstiegs zu einem rekursiven numerischen Prozeß; die Operatoren B_n und die rechten Seiten f_n werden durch die Formeln (3.8.5) und (3.8.2) bestimmt.

Der Rundungsfehler $\gamma^{(n)} = v^{(n)} - z^{(n)}$ wird im allgemeinen Fall durch die rekursiven Beziehungen (4.3.11) definiert. Der Bestimmtheit halber nehmen wir an, daß die Berechnungen mit einem gegebenen absoluten Fehler durchgeführt werden, d. h. $\|\alpha^{(n)}\| < \varepsilon$. Für die Methode des steilsten Abstiegs gilt

$$A_{nn} = I\,; \qquad A_{n,n-1} = -B_n = -(I - \sigma_{n-1}A)\,; \qquad A_{nk} = 0\,, \qquad k \leqq n-2\,;$$
$$\Gamma_{nk} = 0\,, \qquad k \neq n-1\,; \qquad \Gamma_{n,n-1} = -\vartheta_n A$$

(siehe 3.8). Hieraus folgt

$$\hat{A}_{nn} = I\,; \qquad \hat{A}_{n,n-1} = -I + (\sigma_{n-1} + \vartheta_n)\,A\,; \qquad \hat{A}_{nk} = 0\,, \qquad k \leqq n-2\,;$$
$$a_{n,n-1} = I - (\sigma_{n-1} + \vartheta_n)\,A\,; \qquad a_{nk} = 0\,, \qquad k \neq n-1\,.$$

Die Gleichung (3.7.11) hat im gegebenen Fall die Gestalt

$$\gamma^{(n)} = [I - (\sigma_{n-1} + \vartheta_n)\,A]\,\gamma^{(n-1)} + \alpha^{(n)}\,, \qquad \forall n \geqq 1\,. \tag{1}$$

Wir schätzen die Größe $\mu_n := \|a_{n,n-1}\|$ ab. Für jedes n möge σ_{n-1} mit einem kleinen relativen Fehler ε' berechnet sein, $|\vartheta_n| \leqq \varepsilon'\sigma_{n-1}$. Der Operator $a_{n,n-1}$ ist beschränkt und selbstadjungiert; seine untere und obere Schranke sind entsprechend

$$1 - (\sigma_{n-1} + \vartheta_n)\,M \geqq 1 - \left(\frac{1}{m} + \frac{\varepsilon'}{m}\right) M = -\frac{M - m}{m} - \varepsilon\frac{M}{m}$$

und

$$1 - (\sigma_{n-1} + \vartheta_n)\,m \leqq 1 - \left(\frac{1}{M} - \frac{\varepsilon'}{M}\right) m = \frac{M - m}{M} + \varepsilon'\frac{m}{M}\,,$$

woraus sich ergibt

$$\mu_n \leqq \frac{M - m}{m} + \varepsilon'\frac{M}{m} := \mu\,. \tag{2}$$

Aus dieser Beziehung folgt die Ungleichung

$$\|\gamma^{(n)}\| \leqq \mu\,\|\gamma^{(n-1)}\| + \varepsilon\,, \qquad \forall n \geqq 1\,. \tag{3}$$

Da $\gamma^{(0)}$ der Fehler des exakt gegebenen Elements x_0 ist, gilt $\gamma^{(0)} = 0$. Die Lösung des Ungleichungssystems (3) ist

$$\gamma^{(n)} \leqq \frac{\mu^n - 1}{\mu - 1}\varepsilon, \qquad \forall n \geqq 1. \tag{4}$$

Für $M < 2m$ ergibt sich bei hinreichend kleinem ε'

$$\mu < 1$$

und

$$\gamma^{(n)} < \frac{\varepsilon}{1 - \mu}. \tag{5}$$

In diesem Fall ist der Rundungsfehler unabhängig von n beschränkt und hat die Ordnung $O(\varepsilon)$. Ist jedoch $M \geqq 2m$, dann ist nicht ausgeschlossen, daß der Rundungsfehler mit wachsendem n unbegrenzt größer werden kann. Das im wesentlichen gleiche Resultat erhält man, wenn die Rundungen mit gegebenem relativem Fehler durchgeführt werden (siehe Michlin [33]).

4.4.2. Beispiel. Im Raum $\mathbf{L}_2(0, 1)$ betrachten wir die Gleichung

$$(at + 1)\, x(t) = 1\,; \qquad a = \text{const} > 0\,, \tag{6}$$

mit der Lösung $x = (at + 1)^{-1}$. Der Operator der Multiplikation mit der Funktion $at + 1$ ist positiv definit und selbstadjungiert, und die Gleichung (6) kann mittels der Methode des steilsten Abstiegs gelöst werden. Als Anfangsnäherung wählen wir $x_0 = 0$. Die Berechnungen führen wir für die Werte $a = 1/2$, 1, 3, 10 durch. Bei diesem Beispiel ist $m = 1$, $M = a + 1$ und folglich

$$\frac{M - m}{M + m} = \frac{a}{a + 2} \quad \text{und} \quad \frac{M - m}{m} = a\,.$$

Die kleinste Zahl der Iterationen, die für einen geringeren als 10^{-4} theoretischen Fehler notwendig ist, wurde nach Formel (3.8.3) berechnet, diese Werte sind in Tabelle 12 enthalten; die Rechenergebnisse sind in Tabelle 13 zusammengefaßt. Wie zu erwarten war, sind sie für $a = 1/2$, d. h. $M < 2m$, völlig zufriedenstellend. Sie sind ebenfalls bei $a = 1$, d. h. $M = 2m$, befriedigend. Die größeren Werte von a zeigen das folgende Ergebnis: Bei einer nicht sehr großen Zahl von Iterationen erhöht sich die Genauigkeit der Funktionswerte $x(t)$, danach sinkt die Genauigkeit stark; im weiteren kommt es zum Überlauf, und es ist unmöglich, die nachfolgenden Iterationen zu berechnen. Diese Erscheinungen entsprechen den Resultaten dieses Abschnitts und des Abschnitts 3.8.

Tabelle 12. Zahl der notwendigen Iterationen

$a = \frac{M - m}{m}$	$\frac{1}{2}$	1	3	10
$\frac{M - m}{M + m}$	$\frac{1}{5}$	$\frac{1}{3}$	$\frac{1}{2}$	$\frac{5}{6}$
Zahl der notwendigen Iterationen	6	9	19	51

Tabelle 13. Exakte Werte und Näherungswerte der gesuchten Funktion

Knoten	$a = 1/2$		$a = 1$		$a = 3$			$a = 10$		
	exakt	Ergebnis von 6 Iterationen	exakt	Ergebnis von 9 Iterationen	exakt	Ergebnis von 10 Iterationen	Ergebnis von 15 Iterationen	exakt	Ergebnis von 8 Iterationen	Ergebnis von 10 Iterationen
0,0	1,0000	0,9920	1,0000	0,9966	1,0000	0,9525	−21609	1,0000	0,9238	3983
0,1	0,9524	0,9484	0,9091	0,9081	0,7692	0,7601	−16654	0,5000	0,5016	−337,8
0,2	0,9091	0,9075	0,8333	0,8331	0,6250	0,6240	−5187	0,3333	0,3333	23,97
0,3	0,8696	0,8691	0,7692	0,7692	0,5263	0,5264	689,9	0,2500	0,2556	−79,02
0,4	0,8333	0,8333	0,7143	0,7143	0,4545	0,4546	440,7	0,2000	0,2052	−7152
0,5	0,8000	0,8000	0,6667	0,6667	0,4000	0,4000	33,34	0,1667	0,1667	−13,63
0,6	0,7692	0,7692	0,6250	0,6250	0,3571	0,3571	−48,32	0,1429	0,1398	8091
0,7	0,7407	0,7410	0,5882	0,5882	0,3226	0,3226	−1792	0,1250	0,1236	4940
0,8	0,7143	0,7152	0,5556	0,5556	0,2942	0,2942	17528	0,1111	0,1119	−3715
0,9	0,6897	0,6919	0,5263	0,5267	0,2703	0,2707	135369	0,1000	0,0995	2581
1,0	0,6667	0,6711	0,5000	0,5010	0,2500	0,2527	455927	0,0909	0,0930	−14112

4.5. Rundungsfehler des Richardson-Verfahrens für lineare algebraische Systeme

Als zweites Beispiel, auf das die Überlegungen von Abschnitt 4.3 angewendet werden können, erläutern wir hier kurz den Inhalt eines Teils des Artikels von Golub [1].

Im Raum R_m betrachten wir die Vektorgleichung

$$(I - B)\,x = f\,. \tag{1}$$

Hier bezeichnet I die Einheitsmatrix im R_m und B eine symmetrische Matrix der Ordnung $m \times m$ mit einem Spektralradius $\varrho < 1$; folglich existiert der beschränkte Operator $(I - B)^{-1}$. Die Matrix B und der Vektor f seien genau, ohne Fehler gegeben. Beim Richardson-Verfahren wird die Lösung der Gleichung (1) als Grenzwert von Vektoren $x^{(n)}$ konstruiert, die mit einem rekursiven Zweischrittprozeß berechnet werden:

$$x^{(n)} - \omega B x^{(n-1)} + (\omega - 1)\,x^{(n-2)} = \omega f\,; \tag{2}$$

$$\omega = \frac{2}{1 + \sqrt{1 - \varrho^2}}\,. \tag{3}$$

Die Anfangsnäherungen $x^{(0)}$ und $x^{(1)}$ werden beliebig vorgegeben.

Wir betrachten einen etwas allgemeineren rekursiven Prozeß

$$t^{(n)} - \omega B t^{(n-1)} + (\omega - 1)\,t^{(n-2)} = h^{(n)} \tag{4}$$

und beweisen, daß für diesen Prozeß die Beziehung (3.7.4) gültig ist. Zu diesem Zweck lösen wir das endliche System

$$k \leqq n\,, \qquad t^{(k)} - \omega B t^{(k-1)} + (\omega - 1)\,t^{(k-2)} = h^{(k)}\,; \tag{5}$$

$t^{(0)}$ und $t^{(1)}$ seien beliebig vorgegeben.

Die Matrix B kann in der Form $B = Q\Lambda Q^*$ dargestellt werden, wobei $\Lambda = (\lambda_1, \lambda_2, \ldots$ $\ldots, \lambda_m)$ die Diagonalmatrix der Eigenwerte der Matrix B ist, Q ist eine orthogonale Matrix, die aus den Eigenvektoren der Matrix B gebildet wird, und Q^* ist die adjungierte Matrix von Q. Im Artikel Golub [1] wurde bewiesen, daß die Lösung des Systems (5) in der Form

$$t^{(k)} = \sum_{j=1}^{k-1} Q S_{k-j} Q^* h^{(j)}\,, \qquad k \leqq n\,, \tag{6}$$

darstellbar ist. Hierbei sind S_ν Diagonalmatrizen, deren Elemente folgendermaßen bestimmt werden:

$$(S_\nu)_{jj} = \begin{cases} r^{\nu-1} \dfrac{\sin \nu\Theta_j}{\sin \Theta_j}\,, & \Theta_j \neq 0, \pi\,; \\ \nu r^{\nu-1}\,, & \Theta_j = 0\,; \\ (-1)^{\nu-1}\, \nu r^{\nu-1}\,, & \Theta_j = \pi\,; \end{cases}$$

wobei $\Theta_j = \arccos(\lambda_j/\varrho)$ und $r^2 = \omega - 1$. Hieraus folgt

$$\|Q S_{k-j} Q^* h^{(j)}\| \leqq (k - j)\, r^{k-j-1} \|h^{(j)}\|\,,$$

und nach Formel (6) ergibt sich

$$\|t^{(k)}\| \leqq \max_{j \leqq n} \|h^{(j)}\| \sum_{j=1}^{k}{}' (k - j)\, r^{k-j-1}\,, \qquad k \leqq n\,. \tag{7}$$

Wegen $0 < r < 1$ ist die Summe in (7) beschränkt. Dann ist aber die Bedingung (3.7.4) erfüllt, und der Rundungsfehler für den Richardson-Prozeß (2) kann abgeschätzt werden.

Infolge von Rundungsfehlern liefert die Lösung des unendlichen Systems (2) statt der Folge $\{x^{(n)}\}$ eine andere Folge $\{v^{(n)}\}$, die exakt das unendliche System

$$v^{(n)} - \omega B v^{(n-1)} + (\omega - 1)\, v^{(n-2)} = \omega f + \delta^{(n)} \tag{8}$$

erfüllt.
Nehmen wir z. B. an, daß die Berechnungen mit einem festen absoluten Fehler ε durchgeführt werden, so daß $\|\delta^{(n)}\| \leqq \varepsilon$ gilt. Die Ergebnisse von Abschnitt 4.3 liefern

$$\|\gamma^{(n)}\| := \|v^{(n)} - x^{(n)}\| \leqq C\varepsilon\,, \qquad C = \text{const.} \tag{9}$$

Die Konstante C ist leicht zu bestimmen. Wir subtrahieren (2) von (8) und erhalten

$$\gamma^{(n)} - \omega B \gamma^{(n-1)} + (\omega - 1)\, \gamma^{(n-2)} = \delta^{(n)}\,.$$

Die letzte Beziehung hat die gleiche Gestalt wie (5), und analog zu Ungleichung (7) finden wir

$$\|\gamma^{(n)}\| \leqq \max_{j \leqq n} \|\delta^{(j)}\| \sum_{j=1}^{n} (n - j)\, r^{n-j-1} \leqq \left[\frac{1 - r^n}{(1 - r)^2} - \frac{r^{n-1}}{1 - r}\right] \max_{j \leqq n} \|\delta^{(j)}\|\,. \tag{10}$$

Somit gilt auch

$$\|\gamma^{(n)}\| \leqq \varepsilon (1 - r)^{-2}$$

und folglich

$$C = (1 - r)^{-2}\,. \tag{11}$$

Es ist nicht schwer, analoge Abschätzungen unter der Voraussetzung herzuleiten, daß die Rechnungen mit einem gegebenen relativen Fehler durchgeführt werden.

Ein bedeutender Teil des Artikels von Golub [1] ist wahrscheinlichkeitstheoretischen Abschätzungen des Rundungsfehlers für das Richardson-Verfahren gewidmet. Darauf gehen wir hier nicht ein.

5. Fehler der Finite-Elemente-Methode

5.1. Übersicht über einige Resultate: Approximationsfehler

5.1.1. Die Finite-Elemente-Methode (FEM) ist gegenwärtig eine der am meisten verbreiteten und am häufigsten angewendeten Methoden zur näherungsweisen Lösung von Differentialgleichungen, besonders von elliptischen Gleichungen. Dieser Methode ist eine umfangreiche Literatur gewidmet, sowohl Monographien als auch Zeitschriftenartikel. Wir verweisen hier nur auf die Monographien von AUBIN [1], CIARLET [1], MICHLIN [22], OGANESJAN und RUCHOWEZ [1], STRANG und FIX [1, 2]. In der Literatur, die sich mit der Theorie der FEM beschäftigt, werden im wesentlichen zwei Probleme dieser Theorie untersucht: die FEM-Technik für verschiedene Aufgabenklassen der Mechanik, der mathematischen Physik u. ä. und die Approximationsfehler von numerischen Prozessen der FEM (gemäß der Terminologie unseres Buches). Eine geringe Anzahl von Arbeiten ist anderen Fehlern der FEM gewidmet. So wird in einigen Arbeiten (siehe z. B. MICHLIN [22]) die Stabilität der FEM gegenüber Verzerrungen untersucht, in anderen Arbeiten, von denen wir hier die Arbeit RUCHOWEZ [1] erwähnen, wurde die Konditionszahl der FEM-Matrix untersucht. In diesem Abschnitt geben wir eine äußerst kurze Übersicht der Resultate, die sich auf Fehler der FEM beziehen. Diese Übersicht erhebt keinen Anspruch auf Vollständigkeit und bringt nur Ergebnisse, die uns als wichtig erscheinen.

5.1.2. Für die Abschätzung des Approximationsfehlers der FEM ist der Satz über die Approximation einer beliebigen Funktion aus einem gegebenen Funktionenraum durch lineare Aggregate der Koordinatenfunktionen der FEM von grundlegender Bedeutung. Wenn das Gitter „regulär" ist, d. h., jedes geometrische Element erhält man aus einer fixierten geometrischen Figur durch Maßstabsveränderung und Verschiebung um einen ganzzahligen Vektor, dann ergeben sich gewöhnlich die Koordinatenfunktionen der FEM durch die gleichen Transformationen der unabhängigen Variablen aus einer endlichen Menge von Funktionen, die bestimmten Glattheitsforderungen genügen und einen kompakten Träger besitzen. Diese Funktionen nennen wir *Ausgangsfunktionen*.

Im allgemeinen brauchen die oben erwähnten linearen Aggregate die Funktionen einer gegebenen Klasse nicht zu approximieren. Für die Gültigkeit einer solchen Approximation ist notwendig und hinreichend, daß die Ausgangsfunktionen eine endliche Anzahl von Beziehungen erfüllen. Diese Beziehungen bestehen darin, daß gewisse Linearkombinationen der Ausgangsfunktionen mit retardierten Argumenten Polynome darstellen (siehe STRANG und FIX [1], STRANG [1], MICHLIN [12, 22], AUBIN [1]). Wir erklären das am Beispiel der Ausgangsfunktionen, wie sie von MICHLIN und AUBIN betrachtet wurden.

5.1.3. Sei t ein Punkt des m-dimensionalen Euklidischen Raums $\mathbb{R}_m$. In MICHLIN [12, 22] wird der Begriff des *Ausgangssystems der Dimension* m definiert. Das ist eine Menge von Funktionen $\omega_{qs}(t)$, wobei $t \in \mathbb{R}_m$ und q ein Multiindex der Dimension m ist, der eine endliche Zahl von Werten annimmt, die vom natürlichen Parameter s abhängt. Die Funktionen ω_{qs} genügen folgenden Bedingungen:
$\omega_{qs} \in C^{(s-1)}(\mathbb{R}_m) \cap W_p^{(s)}(\mathbb{R}_m)$, wobei p eine beliebige Zahl mit $1 \leqq p \leqq \infty$ ist, $\operatorname{supp} \omega_{qs} \subset \{t \in \mathbb{R}_m : \mathbf{0} \leqq t \leqq \mathbf{2}\}$ ($\mathbf{a}$ ist ein Vektor, dessen Komponenten alle gleich a sind), und schließlich

$$D^\alpha \omega_{qs}(\mathbf{1}) = \delta_{\alpha q}\,, \qquad 0 \leqq |\alpha|\,, \qquad |q| \leqq s-1\,.$$

Die Koordinatenfunktionen der FEM werden durch die Formel

$$\varphi_{qjh} = \omega_{qs}\left(\frac{t}{h} - j\right), \qquad j \in Z_m\,, \qquad h > 0\,, \tag{1}$$

definiert. Es gilt folgende Behauptung: *Die Menge der linearen Aggregate der Funktionen* (1) *ist dicht in* $W_p^{(s)}(\mathbb{R}_m)$ *dann und nur dann, wenn die Ausgangsfunktionen den nachstehenden Relationen genügen, die vom Autor Fundamentalbeziehungen genannt wurden:*

$$\sum_{|q|=0}^{s-1} \sum_{i \in I} \frac{(\mathbf{1}-i)^{\gamma-q}}{(\gamma-q)!}\, \omega_{qs}(t+i) = \frac{t^\gamma}{\gamma!}\,, \qquad 0 \leqq |\gamma| \leqq s\,; \qquad \mathbf{0} \leqq t \leqq \mathbf{1}\,. \tag{2}$$

Hierbei ist I die Menge der Radiusvektoren der Eckpunkte des Einheitskubus $\mathbf{0} \leqq t \leqq \mathbf{1}$. Es kann vorkommen, daß die Fundamentalbeziehungen für $0 \leqq |\gamma| \leqq \tilde{s}$ mit $\tilde{s} > s$ erfüllt sind. In diesem Fall sprechen wir von *verstärkten Fundamentalbeziehungen.*

Sei $\tilde{s} \geqq s$, die Fundamentalbeziehungen mögen für $0 \leqq |\gamma| \leqq \tilde{s}$ gelten, und $x(t)$ sei eine beliebige Funktion der Klasse $W_p^{(\tilde{s}+1)}(\mathbb{R}_m)$. Dann existiert für jedes $h > 0$ ein lineares Aggregat $x^h(t)$ der Funktionen (1) dergestalt, daß

$$\|x - x^h\|_{W_p^{(\bar{s})}(\mathbb{R}_m)} \leqq C h^{\tilde{s}-\bar{s}-1} \max_{|\alpha|=\tilde{s}} \|D^\alpha x\|_{L_p(\mathbb{R}_m)}\,, \qquad \forall \bar{s} \leqq s\,, \tag{3}$$

gilt. Diese Abschätzung gilt auch, wenn $W_p^{(\bar{s})}$ und $W_p^{(\tilde{s}+1)}$ durch $C^{(\bar{s})}$ bzw. $C^{(\tilde{s}+1)}$ ersetzt werden.

Ähnliche Ergebnisse, allerdings nur für $p = 2$, sind in STRANG und FIX [1] und STRANG [1] erhalten. Für $\tilde{s} = s$ wurde die Ungleichung (3) im Artikel von DEMJANOWITSCH und MICHLIN [1] bewiesen.

Wir betrachten den einfachsten Fall $m = 1$, und das Ausgangssystem bestehe aus s Funktionen $\omega_{qs}(t)$, $0 \leqq q \leqq s-1$. Die größte Zahl $\tilde{s}$, für die die verstärkten Fundamentalbeziehungen erfüllt sein können, ist gleich $2s-1$. Die entsprechenden Ausgangsfunktionen sind eindeutig bestimmt: Außerhalb des Intervalls $0 < t < 2$ sind sie gleich Null; auf jedem der Intervalle $0 < t < 1$ und $1 < t < 2$ sind die Polynome vom Grad $2s-1$. Wenn wir $\omega_{qs}(t) = \sigma_{qs}(t+1)$ setzen, dann gilt

$$\begin{aligned} \sigma_{qs}(t) &= \frac{(1+t)^s\, t^q}{q!} \sum_{k=0}^{s-q-1} a_k^{(s)} t^k\,; \qquad -1 < t < 0\,; \\ \sigma_{qs}(t) &= \frac{(1-t)^s\, t^q}{q!} \sum_{k=0}^{s-q-1} (-1)^k a_k^{(s)} t^k; \qquad 0 < t < 1\,; \\ a_k^{(s)} &= \binom{s+k+1}{k}. \end{aligned} \tag{4}$$

Die Summe in der ersten der Formeln (4) ist ein Abschnitt der Taylor-Reihe der Funktion $(1-t)^{-s}$.

5.1.4. Aus der Ungleichung (3) folgt leicht die Abschätzung des Approximationsfehlers für die FEM in der energetischen Metrik. Wir betrachten die elliptische (skalare oder vektorielle) Gleichung in einem endlichen Gebiet $\Omega \subset \mathbb{R}_m$ mit solchen Randbedingungen, daß der Operator der Aufgabe positiv definit in $\mathbf{L}_2(\Omega)$ ist. Hinsichtlich des Gebiets Ω setzen wir folgendes voraus: Wenn alle Randbedingungen natürlich sind, dann kann Ω ein beliebiges Gebiet mit Lipschitz-Berandung sein; wenn es unter den Randbedingungen wesentliche gibt, setzen wir voraus, daß eine Folge $h \to 0$ existiert, so daß für jedes h dieser Folge das Gebiet Ω durch Gitterwürfel mit der Kantenlänge $2h$ ausgeschöpft werden kann.

Das Ausgangssystem ω_{qs} habe die Dimension m, und es genüge den verstärkten Fundamentalbeziehungen für $0 \leqq |\gamma| \leqq \tilde{s}$, $\tilde{s} > s$. Schließlich nehmen wir an, daß die energetische Norm der Aufgabe der Norm in $\mathbf{W}_2^{(s+1)}$ äquivalent ist. Dann gilt

$$|x_* - x_*^h| \leqq C h^{\tilde{s}-s+1} \max_{|\alpha|=s+1} \|\mathrm{D}^\alpha x_*\|_{2,\Omega}\,; \tag{5}$$

hierbei bezeichnet x_* die exakte Lösung der Aufgabe und x_*^h die FEM-Näherungslösung.

Wenn es unter den Randbedingungen wesentliche gibt und Ω eine beliebige Lipschitz-Berandung besitzt, dann gelingt es nur, die bedeutend schlechtere Abschätzung

$$|x_* - x_*^h| = O(\sqrt{h})$$

herzuleiten.

5.1.5. Es ist von Interesse, die Konstante C in der Ungleichung (3) abzuschätzen. Solche Abschätzungen wurden für eine Reihe von Fällen in Michlin [24, 31] gefunden. Hier heben wir einen Fall hervor, der uns als sehr wichtig erscheint. Sei $m = 1$, die Ausgangsfunktionen seien durch die Formeln (4) bestimmt, und in der Formel (3) seien $\mathbf{W}_p^{(\tilde{s})}(\mathbb{R}_m)$ und $\mathbf{W}_p^{(\tilde{s}+1)}(\mathbb{R}_m)$ durch $\mathbf{C}^{(\tilde{s})}(\mathbb{R}_m)$ und $\mathbf{C}^{(\tilde{s}+1)}(\mathbb{R}_m)$ ersetzt; außerdem sei $\bar{s} = 2s - 1$. Die Konstante C in der Ungleichung (3) hängt von s und $\bar{s}$ ab, wir bezeichnen sie mit $C(s, \bar{s})$. Es wird die Gültigkeit der Abschätzung

$$C(s, \bar{s}) < \frac{1}{(2s-\bar{s})!} + \frac{(2\,\mathrm{e}^{3/2} - \mathrm{e}^{1/2})}{(s+1)!}\, s\mu(s, \bar{s})\, 2^{2\bar{s}-2} < \\ < \frac{1}{(2s-\bar{s})!} + \frac{7{,}32}{(s+1)!}\, s\mu(s, \bar{s})\, 2^{2\bar{s}-2} \tag{6}$$

gezeigt, wobei $\mu(s, \bar{s})$ eine Funktion zweier ganzzahliger Argumente ist, die durch die Formel

$$\mu(s, \bar{s}) = \begin{cases} (s-1)^2 (s-2)^2 \ldots \left(s - \dfrac{\bar{s}-1}{2}\right)^2, & \bar{s} \text{ ungerade}, \\ (s-1)^2 (s-2)^2 \ldots \left(s - \dfrac{\bar{s}}{2} + 1\right)^2 \left(s - \dfrac{\bar{s}}{2}\right), & \bar{s} \text{ gerade}, \end{cases} \tag{7}$$

definiert ist.

5.1.6. Aubin [1, Chap. V] betrachtete ebenfalls ein kubisches Gitter im $\mathbb{R}_m$; sein Ausgangssystem besteht aus einer einzigen Funktion $\mu(t) \in \mathbf{W}_2^{(s)}(\mathbb{R}_m)$ mit kompaktem Träger. Sei $x(t)$ eine beliebige Funktion der Klasse $\mathbf{W}_2^{(s+1)}(\mathbb{R}_m)$. Es wird gezeigt, daß eine Funktion der Gestalt

$$x^h(t) = \sum_{j \in \mathbb{Z}_m} a_j^{(h)} \mu\left(\frac{t}{h} - j\right) \tag{8}$$

existiert, die der Ungleichung

$$||x - x^h||_{(\bar{s})} \leqq Ch^{s+1-\bar{s}}||x||_{(s+1)} \tag{9}$$

genügt, wenn die Ausgangsfunktion $\mu(t)$ die Fundamentalbeziehung (nach der Terminologie AUBINS das „Konvergenzkriterium")

$$\begin{aligned} &\sum_{k\in \mathbb{Z}_m} \frac{k^j}{j!}\,\mu(x-k) = \sum_{0\leqq p\leqq j} b^{j-p}\frac{x^p}{p!}, \qquad |j| \leqq s\,; \\ &\int_{R_m} \mu(t)\,\mathrm{d}t = 1 \end{aligned} \tag{10}$$

erfüllt. Hierbei ist $\mathbb{Z}_m$ die Menge aller m-dimensionalen ganzzahligen Vektoren und b^{j-p} sind gewisse Konstanten. Die Bedingung (10) ist nicht nur hinreichend, sondern auch notwendig. Wir weisen darauf hin, daß ziemlich ähnliche Ergebnisse im etwas eher erschienenen Preprint von STRANG und FIX [1] enthalten sind. Wir bringen ein Beispiel aus AUBINS Buch.

Sie $\pi_1(t)$ die charakteristische Funktion des Intervalls $0 < t < 1$, und $\pi_k(t)$, $k = 2, 3, \ldots$, seien die sukzessiven Faltungen:

$$\pi_k(t) = \int_{-\infty}^{+\infty} \pi_1(\tau)\,\pi_{k-1}(t-\tau)\,\mathrm{d}\tau = \int_0^1 \pi_{k-1}(t-\tau)\,\mathrm{d}\tau\,. \tag{11}$$

Offensichtlich ist $\pi_{s+1} \in \mathbf{W}_2^{(s)}(R_1)$; es wird gezeigt, daß die Funktion $\pi_{s+1}(t)$ die Beziehungen (10) erfüllt, dabei sind

$$b^j = \sum_{j_1+\ldots+j_{s+1}=j} \frac{(-1)^j}{(j_1+1)!\ldots(j_{s+1}+1)!}\,. \tag{12}$$

5.1.7. In SCHAPOSCHNIKOWA [4] wird unter anderem die Fehlerabschätzung untersucht für die s-ten Ableitungen der Lösung der ersten Randwertaufgabe für die Gleichung

$$\sum_{|\alpha|,|\beta|=0}^{2s} (-1)^\alpha\,\mathrm{D}^\alpha(A_{\alpha\beta}\mathrm{D}^\beta x) = f(t) \tag{13}$$

in einem m-dimensionalen Kubus Ω. Wie üblich wird vorausgesetzt, daß der Operator der Aufgabe positiv definit in $\mathbf{L}_2(\Omega)$ ist, die Gleichung (13) in Ω nicht entartet und die Koeffizienten hinreichend glatt sind. Die exakte Lösung der Aufgabe erfülle $x_* \in \mathbf{W}_p^{(r)}(\Omega)$ mit $1 < p < \infty$ und $r < s$; mit $x_*^h(t)$ bezeichnen wir die FEM-Näherungslösung. Es wird folgende Abschätzung des Approximationsfehlers gezeigt:

$$||x_* - x_*^h||_{\mathbf{W}_p^{(s)}(\Omega)} \leqq \begin{cases} Ch^{r-s+m/p-m/2}\omega_{\mathbf{L}_p}^{(r)}(x_*, h)\,, & p \geqq 2\,, \\ Ch^{r-s+m/2-m/p}\omega_{\mathbf{L}_p}^{(r)}(x_*, h)\,, & 1 < p < 2\,. \end{cases} \tag{14}$$

Hierbei ist $\omega_{\mathbf{L}_p}^{(r)}(x_*, h)$ der größte $\mathbf{L}_p$-Stetigkeitsmodul der Ableitungen der Ordnung r der Lösung $x_*(t)$.

DSHISCHKARIANI [13] erhielt die Abschätzung

$$||x_* - x_*^h||_{(\bar{s})} \leqq Ch^{r-\bar{s}}||x_*||_{(r)} \tag{15}$$

für $r > \tilde{s} > s$. Die Randbedingungen können dabei beliebig sein, es wird nur gefordert, daß der Operator der gegebenen Aufgabe positiv definit in $\mathbf{L}_2(\Omega)$ ist.

5.1.8. Einige wenige Arbeiten beschäftigen sich mit der Abschätzung des Approximationsfehlers der FEM für entartete Differentialgleichungen. Ohne auf die Ergebnisse einzugehen, erwähnen wir die Arbeit von GUSMAN und OGANESJAN [1], in der schwach entartete elliptische Gleichungen in einem Rechteck untersucht werden, und die Arbeit MICHLIN [14] (siehe auch MICHLIN [22]), in der lineare gewöhnliche Differentialgleichungen zweiter Ordnung mit beliebigem Entartungsexponenten untersucht werden.

5.2. Übersicht über einige Resultate: Verzerrungsfehler und Konditionszahl der FEM

5.2.1. Wir formulieren die von uns erzielten Resultate (siehe MICHLIN [12, 13, 22]), die sich auf die Stabilität der FEM gegenüber Verzerrung und auf die Abschätzung der Konditionszahl der FEM-Matrix beziehen; die Bedeutung der Konditionszahl für Fehlerabschätzungen wurde im Kapitel 4 erläutert.

Wir betrachten die elliptische Differentialgleichung

$$\sum_{|\alpha|,|\beta|=0}^{s} (-1)^{\alpha} \mathrm{D}^{\alpha}(A_{\alpha\beta}\mathrm{D}^{\beta}x) = f(t)\,, \qquad t \in \Omega\,. \tag{1}$$

Wir nehmen an, daß das endliche Gebiet $\Omega \subset \mathbb{R}_m$ einen Lipschitz-Rand besitzt und die Randbedingungen derart sind, daß der Operator der Aufgabe (1) unter diesen Bedingungen positiv definit in $\mathrm{L}_2(\Omega)$ ist. Außerdem möge $f \in \mathrm{L}_2(\Omega)$ sein und der Differentialoperator in $\overline{\Omega}$ nicht entarten. Sei schließlich $x(t)$ ein k-dimensionaler Vektor, $k \geqq 1$.

Diese Randwertaufgabe lösen wir näherungsweise mit der FEM unter Benutzung der im Unterabschnitt 5.1.3 beschriebenen Koordinatenfunktionen. Die Stabilität und die Konditionszahl untersuchen wir unter der Voraussetzung, daß Ω entweder ein beliebiges Lipschitz-Gebiet ist, wenn es sich um die erste Randwertaufgabe handelt, oder daß Ω ein Kubus ist und die Randbedingungen beliebig sein können.

Zuerst betrachten wir die erste Randwertaufgabe. Sei h die Schrittweite des Gitters. Die Radiusvektoren der Eckpunkte der offenen Kuben des Gitters mit der Kantenlänge h besitzen die Gestalt jh, wobei $j \in \mathbb{Z}_m$ ein ganzzahliger Vektor ist, den wir Nummer des entsprechenden Eckpunktes nennen. Jeder Kubus des Gitters besitzt einen Eckpunkt mit der kleinsten Nummer j. Mit J^h bezeichnen wir die Menge jener kleinsten Nummern, die den innerhalb Ω liegenden Kuben entsprechen. Die Näherungslösung suchen wir in der Form

$$x^h(t) = \sum_{q} \sum_{j \in J^h} a_{qj}^{(h)} \varphi_{qjh}(t)\,, \tag{2}$$

wobei φ_{qjh} die Funktionen (5.1.1) sind. Mit $a^{(h)}$ bezeichnen wir den Koeffizientenvektor $a_{qj}^{(h)}$, und N sei seine Dimension. Dieser Vektor wird aus dem algebraischen System

$$A_h a^{(h)} = f^{(h)} \tag{3}$$

bestimmt. Hierbei ist A_h die $N \times N$-Matrix, die von den Skalarprodukten $[\varphi_{qjh}, \varphi_{q'j'h}]$ gebildet wird, und $f^{(h)}$ ist der Vektor mit den Komponenten $(f, \varphi_{q'j'h})$.

Neben dem üblichen N-dimensionalen Euklidischen Raum $\mathbb{R}_N$ betrachten wir zwei N-dimensionale Hilbert-Räume $\overline{X}_N$ und $\overline{Y}_N$ mit den Normen

$$\|a\|_{\overline{X}_N} = h^{m/2}\|a\|_{\mathbb{R}_N}\,, \qquad \|a\|_{\overline{Y}_N} = h^{-m/2}\|a\|_{\mathbb{R}_N}\,. \tag{4}$$

Sei $\{h_k\}$ eine Nullfolge und $\{N_k\}$ die entsprechende Folge der Dimensionen der Koeffizientenvektoren. Es wird gezeigt, daß der Prozeß (3) der Bestimmung des Koeffizientenvektors $a^{(h)}$ stabil ist (im Sinne der zweiten Definition) in der Folge der Raumpaare $(\overline{X}_{N_k}, \overline{Y}_{N_k})$. Folglich existieren solche Konstanten $p, q, r > 0$, daß für $\|\Gamma_{h_k}\| \leqq r$ die verzerrte Gleichung

$$(A_{h_k} + \Gamma_{h_k})\, b^{(h_k)} = f^{(h_k)} + \delta^{(h_k)}$$

eine eindeutige Lösung besitzt und

$$\|b^{(h_k)} - a^{(h_k)}\|_{\overline{X}_{N_k}} \leqq p\,\|\Gamma_{h_k}\|_{\overline{X}_{N_k}\to\overline{Y}_{N_k}} + q\,\|\delta^{(h_k)}\|_{\overline{Y}_{N_k}} \tag{5}$$

gilt. Des weiteren sei

$$z^{(h_k)}(t) = \sum_q \sum_{j\in J^{h_k}} b_{qj}^{(h_k)} \varphi_{qjh_k}$$

die verzerrte Näherungslösung. Wie gezeigt wird, existieren solche Konstanten $p', q', r' > 0$, daß für $\|\Gamma_{h_k}\| \leqq r'$ folgende Abschätzung gilt:

$$|z^{(h_k)} - x^{(h_k)}| \leqq p'\,\|\Gamma_{h_k}\| + q'\,\|\delta^{(h_k)}\|\,. \tag{6}$$

Mit anderen Worten, es wird die Stabilität des Prozesses zur Berechnung der Näherungslösung in der entsprechenden Folge der Raumpaare bewiesen.

Für dieselbe erste Randwertaufgabe wird gezeigt, daß die Konditionszahl der Matrix A_h die Ordnung $O(h^{-2s})$ hat (siehe Michlin [16, 22]).

Die gleichen Ergebnisse erhält man, wenn Ω ein Kubus ist und die Randbedingungen natürlich sind. Diese Resultate gelten auch für den Prozeß der Berechnung der Eigenwerte mit der FEM (siehe Michlin [22]).

5.2.2. Ruchowez [1] schlug eine einfache Modifikation des Energiefunktionals für die Gleichung (1) und die entsprechenden natürlichen Randbedingungen vor, bei der sich die exakte Lösung der Aufgabe nicht verändert, aber die Abschätzung $O(h^{-2s})$ für die Konditionszahl der FEM-Matrix auch für ein beliebiges Gebiet mit hinreichend glattem Rand gilt. Wie Tschistow [1] bewies, gelten für das Funktional von Ruchowez die im Abschnitt 5.2.1 angeführten Sätze über die Stabilität des FEM-Prozesses, wenn der Rand des Gebiets Ω hinreichend glatt ist.

5.2.3. Die erste Arbeit, in der die Stabilität eines FEM-Prozesses untersucht wurde, war der Artikel von Demjanowitsch [1]. In diesem Artikel wurde die nichtselbstadjungierte elliptische Aufgabe

$$-\sum_{i,k=1}^{m} \frac{\partial}{\partial t_i}\left(a_{ik}\frac{\partial x}{\partial t_k}\right) + \sum_{i=1}^{m} a_i \frac{\partial x}{\partial t_i} + ax = f(t)\,, \qquad t \in \Omega\,, \tag{7}$$

untersucht. Das Gebiet Ω ist einigen Beschränkungen unterworfen, die z. B. für $\partial\Omega \in C^{(2)}$ erfüllt sind. Es werden stückweise polynomiale Ausgangsfunktionen eingeführt und mit ihrer Hilfe die Koordinatenfunktionen der FEM konstruiert. Des weiteren wird ein Raum von Gitterfunktionen auf den innerhalb von Ω liegenden Knotenpunkten betrachtet. In diesem Raum werden zwei Hilbertsche Metriken $(\cdot,\cdot)_0$ und $(\cdot,\cdot)_1$ eingeführt, deren Grenzwerte für $h \to 0$ entsprechend die L_2-Metrik und die energetische Metrik des Hauptteils des Operators sind. Die Norm einer beliebigen Matrix A wird durch die Formel

$$\|A\| = \sup \frac{|(Av, v')_0|}{\|v\|_1\,\|v'\|_1} \tag{8}$$

definiert, hierbei sind v, v' beliebige Elemente des oben erwähnten Raumes der Gitterfunktionen. Seien $\Gamma_h, \delta^{(h)}, z^{(h)} - x^{(h)}$ entsprechend die Verzerrungen der FEM-Matrix, des Spaltenvektors der rechten Seiten und der Näherungslösung; die eigentliche Näherungslösung bezeichnen wir mit $x^{(h)}$. Es wird die Existenz solcher Konstanten $p, q, r > 0$ bewiesen, daß für $\|\Gamma_h\| \leqq r$ folgende Abschätzung gilt:

$$\|z^{(h)} - x^{(h)}\|_1 \leqq p\|\Gamma_h\| + q\|\delta^{(h)}\|_0 . \tag{9}$$

Im gleichen Artikel wird die Stabilität des FEM-Prozesses für die Gleichung (7) unter der Voraussetzung untersucht, daß die Verzerrung Γ_h zu einem speziellen Matrizenraum gehört. Die Ideen der Arbeit von DEMJANOWITSCH [1] wurden in seinen folgenden Arbeiten [2, 3] weiterentwickelt.

5.3. FEM mit einer stückweise polynomialen Ausgangsfunktion. Die Konstante in der Abschätzung des Approximationsfehlers

5.3.1. In den nächsten beiden Abschnitten dieses Kapitels untersuchen wir genauer die Fehler der FEM in dem Fall, daß das Ausgangssystem nur aus einer Funktion besteht, die den Fundamentalbeziehungen (5.1.10) genügt. Der Einfachheit halber beschränken wir uns auf den Spezialfall der Dimension $m = 1$, und die Ausgangsfunktion sei die stückweise polynomiale Funktion $\pi_k(t)$ (siehe Formel (5.1.11)). Der Approximationsfehler wurde in diesem Fall von STRANG und FIX [1] sowie von AUBIN [1] untersucht; siehe ebenfalls Abschnitt 5.1.6. Wir beschränken uns hier auf die Abschätzung der Konstanten C in der Ungleichung (5.1.9). Im Abschnitt 5.4 untersuchen wir den Verzerrungsfehler. Im Abschnitt 5.5 betrachten wir kurz die Fehler der FEM für simplektische Gitter, und in 5.6 beweisen wir einen Satz über die Stabilität der FEM für simplektische Gitter.

5.3.2. Wir beginnen mit der Herleitung der Abschätzung für die Ableitungen der Polynome $\pi_k(t)$. Es gilt

$$\pi_0(t) = \begin{cases} 1, & t \in (0, 1)\,, \\ 0, & t \notin (0, 1) \end{cases}$$

und

$$\pi_k(t) = \int_0^1 \pi_{k-1}(t - \tau)\, d\tau\ ; \tag{1}$$

hieraus folgt offensichtlich

$$0 \leqq \pi_{k-1}(t) \leqq 1\,. \tag{2}$$

Die Substitution $t - \xi = \tau$ liefert

$$\pi_k(t) = \int_{t-1}^{t} \pi_{k-1}(\xi)\, d\xi$$

und folglich

$$\pi_k^{(s)}(t) = \pi_{k-1}^{(s-1)}(t) - \pi_{k-1}^{(s-1)}(t-1)\,, \qquad k \geqq 1\,. \tag{3}$$

Insbesondere gilt für $s = 1$

$$|\pi_k'(t)| \leqq \pi_{k-1}(t) + \pi_{k-1}(t-1) \leqq 2$$

und, nach Induktion,

$$|\pi_k^{(s)}(t)| \leqq 2^s\,. \tag{4}$$

Um die Konstante in Formel (5.1.9) abzuschätzen, geben wir hier den Beweis der Formel aus AUBIN [1] wieder und ergänzen ihn durch Abschätzungen der bei der Herleitung auftretenden Konstanten. Wir beginnen mit der Konstruktion der approximierenden Funktion $x^h(t)$. Neben der Ausgangsfunktion $\mu(t) = \pi_k(t)$ führen wir noch eine Funktion $\lambda(t)$ mit den folgenden Eigenschaften ein: der Träger dieser Funktion ist kompakt, sie ist beschränkt, meßbar und

$$\int_{-\infty}^{+\infty} \lambda(t)\,dt = 1\,, \qquad \int_{-\infty}^{+\infty}\int_{-\infty}^{+\infty} \mu(t)\,\lambda(\tau)\,(t-\tau)^k\,dt\,d\tau = \begin{cases} 1, & k = 0\,, \\ 0, & 0 < k \leqq s\,. \end{cases} \tag{5}$$

Sei $x \in W_2^{(s+1)}(R_1)$ eine Funktion mit einem kompakten Träger supp x. Auf jedem Intervall $\big(jh, (j+1)\,h\big)$ entwickeln wir $x(t)$ nach der Taylorschen Formel im Punkt jh und führen die Bezeichnungen

$$\begin{aligned} X_{jh}^s(x)\,(t) &= \sum_{q=0}^{s-1} \frac{h^q}{q!}\,x^{(q)}(jh)\left(\frac{t}{h} - j\right)^q, \\ Y_{jh}^s(x)\,(t) &= \int_{jh}^{t} \frac{(t-\tau)^{s-1}}{(s-1)!}\,x(\tau)\,d\tau \end{aligned} \tag{6}$$

ein, dann ist $x(t) = X_{jh}^s(x)\,(t) + Y_{jh}^s(x^{(s)})\,(t)$.

Mit g_h bezeichnen wir den Operator, der durch folgende Formel definiert ist:

$$(g_h x)\,(t) = \sum_{p \in Z} x_h^p \mu\left(\frac{t}{h} - p\right); \qquad \mu(t) = \pi_k(t)\,,$$

$$x_h^p = \frac{1}{h} \int_{-\infty}^{+\infty} x(t)\,\lambda\left(\frac{t}{h} - p\right) dt\,.$$

Es wird bewiesen, daß dieser Operator stückweise polynomiale Funktionen vom Grad k invariant läßt.

Wir setzen nun $x^h(t) = (g_h x)\,(t)$ und schätzen die folgende Differenz ab:

$$\|D^j\big(x(t) - x^h(t)\big)\|_{L_2}^2 = \sum_{i \in Z} U_{ih}^2$$

mit

$$D^j = \frac{d^j}{dt^j}\,,$$

$$U_{ih}^2 = \int_{ih}^{(i+1)h} [D^j(I - g_h)\,\big(Y_{ih}^s(x^{(s)})\big)\,(t)]^2\,dt \leqq$$

$$\leqq 2 \int_{ih}^{(i+1)h} [Y_{ih}^{s-j}(x^{(s)})\,(t)]^2\,dt + 2 \int_{ih}^{(i+1)h} [D^j g_h\big(Y_{ih}^s(x^{(s)})\big)\,(t)]^2\,dt\,.$$

Den ersten Term auf der rechten Seite schätzen wir mittels der Cauchy-Bunjakowskischen Ungleichung ab:

$$\int_{ih}^{(i+1)h} [Y_{ih}^{s-j}(x^{(s)})\,(t)]^2\,dt \leqq \frac{h^{2(s-j)}}{[(s-j-1)!]^2\,(2s-2j-1)\,(2s-2j)} \int_{ih}^{(i+1)h} [x^{(s)}(t)]^2\,dt\,. \tag{8}$$

Wenden wir uns dem zweiten Integral zu. Wir setzen zeitweilig $Y^s_{ih}(x^{(s)})(t) = v(t)$. Nach Definition des Operators g_h haben wir

$$D^j g_h\big(Y^s_{ih}(x^{(s)})\big)(t) = (D^j g_h v)(t) = h^{-j} \sum_{p\in Z} v^p_h \mu^{(j)}\left(\frac{t}{h} - p\right);$$

$$v^p_h = \frac{1}{h} \int\limits_{(a+p)h}^{(b+p)h} \lambda\left(\frac{\tau}{h} - p\right) v(\tau)\, d\tau,$$

wobei $(a, b) \supset \operatorname{supp} \lambda(t)$. Weiterhin gilt

$$(D^j g_h v)^2 \leqq h^{-2j} \sum_{p\in Z} (v^p_h)^2 \sum_{p\in Z} \left[\pi^{(j)}_k\left(\frac{t}{h} - p\right)\right]^2. \tag{9}$$

Jede der Ableitungen $\pi^{(j)}_k\left(\frac{t}{h} - p\right)$, die verschieden von Null ist (ihre Anzahl ist nicht größer als $k + 1$), übersteigt nicht 2^j, deshalb gilt

$$(D^j g_h v)^2 \leqq h^{-2j}(k + 1)\, 2^{2j} \sum_{p\in Z} (v^p_h)^2. \tag{10}$$

Die Summation in (10) erfolgt über die p, für die $0 \leqq \frac{t}{h} - p \leqq k + 1$ ist. Die Anzahl jener p ist nicht größer als $k + 1$.

Sei $|\lambda(t)| \leqq C_0 = \text{const}$. Dann ist

$$(v^p_h)^2 \leqq \frac{1}{h} C_0^2(b - a) \int\limits_{(a+p)h}^{(b+p)h} v^2(t)\, dt.$$

Die Integration der Ungleichung (10) über dem Intervall $\big(ih, (i + 1)h\big)$ liefert

$$\int\limits_{ih}^{(i+1)h} (D^s g_h v)^2\, dt \leqq C_0^2(b - a)\, 2^{2j} h^{-2j} \sum_p \int\limits_{(a+p)h}^{(b+p)h} v^2(t)\, dt. \tag{11}$$

Wir suchen die Grenzen, in denen p für $ih \leqq t \leqq (i + 1)h$ variiert. Die Zahl p muß die Ungleichungen $i - p \geqq 0$, $i + 1 - p \leqq k + 1$ erfüllen, die bedeuten, daß $\left(\frac{t}{h} - p\right) \in [0, k + 1] = \operatorname{supp} \pi_k(k)$. Hieraus folgt, daß in (11) p die Werte $p = i - k$, $i - k + 1, \dots, i$ durchläuft, und mithin kann man diese Ungleichung durch die folgende ersetzen:

$$\int\limits_{ih}^{(i+1)h} (D^j g_h v)^2\, dt \leqq C_0^2(b - a)(k + 1)\, 2^{2j} h^{-2j} \int\limits_{(a+i-k)h}^{(b+i)h} v^2(t)\, dt.$$

Wegen $v = Y^s_{ih}(x^{(s)})$ erhalten wir

$$\int\limits_{ih}^{(i+1)h} \big(D^j g_h Y^s_{ih}(x^{(s)})\big)^2\, dt \leqq C_0^2(b - a)(k + 1)\, 2^{2j} h^{-2j} \int\limits_{(a+i-k)h}^{(b+i)h} \big(Y^s_{ih}(x^{(s)})\big)^2\, dt.$$

Analog zu Ungleichung (8) gelangt man leicht zur Ungleichung

$$\int\limits_{(a+i-k)h}^{(i+1)h} \big(D^j g_h Y^s_{ih}(x^{(s)})\big)^2\, dt \leqq$$

$$\leqq \frac{h^{2(s-j)}\, C_0^2(b - a)\, 2^{2j}\big(b^{2s} - (a - k)^{2s}\big)}{2s(2s - 1)\big((s - 1)!\big)^2} \int\limits_{ih}^{(i+1)h} \big(x^{(s)}(t)\big)^2\, dt.$$

Hieraus und aus (9) finden wir

$$U_{ih}^2 \leqq C_1^2 h^{2(s-j)} \int_{ih}^{(i+1)h} (x^{(s)})^2 \, dt \,, \tag{12}$$

mit

$$C_1^2 = [(s-j-1)!]^{-2} [(s-j)(2s-2j-1)]^{-1} + \\ + \frac{C_0^2(b-a)(k+1)\, 2^{2j}\big(b^{2s}-(a-k)^{2s}\big)}{s(2s-1)\big((s-1)!\big)^2} . \tag{13}$$

Wenn man nun die Ungleichungen (12) über i aufsummiert, ergibt sich

$$\int_{-\infty}^{+\infty} [\mathrm{D}^j(x(t)-x^h(t))]^2 \, dt \leqq C_1^2 h^{2(s-j)} \int_{-\infty}^{+\infty} (x^{(s)}(t))^2 \, dt \,; \tag{14}$$

die Konstante C_1 wird durch die Formel (13) bestimmt.

Die energetische Norm unserer Aufgabe möge die Abschätzung

$$|x|^2 \leqq C_2^2 \sum_{j=0}^{k} ||x^{(j)}||_2^2 \tag{15}$$

besitzen. Mit x_* bezeichnen wir die exakte Lösung der Aufgabe, mit x_*^h die FEM-Näherungslösung; wir nehmen $x_* \in \mathbf{W}_2^{(s)}$ an. Dann finden wir für $h < 1$

$$|x_* - x_*^h|^2 \leqq C_2^2 \sum_{j=0}^{k} ||\mathrm{D}^j(x_* - x_*^h)|| \leqq (C_1 C_2)^2 \frac{h^{2(s-k)}}{1-h^2} ||x_*^{(s)}||_2^2 \,; \tag{16}$$

die Konstanten werden durch die Formeln (13) und (15) bestimmt.

5.4. Verzerrungsfehler

5.4.1. Wir betrachten die gewöhnliche Differentialgleichung

$$\sum_{k=0}^{s} (-1)^k \frac{\mathrm{d}^k}{\mathrm{d}t^k}\left[p_k(t)\frac{\mathrm{d}^k x}{\mathrm{d}t^k}\right] = f(t) \,, \qquad 0 < t < 1 \,. \tag{1}$$

Die Koeffizienten $p_k(t)$ setzen wir als meßbar und beschränkt voraus, außerdem sei der Koeffizient $p_s(t)$ von unten positiv beschränkt; die Randbedingungen mögen dergestalt sein, daß der Operator der Aufgabe positiv definit in $\mathbf{L}_2(0, 1)$ ist.

Die Näherungslösung der Aufgabe suchen wir in der Form

$$x^{(h)}(t) = \sum_{j \in \mathbf{Z}} a_j^{(h)} \pi_s\left(\frac{t}{h} - j\right), \qquad h = \frac{1}{(s+1)\,n} ,$$

wobei n eine beliebig gewählte natürliche Zahl ist. Uns interessieren nur die Werte für $t \in (0, 1)$. Deshalb genügt es, nur über jene j zu summieren, für die gilt

$$\frac{t}{h} - j \in \operatorname{supp} \pi_s = [0, s+1] \,. \tag{2}$$

Sei $t/h = j_0 + \tau$, wobei j_0 eine ganze Zahl ist und $0 \leqq \tau < 1$. Dann ist $t/h - j = j_0 - j + \tau$, und die Bedingung (2) ist für $0 \leqq j_0 - j \leqq s$ oder $j_0 - s \leqq j \leqq j_0$ erfüllt. Des weiteren variiert j_0 in den Grenzen $0 \leqq j_0 \leqq (s+1)\,n - 1$, hieraus ergeben sich die Schranken $-s \leqq j \leqq (s+1)\,n - 1$. Wir gelangen somit zum folgenden Ausdruck für $x^{(h)}$:

$$x^{(h)}(t) = \sum_{j=-s}^{n(s+1)-1} a_j^{(h)} \pi_s\left(\frac{t}{h} - j\right). \tag{3}$$

Das FEM-Gleichungssystem hat die Gestalt

$$\sum_{j=-s}^{n(s+1)-1} a_j^{(h)} [\varphi_{sjh}, \varphi_{sj'h}] = (f, \varphi_{sj'h}) \; ; \qquad \varphi_{sjh} = \pi_s\left(\frac{t}{h} - j\right); \tag{4}$$

wie üblich ist hier mit den eckigen Klammern das Skalarprodukt in der energetischen Metrik und mit den runden Klammern das Skalarprodukt in $\mathbf{L}_2(0, 1)$ bezeichnet.

Wir bezeichnen mit $N = n(s + 1) + s$ die Ordnung des Systems (4), mit M_h die Matrix dieses Systems, mit $a^{(h)}$ und $f^{(h)}$ die Vektoren mit den Komponenten $a_j^{(h)}$ und $(f, \varphi_{sj'h})$. Das System (4) kann dann in der Form

$$M_h a^{(h)} = f^{(h)} \tag{5}$$

geschrieben werden.

5.4.2. Die Normen $||x^{(h)}||_2$ und $||a^{(h)}||_{R_N}$ sind durch eine zweiseitige Abschätzung miteinander verknüpft, die wir jetzt herleiten. Wir haben

$$||x^{(h)}||_2^2 = \sum_{l=1}^{(s+1)n} \int_{(l-1)h}^{lh} [x^{(h)}]^2 \, dx .$$

Auf dem Intervall $\big((l - 1)\, h, lh\big)$ sind nur die Funktionen $\varphi_{sjh}(t)$, $j = l - s - 1, - s, \ldots, l - 1$, von Null verschieden, deshalb gilt

$$\int_{(l-1)h}^{lh} [x^{(h)}]^2 \, dt = \int_{(l-1)h}^{lh} \left[\sum_{j=l-s-1}^{l-1} a_j^{(h)} \pi_s\left(\frac{t}{h} - j\right)\right]^2 dt =$$

$$= h \int_0^1 \Big[\sum_{p=0}^{s} a_{l-1-p-s}^{(h)} \pi_s(z + p)\Big]^2 \, dz . \tag{6}$$

Das letzte Integral ist eine nichtnegative quadratische Form der Variablen $a_{l-1-s}^{(h)}$, $a_{l-s}^{(h)}, \ldots, a_{l-1}^{(h)}$. Wir beweisen, daß diese Form positiv definit ist. Sie sei gleich Null. Dann gilt für $0 \leqq z \leqq 1$

$$\sum_{p=0}^{s} a_{l-1-p-s}^{(h)} \pi_s(z + p) \equiv 0 .$$

Wir müssen beweisen, daß die Koeffizienten $\alpha_p := a_{l-1-p-s}^{(h)}$ gleich Null sind, d. h., daß die Funktionen $\pi_s(z + p)$, $p = 0, 1, \ldots, s$, linear unabhängig sind. Diese Behauptung gilt offensichtlich für $s = 0$ und $s = 1$. Wir nehmen an, daß sie für einen Index $s - 1$ gilt, und zeigen, daß sie auch für den Index s Gültigkeit besitzt. Sei

$$\sum_{p=0}^{s} \alpha_p \pi_s(z + p) = 0 , \qquad 0 \leqq z \leqq 1 .$$

Nach Definition der Funktionen π_s gilt

$$0 = \sum_{p=0}^{s} \alpha_p \int_{-\infty}^{+\infty} \pi_{s-1}(y)\, \pi_0(z + p - y) \, dy = \sum_{p=0}^{s} \alpha_p \int_{z+p-1}^{z+p} \pi_{s-1}(y) \, dy .$$

Die Differentiation nach z ergibt

$$\sum_{p=-1}^{s} \beta_p \pi_{s-1}(z+p) = 0\,,$$

wobei $\beta_{-1} = -\alpha_0$; $\beta_s = \alpha_s$; $\beta_p = \alpha_p - \alpha_{p+1}$, $0 \leqq p \leqq s-1$. Da z in den Grenzen $(0, 1)$ variiert, gilt $\pi_{s-1}(z-1) = 0$, $\pi_{s-1}(z+s) = 0$, und die Glieder mit den Indizes $p = -1$ und $p = s$ verschwinden. Wir gelangen somit zur Gleichheit

$$\sum_{p=0}^{s-1} \beta_p \pi_{s-1}(z+p) = 0\,.$$

Nach Induktionsvoraussetzung ist $\beta_p = 0$, $0 \leqq p \leqq s-1$, oder $\alpha_0 = \alpha_1 = \cdots = \alpha_s := \alpha$. Somit gilt

$$\alpha \sum_{p=0}^{s} \pi_s(z+p) \equiv 0\,;$$

wegen $\pi_s(z+p) \not\equiv 0$ und $\pi_s(z+p) \geqq 0$ folgt $\alpha = 0$, und unsere Behauptung ist bewiesen. Aus ihr folgt die Existenz positiver und von l und h unabhängiger Werte C_1 und C_2, so daß die Ungleichung

$$\frac{C_1^2}{s+1} \sum_{j=l-s-1}^{l-1} (a_j^{(h)})^2 \leqq \int_0^1 \left[\sum_{j=l-s-1}^{l-1} a_j^{(h)} \pi_s\left(\frac{t}{h} - j\right)\right]^2 dt \leqq \frac{C_2^2}{s+1} \sum_{j=l-s-1}^{l-1} (a_j^{(h)})^2$$

erfüllt ist, die infolge Formel (6) äquivalent ist zur Ungleichung

$$\frac{C_1^2 h}{s+1} \sum_{j=l-s-1}^{l-1} (a_j^{(h)})^2 \leqq \int_{(l-1)h}^{lh} [x_j^{(h)}(t)]^2\, dt \leqq \frac{C_2^2 h}{s+1} \sum_{j=l-s-1}^{l-1} (a_j^{(h)})^2\,.$$

Die Summation über l liefert die gesuchte Ungleichung

$$C_1 \sqrt{h}\, ||a^{(h)}||_{R_N}^2 \leqq ||x^{(h)}||_2 \leqq C_2 \sqrt{h}\, ||a^{(h)}||_{R_N}^2\,. \tag{7}$$

5.4.3. Wir führen die N-dimensionalen Hilbert-Räume $\overline{X}_N$ und $\overline{Y}_N$ mit den Normen

$$||a||_{\overline{X}_N} = \sqrt{h}\, ||a||_{R_N}\,, \qquad ||a||_{\overline{Y}_N} = \sqrt{h^{-1}}\, ||a||_{R_N}\,, \qquad \forall a \in R_N\,,$$

ein. Diese Räume sind zueinander dual bezüglich des Skalarprodukts im R_N.

Mit A_h bezeichnen wir den Operator, der aus $\overline{X}_N$ in $\overline{Y}_N$ wirkt und durch die Matrix M_h erzeugt wird. Wir betrachten $a^{(h)}$ und $f^{(h)}$ entsprechend als Elemente der Räume $\overline{X}_N$ und $\overline{Y}_N$. Dann läßt sich Gleichung (5) in der Form

$$A_h a^{(h)} = f^{(h)} \tag{8}$$

schreiben.

Satz 5.4.1. *Der numerische Prozeß* (8) *ist stabil im Sinne der zweiten Definition in der Folge der Raumpaare* $(\overline{X}_N, \overline{Y}_N)$.

Der Beweis dieses Satzes stimmt Wort für Wort mit dem Beweis von Satz 1, § 2, Kap. IX, aus Michlin [22] überein, und wir werden ihn hier nicht wiederholen.

$H^{(n)}$ bezeichne den Unterraum des energetischen Raums der in diesem Abschnitt betrachteten Aufgabe, der von den Funktionen der Gestalt

$$x^{(h)}(t) = \sum_{j=-s}^{n(s+1)-1} \alpha_j \pi_s \left(\frac{t}{h} - j\right) \tag{9}$$

mit beliebigen Koeffizienten α_j gebildet wird. Den Operator (9), der den Vektor $\alpha = (\alpha_{-s}, \alpha_{-s+1}, \ldots, \alpha_{n(s+1)-1})$ in die Funktion $x^{(h)} \in H^{(n)}$ überführt, bezeichnen wir mit Π_h. Die Näherungslösung $x^{(h)}(t)$ kann aus der Gleichung

$$A_h \Pi_h^{-1} x^{(h)} = f^{(h)} \tag{10}$$

bestimmt werden.

Satz 5.4.2. *Der numerische Prozeß* (10) *ist stabil im Sinne der zweiten Definition in der Folge der Raumpaare* $(H^{(n)}, \mathbb{R}_N)$.

Diesen Satz werden wir hier auch nicht beweisen; sein Beweis stimmt mit dem Beweis von Satz 2, § 2, Kap. IX, aus Michlin [22] überein.

Im zitierten Buch Michlin [22] wird außerdem gezeigt, daß die Konditionszahl der Matrix M_h (Gleichung (5)) die Ordnung $O(h^{-2s})$ besitzt.

5.5. Simplektische Gitter. Approximationsabschätzung

5.5.1. Simplektische Gitter besitzen im Vergleich zu den kubischen Gittern den wichtigen Vorteil, daß mit ihnen im allgemeinen ein beliebig vorgegebenes Gebiet besser approximiert werden kann. Aus der großen Zahl von Arbeiten, die der FEM mit simplektischen Gittern gewidmet sind, erwähnen wir hier nur einige, in denen der Approximations- oder der Verzerrungsfehler untersucht werden; wir weisen darauf hin, daß die simplektischen Gitter systematisch in den Büchern von Ciarlet [1], Oganesjan und Ruchowez [1] und Strang und Fix [2] benutzt werden. Ein kurzer Überblick der Arbeiten bis 1973 zur FEM auf simplektischen Gittern wird im Artikel von Kornejew [1] gegeben.

Zlámal [1] konstruierte die Näherungslösung einer zweidimensionalen elliptischen Gleichung vierter Ordnung in Form einer Funktion, die auf jedem Dreieck des Gitters ein Polynom 5-ten Grades darstellt. Die Methodik und die Resultate dieser Arbeit wurden von Ženíšek [1] verallgemeinert, der stückweise polynomiale Funktionen vom Grad $4s + 1$ betrachtete und die Methode für die Werte $s = 1, 2$ begründete.

Eine weitere Verallgemeinerung gibt es in der Arbeit Bramble und Zlámal [1], in der elliptische Gleichungen beliebiger Ordnung in einem zweidimensionalen Gebiet betrachtet werden. In jedem Gitterdreieck wird eine Menge von Knotenpunkten ausgezeichnet, von denen einer im Schwerpunkt des Dreiecks liegt, und die anderen werden in den Eckpunkten und, nach einer bestimmten Regel, auf den Seiten des Dreiecks gewählt. In den Knoten werden die Werte des Polynoms und einiger seiner Ableitungen vorgegeben; die maximalen Ordnungen dieser Ableitungen werden so bestimmt, daß die Zahl der Bedingungen $(2s + 1)(4s + 3)$ beträgt, das ist die Zahl der Koeffizienten eines Polynoms vom Grade $4s + 1$ von zwei Veränderlichen. Die folgenden Behauptungen werden bewiesen.

1. Es existiert ein eindeutig bestimmtes Polynom $p_s(t_1, t_2)$ vom Grade $4s + 1$, das die oben erwähnten Bedingungen erfüllt. Wir bemerken, daß in der Arbeit von Kornejew und Ponomarjow [1] die Polynome $p_s(t_1, t_2)$ explizit angegeben werden.

2. Sei Ω ein abgeschlossenes polygonales Gebiet, das in abgeschlossene Dreiecke T_r unterteilt ist. Es wird vorausgesetzt, daß die auf den Seiten oder in den Eckpunkten der Dreiecke liegenden Knoten in gleicher Weise für all jene Dreiecke gewählt werden, zu denen sie gehören. Dann gehört die Funktion $y_s(t_1, t_2)$, die auf jedem Dreieck T_r mit dem entsprechenden Polynom $p_s(t_1, t_2)$ übereinstimmt, bei geeigneter Wahl von s zu $\mathbf{C}^{(m)}$, wobei m die Hälfte der Ordnung der gegebenen Differentialgleichung ist.

3. Sei eine Funktion $x \in \mathbf{W}_2^{(k)}(T)$, wobei $2s + 2 \leqq k \leqq 4s + 2$ und T ein Dreieck mit auf ihm gewählten Knoten ist. Auf diesen Knoten geben wir die Werte der Funktion x und ihrer entsprechenden Ableitungen vor und konstruieren mittels dieser Vorgaben das Polynom $p_s(t_1, t_2)$ so, wie es oben beschrieben wurde. Dann gilt die Abschätzung

$$\|x - p_s\|_{(l)} \leqq \frac{Ch^{k-l}}{(\sin\alpha)^{s+l}} \|x\|_{(k)}, \qquad l \leqq k - 1 . \tag{1}$$

Hierbei ist α der kleinste Winkel und h die größte Seitenlänge des Dreiecks T. Die Abschätzung (1) wurde für alle $k \geqq 2$, außer $k = 3$, aufgestellt; für $k = 3$ wurde sie von Tschistow [1] erzielt.

5.5.2. In seinen Arbeiten [2, 3] betrachtet Ženíšek Tetraedergitter im dreidimensionalen Raum. In Analogie zu den Resultaten, die für das Dreiecksgitter in der Ebene erzielt wurden, äußert Ženíšek die folgende Vermutung: Das einfachste Polynom im m-dimensionalen Simplex, mit dessen Hilfe stückweise polynomiale s-mal stetig differenzierbare Funktionen konstruiert werden können, hat den Grad $n = 2^m s + 1$. In den zitierten Arbeiten Ženíšeks werden die von ihm erhaltenen Resultate für $m = 3$ und $s = 1$, $s = 2$ dargelegt; die entsprechenden Polynome haben den Grad 9 bzw. 17. Bei der Konstruktion dieser Polynome müssen 220 bzw. 1140 Bedingungen erfüllt werden. Obwohl der Autor auch die mit diesen Polynomen verbundenen Approximationsabschätzungen angibt, bemerkt er selbst, daß seine Polynome praktisch nicht anwendbar sind.

5.5.3. Im Artikel von Berger und Marx [1] wird die Approximation von Funktionen der Klasse $\mathbf{C}^{(2)}(\Omega)$ durch stückweise polynomiale Funktionen 5-ten Grades auf einem Gitter aus kongruenten rechtwinkligen Dreiecken untersucht. Das Gebiet Ω wird polygonal vorausgesetzt; in jedem Gitterdreieck wird das Interpolationspolynom 5-ten Grades durch die Werte der zu interpolierenden Funktion und ihrer ersten Ableitungen in den Eckpunkten des Dreiecks bestimmt. Der Approximationsfehler in $\mathbf{C}(\overline{\Omega})$ und $\mathbf{C}^{(1)}(\overline{\Omega})$ beträgt entsprechend $O(h^2)$ und $O(h)$.

5.5.4. In Tschistow [1] wird die FEM-Approximation einer Funktion $x \in \mathbf{W}_p^{(s)}(\Omega)$ (Ω ist ein endliches Gebiet im $\mathbb{R}_2$) auf einem Gitter untersucht, das aus sich nicht überschneidenden gleichseitigen Dreiecken mit der Seitenlänge h gebildet wird. Auf diese Gitter wird die Definition der Ausgangsfunktionen und gleichfalls die Konstruktionsweise der Koordinatenfunktionen aus den Ausgangsfunktionen ausgedehnt, die Träger der Koordinatenfunktionen sind die gleichseitigen Sechsecke mit den Mittel- und Eckpunkten in den Eckpunkten der Gitterdreiecke. Es werden Fundamentalbeziehungen hergeleitet, die analog zu den Beziehungen aus Kapitel 3 sind und notwendige und hinreichende Bedingungen für die Vollständigkeit des Systems der Koordinatenfunktionen in $\mathbf{W}_p^{(s)}(\Omega)$ liefern. Für $s = 2$ wird ein System stückweise polynomialer Ausgangsfunktionen 5-ten Grades konstruiert. Diese Funktionen hängen von einer wesentlich geringeren Zahl Parameter ab als die in 5.5.1 erwähnten Polynome von ZENIŠEK, deshalb führen sie zu algebraischen FEM-Gleichungssystemen geringerer Ordnung.

5.6. Ein Satz über die Stabilität

5.6.1. Die Stabilität der FEM auf einem Simplexgitter wurde in der Arbeit von TSCHISTOW [2] für die erste Randwertaufgabe untersucht. Wir betrachten die formal selbstadjungierte elliptische Gleichung

$$\sum_{|\alpha|,|\beta|=0}^{s} (-1)^{\alpha} \mathrm{D}^{\alpha}(A_{\alpha\beta}\mathrm{D}^{\beta}x) = f(t)\,, \qquad f \in \mathbf{L}_2(\Omega)\,, \tag{1}$$

mit den Randbedingungen

$$\mathrm{D}^{\gamma}x|_{\partial\Omega} = 0\,, \qquad 0 \leqq |\gamma| \leqq s-1\,. \tag{2}$$

Der Operator der Aufgabe (1)—(2) möge positiv definit in $\mathbf{L}_2(\Omega)$ sein, Ω sei ein endliches Gebiet im $\mathbb{R}_m$.

Sei Ω^h ein Vieleck, $\Omega^h \subset \overline{\Omega}$, und in Ω^h sei eine endliche Menge von Knotenpunkten t_k ausgewählt, die in beliebiger Reihenfolge numeriert sind, $k = 1, 2, \ldots, L$. Wir unterteilen Ω^h in Simplexe S_r, $r = 1, 2, \ldots, r_0$, mit Eckpunkten in den Knoten t_k. Wir fordern, daß die S_r die „Verträglichkeitsbedingung“ (siehe ODEN [1], 7.3) erfüllen. Mit l_{rki} bezeichnen wir die Kantenlängen des Simplex S_r, die vom Eckpunkt mit der Nummer k ausgehen. Sei P_{rk} das auf diesen Kanten aufgebaute Parallelepiped und p_{rk} das Parallelepiped mit Kanten der Länge Eins, die die gleichen Richtungen besitzen wie die Kanten von P_{rk}.

Wie bekannt ist, gilt

$$|S_r| = \frac{|P_{rk}|}{m!} = \frac{|p_{rk}|}{m!} \prod_{i=1}^{m} l_{rki} \tag{3}$$

wobei $|Q|$ das Volumen (Maß) einer Menge $Q \subset \mathbb{R}_m$ bedeutet. Wir führen die folgenden Bezeichnungen ein: $h_1 = \max h_{rki}$, $h_2 = \min h_{rki}$, $\vartheta = \min |P_{rk}|$. Sei

$$h_1/h_2 \leqq C_1\,, \qquad \vartheta \geqq C_2\,; \qquad C_1, C_2 = \text{const.} \tag{4}$$

Mit jedem Knoten t_k verknüpfen wir Koordinatenfunktionen $\Phi_{ik}(t)$; hierbei ist i ein Multiindex der Dimension m, der die Menge $0 \leqq |i| \leqq \tilde{s}$ durchläuft, wobei die Zahl $\tilde{s}$ gleich bleibt für alle k. Wir setzen voraus, daß die Funktionen Φ_{ik} die folgenden Eigenschaften besitzen:

a) $\Phi_{ik} \in \mathbf{C}^{(\tilde{s}-1)}(\mathbb{R}_m) \cap \mathbf{W}_2^{(\tilde{s})}(\mathbb{R}_m)$;

b) supp $\Phi_{ik} \subset Z_k$, wobei Z_k das Polytop ist, das aus den Simplexen mit dem gemeinsamen Eckpunkt t_k gebildet wird;

c) $\Phi_{ik}^{(\alpha)}(t_k) = \delta_{\alpha i}$, $0 \leqq |\alpha|, |i| \leqq \tilde{s}$;

d) Es existiert eine Folge $h_n \to 0$ derart, daß die Folge der entsprechenden endlichen Systeme der Koordinatenfunktionen $\{\Phi_{ik}\}$ vollständig im energetischen Raum H_A der betrachteten Aufgabe ist.

e) Sei S_0 der Simplex mit den Eckpunkten $(0, 0, \ldots, 0)$, $(1, 0, \ldots, 0)$, $\ldots$, $(0, \ldots, 0, 1)$. Es existiert eine solche affine Abbildung des Simplex S_0 auf S_r: $t = \omega_r(\tau)$, daß für $\varphi_{ikr}(\tau) = \Phi_{ik}(\omega_r(\tau))$ der kleinste Eigenwert der Matrix aus den Skalarprodukten

$(\varphi_{ikr}, \varphi_{i'k'r'})_{L_2(S_0)}$ von unten durch eine positive Zahl λ_0 beschränkt ist, die nur vom Gebiet Ω und von den Konstanten C_1, C_2 aus Ungleichung (4) abhängen kann.

Aus Bedingung e) folgt, daß der FEM-Prozeß für $h_n \to 0$ in der Norm von H_A konvergiert. Umsomehr konvergiert er in der schwächeren Norm $\mathbf{L}_2(\Omega)$, deshalb existiert eine Konstante C_0, so daß

$$||x_*^{(h)}||_{2,\Omega} \leqq C_0 ||x_*||_{2,\Omega} . \tag{5}$$

Hierbei bezeichnet x_* die exakte Lösung und

$$x_*^{(h)} = \sum_{|i|=0}^{\tilde{s}} \sum_{k=1}^{L} a_{ik}^{(h)} \Phi_{ik}(t)$$

die Näherungslösung der Aufgabe (1)—(2).

Wir betrachten den Unterraum $H_A^{(n)}$ des energetischen Raumes H_A, der von den Funktionen der Gestalt

$$x^{(h)}(t) = \sum_{|i|=0}^{\tilde{s}} \sum_{k=1}^{L} \alpha_{ik} \Phi_{ik}(t) \tag{6}$$

gebildet wird. Wir schätzen die Norm des Vektors α mit den Komponenten α_{ik} durch die Norm $||x^{(h)}||$ ab:

$$||x^{(h)}||_{2,\Omega^h} = \sum_{r=1}^{r_0}{}' \int_{S_r} [\sum_{|i|=0}^{\tilde{s}} \sum_{k=1}^{L} \alpha_{ik} \Phi_{ik}(t)]^2 \,dt = \int_{S_0} \sum_{r=1}^{r_0} [\sum_{|i|=0}^{\tilde{s}} \sum_{k=1}^{L} \alpha_{ik} \varphi_{ikr}(\tau)]^2 J_r \,d\tau \,. \tag{7}$$

Hierbei ist J_r die Jacobische Funktionaldeterminante der Abbildung des Simplex S_r in den Simplex S_0; bekanntlich gilt $|J_r| = 2^m |S_r|$. Weiterhin folgt aus den Beziehungen (3)—(4)

$$||x^{(h)}||_{2,\Omega^h} \geqq \frac{2^m \vartheta}{m!} h_2^m (M_h \alpha, \alpha)_{R_N} \geqq \frac{2^m \vartheta \lambda_0}{m!} h_2^m ||\alpha||_{R_N}^2 , \tag{8}$$

N ist die Anzahl der Komponenten des Vektors α. Wegen $||x^{(h)}||_{2,\Omega^h} \leqq ||x^{(h)}||_{2,\Omega}$ folgt aus (5), daß der Wert $h_2^m ||a^{(h)}||_{R_N}^2$ beschränkt ist. Wir bezeichnen nun mit $\overline{X}_N$ und $\overline{Y}_N$ die N-dimensionalen Hilbert-Räume mit den Normen

$$||\cdot||_{\overline{X}_N} = h^{m/2} ||\cdot||_{R_N} , \qquad ||\cdot||_{\overline{Y}_N} = h^{-m/2} ||\cdot||_{R_N} ,$$

wobei h eine beliebige Zahl der Folge $\{h_n\}$ ist.

Auf Grund der Bemerkung 3.3.4 können wir behaupten, daß der Prozeß der Berechnung der Koeffizienten $a_{ik}^{(h_n)}$ stabil ist gegenüber Verzerrungsfehlern in der Folge $(\overline{X}_N, \overline{Y}_N)$ und daß der Prozeß der Berechnung der Näherungslösung $x_*^{(h_n)}$ stabil ist in der Folge $(H_A^{(h_n)}, \overline{Y}_N)$.

Analoge Sätze können für beliebige Randbedingungen, die den Operator (1) positiv definit belassen, bewiesen werden, wenn das übliche Energiefunktional durch das von RUCHOWEZ [1] eingeführte Funktional ersetzt wird.

6. Fehler bei der näherungsweisen Lösung von Integralgleichungen

Das im Titel dieses Kapitels genannte Problem ist wahrscheinlich bislang noch nicht in ausreichendem Maße untersucht worden. Wir zählen zunächst die Ergebnisse auf, die uns am wichtigsten erscheinen.

Kantorowitsch (siehe Kantorowitsch und Krylow [1], Kap. II) untersuchte den Approximationsfehler für das mechanische Quadraturverfahren und die Methode der Approximation des Kerns einer Fredholmschen Gleichung durch ausgeartete Kerne. Zahlreiche Arbeiten von Gabdulchajew (eine ausführliche Bibliographie ist in seinem Buch [3] enthalten) sind der näherungsweisen Lösung Fredholmscher Gleichungen und auch eindimensionaler singulärer Gleichungen gewidmet. Einige Resultate zur näherungsweisen Lösung Fredholmscher und eindimensionaler singulärer Integralgleichungen enthält das Buch Michlin und Smolitzki [1], Kap. VI. Im Buch von Gochberg und Feldman [1] ist in großer Ausführlichkeit die Anwendung von Projektionsverfahren auf Faltungsgleichungen dargelegt, d. h. auf Gleichungen, die Verallgemeinerungen der bekannten Wiener-Hopfschen Gleichungen darstellen. Einige neue Zugänge zur näherungsweisen Lösung von Fredholmschen Gleichungen werden im Buch von Anselone [1] angegeben. Der näherungsweisen Lösung eindimensionaler singulärer Integralgleichungen sowie einiger anderer Klassen von linearen Integral- und Operatorgleichungen ist das Buch von Prössdorf und Silbermann [1] gewidmet. Eine Reihe von Resultaten zur näherungsweisen Lösung ein- und mehrdimensionaler singulärer Integralgleichung sind im Buch von Michlin und Prössdorf [1] enthalten. Der näherungsweisen Lösung mehrdimensionaler singulärer Integralgleichungen sind die Arbeiten Michlin und Radewa [1] sowie Michlin [25] gewidmet. Wir verweisen noch auf die Sammelbände unter der Redaktion von Delves und Walsh [1] sowie von Anderssen, de Hoog und Lucas [1], die der näherungsweisen Lösung von Integralgleichungen gewidmet sind, und auch auf die äußerst interessanten Arbeiten von Prössdorf und Schmidt [1, 2], in denen notwendige und hinreichende Bedingungen für die Konvergenz eines mit der FEM verwandten Kollokationsverfahrens sowie eine Abschätzung des entsprechenden Approximationsfehlers angegeben werden. In den Arbeiten Michlin [18—21, 23] wurde eine Methode zur näherungsweisen Berechnung der Fredholmschen Resolvente entwickelt, die auf einer Finite-Elemente-Approximation des Kerns beruht.

Zur Vereinfachung der Schreibweise, und teilweise auch der Herleitungen, werden wir im weiteren skalare Gleichungen im $\mathbb{R}_1$ betrachten und voraussetzen, daß das Integrationsintervall die Strecke [0, 1] ist. Die Übertragung der Ergebnisse auf allgemeinere Fredholmsche Gleichungen ist offensichtlich. Eine Ausnahme stellt allerdings die FEM-Approximation des Kerns in dem Fall dar, wenn das Integrationsgebiet keine eineindeutige Abbildung auf einen Kubus zuläßt; dieser Fall wurde in Michlin [20] betrachtet.

6.1. Fehler des mechanischen Quadraturverfahrens für Fredholmsche Gleichungen

6.1.1. Wir betrachten die Gleichung

$$x(t) - \int_0^1 K(t, \tau)\, x(\tau)\, d\tau = f(t)\,. \tag{1}$$

Wir nehmen $f \in \mathrm{C}^{(s)}[0, 1]$, $K \in \mathrm{C}^{(s,s)}([0, 1] \times [0, 1])$ an, außerdem möge die Zahl 1 keine charakteristische Zahl des Kerns $K(t, \tau)$ sein. Die Bedingung an den Kern ist wie folgt zu verstehen: Im Quadrat $[0, 1] \times [0, 1]$ existieren alle stetigen Ableitungen der Gestalt

$$\frac{\partial^{k+l} K}{\partial t^k\, \partial \tau^l}\,; \qquad 0 \leqq k\,, \quad l \leqq s\,.$$

Aus unseren Bedingungen folgt, daß die Gleichung (1) genau eine Lösung $x_* \in \mathrm{C}^{(s)}[0, 1]$ besitzt.

Die Gleichung (1) lösen wir näherungsweise mit dem mechanischen Quadraturverfahren, bei dem das Integral durch eine Quadraturformel der Gestalt

$$\int_0^1 \varphi(\tau)\, d\tau = \sum_{k=1}^{n} c_k^{(n)} \varphi(\tau_k^{(n)}) + \varrho_n \tag{2}$$

ersetzt wird. Diese Formel besitze folgende Eigenschaften:

$$c_k^{(n)} \geqq 0\,, \qquad \sum_{k=1}^{n} c_k^{(n)} = 1\,, \tag{3}$$

für $\varphi \in \mathrm{C}^{(s)}[0, 1]$ gilt

$$\varrho_n \leqq C_s h^s \|\varphi^{(s)}\|_{\mathrm{C}}; \qquad h = \max\, (\tau_{k+1}^{(n} - \tau_k^{(n)})\,; \qquad C_s = \mathrm{const}\,. \tag{4}$$

Indem wir in (1) das Integral nach der Formel (2) ersetzen und das Restglied weglassen, erhalten wir die neue Gleichung

$$y^{(n)}(t) = \sum_{k=1}^{n} c_k^{(n)} K(t, \tau_k)\, y^{(n)}(\tau_k) + f(t)\,, \qquad \tau_k = \tau_k^{(n)}\,, \tag{5}$$

deren Lösung $y_*^{(n)}(t)$ wir als Näherungslösung der Gleichung (1) verstehen. Um $y_*^{(n)}(t)$ zu bestimmen, setzen wir in (1) $t = \tau_j$, $1 \leqq j \leqq n$. Das liefert uns das algebraische System

$$y_j^{(n)} - \sum_{k=1}^{n} c_k^{(n)} K(\tau_j, \tau_k)\, y_k^{(n)} = f_j^{(n)}\,, \qquad 1 \leqq j \leqq n\,, \tag{6}$$

wobei $y_j^{(n)} = y^{(n)}(\tau_j)$, $f_j^{(n)} = f(\tau_j)$ ist. Wenn das System (6) eindeutig lösbar ist, dann besitzt auch die Gleichung (5) dieselbe Eigenschaft; die Umkehrung ist auch offensichtlich. Des weiteren ist klar, daß jede Lösung der Gleichung (5) der Klasse $\mathrm{C}^{(s)}[0, 1]$ angehört.

Die Operatoren

$$\int_0^1 K(t, \tau)\, x(\tau)\, d\tau\,, \qquad \sum_{k=1}^{n} c_k^{(n)} K(t, \tau_k)\, x(\tau_k) \tag{7}$$

betrachten wir als Operatoren in $\mathfrak{C}^{(s)}[0, 1]$; wir schätzen die Norm ihrer Differenz ab. Diese Norm ist gleich

$$\sup_{\|x\|=1} \sum_{j=0}^{s} \left\| \int_0^1 \frac{\partial^j K(t,\tau)}{\partial t^j} x(\tau)\, d\tau - \sum_{k=1}^{n} c_k^{(n)} \frac{\partial^j K(t,\tau_k)}{\partial t^j} x(\tau_k) \right\|_C .$$

Infolge Abschätzung (4) übersteigt diese Größe nicht den Wert

$$\sup_{\|x\|=1} Ch^s \sum_{j=0}^{s} \left\| \frac{\partial^s}{\partial \tau^s} \left[\frac{\partial^j K(t,\tau)}{\partial t^j} x(\tau) \right] \right\|_C \leqq Ch^s , \qquad C = \text{const} ,$$

somit ist bei hinreichend kleinem h die Differenz der Operatoren in der Norm von $\mathfrak{C}^{(s)}$ beliebig klein.

Die Integraloperatoren in (7) bezeichnen wir entsprechend mit K bzw. K_n und ihre Differenz mit σ_n. Die Gleichung (5) kann man in der Form

$$y^{(n)}(t) - (Ky^{(n)})(t) + (\sigma_n y^{(n)})(t) = f(t)$$

schreiben. Hieraus erhalten wir

$$y^{(n)}(t) + \left((I - K)^{-1} \sigma_n y^{(n)}\right)(t) = (I - K)^{-1} f(t) = x_*(t)$$

und folglich

$$\|x_* - y_*^{(n)}\|_{C^{(s)}} \leqq \|(I - K)^{-1}\|_{C^{(s)}} \|\sigma_n\|_{C^{(s)}} \|y_*^{(n)}\|_{C^{(s)}} .$$

Für hinreichend kleines h wird $\|(I - K)^{-1}\|_{C^{(s)}} \|\sigma_n\|_{C^{(s)}} \leqq 1/2$ und

$$\|y_*^{(n)}\|_{C^{(s)}} - \|x_*\|_{C^{(s)}} \leqq \tfrac{1}{2} \|y_*^{(n)}\|_{C^{(s)}}; \quad \|y_*^{(n)}\|_{C^{(s)}} \leqq 2\|x_*\|_{C^{(s)}} .$$

Nunmehr liefert die Abschätzung (4)

$$\|x_* - y_*^{(n)}\|_{C^{(s)}} \leqq Ch^s \|x_*\|_{C^{(s)}} , \qquad C = \text{const} . \tag{8}$$

Es ist nicht schwer, die Konstante C zu präzisieren:

$$C = 2C_s \|(I - K)^{-1}\|_{C^{(s)}} . \tag{9}$$

Die Formeln (8) und (9) ergeben die Abschätzung des Approximationsfehlers des mechanischen Quadraturverfahrens für die Fredholmsche Gleichung.

6.1.2. Wir betrachten den Fall, daß der Kern und die rechte Seite in der Gleichung (1) nur stetig sind. Für eine beliebige Funktion $u(t)$ definieren wir ihren Stetigkeitsmodul $\omega(u, h)$, und wir nehmen an, daß $|u(t') - u(t'')| \leqq M_u \gamma(h)$ für $|t' - t''| \leqq h$ ist, wobei $\gamma(h) \xrightarrow[h\to 0]{} 0$ gilt und M_u von u, aber nicht von h abhängt. Den kleinsten möglichen Wert von M_u bezeichnen wir mit $M(u)$:

$$\omega(u, h) \leqq M(u)\, \gamma(h) . \tag{10}$$

Wir setzen voraus, daß die Stetigkeitsmoduln des Kerns $K(t, \tau)$ und der rechten Seite $f(t)$ die Ungleichung (10) erfüllen. Dann genügt auch die Lösung von Gleichung (1) dieser Ungleichung.

Wir führen den Raum S der auf dem abgeschlossenen Intervall $[0, 1]$ stetigen Funktionen ein, deren Stetigkeitsmodul der Ungleichung (10) genügt; diesen Raum versehen wir mit der Norm

$$\|\cdot\|_S = \|\cdot\|_C + M(\cdot) . \tag{11}$$

Offensichtlich gilt $f, x_* \in S$. Wir beweisen, daß die Operatoren (7) in S beschränkt sind. Wir bezeichnen $(Kx)(t) = \varphi(t)$ und erhalten $\|\varphi\|_C \leqq \|K\|_C \|x\|_C$. Weiterhin gilt

$$\omega(\varphi, h) \leqq \omega(K; h) \|x\|_C \leqq M(K)\, \gamma(h) \|x\|_C . \tag{12}$$

Hieraus folgt $M(\varphi) \leqq M(K) \|x\|_C$ und

$$\|\varphi\|_S \leqq [\|K\|_C + M(K)] \|x\|_C \leqq [\|K\|_C + M(K)] \|x\|_S . \tag{13}$$

Somit ist $\|K\|_{S\to S} \leqq \|K\|_C + M(K)$. Jetzt betrachten wir den Operator K_n. Wir bezeichnen $\psi_n(t) = (K_n x)(t)$, dann gilt

$$|\psi_n(t)| \leqq \sum_{k=1}^{n} c_k^{(n)} \|K\|_C \|x\|_C = \|K\|_C \|x\|_C ;$$

$$\omega(\psi_n, h) \leqq \sum_{k=1}^{n} c_k^{(n)} \omega(K, h) \|x\|_C = \omega(K, h) \|x\|_C \leqq M(K) \|x\|_C\, \gamma(h) .$$

Hieraus folgt $M(\psi_n) \leqq M(K) \|x\|_C$ und

$$\|K_n\|_{S\to S} \leqq \|K\|_C + M(K) .$$

Wir setzen voraus, daß für die Funktionen $\varphi(t)$, die der Bedingung (10) genügen, das Restglied der Quadraturformel (4) die Abschätzung

$$\varrho_n \leqq C_0 \gamma(h) [\|\varphi\|_C + M(\varphi)]; \qquad C_0 = \text{const}, \qquad \gamma(h) \xrightarrow[h\to 0]{} 0 \tag{14}$$

besitzt. Zusätzlich nehmen wir an, daß

$$M_t(K) := \frac{1}{\gamma(h)} \sup_{|t'-t''| \leqq h} |K(t'', \tau) - K(t', \tau)| \leqq C_1 ;$$

$$M_{t,\tau}(K) := \frac{1}{\gamma^2(h)} \sup_{\substack{|t'-t''| \leqq h \\ |\tau'-\tau''| \leqq h}} |K(t'', \tau'') - K(t'', \tau') - K(t', \tau'') + K(t', \tau')| \leqq C_1 ;$$
$$C_1 = \text{const} .$$

Wir schätzen $\|\sigma_n\|_{S\to S}$ ab. Es gilt $\|\sigma_n x\|_S = \|\sigma_n x\|_C + M(\sigma_n x)$. Infolge Abschätzung (14) erhalten wir

$$\|\sigma_n x\|_C = \|Kx - K_n x\|_C \leqq C_0 \gamma(h) [\|K\|_C \|x\|_C + M(Kx)] \leqq$$
$$\leqq 2C_0 \|K\|_C \|x\|_C\, \gamma(h) \leqq C_2 \|x\|_C\, \gamma(h); \qquad C_2 = \text{const} .$$

Des weiteren folgt aus derselben Abschätzung (14)

$$\omega(\sigma_n x, h) = \sup_{|t'-t''| \leqq h} \Big| \int_0^1 [K(t'', \tau) - K(t', \tau)]\, x(\tau)\, d\tau -$$
$$- \sum_{k=1}^{n} c_k^{(n)} [K(t'', \tau_k) - K(t', \tau_k)]\, x(\tau_k) \Big| \leqq$$
$$\leqq C_0 \gamma(h) [\max_\tau |K(t'', \tau) - K(t', \tau)| \|x\|_C + \tag{15}$$
$$+ M_\tau\big(K(t'', \tau) - K(t', \tau)\big) \|x\|_C] \leqq 2C_0 C_1 \gamma^2(h) \|x\|_C .$$

Hieraus ergibt sich $M(\sigma_n x) \leqq 2C_0 C_1 \gamma(h) \|x\|_C$ und $\|\sigma_n x\|_S \leqq C\gamma(h) \|x\|_C \leqq C\gamma(h) \|x\|_S$, $C = \text{const}$. Somit gilt $\|\sigma_n\|_{S\to S} \leqq C\gamma(h)$, und für hinreichend kleines h wird

$$\|(I - K)^{-1}\|_{S\to S} \|\sigma_n\|_{S\to S} \leqq 1/2 .$$

Nun können wir so vorgehen wie am Ende des vorigen Unterabschnitts und erhalten

$$\|x_* - y_*^{(n)}\|_S \leqq C\gamma(h) , \qquad C = \text{const} . \tag{16}$$

6.1.3. Wir betrachten den Verzerrungsfehler für die Fredholmschen Gleichungen. Wir gehen hier der Bestimmtheit halber auf den in 6.1.1 betrachteten Fall ein. Wir bezeichnen mit A_n die Matrix des Systems (6): $A_n = I_n - K^{(n)}$, wobei $K^{(n)}$ die Matrix mit den Elementen $c_k^{(n)} K(\tau_j, \tau_k)$ und I_n die Einheitsmatrix der Ordnung $n \times n$ ist. Wir verstehen $\bar{y}^{(n)} = (y_1^{(n)}, y_2^{(n)}, \ldots, y_n^{(n)})$ und $\bar{f}^{(n)} = (f_1^{(n)}, f_2^{(n)}, \ldots, f_n^{(n)})$ als Vektoren im Raum Y_{n1} (siehe Abschnitt 3.9). Sei $s_n^{(1)}$ die kleinste singuläre Zahl der Matrix A_n. Da $y_k^{(n)}$ die Werte der Lösung $y_*^{(n)}$ von Gleichung (5) in den Punkten τ_k sind, und da $y_*^{(n)} \xrightarrow{C} x_*$ und umso mehr $y_*^{(n)} \xrightarrow{L_2} x_*$ gilt, sind die Normen $\|\bar{y}_*^{(n)}\|_{Y_{n1}}$ in ihrer Gesamtheit beschränkt. Wegen Folgerung 3.2.2 ist für die Stabilität des Prozesses (6) in der Folge (Y_{n1}, Y_{n1}) notwendig und hinreichend, daß $\|A_n^{-1}\|_{Y_{n1} \to Y_{n1}} \leqq C = \text{const}$. Es gilt aber

$$\|A_n^{-1}\|_{Y_{n1} \to Y_{n1}} = \|A_n^{-1}\|_{R_N \to R_N} ,$$

und somit ist für die Stabilität des Prozesses (6) im hier erwähnten Sinne notwendig und hinreichend, daß $s_n^{(1)}$ von unten positiv beschränkt ist. Man überzeugt sich leicht davon, daß dieselbe Bedingung auch notwendig und hinreichend für die Stabilität des Berechnungsprozesses der Näherungslösung in der entsprechenden Folge von Unterraumpaaren ist.

6.1.4. Im allgemeinen Fall kann der Verzerrungs- und der Rundungsfehler für das mechanische Quadraturverfahren mit Hilfe der entsprechenden Abschätzungen für lineare algebraische Systeme (siehe den Anhang zum vorliegenden Buch) abgeschätzt werden.

6.2. Fredholmsche Gleichungen, die sich durch Iterationen lösen lassen

6.2.1. In der Gleichung (6.1.1) möge der Kern der Ungleichung

$$\max_{0 \leqq t, \tau \leqq 1} |K(t, \tau)| = q < 1 \tag{1}$$

genügen. Dann kann die Lösung dieser Gleichung nach dem einfachen Iterationsverfahren konstruiert werden:

$$x_* = f(t) + \sum_{k=1}^{\infty} \int_0^1 K_n(t, \tau) f(\tau) \, d\tau; \tag{2}$$

K_n sind die iterierten Kerne. Die Reihe (2) konvergiert in $C[0, 1]$ wie die geometrische Reihe nach Potenzen von q, genauer gesagt, das n-te Glied dieser Reihe ist nicht größer als $q^n \int_0^1 |f(\tau)| \, d\tau$. Es ist aber günstiger, die Berechnung nicht mittels Formel (2), sondern nach dem üblichen Iterationsschema durchzuführen:

$$x_0(t) = f(t); \qquad n \geqq 1 , \qquad x_n(t) = f(t) + \int_0^1 K(t, \tau) \, x_{n-1}(\tau) \, d\tau . \tag{3}$$

Wenn jedoch der Kern $K(t, \tau)$ eine mehr oder weniger komplizierte Struktur aufweist, dann wird die Berechnung der in Formel (3) auftretenden Integrale schwierig. Deshalb greifen wir zur folgenden Methode (siehe Michlin [18, 22]), wo dieser Ansatz in einer allgemeineren Situation verwendet wurde). Wir führen die Funktion

$$\omega(t) = \begin{cases} t, & 0 \leqq t \leqq 1\,, \\ 2 - t, & 1 \leqq t \leqq 2\,, \\ 0, & t \notin [0, 2] \end{cases} \tag{4}$$

ein und bezeichnen

$$K^h(t, \tau) = \sum_{j,k=-1}^{2n-1} K(t_{j+1}, t_{k+1})\, \omega\left(\frac{t}{h} - j\right) \omega\left(\frac{\tau}{h} - k\right). \tag{5}$$

Hierbei ist n eine beliebig gewählte natürliche Zahl, $h = 1/2n$, $t_j = (j + 1)\, h$. Für $K \in C^2(Q)$, $Q = [0, 1] \times [0, 1]$, gilt (siehe Michlin [22], Kap. III, § 1)

$$||K - K^h||_{C(Q)} \leqq C \max_{|\alpha|=2} ||D^\alpha K||_{C(Q)}\, h^2\,.$$

Die Konstante C aus der letzten Ungleichung kann man mittels Formel (9.14) aus Michlin [24] ausrechnen (siehe ebenfalls Michlin [31], Kap. IV, § 9). In unserem Fall ist in der erwähnten Formel (9.14) $s = 1$ zu setzen, so daß man $C = 10$ erhält, somit gilt

$$||K - K^h||_{C(Q)} \leqq 10 \max_{|\alpha|=2} ||D^\alpha K||_{C(Q)}\, h^2\,. \tag{6}$$

Wir wählen n so groß, daß die rechte Seite der Abschätzung (6) kleiner als $1 - q$ wird. Dann ist offensichtlich $||K^h||_{C(Q)} := q_1 < 1$. Wir ersetzen in Gleichung (1) den Kern K durch K^h und die rechte Seite durch ihre Finite-Elemente-Approximation

$$f^h(t) = \sum_{j=-1}^{2n-1} f(t_{j+1})\, \omega\left(\frac{t}{h} - j\right).$$

Die Differenz $f(t) - f^h(t)$ stellt die Differenz der Ordinaten der Kurve $y = f(t)$ und des in diese Kurve eingeschriebenen Polygonenzuges $y = f^h(t)$ dar. Für $f \in C^{(2)}[0, 1]$ kann diese Differenz nach der Formel

$$t_{j+1} \leqq t \leqq t_{j+2}\,, \qquad f(t) - f^h(t) = -\frac{1}{h} \int_{t_{j+1}}^{t_{j+2}} G(t - t_{j+1}, \tau - t_{j+1})\, f''(\tau)\, d\tau$$

berechnet werden, wobei

$$G(t, \tau) = \begin{cases} t(h - \tau)\,, & 0 \leqq t \leqq \tau\,, \\ \tau(h - t)\,, & 0 \leqq \tau \leqq t\,. \end{cases}$$

Hieraus folgt

$$||f - f^h||_C \leqq h^2 ||f''||_C\,. \tag{7}$$

6.2.2. Wir schätzen den durch die Substitution entstandenen Approximationsfehler ab. Die neue Integralgleichung hat die Gestalt

$$x^h(t) - \int_0^1 K^h(t, \tau)\, x^h(\tau)\, d\tau = f^h(t)\,. \tag{8}$$

Ein Vergleich mit dem allgemeinen Schema aus Abschnitt 3.1 ergibt, daß jetzt $\Gamma = K - K^h$ ist, wobei K und K^h die Integraloperatoren mit den Kernen $K(t, \tau)$ bzw. $K^h(t, \tau)$ sind, und $\delta = f(t) - f^h(t)$. Nach Formel (3.1.6) gilt

$$||x - x^h|| \leqq \frac{||(I - K)^{-1}||}{1 - ||(I - K)^{-1}||\, ||K - K^h||} [||K - K^h||\, ||x|| + ||\delta||];$$

hierbei werden entsprechend die Normen in $\mathbf{C}[0, 1]$ und in $\mathbf{C}([0, 1] \times [0, 1])$ genommen. Die Ungleichungen (6) und (7) liefern zusammen mit der Ungleichung

$$||(I - K)^{-1}|| \leqq (1 - q)^{-1}$$

die Abschätzung des Approximationsfehlers

$$||x - x^h|| \leqq [1 - 10q \max_{|\alpha|=2} ||\mathrm{D}^\alpha K||\, h^2]\, [10 \max_{|\alpha|=2} ||\mathrm{D}^\alpha K||\, ||x|| + ||f''||]\, h^2; \quad (9)$$

hierbei kann noch ausgenutzt werden, daß

$$||x|| \leqq ||f||/(1 - q)\,. \quad (10)$$

6.2.3. Wir lösen die Gleichung (8) mit dem Iterationsverfahren und schätzen den Algorithmusfehler für diese Gleichung ab. Im gegebenen Fall konvergieren die Iterationen wie die geometrische Reihe nach Potenzen von q_1. Wenn genau N Iterationen ausgeführt werden, besitzt der Algorithmusfehler die Abschätzung

$$||x^h - x_N^h|| \leqq \sum_{k=N+1}^{\infty} \left\| \int_0^1 K_k^h(t, \tau)\, f^h(\tau)\, \mathrm{d}\tau \right\| \leqq [||f|| + h^2 ||f''||] \frac{q_1^{N+1}}{1 - q_1}\,. \quad (11)$$

6.2.4. Die Zahlen $K(t_j, t_k)$ und $f(t_j)$ mögen fehlerfrei berechnet sein, dann gilt die exakte Formel

$$x_k^h(t) = f^h(t) + \int_0^1 K^h(t, \tau)\, x_{k-1}^h(\tau)\, \mathrm{d}\tau\,. \quad (12)$$

Es ist offenbar

$$x_{k-1}^h(t) = \sum_{j=-1}^{2n-1} a_{j,k-1}^{(h)} \omega\left(\frac{t}{h} - j\right).$$

Indem wir diesen Ausdruck sowie die Werte von $f^h(t)$ und $K^h(t, \tau)$ in (12) einsetzen, ergibt ein Vergleich der Koeffizienten bei $\omega\left(\frac{t}{h} - j\right)$:

$$a_{jk}^{(h)} = f(t_{j+1}) + \sum_{l,m=-1}^{2n-1} a_{m,k-1}^{(h)} K(t_{j+1}, t_{l+1}) \int_0^1 \omega\left(\frac{\tau}{h} - l\right) \omega\left(\frac{\tau}{h} - m\right) \mathrm{d}\tau\,.$$

Das Integral in der letzten Beziehung läßt sich leicht berechnen: Wir bezeichnen es mit hw_{lm}, dann gilt $w_{lm} = w_{ml}$ und

$$w_{lm} = \begin{cases} 0\,, & |m - l| \geqq 2; \\ 1/6\,, & m - l = \pm 1; \\ 2/3\,, & m = l,\quad 0 \leqq m \leqq 2n - 2; \\ 1/3\,, & m = l = -1;\quad m = l = 2n - 1\,. \end{cases} \quad (13)$$

Im Ergebnis erhalten wir ein System rekursiver Beziehungen für die Koeffizienten $a_{jk}^{(h)}$:

$$a_{jk}^{(h)} = f(t_{j+1}) + h \sum_{l,m=-1}^{2n-1} a_{m,k-1}^{(h)} K(t_{j+1}, t_{l+1})\, w_{lm}; \quad (14)$$

das System (14) ist mit der Anfangsbedingung $a_{j0}^{(h)} = f(t_{j+1})$ zu lösen.

Wenn wir im Raum der $2n$-dimensionalen Vektoren die Norm $||a|| = \max |a_i|$ einführen, dann ist die Norm des Operators auf der rechten Seite der Gleichung (14) gleich

$$B = h \max_j \sum_{l,m=-1}^{2n-1} |K(t_{j+1}, t_{l+1})| \, w_{lm} . \tag{15}$$

Indem wir die Werte der Zahlen w_{lm} (Formel (13)) beachten, finden wir

$$\sum_{l,m=-1}^{2n-1} w_{lm} \, |K(t_{j+1}, t_{l+1})| \leqq \frac{1}{h} \max |K(t, \tau)| = 2nq .$$

Hieraus folgt $B \leqq h2nq = q$, und somit konvergiert für festen Index j der Iterationsprozeß (14). Wenn wir uns auf N Iterationen beschränken, schätzt sich der Algorithmusfehler für den Prozeß (14) durch die Größe

$$\frac{q^{N+1}}{1-q} |f(t)| \tag{16}$$

ab.

6.2.5. In der vorliegenden Aufgabe braucht man keinen Verzerrungsfehler zu berücksichtigen; man kann annehmen, daß die übrigen Fehler mit dem Runden verknüpft sind. Der Rundungsfehler läßt sich leicht mit den Methoden von Abschnitt 4.3 abschätzen; da der Iterationsprozeß (14) wie eine geometrische Reihe konvergiert, bleibt der Rundungsfehler bei wachsendem N beschränkt.

6.3. Fehler bei der Bestimmung der Fredholmschen Resolvente

6.3.1. Die Resultate dieses Abschnitts sind in Michlin [18] enthalten, einige Verallgemeinerungen findet man in Michlin [19—21]. Der Inhalt dieser Arbeiten ist in Michlin [22] dargelegt. Deshalb beschränken wir uns hier nur auf die Problemstellung und die Formulierung der Resultate, und dabei wiederum für die einfachste Klasse der Integralgleichungen und für die einfachste Approximation des Kerns. Einen ausführlichen Beweis führen wir nur für die Abschätzung des Algorithmusfehlers, die die entsprechende Abschätzung aus Michlin [18] und [22] präzisiert.

6.3.2. Wir betrachten die Fredholmsche Integralgleichung

$$x(t) - \lambda \int_0^1 K(t, \tau) \, x(\tau) \, d\tau = f(t) \tag{1}$$

mit einem Kern $K \in \mathbf{C}^{(2)}$; λ ist ein beliebiger, im allgemeinen komplexer Parameter. Die Forderung an den Kern kann abgeschwächt werden: Es genügt, den Kern stetig vorauszusetzen, nur verschlechtern sich dabei einige der folgenden Abschätzungen. Wir setzen noch $|K(t, \tau)| < 1$ voraus, was durch eine geeignete Änderung des Parameters immer erreicht werden kann.

Wir erinnern an die grundlegenden Fakten, die die Fredholmsche Resolvente betreffen.

1. Die *Fredholmsche Resolvente* für den Kern $K(t, \tau)$ hat die Gestalt

$$\Gamma(t, \tau; \lambda) = \frac{D(t, \tau; \lambda)}{D(\lambda)},$$

wobei die *Fredholmsche Determinante* $D(\lambda)$ und der *erste Fredholmsche Minor* $D(t, \tau; \lambda)$ ganze Funktionen von λ sind.

2. Für $D(\lambda) \neq 0$ besitzt die Gleichung (1) genau eine Lösung

$$x(t) = f(t) + \lambda \int_0^1 \Gamma(t, \tau; \lambda) f(\tau) \, d\tau . \tag{3}$$

3. Die Koeffizienten der Reihen

$$D(\lambda) = \sum_{k=0}^{\infty} \frac{(-1)^k}{k!} c_k \lambda^k \tag{4}$$

und

$$D(t, \tau; \lambda) = \sum_{k=0}^{\infty} \frac{(-1)^k}{k!} B_k(t, \tau) \lambda^k \tag{5}$$

genügen den rekursiven Beziehungen

$$c_0 = 1 , \qquad c_k = \int_0^1 B_{k-1}(\tau, \tau) \, d\tau ; \tag{6}$$

$$\begin{aligned} &B_0(t, \tau) = K(t, \tau) , \\ &B_k(t, \tau) = c_k K(t, \tau) - k \int_0^1 K(t, \tau') \, B_{k-1}(\tau', \tau) \, d\tau' . \end{aligned} \tag{7}$$

4. Die Koeffizienten $B_k(t, \tau)$ lassen sich explizit mit Hilfe des Kerns ausdrücken:

$$k > 0 , \qquad B_k(t, \tau) = \int_0^1 \cdots \int_0^1 \begin{vmatrix} K(t, \tau) & K(t, \tau_1) & K(t, \tau_k) \\ K(\tau_1, \tau) & K(\tau_1, \tau_1) & K(\tau_1, \tau_k) \\ \dots & \dots & \dots \\ K(\tau_k, \tau) & K(\tau_k, \tau_1) & K(\tau_k, \tau_k) \end{vmatrix} d\tau_1 \cdots d\tau_k \tag{8}$$

6.3.3. Wir ersetzen den Kern $K(t, \tau)$ durch seine Approximation (6.2.5); auf Grund von Ungleichung (6.2.6) gilt $|K^h(t, \tau)| < 1$ für hinreichend kleines h. Wir bezeichnen mit c_k^h und $B_k^h(t, \tau)$ die Koeffizienten der Fredholmschen Reihen des Kerns $K^h(t, \tau)$. Es ist unschwer einzusehen, daß

$$B_k^h(t, \tau) = \sum_{j,l=-1}^{2n-1} b_{jlh}^{(k)} \omega\left(\frac{t}{h} - j\right) \omega\left(\frac{\tau}{h} - l\right) \tag{9}$$

ist, und die rekursiven Beziehungen (6) und (7) gehen in die folgenden über

$$c_0^h = 1 , \qquad c_k^h = h \sum_{j,l=-1}^{2n-1} b_{jlh}^{(k-1)} w_{jl} ; \tag{10}$$

$$\begin{aligned} &b_{jlh}^{(0)} = K\big((j+1) h, (l+1) h\big) ; \\ &b_{jlh}^{(k)} = c_k^h b_{jlh}^{(0)} - kh \sum_{r,s=-1}^{2n-1} b_{jrh}^{(0)} b_{slh}^{(k-1)} w_{rs} ; \qquad k > 0 , \end{aligned} \tag{11}$$

die Werte w_{rs} sind durch Formel (6.2.13) gegeben. Die Beziehungen (10) und (11) gestatten es, die Fredholmsche Resolvente für den Kern $K^h(t, \tau)$ zu berechnen.

6.3.4. In den Bezeichnungen von Abschnitt 1.1 ist X die Gesamtheit der Fredholmschen Reihen $D(\lambda)$ und $D(t, \tau; \lambda)$, f ist der Kern $K(t, \tau)$, die Beziehung r wird durch die Gleichungen (4)—(7) definiert. Des weiteren ist $f^{(n)}$ der Kern $K^h(t, \tau)$, $x^{(n)}$ ist die Gesamtheit der Fredholmschen Reihen dieses Kerns, und $r_n \equiv r$. Der Approximationsfehler wird durch die Formel

$$\begin{aligned} &|D(t, \tau; \lambda) - D^h(t, \tau; \lambda)| \leqq Ch^2[P_3(|\lambda|^2) + |\lambda|^8 \exp(e\, |\lambda|^2)]^{1/2} , \\ &|D(\lambda) - D^h(\lambda)| \leqq Ch^2[P_3(|\lambda|^2) + |\lambda|^8 \exp(e\, |\lambda|^2)]^{1/2} \end{aligned} \tag{12}$$

abgeschätzt; P_3 ist ein gewisses Polynom dritten Grades. Der Verzerrungsfehler wird im gegebenen Fall durch die Berechnungsfehler der Werte $K(t_{j+1}, t_{l+1})$, d. h. der Werte der Koeffizienten $b_{jlh}^{(0)}$, bestimmt, deshalb besteht keine Veranlassung, den Verzerrungsfehler besonders hervorzuheben, und man kann summarisch den Verzerrungs- und Rundungsfehler für den Prozeß (10)—(11) abschätzen.

Wir schätzen den Algorithmusfehler ab. Zuerst bemerken wir, daß der Kern $K^h(t, \tau)$ ausgeartet ist:

$$K^h(t,\tau) = \sum_{j,l=-1}^{2n-1} K(t_{j+1}, t_{l+1})\, \omega\left(\frac{t}{h} - j\right) \omega\left(\frac{\tau}{h} - l\right) = \sum_{j=-1}^{2n-1} a_j(t)\, b_j(\tau)$$

mit

$$a_j(t) = \omega\left(\frac{t}{h} - j\right), \qquad b_j(\tau) = \sum_{l=-1}^{2n-1} K(t_{j+1}, t_{l+1})\, \omega\left(\frac{\tau}{h} - l\right).$$

Hieraus folgt, daß die Reihen $D^h(t, \tau; \lambda)$ und $D^h(\lambda)$ Polynome in λ vom Grade $\leqq 2n$ sind, so daß $B_k^h(t, \tau) \equiv 0$ sowie $c_k^h = 0$, $k > 2n$, gilt und es genügt, die Beziehungen (10)—(11) $2n$-mal auszunutzen. Nun nehmen wir an, daß wir uns auf die Berechnung der Koeffizienten B_k^h und c_k^h für $k \leqq N$, $N < 2n$, beschränkt haben. Der Fehler für $D^h(t, \tau; \lambda)$ ist dabei nicht größer als der Wert

$$\eta_{N,h} = \sum_{k=N+1}^{2n} \frac{|B_k^h(t,\tau)|}{|k!|} |\lambda|^k \leqq \sum_{k=N+1}^{2n} \frac{(k+1)^{(k+1)/2}}{k!} |\lambda|^k .$$

Wir schätzen das allgemeine Glied der letzten Summe ab. Nach der Stirlingschen Formel ist $k! = \sqrt{2\pi k}\left(\frac{k}{\mathrm{e}}\right)^k \mathrm{e}^{\Theta/12k}$, $0 < \Theta < 1$. Hieraus folgt

$$\frac{|\lambda|^k (k+1)^{(k+1)/2}}{k!} < \frac{\sqrt{(k+1)!\, \mathrm{e}^{k+1}}}{\sqrt[4]{2\pi(k+1)}\, k!} |\lambda|^k = \frac{\sqrt{\mathrm{e}}}{\sqrt[4]{2\pi}} \frac{(|\lambda| \sqrt{\mathrm{e}})^k}{\sqrt{k!}} (k+1)^{1/4}$$

und mithin

$$\eta_{N,h} \leqq \frac{\sqrt{\mathrm{e}}}{\sqrt[4]{2\pi}} \sum_{k=N+1}^{2n} \frac{(|\lambda| \sqrt{\mathrm{e}})^k}{\sqrt{k!}} (k+1)^{1/4} < \frac{\sqrt{\mathrm{e}}}{\sqrt[4]{\pi}} \sum_{k=N+1}^{2n} \frac{k^{-1/4} (|\lambda|^2 \mathrm{e})^{k/2}}{\sqrt{(k-1)!}} <$$

$$< \frac{\sqrt{\mathrm{e}}}{\sqrt[4]{\pi}} \frac{1}{\sqrt[4]{N+1}} \sum_{k=N+1}^{2n} \frac{(|\lambda|^2 \mathrm{e})^{k/2}}{\sqrt{(k-1)!}} =$$

$$= \frac{\sqrt{\mathrm{e}}}{\sqrt[4]{\pi}} \frac{1}{\sqrt[4]{N+1}} \frac{(|\lambda|^2 \mathrm{e})^{(N+1)/2}}{\sqrt{N!}} \sum_{k=N+1}^{2n} \frac{(|\lambda|^2 \mathrm{e})^{(k-N-1)/2}}{(N+1)(N+2)\cdots(k-1)} \leqq$$

$$\leqq \frac{\sqrt{\mathrm{e}}}{\sqrt[4]{\pi(N+1)}} \frac{(|\lambda|^2 \mathrm{e})^{(N+1)/2}}{\sqrt{N!}} \sqrt{2n - N} \left[\sum_{\nu=0}^{\infty} \frac{(|\lambda|^2 \mathrm{e})^\nu}{(N+1)\cdots(N+\nu)}\right]^{1/2}$$

Für $\nu = 0$ ist der Nenner in der letzten Summe durch Eins zu ersetzen. Wir bemerken, daß das allgemeine Glied dieser Summe gleich

$$\frac{(|\lambda|^2 \mathrm{e})^\nu}{\nu!} \frac{\nu!}{(N+1)\cdots(N+\nu)} < \frac{(|\lambda|^2 \mathrm{e})}{\nu!} \frac{1}{N+1}$$

ist, somit besitzt die erwähnte Summe die Abschätzung

$$1 + \sum_{\nu=1}^{\infty} \frac{(|\lambda|^2 \mathrm{e})^\nu}{\nu!} \frac{1}{N+1} < 1 + \frac{\exp(|\lambda|^2 \mathrm{e})}{N+1} .$$

Schließlich wird der Algorithmusfehler für $D(t, \tau; \lambda)$ abgeschätzt durch

$$\eta_{N,h} < \frac{\sqrt{e(2n-N)}}{\sqrt[4]{\pi(N+1)}} \frac{(|\lambda|^2 e)^{(N+1)/2}}{\sqrt{N!}} \sqrt{1 + \frac{\exp(|\lambda|^2 e)}{N+1}} . \tag{13}$$

Durch die gleiche Größe wird auch der Algorithmusfehler für $D(\lambda)$ abgeschätzt. Die Formel (13) ist genauer als die in MICHLIN [18, 22] erhaltene analoge Formel.

6.3.5. Wir setzen

$$\frac{b_{jlh}^{(k)}}{k!} = \beta_{jlh}^{(k)}, \qquad \frac{c_k^h}{k!} = \gamma_k^{(h)}; \tag{14}$$

die Rundungsfehler der Größen $\beta_{jlh}^{(k)}$ und $\gamma_k^{(h)}$ bezeichnen wir mit $\delta_{jlh}^{(k)}$ bzw. $\tilde{\delta}_k^{(h)}$. Es seien noch $\tilde{\varepsilon}_k^{(h)}$ bzw. $\varepsilon_{jlh}^{(k)}$ die durch $k!$ geteilten Rundungsfehler der rechten Seiten der Formeln (10) und (11). Schließlich setzen wir $\delta_{kh} = \max_{j,l} |\delta_{jlh}^{(k)}|$ und $\varepsilon_{kh} = \max_{j,l} [|\varepsilon_{jlh}^{(k)}| + |\tilde{\varepsilon}_k^{(h)} + \beta_{jlh}^{(k)}|/k]$. Wegen (siehe Formel (6.2.13))

$$\sum_{j,l=-1}^{2n-1} w_{jl} \leqq 2n = 1/h$$

ergibt sich leicht die Ungleichung

$$\delta_{kh} \leqq M\left(1 + \frac{1}{k}\right)\delta_{k-1,h} + \varepsilon_{kh}, \qquad M = \max |K(t, \tau)| . \tag{15}$$

Die Berechnungen mögen mit solch einer Genauigkeit ausgeführt werden, daß $\varepsilon_{kh} \leqq \varepsilon = \text{const}$. Dann kann man folgende Abschätzung erhalten (siehe MICHLIN [22])

$$\delta_{kh} < e^{\overline{C}} \delta_{0h} k(C_0 M)^k + \frac{((3/2)\, C_0 M)^k - 1}{(3/2)\, C_0 M - 1}, \tag{16}$$

wobei $\overline{C}$ die Eulersche Konstante und C_0 eine gewisse andere Konstante ist.

Wenn der Kern klein ist, so daß $C_0 M < 2/3$ gilt, dann ist δ_{kh} beschränkt; wenn dabei auch λ nicht groß ist, so ist auch der Fehler des ersten Fredholmschen Minors beschränkt. Wie unschwer einzusehen ist, ist unter denselben Bedingungen auch der Fehler der Fredholmschen Determinante beschränkt.

6.3.6. Optimistischer erscheinen die wahrscheinlichkeitstheoretischen Abschätzungen des Rundungsfehlers. Wir nehmen an, daß sich in den durch k geteilten Summen (10) und (11) die Rundungsfehler teilweise aufheben. Unter einigen natürlichen Voraussetzungen (siehe MICHLIN [22]) führt das anstelle von Ungleichung (15) zur schwächeren Ungleichung

$$\delta_{kh} \leqq Mh^\alpha \left(1 + \frac{1}{k}\right)\delta_{k-1,h} + \varepsilon_{kh}, \qquad \alpha = \text{const} > 0 ,$$

die ihrerseits die Abschätzung

$$\delta_{kh} \leqq e^{\overline{C}} \delta_{0k} k(C_0 M h^\alpha)^k + \frac{((3/2)\, C_0 M h^\alpha)^k - 1}{(3/2)\, C_0 M h - 1} \tag{17}$$

liefert, welche mit einer Wahrscheinlichkeit erfüllt ist, die nicht kleiner als $1 - Ch^{3-2\alpha}$, $C = \text{const}$, ist; somit kann die Konstante α aus dem Intervall $(0{,}3/2)$ beliebig gewählt werden.

6.4. Überführung in ein algebraisches System

6.4.1. Wir betrachten die Gleichung (6.1.1) unter folgenden Voraussetzungen:

a) $K \in \mathbf{L}_2([0, 1] \times [0, 1])$;

b) Eins ist keine charakteristische Zahl des Kerns $K(t, \tau)$;

c) $f \in \mathbf{L}_2(0, 1)$.

Es möge ein ausgearteter Kern

$$K^{(n)}(t, \tau) = \sum_{k=1}^{n} \alpha_k(t)\, \beta_k(\tau) \tag{1}$$

derart konstruiert worden sein, daß gilt

$$\int_0^1 \int_0^1 [K(t, \tau) - K^{(n)}(t, \tau)]^2 \, dt \, d\tau := \gamma_n \xrightarrow[n \to \infty]{} 0 \,. \tag{2}$$

Als $K^{(n)}(t, \tau)$ kann zum Beispiel die Finite-Elemente-Approximation des Kerns $K(t, \tau)$ gewählt werden, wenn dieser nur die nötige Glattheit besitzt; wir bemerken, daß numerische Experimente die Zweckmäßigkeit solch einer Wahl bestätigt haben. Andere Auswahlmöglichkeiten für $K^{(n)}(t, \tau)$ werden im Buch von Michlin und Smolitzki [1] angeführt. Wir nehmen an, daß die rechte Seite der Gleichung ebenfalls durch eine andere rechte Seite $f^{(n)}(t)$ ersetzt wurde, die in der Norm von $\mathbf{L}_2(0, 1)$ nahe bei $f(t)$ liegt, d. h., es gelte $\|f - f^{(n)}\|_2 \xrightarrow[n \to \infty]{} 0$.

Somit haben wir die Gleichung (6.1.1) durch die neue Gleichung

$$x^{(n)}(t) - \int_0^1 K^{(n)}(t, \tau)\, x^{(n)}(\tau)\, d\tau = f^{(n)}(t) \tag{3}$$

ersetzt; wir schätzen den dabei entstehenden Approximationsfehler ab. Seien K und $K^{(n)}$ die Fredholmschen Operatoren mit den Kernen $K(t, \tau)$ bzw. $K^{(n)}(t, \tau)$. Wir setzen $R = (I - K)^{-1}$, $R^{(n)} = (I - K^{(n)})^{-1}$. Dann ist $x_* = Rf$, $x_*^{(n)} = R^{(n)} f^{(n)}$ und

$$\begin{aligned} \|x_* - x_*^{(n)}\| &= \|R(f - f^{(n)}) + (R - R^{(n)}) f\| \leqq \\ &\leqq \|R\|\, \gamma_n' + \|R - R^{(n)}\| \, (\|f\| + \gamma_n'); \qquad \gamma_n' = \|f - f^{(n)}\| \,. \end{aligned} \tag{4}$$

Weiterhin setzen wir $K - K^{(n)} = \Delta^{(n)}$. Dann gilt

$$R^{(n)} = (I - K - \Delta^{(n)})^{-1} = R(I - \Delta^{(n)} R)^{-1};$$

hieraus folgt

$$R - R^{(n)} = -R \Delta^{(n)} R (I - \Delta^{(n)} R)^{-1};$$

für hinreichend großes n ist $\|\Delta^{(n)} R\| \leqq \gamma_n \|R\| < 1$ und

$$\|R - R^{(n)}\| \leqq \frac{\gamma_n \|R\|^2}{1 - \gamma_n \|R\|} \,.$$

Indem wir diesen Ausdruck in (4) einsetzen, erhalten wir die folgende Abschätzung des Approximationsfehlers:

$$\|x_* - x_*^{(n)}\| \leqq \|R\|\, \gamma_n' + \frac{\gamma_n \|R\|^2}{1 - \gamma_n \|R\|} (\|f\| + \gamma_n') \,. \tag{5}$$

6.4.2. Die Lösung der Gleichung (3) wird auf üblichem Wege auf die Lösung eines linearen algebraischen Systems der Ordnung n zurückgeführt; dabei entsteht ein Verzerrungsfehler, der mittels Formel (3.1.7) abgeschätzt werden kann. Die Algorithmus- und Rundungsfehler können mit der Methodik aus dem Anhang des vorliegenden Buches abgeschätzt werden; die Abschätzungen hängen von dem zur Lösung benutzten Verfahren ab.

6.4.3. Die Fredholmsche Gleichung kann nach dem Bubnow-Galerkin-Verfahren in ein lineares algebraisches System überführt werden. In diesem Fall läßt sich der Approximationsfehler mittels Formel (2.8.1) abschätzen. Wenn das Koordinatensystem stark minimal in $\mathbf{L}_2(0, 1)$ ist, dann ist der Berechnungsprozeß der Koeffizienten in der Folge $(\mathbb{R}_n, \mathbb{R}_n)$ stabil (im Sinne der zweiten Definition), und der Berechnungsprozeß der Näherungslösung ist stabil in der Folge $(H^{(n)}, \mathbb{R}_n)$; der Sinn der Bezeichnungen ist offensichtlich.

6.4.4. Ein weiteres Verfahren der Überführung in ein lineares algebraisches System liefert die Fehlerquadratmethode. Wir gehen hier nicht auf das Wesen dieses Verfahrens ein, das wurde ausführlich in MICHLIN [3] dargelegt; wir machen hier lediglich zwei Bemerkungen allgemeinen Charakters.

1. Die Fehlerquadratmethode werde auf die Gleichung $Ax = f$ angewandt, wobei A ein linearer und beschränkt invertierbarer Operator in einem Hilbert-Raum H ist. Wenn die Näherungslösung $x_*^{(n)}$ bereits konstruiert ist, dann wird ihr Fehler sehr einfach abgeschätzt (MICHLIN [3]):

$$||x_* - x_*^{(n)}|| \leqq ||A^{-1}|| \, ||f - Ax_*^{(n)}|| \,. \tag{6}$$

Die letzte Formel liefert den Gesamtfehler der Näherungslösung.

2. Sei außerdem der Operator A in H beschränkt. Dann läßt sich der Approximationsfehler der Fehlerquadratmethode mittels Formel (3.1.7) abschätzen.

Für die Fredholmschen Gleichungen sind die beiden hier erwähnten Formeln offensichtlich gültig.

Verhältnismäßig einfach wird das Problem der Stabilität gegenüber Verzerrungen gelöst. In MICHLIN [3] werden die folgenden einfachen Fakten angeführt. Wenn der Operator A im Hilbert-Raum H abgeschlossen ist und eine beschränkte Inverse besitzt, dann sind für $f \in D(A^*)$ die Gleichungen $Ax = f$ und $A^*Ax = A^*f$ äquivalent. Der Operator A^*A ist positiv definit, sein energetischer Raum stimmt mit dem Wertebereich des Operators A überein, und für die energetische Norm gilt $|x| = ||Ax||$. Wenn A beschränkt ist, dann ist diese letzte Norm offensichtlich der Norm des Raumes H äquivalent. Aus dem Gesagten folgt sofort, daß die folgende Behauptung gilt, falls die Fredholmsche Gleichung eindeutig lösbar ist.

Für die Stabilität des Fehlerquadratprozesses gegenüber Verzerrungsfehlern ist notwendig und hinreichend, daß das Koordinatensystem stark minimal in $\mathbf{L}_2(0, 1)$ ist.

Die Fehlerquadratmethode führt auf ein lineares algebraisches Gleichungssystem, und für den Algorithmus- und Rundungsfehler dieses Systems gelten alle im Anhang in diesem Zusammenhang gemachten Ausführungen.

Es ist noch zu bemerken, daß für ein in $\mathbf{L}_2(0, 1)$ fast orthonormiertes Koordinatensystem die Konditionszahl der Matrix der Fehlerquadratmethode unabhängig von n beschränkt ist.

Die Überlegungen der Unterabschnitte 6.4.3-4 lassen sich vollständig auf Gleichungen zweiter Art mit einem vollstetigen Operator in einem separablen Hilbert-Raum übertragen.

6.4.5. Die Fredholmsche Gleichung kann ebenfalls mittels Kollokationsverfahren näherungsweise in ein lineares algebraisches System überführt werden. Im Buch von Gabdulchajew [3] wird gezeigt, daß dabei eine der Ordnung nach optimale Abschätzung des Approximationsfehlers erreicht wird, wenn als Koordinatenfunktionen geeignet gewählte Splines verwendet werden. Wenn der Kern und die rechte Seite der Gleichung (6.1.1) zur Klasse $\mathbf{C}^{(r)}$ gehören und ihre Stetigkeitsmoduln als Majorante die Funktion $\omega(\delta)$ besitzen, dann gestattet der Approximationsfehler des Kollokationsverfahrens die Abschätzung $O(n^{-r}\omega(n^{-1}))$. Im gleichen Buch sind auch einige andere Ergebnisse enthalten, die dem soeben formulierten Resultat ähnlich sind. Bezüglich der Stabilität des Kollokationsprozesses gegenüber Verzerrungsfehlern können die Ausführungen für den allgemeinen Fall im Abschnitt 3.9 wiederholt werden. Wenn insbesondere als Folge der Koordinatenfunktionen $\varphi_k(t)$, $1 \leqq k < \infty$, mit $|\varphi_k'(t)| \leqq Ck^\alpha$, $\alpha < 1$, gewählt wird, so ist der Kollokationsprozeß instabil.

Bei fester Approximationsordnung und bei gegebenen Koordinatenfunktionen und Kollokationsknoten haben wir es mit einem wohlbestimmten algebraischen System zu tun. Für dieses System können Verzerrungs-, Algorithmus- und Rundungsfehler, wie im Anhang des Buches beschrieben, abgeschätzt werden.

6.5. Singuläre Integralgleichungen. Die Fehlerquadratmethode

6.5.1. Wir betrachten die eindimensionale singuläre Integralgleichung der Gestalt

$$Ax := a(t)\, x(t) + b(t)\, (Sx)\, (t) + (Tx)\, (t) = f(t)\,, \tag{1}$$

wobei S der Cauchysche Operator

$$(Sx)\,(t) = \frac{1}{\pi i} \int\limits_{\Gamma} \frac{x(\tau)}{\tau - t}\, d\tau \tag{2}$$

ist, unter den folgenden Voraussetzungen: Γ ist eine geschlossene ebene Kurve der Klasse $\mathbf{C}^{(1,\alpha)}$, die ein ein- oder mehrfach zusammenhängendes Gebiet berandet, $a(t)$ und $b(t)$ sind auf Γ stetige (skalare oder Matrix-) Funktionen, T ist ein in $\mathbf{L}_2(\Gamma)$ vollstetiger Operator, der Index der Gleichung (1) ist gleich Null und sie besitzt nicht mehr als eine Lösung, so daß sie für eine beliebige (skalare bzw. Vektor-) Funktion $f(t) \in \mathbf{L}_2(\Gamma)$ lösbar ist. Unter den aufgezählten Bedingungen sind die Operatoren A und A^{-1} in $\mathbf{L}_2(\Gamma)$ beschränkt.

6.5.2. Die Gleichung (1) kann mit Hilfe der Fehlerquadratmethode gelöst werden, und die Aussagen von Abschnitt 6.4.4 sind in vollem Umfang auf diese Gleichung anwendbar.

Wir erwähnen einige Koordinatensysteme.

1. Sei $\Gamma = \bigcup\limits_{j=0}^{q} \Gamma_j$ mit den geschlossene Kurven Γ_j; wir setzen voraus, daß Γ der Rand eines endlichen Gebietes D ist und daß Γ_0 dieses Gebiet von außen berandet. Innerhalb von Γ_j, $1 \leqq j \leqq q$, wählen wir Punkte t_j. Mit $\varrho_0, \varrho_1, \dots, \varrho_q$ bezeichnen wir Zahlen, die den Ungleichungen

$$0 < \varrho_0 < \min_{\tau \in \Gamma_0} |\tau|\,, \qquad \varrho_j > \max_{\tau \in \Gamma_j} |\tau - t_j|\,, \qquad 1 \leqq j \leqq q\,,$$

genügen. Dann ist das Funktionensystem

$$\left(\frac{t}{\varrho_0}\right)^{n-1} \quad \left(\frac{\bar{t}}{\varrho_0}\right)^{n-1}, \quad \left(\frac{\varrho_j}{t - t_j}\right)^n, \quad \left(\frac{\varrho_j}{\bar{t} - \bar{t}_j}\right)^n,$$

$$n = 1, 2, \ldots, \qquad 1 \leqq j \leqq q,$$

stark minimal in $\mathbf{L}_2(\Gamma)$ (siehe MICHLIN [8]).

2. Sei Γ die reelle Achse, und der vollstetige Operator T wirke glättend, d. h. $T: \mathbf{W}_2^{(k)}(\mathbb{R}_1) \to \mathbf{W}_2^{(k+1)}(\mathbb{R}_1)$. Wenn als Koordinatenfunktionen

$$\varphi_k^{(1)}(t) = \sqrt{\frac{2}{1+t^2}}\, T_k\left(\frac{2t}{1+t^2}\right), \qquad k = 0, 1, 2, \ldots;$$

$$\varphi_k^{(2)}(t) = \frac{\sqrt{2}\,(1-t^2)}{(1+t^2)^{3/2}}\, U_{k-1}\left(\frac{2t}{1+t^2}\right), \qquad k = 1, 2, \ldots,$$

gewählt werden, wobei T_k und U_k die Tschebyscheffschen Polynome erster bzw. zweiter Art sind, dann kann die allgemeine Abschätzung (4.1.5) präzisiert werden: für $f \in \mathbf{W}_2^{(s)}(\mathbb{R}_1)$ und $a(t)$, $b(t) \in \mathbf{W}_2^{(s)}(\mathbb{R}_1)$ gilt

$$\|x_* - x_*^{(n)}\|_{2,\mathbb{R}_1} = O(n^{-s}).$$

Dabei ist der Fehlerquadratprozeß stabil gegenüber Verzerrungsfehlern, und die Konditionszahl der Fehlerquadratmatrix ist beschränkt (siehe MICHLIN und PRÖSSDORF [1]).

6.5.3. Der Einfachheit halber mögen Γ die Kreislinie $|\tau| = 1$ und (1) eine skalare Gleichung sein. Die Lösung der Gleichung (1) sei $x_* \in \mathbf{W}_2^{(2s)}$; dafür reicht es zum Beispiel aus, daß der vollstetige Operator T glättend wirkt (oder daß er aus $\mathbf{L}_2(\Gamma)$ in $\mathbf{W}_2^{(2s)}(\Gamma)$ abbildet), und $f(t)$, $a(t)$, $b(t) \in \mathbf{W}_2^{(2s)}(\Gamma)$ gilt. Als Koordinatenfunktionen wählen wir die sich aus den stückweise polynomialen Ansatzfunktionen der FEM vom Grade $2s - 1$ ergebenden Funktionen (siehe MICHLIN [22], Kap. II, § 6). In diesem Fall ist es nicht schwer zu beweisen, daß der Approximationsfehler die Abschätzung $O(n^{-2s})$ besitzt. Wenn mit einigen natürlichen Vereinfachungen die Überlegungen aus MICHLIN [22], Kap. IX, § 2, wiederholt werden, läßt sich leicht beweisen, daß bei der erwähnten Wahl der Koordinatenfunktionen die folgende Behauptung gilt: *Der Fehlerquadratprozeß ist stabil gegenüber Verzerrungsfehlern in der Folge der Raumpaare* $(\overline{X}_n, \overline{Y}_n)$, *wobei* $\overline{X}_n$ *und* $\overline{Y}_n$ *n-dimensionale Räume mit den Normen*

$$\|a\|_{\overline{X}_n} = h^{1/2}\,\|a\|_{\mathbb{R}_n}, \qquad \|a\|_{\overline{Y}_n} = h^{-1/2}\,\|a\|_{\mathbb{R}_n}, \qquad \forall a \in \mathbb{R}_n,$$

sind. Genauso wird bewiesen, daß der Prozeß der Konstruktion der Näherungslösung nach der Fehlerquadratmethode in der Folge $(H_n, \overline{Y}_n)$ stabil ist, wobei H_n der von den entsprechenden Koordinatenfunktionen aufgespannte n-dimensionale Unterraum von $\mathbf{L}_2(\Gamma)$ ist. Schließlich zeigen die Überlegungen von § 5, Kap. IX, aus MICHLIN [22], daß die Konditionszahl der Matrix der Fehlerquadratmethode bei der gegebenen Wahl der Koordinatenfunktionen unabhängig von n beschränkt ist.

Die Übertragung der Ergebnisse dieses Unterabschnitts auf Systeme eindimensionaler singulärer Gleichungen stößt auf keinerlei Schwierigkeiten.

6.5.4. Wir weisen auf die Resultate aus dem Artikel von DSHISCHKARIANI [12] hin, in dem eindimensionale singuläre Integralgleichungen auf einer offenen Kurve untersucht werden. In der zitierten Arbeit beschränkt sich DSHISCHKARIANI auf den Fall der Gleichung

$$ax(t) + \frac{b}{\pi i} \int_{-1}^{1} \frac{x(\tau)}{\tau - t} \, d\tau + \frac{1}{\pi} \int_{-1}^{1} K(t, \tau) \, x(\tau) \, d\tau = f(t) \tag{3}$$

mit konstanten Koeffizienten a und b, $a^2 + b^2 > 0$. Die Gleichung wird im Raum $H = L_2(-1; +1; \varrho)$ betrachtet, das Gewicht $\varrho(t)$ wird in Abhängigkeit vom Index des Operators (3) gewählt. Der Integraloperator

$$\int_{-1}^{1} K(t, \tau) \, x(\tau) \, d\tau$$

wird als vollstetig in H angenommen; außerdem wird vorausgesetzt, daß die Gleichung (3) in H eine eindeutige Lösung besitzt. Die Näherungslösung dieser Gleichung wird mit Hilfe des Bubnow-Galerkin-Verfahrens konstruiert, als Koordinatenfunktionen werden die Tschebyscheffschen oder die Jacobischen Polynome gewählt. Es wird bewiesen, daß das algebraische Bubnow-Galerkin-System genügend großer Ordnung eindeutig lösbar ist und daß die Näherungslösungen in H gegen die exakte Lösung konvergieren. Es wird die Stabilität des Prozesses behauptet.

6.5.5. Wir gehen zur Untersuchung mehrdimensionaler singulärer Gleichungen über. Wir betrachten die singuläre (skalare oder vektorielle) Integralgleichung

$$Ax := a(t) \, x(t) + \int_{\Gamma} K(t, \tau) \, x(\tau) \, d\tau + (Tx)(t) = f(t) \, . \tag{4}$$

Hierbei ist Γ eine hinreichend glatte m-dimensionale Mannigfaltigkeit ohne Rand, $K(t, \tau)$ der singuläre Kern und T ein vollstetiger Operator in einem Banach-Raum, in dem der singuläre Operator beschränkt ist; der Bestimmtheit wegen nehmen wir den Raum $L_2(\Gamma)$ an. Wir treffen folgende Annahmen: 1. Das Symbol $\Phi(t, \tau)$ der Gleichung (4) ist eine hinreichend glatte Funktion ihrer Argumente. 2. Der Index der Gleichung ist gleich Null. 3. Die Gleichung (4) besitzt in $L_2(\Gamma)$ nicht mehr als eine Lösung. Dann ist sie für jede rechte Seite aus $L_2(\Gamma)$ lösbar. Die Operatoren A und A^{-1} sind beschränkt; indem wir nun die oben mehrfach benutzten Überlegungen wiederholen, gelangen wir zu folgenden Resultaten.

Die Gleichung (4) gestattet die Anwendung der Fehlerquadratmethode, der Approximationsfehler wird mittels Formel (3.1.7) abgeschätzt. Wenn das Koordinatensystem stark minimal in $L_2(\Gamma)$ ist, dann ist der entsprechende numerische Prozeß stabil gegenüber Verzerrungsfehlern; wenn dieses System außerdem noch fast orthonormiert ist, dann ist die Konditionszahl des algebraischen Systems der Fehlerquadratmatrix unabhängig von der Ordnung dieses Systems beschränkt. Das bedeutet folgendes: Wenn dieses System mit dem einfachen Iterationsverfahren gelöst wird, dann konvergieren diese Iterationen wie eine geometrische Reihe nach Potenzen einer festen Basis $q < 1$, und die Rundungsfehler bleiben bei wachsender Ordnung des Systems beschränkt.

In den Arbeiten von Michlin und Radewa [1] sowie Michlin [25] werden zwei Beispiele von Koordinatensystemen angegeben, für die die allgemeine Abschätzung (3.1.7) präzisiert werden kann.

6.6. Mechanische Quadratur- und Kollokationsverfahren für eindimensionale singuläre Gleichungen

6.6.1. Der Anwendung des mechanischen Quadraturverfahrens auf eindimensionale singuläre Integralgleichungen ist eine Reihe von Arbeiten GABDULCHAJEWS und einiger anderer Autoren gewidmet. Eine ziemlich vollständige Bibliographie enthält der Artikel von GABDULCHAJEW und DUSCHKOW [1][1]); wir beschränken uns hier auf eine kurze Darlegung der Arbeit GABDULCHAJEW [2].

Wir betrachten die Gleichung (6.5.1), in der T ein vollstetiger Integraloperator ist:

$$(Tx)(t) = \int_\Gamma K(t,\tau)\, x(\tau)\, d\tau\,. \tag{1}$$

Γ sei die Einheitskreislinie $|\tau| = 1$, die Funktionen $a(t)$, $b(t)$, $f(t)$, $K(t,\tau)$ mögen zur Klasse $\mathfrak{C}^{(r,\alpha)}$ mit $r \geqq 0$, $0 < \alpha < 1$, gehören. Des weiteren setzen wir voraus, daß der Index der betrachteten Gleichung gleich Null ist und daß diese Gleichung nicht mehr als eine Lösung besitzt. Die Näherungslösung suchen wir in Form eines trigonometrischen Polynoms

$$x^{(n)}(t) = \sum_{k=-n}^{n} a_k t^k\,. \tag{2}$$

Aus elementaren Eigenschaften des Cauchyschen Operators folgt

$$Ax^{(n)}(t) = [a(t) + b(t)] \sum_{k=0}^{n} a_k t^k + [a(t) - b(t)] \sum_{k=-1}^{-n} a_k t^k + \\ + \int_\Gamma K(t,\tau) \sum_{k=-n}^{n} a_k \tau^k\, d\tau\,.$$

Wir ersetzen jetzt das Integral durch seinen Näherungswert entsprechend der Rechteckformel, die der Unterteilung der Kreislinie Γ in $2n+1$ gleiche Bögen mittels der Punkte $t_j = \exp[2\pi i j/(2n+1)]$ entspricht, und fordern, daß die auf diese Weise gewonnene Funktion von t mit $f(t)$ in den Punkten t_j übereinstimmt. Das führt uns zu dem linearen algebraischen Gleichungssystem

$$[a(t_j) + b(t_j)] \sum_{k=0}^{n} a_k t_j^k + [a(t_j) - b(t_j)] \sum_{k=-1}^{-n} a_k t_j^k + \\ + \sum_{k=-n}^{n} a_k \sum_{p=0}^{2n} K(t_j, t_p)\, t_p^k [t_{p+1} - t_p] = f(t_j)\,; \quad j = 0, 1, \dots, 2n\,. \tag{3}$$

Im Artikel von GABDULCHAJEW [2] wird dieses System als System des mechanischen Quadraturverfahrens für die Gleichung (6.5.1) aufgefaßt. Es ist vielleicht nicht unwichtig zu erwähnen, daß die von GABDULCHAJEW angewendete Methode eine gewisse Synthese des Kollokations- und des mechanischen Quadraturverfahrens darstellt: Für $K(t,\tau) \equiv 0$ geht sie in das Kollokationsverfahren und für $b(t) \equiv 0$ in das mechanische Quadraturverfahren über.

Das grundlegende Resultat der zitierten Arbeit ist in dem folgenden Satz enthalten:

Satz 6.6.1. *Sei β eine beliebige Zahl aus dem Intervall $0 < \beta < \alpha$. Es existieren positive Konstanten A_1, B_1, A_2, B_2 derart, daß für*

$$(A_1 \ln n + B_1)\, n^{-r-\alpha+\beta} < 1 \tag{4}$$

[1]) Weitere Literaturhinweise, insbesondere auf nachfolgende Arbeiten, siehe in PRÖSSDORF und SILBERMANN [1, 2] (Anmerk. d. Hrsg.).

das System (3) *eine eindeutige Lösung besitzt. Der Approximationsfehler der Näherungslösung* (2) *wird mittels der Formel*

$$||x_* - x_*^{(n)}||_{H_\beta} \leqq (A_2 \ln n + B_2)\, n^{-r-\alpha+\beta} \tag{5}$$

abgeschätzt, wobei H_β *den Raum der auf* Γ *definierten Funktionen mit der Norm*

$$||x||_{H_\beta} = \max_{t \in \Gamma} |x(t)| + \sup_{t',t'' \in \Gamma} \frac{|x(t') - x(t'')|}{|t' - t''|^\beta}$$

bezeichnet.

Der Beweis dieses Satzes benutzt die von KANTOROWITSCH entwickelte allgemeine Theorie der Näherungsverfahren (siehe KANTOROWITSCH und AKILOW [1])[1]).

6.6.2. Wir betrachten jetzt die Gleichung (6.5.1) unter folgenden Voraussetzungen: $T = 0$, $a(t)$ und $b(t)$ sind stetig auf Γ, der Index der Gleichung ist gleich Null. Wir bemerken, daß hier die Ergebnisse der Arbeit von GABDULCHAJEW [2] wegen $r = \alpha = 0$ nicht anwendbar sind. Dieser Fall wurde in der Arbeit von PRÖSSDORF und SCHMIDT [1] untersucht. Als Kollokationsknoten werden die Punkte $t_k = t_k^{(n)} = \exp(2\pi i k/n)$, $k = 0, 1, \dots, n-1$, und als Koordinatenfunktionen stückweise lineare Funktionen gewählt, die in der FEM oft angewendet werden und durch die Formel

$$\varphi_k^{(n)}(t) = \begin{cases} \dfrac{t - t_{k-1}}{t_k - t_{k-1}}, & \dfrac{2\pi(k-1)}{n} \leqq \arg t \leqq \dfrac{2\pi k}{n}; \\ \dfrac{t_{k+1} - t}{t_{k+1} - t_k}, & \dfrac{2\pi k}{n} \leqq \arg t \leqq \dfrac{2\pi(k+1)}{n}; \\ 0, & \text{in den übrigen Fällen} \end{cases} \tag{6}$$

gegeben sind.

Die Näherungslösung besitzt die Gestalt

$$x^{(n)}(t) = \sum_{k=0}^{n-1} a_k^{(n)} \varphi_k^{(n)}(t); \tag{7}$$

die Koeffizienten $a_k^{(n)}$ werden aus dem System

$$a(t_j)\, a_j^{(n)} + b(t_j) \sum_{k=0}^{n-1} a_k^{(n)} (S\varphi_k^{(n)})\,(t_j) = f(t_j); \qquad j = 0, \dots, n-1, \tag{8}$$

bestimmt.

Die grundlegenden Ergebnisse der Arbeit von PRÖSSDORF und SCHMIDT werden in den folgenden Sätzen formuliert.

Satz 6.6.2. *Es seien die Koeffizienten* $a(t)$, $b(t)$ *stetig, die rechte Seite* $f(t)$ *beschränkt und riemannintegrierbar und die Lösung* $x_* \in \mathbf{L}_2(\Gamma)$. *Des weiteren sei die Bedingung*

$$a(t) + \lambda b(t) \neq 0, \qquad \forall \lambda \in [-1, 1], \qquad \forall t \in \Gamma, \tag{9}$$

erfüllt. Dann ist für hinreichend große n *das System* (8) *eindeutig lösbar und*

$$||x_* - x_*^{(n)}||_{2,\Gamma} \xrightarrow[n \to \infty]{} 0.$$

[1]) In PRÖSSDORF und SILBERMANN [1, 2] wurde Satz 6.6.1 auf Systeme singulärer Integralgleichungen sowie auf den Fall des Raumes $\mathbf{L}_p(\Gamma)$ $(1 < p < \infty)$ und allgemeinerer Vorgaben mit anderen Methoden übertragen (Anmerk. d. Hrsg.).

Satz 6.6.3. *Für $a(t)$, $b(t) \in H_\mu$, $0 < \mu \leqq 1$, und $f \in H_\nu$, $0 < \nu \leqq 1$, gilt die Abschätzung*

$$\|x_* - x_*^{(n)}\|_{2,\Gamma} \leqq Cn^{-\sigma} \ln n\,, \qquad \sigma = \min(\mu, \nu)\,.$$

Satz 6.6.4. *Seien $a(t)$, $b(t) \in H_\mu$, $1/2 < \mu \leqq 1$. Wenn für eine beliebige stetige Funktion $f(t)$ das System* (8) *für alle hinreichend großen n eindeutig lösbar ist und $\|x_* - x_*^{(n)}\|_{2,\Gamma} \xrightarrow[n\to\infty]{} 0$ gilt, dann ist die Bedingung* (9) *erfüllt.*

In der Arbeit Prössdorf und Schmidt [2] wurden die Sätze 6.6.2–6.6.4 auf Gleichungssysteme der Gestalt (6.5.1) mit einem vollstetigen Operator $T: L_2(\Gamma) \to C(\Gamma)$ verallgemeinert. Dabei wird vorausgesetzt, daß die Gleichung (6.5.1) nicht mehr als eine Lösung hat. An Stelle der Bedingung (9) tritt die Bedingung

$$\det\big(a(t) + \lambda b(t)\big) \neq 0\,, \qquad \forall \lambda \in [-1, 1]\,, \qquad \forall t \in \Gamma\,.$$

Die Ergebnisse der Arbeiten von Prössdorf und Schmidt [1], [2] sind unlängst von Prössdorf und Rathsfeld [1] auf den Fall stückweise stetiger Koeffizienten a, b und beliebiger geschlossener Kurven Γ verallgemeinert worden.

6.6.3. Bei fixiertem n können, wie im Anhang des Buches gezeigt wird, Abschätzungen für den Verzerrungs-, Algorithmus- und Rundungsfehler angegeben werden.

6.6.4. Dshischkariani [14] wendete das Kollokationsverfahren auf Gleichungen der Gestalt (6.5.3) mit den in 6.5.4 aufgezählten Beschränkungen an. Wenn als Kollokationsknoten Nullstellen von entsprechend gewählten Jacobischen Polynomen genommen werden, dann sind, wie bewiesen wird, die algebraischen Systeme für das Kollokationsverfahren mit hinreichend großer Ordnung eindeutig lösbar, und die Näherungslösungen konvergieren in der entsprechenden Metrik gegen die exakte Lösung[1]).

---

[1]) Neuere und weitestgehend vollständige Resultate über die Konvergenz von Kollokationsverfahren mit polynomialen Ansatzfunktionen für die singuläre Integralgleichung auf dem Intervall sind in der Arbeit von Junghanns und Silbermann [1] zu finden (Anmerk. d. Hrsg.).

7. Nichtlineare numerische Prozesse

7.1. Über den Approximationsfehler des Ritzschen Verfahrens

In den Unterabschnitten 7.1.1—4 behandeln wir kurz das Minimumproblem eines Funktionals und das Ritzsche Verfahren zu seiner Lösung; ausführlich sind diese Dinge in MICHLIN [8], Kap. IX, dargelegt. In 7.1.5 wird der Approximationsfehler des Ritzschen Verfahrens untersucht.

7.1.1 Sei B ein reflexiver Banach-Raum und F ein auf einer in B dichten linearen Menge $D(F)$ definiertes Funktional. Wir beschränken uns auf den Fall, daß das Funktional F auf jeder endlichdimensionalen Hyperebene im Banach-Raum B stetig differenzierbar ist. *Endlichdimensionale Hyperebene* in B nennen wir die Gesamtheit aller Elemente der Gestalt

$$x_0 + \sum_{k=1}^{n} a_k x_k , \tag{1}$$

wobei n eine feste natürliche Zahl ist, die *Dimension der Hyperebene* heißt; a_k, $1 \leqq k \leqq n$, sind beliebige Zahlen und x_k, $0 \leqq k \leqq n$, sind feste Elemente des Raumes B. Wenn wir sagen, daß F eine bestimmte *Glattheit auf der Hyperebene* (1) besitzt, dann verstehen wir darunter, daß diese Glattheit die Funktion der Veränderlichen a_1, $a_2, \dots, a_n$ besitzt, die gleich $F(x_0 + a_1x_1 + \dots + a_nx_n)$ ist.

Wenn das Funktional F ein lokales Minimum im Punkt $x_* \in D(F)$ besitzt, dann gilt

$$(\operatorname{grad} F)\,(x_*) = 0 . \tag{2}$$

Im folgenden bezeichnen wir $\operatorname{grad} F = P$; offensichtlich wirkt P aus B in B^*.

Das Funktional F heißt *konvex*, wenn

$$F(x) + F(y) - 2F\left(\frac{x+y}{2}\right) \geqq 0 , \qquad \forall x, y \in D(F) , \tag{3}$$

es heißt *stark konvex*, wenn in der Beziehung (3) das Gleichheitszeichen nur für $x = y$ gilt. Weiterhin heißt das Funktional F *wachsend*, wenn $F(x) \to +\infty$ dann und nur dann gilt, wenn $||x|| \to \infty$. Das Funktional F heißt *unterhalbstetig* (*oberhalbstetig*) im Punkt x_0, wenn $\underline{\lim}_{x \to x_0} F(x) \geqq F(x_0)$ (entsprechend $\overline{\lim}_{x \to x_0} F(x) \leqq F(x_0)$). Das Funktional heißt *schwach unterhalbstetig* (*oberhalbstetig*), wenn die erwähnten Relationen für $x \rightharpoonup x_0$ gelten; das Symbol $\rightharpoonup$ bezeichnet die schwache Konvergenz.

Satz 7.1.1. *Wenn das Funktional wachsend, stark konvex und schwach unterhalbstetig ist, dann ist es von unten beschränkt, und seine größte untere Schranke wird in einem einzigen Punkt angenommen, zu dem jede minimisierende Folge schwach konvergiert.*

Dieser Satz wurde in der Arbeit von GELMAN [1] bewiesen.

7.1.2. Hier legen wir die Ergebnisse von BIRMAN [1] dar.

Sei A ein linearer Operator, der aus einem reflexiven Raum B in den adjungierten Raum B^* wirkt, dann wirkt der adjungierte Operator A^* ebenfalls aus B in B^*. Wir sagen, A ist:

(i) *symmetrisch*, wenn $D(A) \subset D(A^*)$ und $Ax = A^*x$, $x \in D(A)$;
(ii) *selbstadjungiert*, wenn A symmetrisch ist und $D(A) = D(A^*)$;
(iii) *positiv*, wenn A symmetrisch ist und $(Ax, x) > 0$ für $x \neq 0$;
(iv) *positiv definit*, wenn A symmetrisch ist und $(Ax, x) \geqq \gamma^2 \|x\|^2$ gilt mit einer positiven Konstanten γ.

Wenn A ein positiver (insbesondere, positiv definiter) Operator ist, so kann man mit ihm genauso einen energetischen Raum B_A verknüpfen wie in dem Fall, daß B ein Hilbert-Raum ist (siehe MICHLIN [3]). In der Tat, als B_A wählen wir den Hilbert-Raum, der sich durch Abschließung der Menge $D(A)$ in der durch das Skalarprodukt $[x, y]_A = [x, y] = (Ax, y)$ erzeugten Norm ergibt; hierbei ist (Ax, y) der Wert des Funktionals $Ax \in B^*$ auf dem Element $y \in B$. Die Norm in B_A werden wir mit $|\cdot|$ bezeichnen, so daß $|x| = \sqrt{[x, x]}$ gilt.

Wenn A ein positiv definiter Operator ist, dann ist B_A stetig in B eingebettet; für einen positiven, aber nicht positiv definiten Operator gilt diese Behauptung nicht.

7.1.3. Der Operator $P = \operatorname{grad} F$ möge die Gateauxsche Ableitung P'_u mit folgenden Eigenschaften besitzen: a) diese Ableitung existiert für beliebiges $u \in D(P)$; b) $D(P'_u) \supset D(P)$; c) der Operator P'_u ist positiv definit für beliebiges $u \in D(P)$, d. h.

$$\forall x \in D(P'_u)\,, \qquad (P'_u x, x) \geqq \gamma^2 \|x\|^2\,, \tag{4}$$

wobei die Konstante γ nicht von u abhängt. Es kann gezeigt werden, daß unter diesen Bedingungen das Funktional F von unten beschränkt ist, und daß jede minimisierende Folge in der Metrik von B gegen einen Grenzwert konvergiert, der nicht von der Wahl der minimisierenden Folge abhängt. Diesen Grenzwert verstehen wir als verallgemeinerte Lösung des Minimumproblems für das Funktional F.

Es genüge nun P'_u nicht nur der Ungleichung (4), sondern der schärferen Ungleichung

$$(P'_u x, x) \geqq \alpha^2 (P'_{u_0} x, x)\,, \qquad \alpha = \text{const} > 0\,, \qquad \forall x \in D(P'_u)\,, \tag{5}$$

wobei u_0 ein festes Element aus $D(P)$ ist. Wir bezeichnen mit B_0 den energetischen Raum des Operators P'_{u_0} und mit $[\cdot, \cdot]_0$, $|\cdot|_0$ das Skalarprodukt bzw. die Norm in diesem Raum. Es kann gezeigt werden, daß in diesem Fall die verallgemeinerte Lösung zum Raum B_0 gehört.

7.1.4. Wir beschreiben kurz das Ritzsche Verfahren für das Minimumproblem des Funktionals F. Wir erinnern daran, daß die FEM ein Spezialfall des Ritzschen Verfahrens darstellt. Wir geben eine Folge endlicher Folgen von Koordinatenfunktionen vor

$$\{\varphi_{n1}, \varphi_{n2}, \dots, \varphi_{nN}\}\;; \qquad n = 1, 2, \dots\;; \qquad N = N(n)\,, \tag{6}$$

die den folgenden Bedingungen genügen:

a) $\varphi_{nk} \in D(F) \cap B_0$;
b) bei gegebenem n sind die Elemente φ_{nk} linear unabhängig;
c) die Folge (6) ist in B_0 vollständig.

Mit B_n bezeichnen wir den Unterraum des Raumes B_0 mit der Basis $\{\varphi_{nk}\}$, $k = 1, \ldots, N$, und wir suchen das Minimum von F auf B_n. Die Lösung $x_*^{(n)}$ dieser neuen Aufgabe, d. h. die Ritzsche Näherungslösung der gegebenen Aufgabe, existiert und ist eindeutig, wenn F den Bedingungen aus 7.1.2—3 genügt. Die Näherungslösung besitzt die Gestalt

$$x_*^{(n)} = \sum_{k=1}^{N} a_k^{(n)} \varphi_{nk} , \tag{7}$$

wobei die Zahlenkoeffizienten $a_k^{(n)}$ aus dem nichtlinearen Ritzschen System

$$\frac{\partial}{\partial a_j^{(n)}} F\Big(\sum_{k=1}^{N} a_k^{(n)} \varphi_{nk}\Big) = 0 , \qquad 1 \leqq j \leqq N , \tag{8}$$

bestimmt werden.

Wir betrachten nur jene Lösung des Systems (8), die das absolute Minimum der Größe $F(\sum_{k=1}^{N} a_k^{(n)} \varphi_{nk})$ liefert (diese Vereinbarung ist nicht notwendig, wenn das Funktional stark konvex ist, da in diesem Fall das System (8) eine eindeutige Lösung besitzt).

Wenn die Unterräume B_n eine sich erweiternde Folge bilden, dann ist die Folge $\{x^{*n)}\}$ der Ritzschen Näherungslösungen eine minimisierende Folge für das Funktional F, wenn das letztere wachsend und oberhalbstetig ist (siehe MICHLIN [8]). Es ist nicht schwierig zu zeigen, daß diese Behauptung auch dann gilt, wenn die Unterräume keine sich erweiternde Folge bilden (wie es zum Beispiel bei der FEM der Fall ist), aber diese Folge vollständig in B_0 ist. In MICHLIN [8], § 70, wird auch bewiesen (ohne die Voraussetzung, daß die B_n eine sich erweiternde Folge bilden), daß aus einer beliebigen Folge von Ritzschen Näherungslösungen eine minimisierende Teilfolge ausgewählt werden kann. Wir nehmen an, daß die Folge aller Ritzschen Näherungslösungen nicht minimisierend ist. Dann existiert eine Zahl $\varepsilon_0 > 0$ und eine Teilfolge $\{x_*^{(n_j)}\}$ von Ritzschen Näherungslösungen derart, daß gilt $F(x_*^{(n_j)}) \geqq d + \varepsilon_0$, $d = \inf F(x)$. Aus dieser Teilfolge kann man eine minimisierende Folge auswählen, was aber nicht möglich ist. Der erhaltene Widerspruch beweist unsere Behauptung.

Aus der bewiesenen Behauptung folgt, daß für die Konvergenz des Ritzschen Verfahrens die in 7.1.3 gemachten Aussagen über die Konvergenz der minimisierenden Folge gelten.

7.1.5. Für eine gewisse Klasse von Funktionalen kann eine Abschätzung des Approximationsfehlers für den Ritzschen Prozeß angegeben werden. Wir setzen voraus, daß die Ableitung P'_u des Operators $P = \operatorname{grad} F$ neben den Ungleichungen (4) und (5) noch die Ungleichung

$$(P'_u x, x) \leqq \beta^2 (P'_{u_0} x, x) , \qquad \beta = \text{const} > 0 , \qquad \forall x \in D(P'_u) , \tag{9}$$

erfüllt. Wir wenden die Beziehung

$$F(x_* + y) - F(x_*) = \int_0^1 \tau^{-1} \, d\tau \int_0^1 (P'_{x_* + t\tau y} \tau y, \tau y) \, dt$$

auf die Ungleichung (9) an, setzen $x_* + y = x$ und erhalten

$$F(x) - F(x_*) \leqq \beta^2 \int_0^1 \tau^{-1} \, d\tau \int_0^1 \big(P'_{u_0}(\tau(x - x_*)), \tau(x - x_*)\big) \, dt = \\ = \tfrac{1}{2} \beta^2 |x - x_*|_0^2 . \tag{10}$$

Sei $y^{(n)}$ das Element des Unterraumes B_n, das die beste Approximation des Elements x_* realisiert:

$$E_n(x_*) = \inf_{x^{(n)} \in B_n} |x_* - x^{(n)}|_0 = |x_* - y^{(n)}|_0 .$$

In (10) setzen wir $x = y^{(n)}$ und finden

$$F(y^{(n)}) - F(x_*) \leqq \tfrac{1}{2} \beta^2 |y^{(n)} - x_*|_0^2 = \tfrac{1}{2} \beta^2 E_n^2(x_*) . \tag{11}$$

Wenn $x_*^{(n)}$ die Ritzsche Näherungslösung ist, dann gilt $F(x_*^{(n)}) \leqq F(y^{(n)})$; aus den Ungleichungen (5) und (9) erhalten wir

$$\tfrac{1}{2} \alpha^2 |x_* - x_*^{(n)}|_0^2 \leqq F(x_*^{(n)}) - F(x_*) \leqq F(y^{(n)}) - F(x_*) \leqq \tfrac{1}{2} \beta^2 E_n^2(x_*) ,$$

was folgende Abschätzung des Approximationsfehlers liefert:

$$|x_* - x_*^{(n)}|_0 \leqq \frac{\beta}{\alpha} E_n(x_*) . \tag{12}$$

Wenn B ein Funktionenraum ist, dann hängt die Ordnung der Größe $E_n(x_*)$ als Funktion von n wesentlich von der Glattheit der Lösung x_* ab. Siehe in diesem Zusammenhang z. B. die Bücher Morry [1], Ladyshenskaja und Uralzewa [1]. Zur Abschätzung der Größe $E_n(x)$ in Abhängigkeit der Glattheit von x für die FEM siehe die Bücher Michlin [17, 22], Aubin [1], Strang und Fix [1], Ciarlet [1].

7.2. Verzerrungsfehler und Stabilität eines freien numerischen Prozesses

7.2.1. Es seien zwei Folgen von Banach-Räumen X_n und Y_n, $n = 0, 1, 2, \ldots$, gegeben, und für beliebiges n wirke ein (im allgemeinen nichtlinearer) Operator A_n aus X_n in Y_n. Der Operator A_n sei auf dem gesamten Raum X_n definiert (diese Forderung kann abgeschwächt werden), genüge der Gleichung $A_n(0) = 0$, besitze einen inversen Operator, der seinerseits auf dem gesamten Raum Y_n definiert ist und folgender Lipschitz-Bedingung genügt: Für $||y_1||, ||y_2|| \leqq t$ gilt

$$||A_n^{-1} y_1 - A_n^{-1} y_2|| \leqq C_n(t) ||y_1 - y_2|| , \tag{1}$$

wobei $C_n(t)$ nicht von y_1 und y_2 abhängt.

Hier und im folgenden werden wir, wo es keine Mißverständnisse hervorrufen kann, die Bezeichnung des Raumes am Normsymbol weglassen.

Wir betrachten einen freien numerischen Prozeß, der in der Lösung einer Folge unabhängiger Gleichungen

$$A_n(x^{(n)}) = f^{(n)} ; \qquad n = 0, 1, 2, \ldots , \tag{2}$$

besteht, sowie den entsprechenden verzerrten Prozeß

$$A_n(z^{(n)}) + \Gamma_n(z^{(n)}) = f^{(n)} + \delta^{(n)} . \tag{3}$$

Wir setzen voraus, daß die Verzerrungen Γ_n und $\delta^{(n)}$ von einem Parameter $\delta > 0$ derart abhängen, daß

$$||\delta^{(n)}|| \leqq \delta \tag{4}$$

gilt und daß Zahlenfunktionen $\varphi_n(t, \delta)$ und $\psi_n(t, \delta)$ der positiven Veränderlichen t und δ mit folgenden Eigenschaften existieren: $\lim\limits_{\delta \to 0} \varphi_n(t, \delta) = \lim\limits_{\delta \to 0} \psi_n(t, \delta) = 0$;

wenn die Normen von x, x', $x'' \in X_n$ nicht größer als t sind, dann gilt

$$\|\Gamma_n(x)\| \leqq \varphi_n(t, \delta)\,, \tag{5}$$

$$\|\Gamma_n(x') - \Gamma_n(x'')\| \leqq \psi_n(t, \delta)\,\|x' - x''\|\,. \tag{6}$$

Die Gleichung (3) ist äquivalent der folgenden Gleichung:

$$z^{(n)} = A_n^{-1}\big(-\Gamma_n(z^{(n)}) + f^{(n)} + \delta^{(n)}\big)\,. \tag{7}$$

Wir fixieren n und bezeichnen $\|f^{(n)}\| = T_n$. Wir beweisen, daß der Operator auf der rechten Seite der Gleichung (7) ein Kontraktionsoperator in der Kugel $S_n = \{z^{(n)} \in \in X_n\colon \|z^{(n)}\| \leqq 2T_nC_n(T_n)\}$ ist, wenn nur δ hinreichend klein ist. Wir erhalten

$$\|-\Gamma_n(z^{(n)}) + f^{(n)} + \delta^{(n)}\| \leqq \varphi_n\big(2T_nC_n(T_n), \delta\big) + T_n + \delta\,,$$

was für hinreichend kleines δ nicht größer als $2T_n$ ist. Nunmehr folgt aus Ungleichung (1)

$$\|A_n^{-1}\big(-\Gamma_n(z^{(n)}) + f^{(n)} + \delta^{(n)}\big)\| \leqq 2T_nC_n(T_n)\,,$$

und der Operator (7) bildet die Kugel S_n in sich ab. Weiterhin ist $\|\zeta^{(n)}\| \leqq 2T_nC_n(T_n)$ für $\zeta^{(n)} \in S_n$, und infolge der Ungleichungen (1) und (6) gilt

$$\begin{aligned}
&\|A_n^{-1}(-\Gamma_n(z^{(n)}) + f^{(n)} + \delta^{(n)}) - A_n^{-1}(-\Gamma_n(\zeta^{(n)}) + f^{(n)} + \delta^{(n)})\| \leqq \\
&\leqq C_n\big(2T_nC_n(T_n)\big)\|\,\Gamma_n(z^{(n)}) - \Gamma_n(\zeta^{(n)})\| \leqq \\
&\leqq C_n\big(2T_nC_n(T_n)\big)\,\psi_n\big(C_n(T_n), \delta\big)\,\|z^{(n)} - \zeta^{(n)}\|\,.
\end{aligned}$$

Wenn δ hinreichend klein ist, dann ist der Faktor bei $\|z^{(n)} - \zeta^{(n)}\|$ kleiner als Eins, und unsere Behauptung ist bewiesen. Auf Grund des Prinzips der kontrahierenden Abbildungen besitzt die Gleichung (3) in der Kugel S_n genau eine Lösung. Wenn $z_*^{(n)}$ diese Lösung ist, dann gilt

$$\begin{aligned}
\|z_*^{(n)} - x_*^{(n)}\| &= \|A_n^{-1}\big(-\Gamma_n(z_*^{(n)}) + f^{(n)} + \delta^{(n)}\big) - A_n^{-1}(f^{(n)})\| \leqq \\
&\leqq C_n(T_n)\,\|\Gamma_n(z_*^{(n)}) - \delta^{(n)}\| \leqq C_n(T_n)\,[\varphi_n(2T_nC_n(T_n), \delta) + \delta]\,.
\end{aligned} \tag{8}$$

Die Formel (8) liefert eine Abschätzung des Verzerrungsfehlers für den Prozeß (2) unter ziemlich allgemeinen Bedingungen; bei festem n strebt diese Abschätzung zusammen mit δ gegen Null. Von Interesse ist der Fall, daß die erwähnte Konvergenz gleichmäßig bezüglich n verläuft. Damit beschäftigen wir uns im folgenden Unterabschnitt.

7.2.2. In Michlin [8] wurde eine Definition der Stabilität eines freien nichtlinearen numerischen Prozesses gegeben und ein Satz über hinreichende Bedingungen für die Stabilität des Ritzschen Verfahrens für eine Klasse nichtlinearer Gleichungen bewiesen. Eine etwas allgemeinere Definition der Stabilität eines nichtlinearen freien Prozesses gab Tucker [1]. Omodei bewies in seiner Dissertation [1] einige Sätze über die Stabilität im Sinne von Tucker und wendete sie zur Untersuchung der Stabilität der FEM an.

Hier geben wir eine andere Definition der Stabilität, die auf natürliche Weise die Definition aus Kap. 3 verallgemeinert.

Wir nehmen an, daß in einer gewissen Kugel $\|x^{(n)}\| \leqq \bar{t}$ die Gleichung (3) für beliebiges n eindeutig lösbar ist. Hinsichtlich des verzerrten Prozesses (3) setzen wir voraus, daß die Ungleichungen (4)—(6) gelten, wobei die Funktionen φ_n und ψ_n nicht von

n abhängen; somit gilt für Elemente $x, x', x'' \in X_n$, deren Norm nicht größer als t ist,

$$\|\Gamma_n(x)\| \leqq \varphi(t, \delta), \tag{9}$$

$$\|\Gamma_n(x') - \Gamma_n(x'')\| \leqq \psi(t, \delta) \|x' - x''\|, \tag{10}$$

$$\lim_{\delta \to 0} \varphi(t, \delta) = \lim_{\delta \to 0} \psi(t, \delta) = 0. \tag{11}$$

Wir nennen den Prozeß (2) *stabil* in der Folge der Raumpaare (X_n, Y_n), wenn für beliebiges $\varepsilon > 0$ ein $\delta > 0$ existiert derart, daß bei Erfüllung der Ungleichungen (4), (9)—(11) die Gleichung (3) in einer gewissen Umgebung des Punktes $x_*^{(n)}$ eindeutig lösbar ist, wobei der Radius dieser Umgebung nicht von n abhängt, und wenn die Ungleichung

$$\|z_*^{(n)} - x_*^{(n)}\| < \varepsilon \tag{12}$$

gilt.

Satz 7.2.1. *Es sei* $\|f^{(n)}\| \leqq T = \text{const}$, $A_n(0) = 0$ *und der Operator* A_n^{-1} *sei in der Kugel* $\|f^{(n)}\| \leqq T$ *definiert und genüge in dieser Kugel der Lipschitz-Bedingung*

$$\|A_n^{-1}(f_1) - A_n^{-1}(f_2)\| \leqq C \|f_1 - f_2\| \tag{13}$$

mit einer von n *unabhängigen Konstanten* C. *Die Verzerrungen* $\delta^{(n)}$ *und* Γ_n *mögen den Ungleichungen* (4), (9)—(11) *genügen. Dann ist der Prozeß* (2) *in der Folge* (X_n, Y_n) *stabil.*

Zum Beweis genügt es zu bemerken, daß unter den Bedingungen von Satz 7.2.1 der Radius der Kugel S_n, in der die verzerrte Gleichung (3) lösbar ist, nicht von n abhängt und gemeinsam mit δ gegen Null konvergiert.

Bemerkung 7.2.1. Die Bedingung $\|f^{(n)}\| \leqq T$ kann man weglassen, wenn der Operator A_n^{-1} auf dem gesamten Raum Y_n definiert ist und die Lipschitz-Bedingung (13) erfüllt, in der C nicht von n abhängt.

7.3. Über die Stabilität des Ritzschen und des FEM-Prozesses

7.3.1. Wie in Michlin [8], § 76, gezeigt wurde, ist der klassische Ritzsche Prozeß für die Aufgabe $F(x) = \min$ stabil, wenn: (i) der Operator $P = \operatorname{grad} F$ die Gateauxsche Ableitung P'_u besitzt, die den Ungleichungen (7.1.4—5) genügt und (ii) das Koordinatensystem im energetischen Raum des Operators P'_{u_0} stark minimal ist. Der Beweis wurde unter der Voraussetzung geführt, daß die Verzerrungen Γ_n etwas einschränkenderen Forderungen als (7.2.9—10) genügen. Allerdings ist es leicht, den Beweis unter den schwächeren Bedingungen (7.2.9—10) durchzuführen. Wir werden darauf nicht ausführlicher eingehen; später beweisen wir einen allgemeineren Satz, der dem Satz 3.3.3 für lineare Probleme analog ist.

7.3.2. Ein im Banach-Raum B definiertes Funktional F möge folgende Eigenschaften besitzen: Der Operator $P = \operatorname{grad} F$ besitzt in jedem Punkt u die Gateauxsche Ableitung P'_u, die den Ungleichungen (7.1.4—5) genügt; $P(0) = 0$. Wir stellen das Minimumproblem für das Funktional $F(x) - (f, x)$, wobei f ein festes Element des Raumes B^* ist. Das Koordinatensystem besitze die Gestalt (7.1.6). Wir stellen die Matrix M_n der Zahlen $[\varphi_{nj}, \varphi_{nk}]$, $j, k = 1, 2, \ldots, N$, auf, wobei die eckigen Klammern das Skalarprodukt im energetischen Raum B_0 des Operators P'_{u_0} bezeichnen (Formel (7.1.5)). Sei $\lambda_1^{(n)}$ der kleinste Eigenwert der Matrix M_n und $\gamma(n)$ eine positive Funktion der natürlichen Zahl n, die die Ungleichung

$$\lambda_1^{(n)} \geqq C\gamma^2(n)\,, \qquad C = \text{const}, \tag{1}$$

erfüllt. Wir führen N-dimensionale Hilbert-Räume $\overline{X}_N$, $\overline{Y}_N$ ein, die wir mit den Normen

$$\|b\|_{\overline{X}_N} = \gamma(n)\,\|b\|_{R_N}\,, \qquad \|b\|_{\overline{Y}_N} = \frac{1}{\gamma(n)}\|b\|_{R_N}\,, \qquad \forall b \in R_N\,, \tag{2}$$

versehen.

Wir nehmen an, daß das Koordinatensystem den üblichen Bedingungen genügt: (i) die Elemente $\varphi_{n1}, \varphi_{n2}, \dots, \varphi_{nN}$ bilden in dem von ihnen aufgespannten Unterraum $B_0^{(n)}$ des Raumes B_0 eine Basis; (ii) die Folge $\{B_0^{(n)}\}$ ist vollständig in B_0. Wir fügen noch eine Bedingung hinzu, die einschränkender als im linearen Fall ist: (iii) $\varphi_{nk} \in D(P)$. Wie stets beim Ritzschen Verfahren suchen wir die Näherungslösung für das Minimumproblem als Element des Unterraumes $B_0^{(n)}$:

$$x^{(n)} = \sum_{k=1}^{N} a_k^{(n)}\varphi_{nk}\,.$$

Die Bedingung (iii) gestattet es, die Ritzsche Gleichung in der Bubnow-Galerkin-Form zu schreiben:

$$\Big(P\big(\sum_{k=1}^{N} a_k^{(n)}\varphi_{nk}\big), \varphi_{nj}\Big) = (f, \varphi_{nj})\,, \qquad 1 \leqq j \leqq N\,. \tag{3}$$

Wir bezeichnen $a^{(n)} = (a_1^{(n)}, a_2^{(n)}, \dots, a_N^{(n)})$, $f^{(n)} = \big((f, \varphi_{n1}), (f, \varphi_{n1}), \dots, (f, \varphi_{nN})\big)$. Des weiteren setzen wir $\big(P(\sum_{k=1}^{N} a_k^{(n)}\,\varphi_{nk}), \varphi_{nj}\big) = P_j^{(n)}(a^{(n)})$ und $P_n(a^{(n)}) = \big(P_1^{(n)}(a^{(n)}), P_2^{(n)}(a^{(n)}), \dots, P_N^{(n)}(a^{(n)})\big)$. Dann kann das Ritzsche System in der Form

$$P_n(a^{(n)}) = f^{(n)} \tag{4}$$

geschrieben werden; dabei betrachten wir $a^{(n)}$ und $f^{(n)}$ als Elemente der Räume $\overline{X}_N$ bzw. $\overline{Y}_N$.

Das Aufstellen des Operators P_n und des Vektors $f^{(n)}$ ist mit Berechnungsfehlern verbunden. Als Rechenergebnis mögen wir anstelle P_n und $f^{(n)}$ die verzerrten Objekte $P_n + \Gamma_n$ und $f^{(n)} + \delta^{(n)}$ erhalten haben. Dann werden wir anstelle des Systems (4) in Wirklichkeit das System

$$(P_n + \Gamma_n)\,c^{(n)} = f^{(n)} + \delta^{(n)} \tag{5}$$

lösen.

7.3.3. Satz 7.3.1. *Unter den in diesem Abschnitt formulierten Bedingungen ist der Prozeß (3) in ($\overline{X}_N$, $\overline{Y}_N$) stabil.*

Beweis. Zuerst zeigen wir, daß die Normen $\|a^{(n)}\|_{\overline{X}_N}$ unabhängig von n beschränkt sind. Wegen

$$P(x_*^{(n)}) = P(x_*^{(n)}) - P(0) = \int_0^1 P'_{tx_*^{(n)}} x_*^{(n)}\, dt$$

können die Ritzschen Gleichungen in der Form

$$\int_0^1 (P'_{tx_*^{(n)}} x_*^{(n)}, \varphi_{nj})\, dt = (f, \varphi_{nj})\,, \qquad 1 \leqq j \leqq N\,,$$

geschrieben werden. Indem wir mit $a_j^{(n)}$ multiplizieren und aufsummieren, erhalten wir

$$\int_0^1 (P'_{tx_*^{(n)}} x_*^{(n)}, x_*^{(n)})\, dt = (f, x_*^{(n)}) .$$

Auf der linken Seite ersetzen wir den Integranden durch den wegen Ungleichung (7.1.5) kleineren Wert $\alpha^2(P'_{u_0} x_*^{(n)}, x_*^{(n)})$, auf der rechten Seite ersetzen wir $(f, x_*^{(n)})$ durch den größeren Wert $\|f\|\,\|x_*^{(n)}\|$:

$$\alpha^1\, |x_*^{(n)}|^2 \leqq \|f\|\,\|x_*^{(n)}\| ,$$

$|\cdot|$ ist die Norm in B_0. Infolge Ungleichung (7.1.4) ist $\|x_*^{(n)}\| \leqq \gamma^{-1}\,|x_*^{(n)}|$, deshalb gilt

$$|x_*^{(n)}| \leqq \frac{\|f\|}{\alpha^2\gamma} . \tag{6}$$

Weiterhin ist

$$|x_*^{(n)}|^2 = (M_n a^{(n)}, a^{(n)})_{R_N} \geqq \lambda_1^{(n)} \|a^{(n)}\|_{R_N}^2 \geqq C\gamma^2(n)\, \|a^{(n)}\|_{R_N}^2 = C\|a^{(n)}\|_{\overline{X}_N}^2$$

und folglich

$$\|a^{(n)}\|_{\overline{X}_N} \leqq \frac{1}{\sqrt{C}}\, |x_*^{(n)}| \leqq \frac{\|f\|}{\alpha^2\gamma\sqrt{C}} . \;\blacksquare \tag{7}$$

7.3.4. Das Weitere basiert auf den Resultaten von Langenbach [1], die wir hier kurz beschreiben. Sei P ein im allgemeinen nichtlinearer Operator, der auf einer linearen Menge $D(P)$, die dicht in einem Banach-Raum B liegt, definiert ist und aus B in B^* abbildet. Sei $P(0) = 0$. Wir setzen voraus, daß die Gateauxsche Ableitung P'_u für beliebiges $u \in D(P)$ definiert ist, und daß $D(P'_u) \supset D(P)$ gilt. Außerdem möge diese Ableitung den Ungleichungen (7.1.4–5) genügen. Der Operator P stimmt auf $D(P)$ mit dem Gradienten des Funktionals

$$F(x) = \int_0^1 \big(P(tx), x\big)\, dt$$

überein, und folglich realisiert die Lösung (falls sie existiert) der Gleichung

$$Px = f , \qquad f \in B^* , \tag{8}$$

das Minimum des Funktionals

$$F(x) - (f, x) = \int_0^1 \big(P(tx), x\big)\, dt - (f, x) . \tag{9}$$

Diese letztere Aufgabe besitzt für beliebiges $f \in B^*$ eine verallgemeinerte Lösung (siehe Abschnitt 7.1); wir bezeichnen sie mit $x = \tilde{P}^{-1}f$. Es ist nicht schwer zu beweisen, daß verschiedenen x unterschiedliche f entsprechen (siehe Langenbach [1]); folglich existiert ein zu $\tilde{P}^{-1}$ inverser Operator $(\tilde{P}^{-1})^{-1} =: \tilde{P}$ mit $\tilde{P}x = f$. Für $x \in D(P)$ ist $Px = f$. Das heißt, daß $\tilde{P}$ eine Erweiterung des Operators P ist. Wie bewiesen wird, genügt $\tilde{P}^{-1}$ der Lipschitz-Bedingung

$$|\tilde{P}^{-1}f_1 - \tilde{P}^{-1}f_2| \leqq \frac{1}{\alpha\gamma}\, \|f_1 - f_2\|_{B^*} . \tag{10}$$

Wir betrachten nun die Gleichung

$$\tilde{P}(z) + \Gamma(z) = f , \tag{11}$$

wobei Γ die Bedingung

$$||\Gamma(z_1) - \Gamma(z_2)|| \leqq \varkappa \, |z_1 - z_2| \tag{12}$$

erfüllt. Es wird gezeigt, daß für $\varkappa < \alpha\gamma$ die Gleichung (11) eine eindeutige Lösung besitzt; wenn x_* und z_* die Lösungen der Gleichungen (8) bzw. (11) sind, dann gilt $|z_* - x_*| \xrightarrow[\varkappa \to 0]{} 0$.

7.3.5. Wir kehren zum Satz 7.3.1 zurück und benutzen die in 7.3.4 dargelegten Resultate. Zu diesem Zweck identifizieren wir $\tilde{P}$ mit P_n, Γ mit Γ_n, B mit $\overline{X}_N$; dann muß B^* mit $\tilde{Y}_N$ und B_0 mit $\mathbb{R}_N$ identifiziert werden. Des weiteren identifizieren wir x mit $a^{(n)}$, f mit $f^{(n)}$ und z mit $c^{(n)}$.

Wir schätzen die Größen γ, α, $\varkappa$ ab. Zunächst ist

$$P'_{n,a(n)} b^{(n)} = (P^{(n)\prime}_{1,a(n)} b^{(n)}, P^{(n)\prime}_{2,a(n)} b^{(n)}, \ldots, P^{(n)\prime}_{N,a(n)} b^{(n)}) ,$$

wobei

$$P^{(n)\prime}_{j,a(n)} b^{(n)} = \frac{\mathrm{d}}{\mathrm{d}t} \big(P(x^{(n)} + t y^{(n)}), \varphi_{nj}\big)|_{t=0}$$

und

$$x^{(n)} = \sum_{k=1}^{N} a_k^{(n)} \varphi_{nk} , \qquad y^{(n)} = \sum_{k=1}^{N} b_k^{(n)} \varphi_{nk} .$$

Weiterhin ist

$$\frac{\mathrm{d}}{\mathrm{d}t} \big(P(x^{(n)} + t y^{(n)}), \varphi_{nj}\big)|_{t=0} = \left(\frac{\mathrm{d}}{\mathrm{d}t} P(x^{(n)} + t y^{(n)})|_{t=0}, \varphi_{nj}\right) = (P'_{x(n)} y^{(n)}, \varphi_{nj}) .$$

Multiplikation mit $b_j^{(n)}$ und Summation über j liefert

$$(P'_{n,a(n)} b^{(n)}, b^{(n)})_{\mathbb{R}_N} = (P'_{x(n)} y^{(n)}, y^{(n)}) . \tag{13}$$

Wegen Ungleichung (7.1.5) gilt

$$(P'_{n,a(n)} b^{(n)}, b^{(n)})_{\mathbb{R}_N} \geqq \alpha^2 (P'_{u_0} y^{(n)}, y^{(n)}) = \alpha^2 \, |y^{(n)}|^2 . \tag{14}$$

Nun benutzen wir Ungleichung (7):

$$(P'_{n,a(n)} b^{(n)}, b^{(n)})_{\mathbb{R}_N} \geqq C\alpha^2 \, ||b^{(n)}||_{\overline{X}_N} . \tag{15}$$

Die Ungleichung (14) ist ein Analogon der Ungleichung (7.1.4); hieraus ist ersichtlich, daß in den Behauptungen von Unterabschnitt 7.3.4, angewandt auf unseren Fall, γ durch $\alpha \sqrt{C}$ ersetzt werden kann; es ist wichtig zu erwähnen, daß die letzte Größe nicht von n abhängt. Des weiteren gilt infolge der Formeln (13)—(14)

$$(P'_{n,a(n)} b^{(n)}, b^{(n)})_{\mathbb{R}_N} = (P'_{x(n)} y^{(n)}, y^{(n)}) \geqq \alpha^2 (P'_0 y^{(n)}, y^{(n)}) = \alpha^2 (P'_{n,0} b^{(n)}, b^{(n)}); \tag{16}$$

hierbei nehmen wir $u_0 = 0$ an, was offensichtlich die Allgemeinheit nicht einschränkt. Die Ungleichung (16) ist ein Analogon der Ungleichung (7.1.5) mit derselben Konstanten α.

Aus den in 7.3.4 aufgezählten Ergebnissen folgt nunmehr, daß die Operatoren $P'_{n,a(n)}$ die Lipschitz-Bedingung mit einer von n und $f^{(n)}$ unabhängigen Konstanten C erfüllen.

Wir betrachten jetzt die Ritzsche Gleichung (4), die verzerrte Ritzsche Gleichung (5) und die Hilfsgleichung

$$P_n g^{(n)} = f^{(n)} + \delta^{(n)} . \tag{17}$$

Da P_n' der Lipschitz-Bedingung mit einer Konstanten C genügt, gilt

$$||g^{(n)} - a^{(n)}||_{\overline{X}_N} \leqq C\,||\delta^{(n)}||_{\overline{Y}_N} \xrightarrow[\delta \to 0]{} 0 . \tag{18}$$

Des weiteren erfüllt Γ_n die Lipschitz-Bedingung (12), in der $\varkappa = \psi(t, \delta)$ gesetzt werden muß. Wie in 7.3.3 gezeigt wurde, sind die Normen $||a^{(n)}||_{\overline{\overline{X}}_N}$ beschränkt, deshalb kann die Zahl t als fest angenommen werden; auf Grund des zum Abschluß von 7.3.4 Gesagten gilt $||c^{(n)} - g^{(n)}||_{\overline{X}_N} \xrightarrow[\delta \to 0]{} 0$. Zusammen mit Ungleichung (18) liefert das

$$||c^{(n)} - a^{(n)}||_{\overline{X}_N} \xrightarrow[\delta \to 0]{} 0 , \tag{19}$$

was bedeutet, daß der numerische Prozeß (3) in der Folge $(\overline{X}_N, \overline{Y}_N)$ stabil ist.

Bemerkung 7.3.2. Wenn das Koordinatensystem in der energetischen Norm des Operators P_0' stark minimal ist, kann $\gamma(n) = 1$ gesetzt werden. Hieraus folgt, daß im betrachteten Fall der Prozeß (3) in der Folge $(\mathbb{R}_N, \mathbb{R}_N)$ stabil ist.

7.3.6. Satz 7.3.2. *Wenn das Koordinatensystem fast orthonormiert in B_0 ist, dann ist unter den Bedingungen dieses Abschnitts der Prozeß zur Berechnung der Ritzschen Näherungslösung in der Folge $(B_0^{(n)}, \mathbb{R}_N)$ stabil.*

Der Beweis ist sehr einfach. Wenn $z_*^{(n)}$ die verzerrte Ritzsche Näherungslösung ist, gilt

$$|z_*^{(n)} - x_*^{(n)}|^2 = \left(M_n(c^{(n)} - a^{(n)}), c^{(n)} - a^{(n)}\right)_{\mathbb{R}_N} \leqq \Lambda_0\, ||c^{(n)} - a^{(n)}||^2_{\mathbb{R}_N} ,$$

wobei Λ_0 die kleinste obere Schranke der Eigenwerte der Matrix M_n ist. Ein fast orthonormiertes System ist stark minimal, folglich ist der Prozeß zur Berechnung der Ritzschen Koeffizienten in $(\mathbb{R}_N, \mathbb{R}_N)$ stabil, und bei hinreichend kleinem δ wird $||c^{(n)} - a^{(n)}||_{\mathbb{R}_N} \leqq \varepsilon$. Dann ist aber $|z_*^{(n)} - x_*^{(n)}| \leqq \sqrt{\Lambda_0}\, \varepsilon$, und der Satz ist bewiesen. ∎

7.3.7. Wir wenden uns der FEM zu; der Bestimmtheit wegen betrachten wir die in Michlin [22] entwickelte Variante dieser Methode. In diesem Fall ist das System der Koordinatenfunktionen in der energetischen Norm nicht stark minimal: Insbesondere besitzt im Fall der ersten Randwertaufgabe und ebenfalls im Fall kubischer Gebiete mit allgemeineren Randbedingungen der kleinste Eigenwert der Gramschen Matrix für die Elemente (7.1.6) die Ordnung $O(h^m)$, wobei h die Schrittweite und m die Dimension des Euklidischen Raums der Aufgabe ist (siehe Michlin [22], Kap. IX, §§ 2, 3[1])).

Es gilt folgender Sepzialfall von Satz 7.3.1:

Satz 7.3.3. *Es sei auf den Funktionen des Raums $B = \mathring{W}_p^{(s)}(\Omega)$ ein hinreichend glattes Funktional $F(x)$ definiert, Ω sei ein beschränktes Gebiet im $\mathbb{R}_m$. Die Operatoren $P = \operatorname{grad} F$ und P_u' seien auf einer in B dichten Menge definiert, wobei P_u' die Ungleichungen (7.1.4—5) erfüllt. Sei $h = 1/2n$ die Schrittweite und $N = N(n)$ die Zahl der Koordinatenfunktionen, die die Näherungslösung ausdrücken. Der numerische Prozeß der FEM ist stabil in der Folge der N-dimensionalen Hilbert-Raumpaare $(\overline{X}_N, \overline{Y}_N)$, die mit den Normen*

$$||a^{(n)}||_{\overline{X}_N} = h^{m/2}\, ||a^{(n)}||_{\mathbb{R}_N} , \qquad ||a^{(n)}||_{\overline{Y}_N} = h^{-m/2}\, ||a^{(n)}||_{\mathbb{R}_N} , \qquad \forall a^{(n)} \in \mathbb{R}_N ,$$

versehen sind.

Ein analoger Satz gilt auch für Aufgaben mit natürlichen Randbedingungen, wenn Ω ein Kubus im $\mathbb{R}_m$ ist.

[1]) Durch ein Versehen des Autors wurde an dieser Stelle h^{-m} anstatt h^m gedruckt.

7.4. Verzerrungs- und Rundungsfehler eines rekursiven numerischen Prozesses

7.4.1. Wir betrachten den nichtlinearen rekursiven Prozeß

$$A_n(x^{(0)}, x^{(1)}, \dots, x^{(n)}) = f^{(n)}; \qquad n = 0, 1, 2, \dots, \tag{1}$$

mit $x^{(k)} \in X_k, f^{(n)} \in Y_n$ und den Banach-Räumen X_n, Y_n. Den verzerrten Prozeß schreiben wir in der Form

$$A_n(z^{(0)}, z^{(1)}, \dots, z^{(n)}) + \Gamma_n(z^{(0)}, z^{(1)}, \dots, z^{(n)}) = f^{(n)} + \delta^{(n)}; \qquad n = 0, 1, 2, \dots \tag{2}$$

Wir machen folgende Voraussetzungen: (i) wenn die Elemente $x^{(0)}, x^{(1)}, \dots, x^{(n-1)}$ fest sind und ihre Normen eine Zahl $\bar{t}$ nicht übersteigen, dann besitzt die n-te Gleichung (1) nicht mehr als eine Lösung in der Kugel $\|x^{(n)}\| \leqq \bar{t}$; (ii) es existiert eine solche Zahl $\bar{T} = \text{const}$ derart, daß für $\|f^{(n)}\| \leqq \bar{T}$ für alle n das unendliche System (1) lösbar ist und $\|x^{(n)}\| \leqq \bar{t}$ gilt.

Es ist nicht schwer, einen freien numerischen Prozeß anzugeben, der dem rekursiven Prozeß (1) äquivalent ist. Wir konstruieren zwei neue Folgen von Banach-Räumen $\bar{X}_n$ und $\bar{Y}_n$, $n = 0, 1, 2, \dots$ Die Elemente des Raumes $\bar{X}_n$ sind die endlichen Folgen $\bar{x}^{(n)} = (x^{(0)}, x^{(1)}, \dots, x^{(n)})$, $x^{(k)} \in X_k$; die Norm in $\bar{X}_n$ definieren wir mit der Formel

$$\|\bar{x}^{(n)}\|_{\bar{X}_n} = \max_{k \leqq n} \|x^{(k)}\|_{X_k} \tag{3}$$

(andere Definitionen der Norm sind ebenfalls zulässig), analog wird $\bar{Y}_n$ definiert. Wir definieren noch einen Operator $\bar{A}_n$, der aus $\bar{X}_n$ in $\bar{Y}_n$ wirkt, mit der Formel

$$\bar{A}_n(\bar{x}^{(n)}) = \big(A_k(x^{(0)}, \dots, x^{(k)})\big)_{k=0,1,\dots,n} \tag{4}$$

analog wird der Operator $\bar{\Gamma}_n$ definiert. Die Gleichungen (1) bzw. (2) sind äquivalent den Gleichungen der freien numerischen Prozesse

$$\bar{A}_n(\bar{x}^{(n)}) = \bar{f}^{(n)}, \qquad \forall n \geqq 0. \tag{5}$$

$$\bar{A}_n(\bar{z}^{(n)}) + \bar{\Gamma}_n(\bar{z}^{(n)}) = \bar{f}^{(n)} + \bar{\delta}^{(n)}, \qquad \forall n \geqq 0. \tag{6}$$

Hier geben wir eine Definition der Stabilität eines nichtlinearen rekursiven Prozesses an, die sich von der im Kapitel 3 gegebenen analogen Definition für einen linearen Prozeß unterscheidet. Den rekursiven Prozeß (1) nennen wir *stabil*, wenn der entsprechende freie Prozeß (5) stabil ist.

7.4.2. Die Bedingungen für die Stabilität eines rekursiven Prozesses ergeben sich aus den Resultaten von Abschnitt 7.2. Die Bedingungen sind folgende: (i) $\bar{A}_n(0) = 0$; (ii) der Operator $\bar{A}_n^{-1}$ ist in der Kugel $\|\bar{f}^{(n)}\| \leqq T$ definiert und genügt der Lipschitz-Bedingung $\|\bar{A}_n^{-1}(f_1) - \bar{A}_n^{-1}(f_2)\| \leqq C\|f_1 - f_2\|$ mit einer von n unabhängigen Konstanten; (iii) $\|\bar{\delta}^{(n)}\| \leqq \delta$; (iv) wenn die Normen der Elemente $\bar{x}, \bar{x}', \bar{x}'' \in X_n$ nicht größer als t sind, dann gilt

$$\|\bar{\Gamma}_n(\bar{x})\| \leqq \varphi(t, \delta); \qquad \|\bar{\Gamma}_n(\bar{x}') - \bar{\Gamma}_n(\bar{x}'')\| \leqq \psi(t, \delta)\, \|\bar{x}' - \bar{x}''\|.$$

Diese Bedingungen formulieren wir in Bedingungen für A_n und Γ_n um. Bedingung (i) bedeutet

$$A_n(0, 0, \dots, 0) = 0\,, \qquad \forall n \geqq 0\,. \tag{7}$$

Des weitern ist $\overline{A}_n^{-1}$ der die Lösung des endlichen Systems

$$A_k(x^{(0)}, x^{(1)}, \dots, x^{(k)}) = f^{(k)}\,; \qquad k = 0, 1, \dots, n\,,$$

bestimmende Operator. Diese Lösung besitzt die Gestalt

$$x^{(k)} = B_k(f^{(0)}, f^{(1)}, \dots, f^{(k)})\,, \qquad k = 0, 1, \dots, n\,.$$

Hieraus folgt $\overline{A}_n^{-1} = (B_0, B_1, \dots, B_n)$, und die Bedingung (ii) nimmt die Gestalt

$$\begin{gathered} \|B_n(f_1^{(0)}, f_1^{(1)}, \dots, f_1^{(n)}) - B_n(f_2^{(0)}, f_2^{(1)}, \dots, f_2^{(n)})\| \leqq C \max_k \|f_1^{(k)} - f_2^{(k)}\|\,, \\ \forall n \geqq 0\,, \end{gathered} \tag{8}$$

an.

Bedingung (iii) bedeutet, daß

$$\|\delta^{(n)}\| \leqq \delta\,. \tag{9}$$

Schließlich führt (iv) zu folgender Bedingung:

$$\|\Gamma_n(x^{(0)}, x^{(1)}, \dots, x^{(n)})\| \leqq \varphi(t, \delta)\,, \tag{10a}$$

$$\|\Gamma_n(x_1^{(0)}, x_1^{(1)}, \dots, x_1^{(n)}) - \Gamma_n(x_2^{(0)}, x_2^{(1)}, \dots, x_2^{(n)})\| \leqq \psi(t, \delta) \max_{0 \leqq k \leqq n} \|x_1^{(k)} - x_2^{(k)}\|\,. \tag{10b}$$

Auf der Grundlage von Satz 7.2.1 kann man behaupten, daß der nichtlineare rekursive Prozeß (1) im Sinne der Definition dieses Abschnitts stabil ist, wenn $\|f^{(n)}\| \leqq \leqq T = \text{const}$ gilt und wenn die Bedingungen (7)—(10) erfüllt sind.

Wenn der Prozeß (1) stabil ist, dann ist für kleine δ der Verzerrungsfehler unabhängig von n beschränkt.

7.4.3. Wir weisen auf einen Fall hin, bei dem der Rundungsfehler eines rekursiven nichtlinearen Prozesses ebenfalls beschränkt bleibt. Wir bezeichnen $A_n + \Gamma_n = \tilde{A}_n$, $f^{(n)} + \delta^{(n)} = \tilde{f}^{(n)}$, und die exakte Lösung des verzerrten Systems (2) besitze die Gestalt

$$z^{(n)} = \tilde{B}_n(z^{(0)}, z^{(1)}, \dots, z^{(n-1)}, \tilde{f}^{(n-1)})\,, \qquad \forall n \geqq 0\,. \tag{11}$$

Wir nehmen an, daß die Operatoren $\tilde{B}_n$ der Lipschitz-Bedingung

$$\begin{aligned} &\|\tilde{B}_n(z_1^{(0)}, z_1^{(1)}, \dots, z_1^{(n-1)}, \tilde{f}^{(n)}) - \tilde{B}_n(z_2^{(0)}, z_2^{(1)}, \dots, z_2^{(n-1)}, \tilde{f}^{(n)})\| \leqq \\ &\leqq q \max_{0 \leqq k \leqq n-1} \|z_1^{(k)} - z_2^{(k)}\|\,, \qquad q = \text{const} < 1\,, \end{aligned} \tag{12}$$

genügen.

Seien $v^{(0)}, v^{(1)}, \dots, v^{(n-1)}$ exakt bekannte Elemente und sei $\tilde{z}^{(n)}$ der genaue Wert des Ausdrucks $\tilde{B}_n(v^{(0)}, v^{(1)}, \dots, v^{(n-1)}, \tilde{f}^{(n)})$. Wir nehmen an, daß wir im Resultat von Berechnungsfehlern anstelle von $\tilde{z}^{(n)}$ das Element $v^{(n)} = \tilde{z}^{(n)} + \alpha^{(n)}$ erhalten; des weiteren setzen wir voraus, daß der relative Rundungsfehler durch die Zahl $\varepsilon > 0$ beschränkt ist, so daß $\|\alpha^{(n)}\| \leqq \varepsilon \|v^{(n)}\|$ gilt. Infolge Ungleichung (12) erhalten wir

$$\|v^{(n)} - z^{(n)}\| \leqq q \max_{0 \leqq k \leqq n-1} \|v^{(k)} - z^{(k)}\| + \varepsilon \|v^{(n)}\|\,, \qquad \forall n \geqq 0\,.$$

Unter der Annahme $||z^{(n)}|| \leqq$ const ergibt sich aus der letzten Ungleichung

$$||\hat{\zeta}_n|| := ||v^{(n)} - z^{(n)}|| \leqq q' \cdot \max_{0 \leqq k \leqq n-1} \hat{\zeta}_k + C\varepsilon\,, \qquad q' = \frac{q}{1-\varepsilon}\,. \tag{13}$$

Sei $\max_{0 \leqq k \leqq n} \hat{\zeta}_k = \hat{\zeta}_l$, $0 \leqq l \leqq n$. Ungleichung (13) liefert für $n = l$ die Ungleichung $\hat{\zeta}_l \leqq q'\hat{\zeta}_l + C\varepsilon$ oder, für $q' < 1$, $\hat{\zeta}_l \leqq C\varepsilon/(1 - q')$. Hieraus folgt die gesuchte Abschätzung des Rundungsfehlers

$$\hat{\zeta}_n \leqq \frac{C\varepsilon}{1-q'}\,. \tag{14}$$

7.5. Das Newton-Kantorowitsch-Verfahren

7.5.1. In diesem Abschnitt untersuchen wir den Verzerrungs- und Rundungsfehler zweier Verfahren von Newton-Kantorowitsch — des modifizierten und des ursprünglichen Verfahrens. Diese Verfahren führen zu rekursiven Prozessen von speziellerer Gestalt als die im Abschnitt 7.4 betrachteten Prozesse. Die Stabilität dieser Prozesse kann einfacher und unter allgemeineren Voraussetzungen untersucht werden. Wir beginnen mit der Untersuchung solcher Prozesse.

Es sei ein rekursiver Prozeß der Gestalt

$$A_n x^{(n)} + Q_n(x^{(n-1)}) = f^{(n)} \tag{1}$$

gegeben, wobei A_n lineare und Q_n nichtlineare Operatoren sind. Der Einfachheit halber nehmen wir an, daß alle diese Operatoren einen Banach-Raum X in sich abbilden. Den verzerrten Prozeß schreiben wir in der Form

$$A_n z^{(n)} + \Gamma_{1n} z^{(n)} + Q_n(z^{(n-1)}) + \Gamma_{2n}(z^{(n-1)}) = f^{(n)} + \delta^{(n)}\,. \tag{2}$$

Wir treffen folgende Annahmen: (i) Die Operatoren A_n^{-1} sind gleichmäßig beschränkt: $||A_n^{-1}|| \leqq a =$ const.

(ii) Für beliebiges n ist $A_n^{-1}Q_n$ ein Kontraktionsoperator, d. h.

$$||A_n^{-1}Q_n(x) - A_n^{-1}Q_n(y)|| \leqq q\,||x - y||\,, \qquad q = \text{const} < 1\,. \tag{3}$$

(iii) Es gelten die folgenden Ungleichungen:

$$||\delta^{(n)}|| \leqq \delta; \tag{4}$$

für $||x||, ||x'||, ||x''|| \leqq t$ ist $(k = 1, 2)$

$$||A_n^{-1}\Gamma_{kn}(x)|| \leqq \varphi(t, \delta)\,, \tag{5}$$

$$||A_n^{-1}\Gamma_{kn}(x') - A_n^{-1}\Gamma_{kn}(x'')|| \leqq \psi(t, \delta)\,||x' - x''||; \tag{6}$$

die Funktionen φ und ψ besitzen die gleichen Eigenschaften wie in den vorigen Abschnitten. Es ist

$$x^{(n)} = A_n^{-1}f^{(n)} - A_n^{-1}Q_n(x^{(n-1)})\,,$$
$$z^{(n)} = A_n^{-1}f^{(n)} + A_n^{-1}\delta^{(n)} - A_n^{-1}Q_n(z^{(n-1)}) - A_n^{-1}\Gamma_{1n}z^{(n)} - A_n^{-1}\Gamma_{2n}(z^{(n-1)})\,.$$

Hieraus folgt

$$z^{(n)} - x^{(n)} = A_n^{-1}\delta^{(n)} - [A_n^{-1}Q_n(z^{(n-1)}) - A_n^{-1}Q_n(x^{(n-1)})] -$$
$$- A_n^{-1}\Gamma_{1n}z^{(n)} - A_n^{-1}\Gamma_{2n}(z^{(n-1)})\,.$$

Wie in den vorigen Abschnitten kann gezeigt werden, daß die Gleichung (2) in der Kugel $||z|| \leqq 2t$ genau eine Lösung besitzt, wenn die Normen $||x^{(n)}||$ in ihrer Gesamtheit beschränkt sind durch $||x^{(n)}|| \leqq t$. Wir schätzen die Differenz $z^{(n)} - x^{(n)}$ ab, wobei $x^{(n)}$ und $z^{(n)}$ die Lösungen der Gleichungen (1) bzw. (2) sind. Es gilt

$$||z^{(n)} - x^{(n)}|| \leqq q\, ||z^{(n-1)} - x^{(n-1)}|| + a\delta + 2\varphi(2t, \delta)$$

oder, in den Bezeichnungen $||z^{(n)} - x^{(n)}|| = \hat{\xi}_n$, $a\delta + 2\varphi(2t, \delta) = g$,

$$\hat{\xi}_n \leqq q\hat{\xi}_{n-1} + g\,.$$

Es ist klar, daß $\hat{\xi}_n \leqq \tau_n$, wobei τ_n die Lösung des Systems $\tau_0 = \hat{\xi}_0$, $\tau_n = q\tau_{n-1} + g$, $n = 1, 2, \ldots$, ist. Diese Lösung ist $\tau_n = q^n\hat{\xi}_0 + g(1-q)^{-1}$, und folglich gilt

$$||z^{(n)} - x^{(n)}|| \leqq q^n\, ||z^{(0)} - x^{(0)}|| + (1-q)^{-1}\,[a\delta + 2\varphi(2t, \delta)]\,. \tag{7}$$

Die Ungleichung (7) liefert eine Abschätzung des Verzerrungsfehlers für den Prozeß (1); aus dieser Ungleichung folgt gleichfalls die Stabilität dieses Prozesses unter den Bedingungen (3)—(6).

Bemerkung 7.5.1. Dshischkariani [8, 10, 11] untersuchte einen Spezialfall des Prozesses (1), der sich aus der Anwendung des klassischen Ritzschen Verfahrens auf die Gleichung $Ax + Qx = f$ ergibt, wobei A ein selbstadjungierter, positiv definiter Operator mit diskretem Spektrum ist, der in einem separablen Hilbert-Raum wirkt, und Q ein nichtlinearer stetiger Potentialoperator mit positiv definitem Frechet-Differential ist. Es wird vorausgesetzt, daß Q auf dem gesamten Raum H definiert ist, und $Q(0) = 0$ gilt. Schließlich sei $f \in H$, und wir nehmen an, daß die betrachtete Gleichung eine eindeutige Lösung besitzt.

Als Koordinatenelemente werden die Eigenelemente eines mit A ähnlichen Operators B gewählt (siehe Michlin [8]). Es wird gezeigt, daß der Defekt der Ritzschen Näherungslösung $x_*^{(n)}$ gegen Null konvergiert: $\delta^{(n)} := ||Ax_*^{(n)} - Qx_*^{(n)} - f|| \xrightarrow[n\to\infty]{} 0$. Schließlich wird bewiesen, daß in der Metrik von H der Approximationsfehler die Abschätzung

$$||x_* - x_*^{(n)}||_H = O\left(\frac{||\delta^{(n)}||}{\omega_{n+1}}\right)$$

(ω_{n+1} ist der $(n+1)$-te Eigenwert des Operators B) und in der energetischen Norm des Operators A die Abschätzung

$$|x_* - x_*^{(n)}| = O\left(\frac{||\delta^{(n)}||}{\sqrt{\omega_{n+1}}}\right)$$

besitzt.

Die Stabilität des Prozesses wird unter derselben Voraussetzung bewiesen, daß die Koordinatenelemente die Eigenelemente eines mit A ähnlichen Operators sind.

7.5.2. Wir kommen zu den Rundungsfehlern. Wir bezeichnen

$$A_n + \Gamma_{1n} = \tilde{A}_n\,, \qquad Q_n + \Gamma_{2n} = \tilde{Q}_n;$$

beide Operatoren sind genau bekannt, und der Operator $\tilde{A}_n^{-1}$ existiert. Wir nehmen an, daß der Operator $\tilde{A}_n^{-1}\tilde{Q}_n$ ein Kontraktionsoperator in einer $z^{(n)}$ enthaltenden Kugel mit einem von n unabhängigen Kontraktionskoeffizienten $\tilde{q}$ ist. Der Gleichung (2) kann man die Gestalt

$$z^{(n)} = a_n(z^{(n-1)}) + b^{(n)} \tag{8}$$

mit

$$a_n = -\tilde{A}_n^{-1}\tilde{Q}_n\,, \qquad b^{(n)} = \tilde{A}_n^{-1}(f^{(n)} + \delta^{(n)})$$

geben. Die Gleichung (8) ist durch Iterierte lösbar, die man folgendermaßen schreiben kann:

$$y^{(m)} = a_n(y^{(m-1)}) + b^{(n)}; \qquad m = 0, 1, 2, \ldots, \tag{9}$$

wobei $y^{(m)}$ die m-te Näherung der Lösung $z^{(n)}$ ist. Wir nehmen an, daß wir bei der Berechnung der rechten Seite von Formel (9) einen Rundungsfehler machen, dessen relativer Wert die Zahl $\varepsilon > 0$ nicht übersteigt. Es sei weiterhin $v^{(m-1)}$ der uns bekannte gerundete Wert der $(m-1)$-ten Näherung $y^{(m-1)}$. Somit erhalten wir als Rechenergebnis anstelle des Elements $y^{(m)}$ ein gewisses Element $v^{(m)}$, das der Beziehung

$$v^{(m)} = a_n(v^{(m-1)}) + b^{(n)} + \alpha^{(m)}, \qquad ||\alpha^{(m)}|| \leqq \varepsilon||v^{(m)}||\,, \tag{10}$$

genügt. Hiervon subtrahieren wir die Gleichheit (9) und erhalten

$$v^{(m)} - y^{(m)} = a_n(v^{(m-1)}) - a_n(y^{(m-1)}) + \alpha^{(m)}$$

und

$$\gamma_m := ||v^{(m)} - y^{(m)}|| \leqq \tilde{q}\gamma_{m-1} + \varepsilon\gamma_m + \varepsilon\,||y^{(m-1)}||\,.$$

Die Normen $||b^{(n)}||$ seien gleichmäßig beschränkt: $||b^{(n)}|| \leqq C$. Dann sind die Normen $||y^{(m)}||$ ebenfalls beschränkt; sei $||y^{(m-1)}|| \leqq C_0$. In diesem Fall ist

$$\gamma_m \leqq \frac{\tilde{q}}{1-\varepsilon}\gamma_{m-1} + \frac{C_0\varepsilon}{1-\varepsilon}. \tag{11}$$

Wir bezeichnen $\tilde{q}/(1-\varepsilon) = r$, $C_0\varepsilon/(1-\varepsilon) = \lambda$, so daß $\gamma_m \leqq r\gamma_{m-1} + \lambda$. Wir bemerken, daß $v^{(0)} = y^{(0)}$; da $y^{(0)}$ als Startwert nicht berechnet, sondern vorgegeben wird, ist $\gamma_0 = 0$. Nunmehr folgt aus (11)

$$\gamma_m \leqq \frac{1-r^m}{1+r}\frac{C_0\varepsilon}{1-\varepsilon}. \tag{12}$$

Wenn ε so klein ist, daß $r < 1$ gilt, dann liefert die Abschätzung (12) weiterhin

$$\gamma_m \leqq \frac{C_0\varepsilon}{(1-r)(1-\varepsilon)}; \tag{13}$$

der Rundungsfehler ist unabhängig von m und n beschränkt und konvergiert gleichmäßig bezüglich dieser Indizes für $\varepsilon \to 0$ gegen Null. Wenn ε nicht sehr klein ist, so daß $r > 1$ gilt, dann konvergiert die Abschätzung (12) zusammen mit m gegen unendlich.

7.5.3. Das modifizierte Newton-Kantorowitsch-Verfahren wird zur Lösung nichtlinearer Aufgaben der Gestalt $P(x) = 0$ angewandt. Eine ziemlich vollständige Beschreibung dieses Verfahrens, der Bedingungen und der Geschwindigkeit seiner Konvergenz ist im Buch von Kantorowitsch und Akilow [1] enthalten; hier weisen wir nur darauf hin, daß das Verfahren selbst in der Anwendung des rekursiven Prozesses

$$x^{(n)} = x^{(n-1)} - A^{-1}P(x^{(n-1)}); \qquad A = P'_{x^{(0)}}, \tag{14}$$

besteht, $x^{(0)}$ ist die Anfangsnäherung der gesuchten Lösung. Für uns ist es günstiger, diesen Prozeß in der Form

$$Ax^{(n)} + Q(x^{(n-1)}) = 0; \qquad Q = A - P, \tag{15}$$

zu schreiben. Wir bemerken, daß der Operator A nicht gegeben ist, sondern natürlich mit einem gewissen Fehler berechnet wird.

Wir prüfen, ob die Bedingungen aus 7.5.1 erfüllt sind. Die Bedingung $||A_n^{-1}|| \leqq \text{const}$ folgt daraus, daß der Operator $A_n = A = P'_{x^{(0)}}$ nicht von n abhängt und daß die Beschränktheit des Operators $[P'_{x^{(0)}}]^{-1}$ zu den Bedingungen für die Konvergenz des modifizierten Newton-Kantorowitsch-Verfahrens gehört. Bedingung (3) ist erfüllt, wenn P eine stetige erste Ableitung besitzt; im Satz über die Konvergenz des Verfahrens wird die Existenz der zweiten Ableitung gefordert. Wir setzen ebenfalls voraus, daß die Bedingungen (4)—(6), die die Verzerrung des Prozesses charakterisieren, erfüllt sind. Nach dem in den Unterabschnitten 7.5.1, 7.5.2 Bewiesenen ist der mit dem modifizierten Newton-Kantorowitsch-Verfahren verbundene Prozeß stabil; wenn die Gleichungen des modifizierten Prozesses durch Iterierte mit hinreichend kleinem relativem Fehler gelöst werden, dann bleibt der Rundungsfehler beschränkt.

7.5.4. Im Buch Kantorowitsch und Akilow [1] wird folgende Behauptung bewiesen. Seien $x^{(0)}$ die Anfangsnäherung und $x^{(1)}, x^{(2)}, \ldots, x^{(n)}, \ldots$ die mit Hilfe des ursprünglichen Newton-Kantorowitsch-Verfahrens konstruierten Näherungen. Wenn im Punkt $x^{(0)}$ die Bedingungen für die Konvergenz des modifizierten Newton-Kantorowitsch-Verfahrens erfüllt sind, dann sind sie auch in den Punkten $x^{(1)}, x^{(2)}, \ldots$ erfüllt. Hieraus läßt sich unschwer ableiten, daß für den numerischen Prozeß, der mit dem ursprünglichen Newton-Kantorowitsch-Verfahren verbunden ist, die am Ende von 7.5.3 getroffenen Schlußfolgerungen für das modifizierte Verfahren gelten.

8. Einige einseitige Variationsaufgaben

In der umfangreichen Literatur zu Problemen, die mit Variationsungleichungen zusammenhängen, nehmen die sogenannten *einseitigen Variationsaufgaben* einen beachtlichen Platz ein. Gewöhnlich werden diese Aufgaben folgendermaßen gestellt: In einem reflexiven Banach-Raum B sind ein unterhalbstetiges, wachsendes Funktional $J(x)$ und eine abgeschlossene, nichtleere, konvexe Menge M gegeben. Die Aufgabe besteht darin, ein solches Element $x_* \in M$ zu finden, daß gilt

$$J(x_*) \leqq J(x) , \qquad \forall x \in M .$$

Die Bedingung $x \in M$ heißt *einseitige Nebenbedingung*, und die Menge M nennt man *Menge der Nebenbedingungen*.

Im Buch von LIONS [1] wurde bewiesen, daß diese Aufgabe eine Lösung besitzt; sie ist eindeutig lösbar, wenn das Funktional J stark konvex ist. Im Buch von DUVAUT und LIONS [1] werden viele Probleme aus der Physik und Mechanik untersucht, die auf Variationsungleichungen, insbesondere auf einseitige Variationsaufgaben, führen. Im Buch von GLOWINSKI, LIONS und TREMOLIERES [1] wird eine Reihe von Näherungsverfahren für diese Aufgaben dargelegt, und diese Methoden werden auf eine große Anzahl konkreter Aufgaben angewendet. Für viele Näherungsverfahren wird die Konvergenz bewiesen. Nach Meinung der Autoren des genannten Buches ist es jedoch eine delikatere Aufgabe, Fehlerabschätzungen für die Näherungsverfahren zu erhalten.

In diesem Kapitel legen wir die Resultate aus den Arbeiten MICHLIN [26—30] zur Fehlerabschätzung für einseitige Variationsaufgaben dar; im wesentlichen handelt es sich dabei um eine gewisse Klasse solcher Aufgaben, die im Abschnitt 8.1 noch genau beschrieben wird. Es werden ebenfalls (im Abschnitt 8.4), allerdings ohne Beweise, einige Ergebnisse der Arbeiten von DEMJANOWITSCH [4] und TJUCHTIN [1] dargelegt. Am Ende des Kapitels wird eine Übersicht über Arbeiten der letzten Zeit zu Abschätzungen des Approximationsfehlers für Variationsungleichungen gegeben; diese Übersicht wurde von TJUCHTIN geschrieben.

8.1. Aufgabenstellung und ihre näherungsweise Lösung

8.1.1. Es sei das Minimumproblem für das Funktional

$$F(x) = 2lx \tag{1}$$

unter der einseitigen Nebenbedingung

$$|||x - g||| \leqq \alpha , \qquad \alpha = \text{const} , \tag{2}$$

zu lösen, wobei F eine auf einer linearen Menge definierte und positive quadratische Form ist. Bevor wir zur Beschreibung der übrigen Vorgaben der Aufgabe kommen, bemerken wir, daß auf der erwähnten Menge ein energetischer Raum H mit dem Skalarprodukt $[u, v] = F(u, v)$ und der Norm $|u| = [F(u)]^{1/2}$ konstruiert werden kann; hierbei ist $F(u, v)$ die der quadratischen Form $F(u)$ entsprechende bilineare Form. Wir nehmen an, daß l ein lineares und in der energetischen Norm beschränktes Funktional ist und daß $|||\cdot|||$ eine auf dem gesamten Raum H definierte (aber nicht unbedingt überall endliche) Halbnorm ist.

Wir führen noch einen Hilbert-Raum $\tilde{H}$ ein, der H als (möglicherweise uneigentlichen) Unterraum enthält. Das Skalarprodukt und die Norm in $\tilde{H}$ bezeichnen wir mit den gleichen Symbolen wie in H. Wir nehmen an, daß g ein gegebenes Element des Raumes $\tilde{H}$ ist und daß die Halbnorm auf allen Elementen dieses Raumes definiert ist (obwohl sie natürlich nicht unbedingt überall endlich sein muß). Es ist eine notwendige Forderung, daß die Menge (2) nicht leer ist; dafür ist notwendig und hinreichend, daß $|||g||| < \infty$ gilt und daß der in der Metrik $|||\cdot|||$ berechnete Abstand $\varrho(g, H)$ nicht größer als α ist.

8.1.2. Die letzte Frage untersuchen wir ausführlicher. Wir berechnen die Größe $\varkappa = \varrho(g, H)$. Für $\varkappa > \alpha$ ist, wie gerade bemerkt wurde, die Menge

$$M = \{x \in H : |||x - g||| \leqq \alpha\} \tag{3}$$

leer, und die Aufgabe (1)—(2) besitzt keine Lösung. Für $\varkappa < \alpha$ existiert ein Element $x' \in H$ mit $|||x' - g||| < \alpha$, und die Menge M ist nicht leer. Wir setzen $g - x' = h$, $x - x' = y$, dann ist die Menge der Nebenbedingungen durch die Beziehung $|||y - h||| < \alpha$ bestimmt, wobei $|||h||| < \alpha$ gilt.

Sei nun $\varkappa = \alpha$. Wenn $\inf\limits_{x \in H} |||x - g|||$ nicht angenommen wird, dann gilt $|||x - g||| > \alpha$, $\forall x \in H$, und die Menge M ist leer. Wenn das Infimum angenommen wird, dann ist die Menge M nicht leer, und die Aufgabe (1)—(2) besitzt eine Lösung (siehe weiter unten, 8.1.3). Jedoch ist diese Lösung nicht stabil gegenüber kleinen Änderungen des Elements g. In der Tat, das Infimum möge auf dem Element x' angenommen werden, so daß $|||h||| := |||x' - g||| = \alpha$ gilt. Wir ersetzen h durch $(1 + \delta)\, h$, was einem Austausch von g durch $(1 + \delta)\, g - \delta x'$ äquivalent ist. Für $\delta > 0$ ist $|||(1 + \delta)\, x'||| = (1 + \delta)\, |||h||| > \alpha$, die neue Menge M ist leer, und die gestörte Aufgabe besitzt keine Lösung.

Im weiteren werden wir für die Menge der Gestalt (3) immer $\beta := |||g||| < \alpha$ voraussetzen.

8.1.3. Auf Grund des Satzes von Riesz existiert ein eindeutig bestimmtes Element $x_0 \in H$, das die Identität $lx = [x, x_0]$, $\forall x \in H$ erfüllt; dieses Element, das das Minimumproblem ohne Nebenbedingung für das Funktional (1) löst, setzen wir als bekannt voraus.

Die Aufgabe (1)—(2) ist der folgenden äquivalent:

$$|x - x_0| = \min\,, \qquad |||x - g||| \leqq \alpha\,. \tag{4}$$

Die Menge der Nebenbedingungen M, die durch die Ungleichung (2) (oder (3)) gegeben ist, ist konvex; wir nehmen die Halbnorm $|||\cdot|||$ derart an, daß diese Menge in der Metrik von H abgeschlossen ist. Auf Grund der im Buch von Lions [1], Kap. 1, dargelegten Ergebnisse besitzt die Aufgabe (4) genau eine Lösung, die wir mit x_* bezeichnen. Für $|||x_0 - g||| \leqq \alpha$ ist offensichtlich $x_* = x_0$, für $|||x_0 - g||| > \alpha$ löst x_*

die Aufgabe

$$|x_* - x_0| = \min, \qquad |x_* - g| = \alpha. \tag{5}$$

Zum Beweis betrachten wir das Intervall Λ, das die Punkte x_0 und x_* verbindet $\Lambda = \{x \in H: x = \lambda x_* + (1-\lambda)\, x_0; 0 \leqq \lambda \leqq 1\}$. Λ wird von x_* nach x_0 gerichtet, dementsprechend nennen wir x_* den linken und x_0 den rechten Endpunkt des Intervalls Λ. Es ist klar, daß der linke Endpunkt von Λ zur Menge M und der rechte zur Menge $H \setminus M$ gehört. Wir führen auf Λ die durch die Norm $|\cdot|$ erzeugte Abstandsfunktion ein und halbieren dieses Intervall. Eine dieser zwei Teilstrecken ist derart, daß ihr linker Endpunkt zu M und der rechte Endpunkt zu $H \setminus M$ gehört. Dieses Teilintervall halbieren wir, usw. Im Resultat erhalten wir eine Folge ineinander enthaltener Intervalle, deren Längen gegen Null konvergieren und die die Eigenschaft besitzen, daß ihre linken Endpunkte zu M und die rechten zu $H \setminus M$ gehören. Diese Intervalle enthalten genau einen gemeinsamen Punkt, den wir mit y bezeichnen. Das ist ein Grenzpunkt der Menge M; da M abgeschlossen ist, gilt $y \in M$ und $|||y - g||| \leqq \alpha$. Gleichzeitig ist y ein Grenzpunkt für $M \setminus H$: Wenn $\{y_n\}$ die Folge der rechten Eckpunkte der von uns betrachteten ineinander geschachtelten Intervalle ist, dann gilt $|y_n - y| \xrightarrow[n\to\infty]{} 0$. Auf einem eindimensionalen Intervall ist die Halbnorm $|||\cdot|||$ stetig, deshalb gilt $|||y - y_n||| \xrightarrow[n\to\infty]{} 0$, wegen $|||g - y_n||| > \alpha$ ist folglich $|||g - y||| \geqq \alpha$. Somit erhalten wir schließlich $|||g - y||| = \alpha$.

Sei nun $|||x_* - y||| < \alpha$. Dann liegt der Punkt y auf dem Intervall zwischen x_* und x_0, deshalb ist $|x_0 - y| < |x_0 - x_*| = \min\limits_{x \in M} |x_0 - x|$, aber das ist unsinnig. Hieraus folgt $|||x_* - g||| = \alpha$, und unsere Behauptung ist bewiesen.

Die Menge $\{x \in H: |||x - g||| = \alpha\}$ nennen wir *Rand der Menge M* und bezeichnen sie mit ∂M. Folglich kann man annehmen, daß für $|||x_0 - g|| > \alpha$ das Element x_* die Aufgabe

$$|x - x_0| = \min, \qquad x \in \partial M, \tag{6}$$

löst. Im folgenden wird immer $|||x_0 - g||| > \alpha$ vorausgesetzt.

8.1.4. Die Aufgabe (6) werden wir durch Überführung in eine endlichdimensionale Aufgabe näherungsweise lösen. Wir wählen eine natürliche Zahl n und einen N-dimensionalen $(N = N(n))$ Teilraum H_n des Raumes H; wir fordern, daß auf den Elementen des Unterraumes H_n die Halbnorm $|||\cdot|||$ endlich ist. Wir stellen die einseitige Variationsaufgabe

$$|x_0 - x^{(n)}| = \min, \qquad x^{(n)} \in H_n \cap M. \tag{7}$$

Die Aufgabe (7) kann etwas vereinfacht werden. Sei x_{0n} die orthogonale Projektion von x_0 auf H_n, dann ist

$$|x_0 - x^{(n)}|^2 = |x_{0n} - x^{(n)}|^2 + |x_0 - x_{0n}|^2.$$

Der zweite Summand auf der rechten Seite ist konstant, deshalb ist die Aufgabe (7) der folgenden äquivalent:

$$|x_{0n} - x^{(n)}|^2 = \min, \qquad x^{(n)} \in H_n \cap M. \tag{8}$$

Der Vorteil dieser neuen Aufgabe besteht darin, daß das gegebene Element x_{0n} genauso wie das gesuchte Element $x^{(n)}$ zum gleichen Raum H_n gehören.

Der Durchschnitt des Teilraums H_n und der abgeschlossenen, konvexen Menge M ist eine abgeschlossene, konvexe Menge. Wir fordern noch, daß diese nicht leer ist, dann besitzt die Aufgabe (8) eine eindeutige Lösung, die wir als Näherungslösung der Aufgabe (6) ansehen. Offensichtlich ist für $x_0 \notin M$ auch $x_{0n} \notin M$, für hinreichend großes n und nach dem in 8.1.1 Bewiesenen gilt $x_*^{(n)} \in \partial M$.

8.1.5. Es sind viele Methoden zur Lösung von Aufgaben des Typs (8) bekannt; wir beschränken uns hier auf einen Hinweis auf Kapitel II des Buches von GLOWINSKI, LIONS und TREMOLIERES [1]. Wir erwähnen noch ein Verfahren, das sich als zweckmäßig erweisen kann (siehe MICHLIN [27]):

Sei $\varphi_{n1}, \varphi_{n2}, \dots, \varphi_{nN}$ eine Basis in H_n. Es möge eine solche monotone Funktion $\omega\colon \mathbb{R}_1^+ \to \mathbb{R}_1^+$ existieren, daß $\omega(|||x^{(n)} - g|||)$ mit $x^{(n)} = \sum_{k=1}^{N} \alpha_k \varphi_{nk}$ eine hinreichend glatte Funktion der Koeffizienten α_k ist. Wir setzen

$$x_*^{(n)} = \sum_{k=1}^{N} a_k^{(n)} \varphi_{nk};$$

mit $a^{(n)}$ bezeichnen wir den Vektor $(a_1^{(n)}, a_2^{(n)}, \dots, a_N^{(n)})$, mit M_n die Matrix aus den Zahlen $[\varphi_{nk}, \varphi_{nj}]$; $j, k = 1, 2, \dots, N$. Wir setzen noch $c_j^{(n)} = [x_{0n}, \varphi_{nj}]$, $c^{(n)} = (c_1^{(n)}, c_2^{(n)}, \dots, c_N^{(n)})$ und $\Phi_n(a^{(n)}) = \omega(|||x_*^{(n)} - g|||)$. Mittels der Methode der Lagrangeschen Multiplikatoren führt man die Aufgabe (8) auf ein Gleichungssystem bezüglich der Koeffizienten a_j

$$\frac{\partial}{\partial a_j^{(n)}} (M_n a^{(n)}, a^{(n)}) - 2\lambda \frac{\partial \Phi_n(a^{(n)})}{\partial a_j^{(n)}} = 2c_j^{(n)}, \qquad 1 \leq j \leq N,$$

oder kürzer

$$M_n(a^{(n)}) - \lambda \operatorname{grad} \Phi_n(a^{(n)}) = c^{(n)} \tag{9}$$

zurück. Wir betrachten λ als unabhängige Variable und $a_j^{(n)}$ als Funktion von λ. Die Differentiation von (9) nach λ ergibt das System gewöhnlicher Differentialgleichungen

$$(M_n - \lambda\psi_n) \frac{\mathrm{d}a^{(n)}}{\mathrm{d}\lambda} - \operatorname{grad} \Phi_n(a^{(n)}) = 0\,, \tag{10}$$

das mit der Anfangsbedingung

$$a^{(n)}|_{\lambda=0} = M_n^{-1} c^{(n)} \tag{11}$$

gelöst werden muß; in der Gleichung (10) bedeutet ψ_n die Matrix der zweiten Ableitungen der Funktion Φ_n.

Die Aufgabe (10)—(11) lösen wir mit irgendeinem Differenzenverfahren. Sei h die entsprechende Schrittweite. Wir setzen $\lambda_k = \pm kh$, $k = 1, 2, \dots$ Nachdem wir den Vektor $a^{(n)}(k)$, der einem λ_k entspricht, bestimmt haben, berechnen wir den Wert $|||\sum_{j=1}^{N} a_j^{(n)}(k)\, \varphi_{nj} - g|||$. Für kleine k ist er nahe bei $|||x_0 - g|||$ und folglich größer als α. Der Lösungsprozeß der Aufgabe (10)—(11) muß bei dem positiven oder negativen Wert von k gestoppt werden, bei dem in den Grenzen der vorgegebenen Genauigkeit die Gleichheit

$$|||\sum_{j=1}^{N} a_j^{(n)}(k)\, \varphi_{nj} - g||| = \alpha \tag{12}$$

erfüllt ist.

Die Berechnung der Größen $a_j^{(n)}$ vereinfacht sich, wenn die Halbnorm $|||\cdot|||$ durch die Gleichung $|||u|||^2 = b(u, u)$ gegeben ist, wobei $b(u, v)$ eine auf dem ganzen Raum H

definierte symmetrische bilineare Form ist. Wenn in diesem Fall $\omega(t) = t^2$ gesetzt wird, dann besitzt das System (9) die Gestalt

$$(M_n - \lambda F_n)\, a^{(n)} = c^{(n)} - \lambda f^{(n)}, \tag{13}$$

wobei F_n die Matrix aus den Zahlen $b(\varphi_{nj}, \varphi_{nk})$, $j, k = 1, 2, \ldots, N$, und $f^{(n)}$ der Vektor mit den Komponenten $f_k^{(n)} = b(g, \varphi_{nk})$ ist. Die Matrix M_n ist positiv definit und deshalb nichtsingulär; das System (13) kann man lösen, indem die Matrix $M_n - \lambda F_n$ mit dem Verfahren von Faddejew invertiert wird (Faddejew und Faddejewa [1]; siehe auch den Artikel von Vainikko und Michlin [1]). Nachdem die Koeffizienten $a_j^{(n)}$ bestimmt wurden, finden wir λ aus der Gleichung $b(x^{(n)} - g, x^{(n)} - g) = \alpha^2$.

8.2. Approximationsfehler

8.2.1. Sei B ein Banach-Raum mit der Norm $\|\cdot\|$, der folgende Eigenschaften besitze:

(i) B ist stetig in $\tilde{H}$ eingebettet; dabei gilt

$$|x| \leqq \|x\|, \qquad |||x||| \leqq \|x\|, \qquad \forall x \in B; \tag{1}$$

(ii) die Elemente x_0 und x_* sind in B enthalten;

(iii) für beliebiges n ist der Teilraum $H_n \subset B$, und die Folge $\{H_n\}$ ist vollständig in B.

Wenn der Wert $|||x_0|||$ endlich ist, was wir im weiteren immer voraussetzen werden, dann können die Bedingungen (i)—(ii) erfüllt werden, indem man zum Beispiel

$$\|x\|^q = |x|^q + |||x|||^q, \qquad 1 \leqq q \leqq \infty, \tag{2}$$

setzt; wir erwähnen eine Klasse von Beispielen, für die die Bedingung (iii) ebenfalls erfüllt ist. Wir nehmen $\tilde{H} \sim \mathbf{W}_2^{(k)}(\Omega)$ an, wobei k eine natürliche Zahl und Ω ein endliches Gebiet im Euklidischen Raum ist, das die Konusbedingung erfüllt, und für gewisse $s \geqq k$ und $p \geqq 1$ gelte die Ungleichung $|||\cdot||| \leqq C\|\cdot\|_{\mathbf{W}_p^{(s)}(\Omega)}$, $C = \text{const}$. Als H_n wählen wir den von den Koordinatenfunktionen der FEM (siehe Michlin [22]) aufgespannten Unterraum, diese Funktionen erhält man durch Variablentransformation aus den entsprechenden Ausgangsfunktionen; die letzteren kann man so auswählen, daß die Folge $\{H_n\}$ in $\mathbf{W}_p^{(s)}(\Omega)$ vollständig ist. Dann gilt $H_n \subset B$ für alle n, und die Folge $\{H_n\}$ ist vollständig in B.

Weiter unten werden wir die Beziehung (2) mit $q = 1$ benutzen.

8.2.2. Lemma 8.2.1. *Sei M eine nichtleere, konvexe und in der Norm $|\cdot|$ abgeschlossene Menge. Sei weiterhin x_* die Lösung der einseitigen Variationsaufgabe*

$$|x_0 - x_*| = \min, \qquad x_0 \in H \setminus M, \qquad x_* \in M, \tag{3}$$

und x ein beliebiges Element der Menge M. Dann gilt

$$|x_* - x|^2 \leqq d'^2 - d^2, \tag{4}$$

mit

$$d = |x_0 - x_*|, \qquad d' = |x_0 - x|. \tag{5}$$

Beweis. Im Raum H legen wir eine zweidimensionale Ebene P durch die Punkte x_0, x_*, x. Die Hilbertsche Metrik des Raumes H induziert auf P eine Euklidische Metrik. Wir konstruieren das Dreieck mit den Eckpunkten x_0, x, x_* und bezeichnen mit ψ den Winkel im Eckpunkt x_*. Wir beweisen, daß $\psi \geqq \pi/2$ gilt. Sei $\psi < \pi/2$.

Durch den Punkt x_0 legen wir in P eine Gerade derart, daß der Winkel mit der Geraden $\overline{x_0 x_*}$ kleiner als $\pi/2 - \psi$ ist und daß sie die Strecke $\overline{x_* x}$ schneidet; sei y der Schnittpunkt (Abb. 1). Im Dreieck mit den Eckpunkten x_0, x_*, y ist der Winkel am Eckpunkt y stumpf, deshalb gilt $|x_0 - y| < d$. Die Menge M ist konvex, wegen $x, x_* \in M$ gilt deshalb $y \in M$. Jetzt bedeutet die Ungleichung $|x_0 - y| < d$, daß x_* im Gegensatz zur Voraussetzung nicht die Lösung der Aufgabe (3) ist. Somit ist $\psi \geqq \pi/2$.

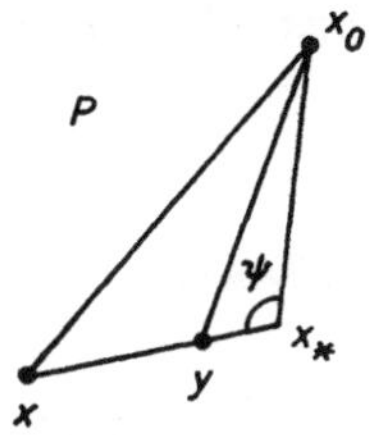

Abb. 1

Nunmehr gilt nach dem Kosinussatz

$$d'^2 = |x_* - x|^2 + d^2 - 2d\,|x_* - x|^2 \cos\psi\,,$$

wegen $\cos\psi \leqq 0$ ist $d'^2 \geqq |x_* - x|^2 + d^2$, die Ungleichung (4) ist bewiesen. ∎

8.2.3. Lemma 8.2.2. *Es seien die Bedingungen* (i)—(iii) *aus* 8.2.1 *erfüllt, die Menge der Nebenbedingungen M sei durch die Formel* (8.1.1) *mit $\beta = |||g||| < \alpha$ definiert. Sei x ein Punkt auf ∂M mit $|||x - g||| = \alpha$. Es möge ein Punkt $x^{(n)} \in H_n$ existieren, der die Ungleichung $||x - x^{(n)}|| \leqq \gamma_n$ mit $\gamma_n < (\alpha - \beta)/2$ erfüllt, und es sei $||\cdot|| = |\cdot| + |||\cdot|||$. Dann existiert ein solches Element $y^{(n)} \in M \cap H_n$, für das $||x - y^{(n)}|| \leqq C_x \gamma_n$ gilt, wobei C_x von x, aber nicht von n abhängen kann.*

Beweis. Wir setzen $y^{(n)} = a x^{(n)}$, $0 < a < 1$; offensichtlich ist $y^{(n)} \in H_n$. Wir klären, für welche a die Beziehung $y^{(n)} \in M$ erfüllt ist. Es gilt

$$|||y^{(n)} - g||| \leqq a\,|||x^{(n)} - g||| + (1 - a)\,\beta\,,$$

$$|||x^{(n)} - g||| \leqq |||x^{(n)} - x||| + |||x - g||| \leqq \gamma_n + \alpha\,.$$

Hieraus folgt $|||y^{(n)} - g||| \leqq a(\gamma_n + \alpha) + (1 - a)\,\beta$. Für $a(\gamma_n + \alpha) + (1 - a)\,\beta = \alpha$ oder

$$a = \frac{\alpha - \beta}{\alpha - \beta + \gamma_n}, \tag{6}$$

gilt $y^{(n)} \in M$. Dabei ist

$$||x - y^{(n)}|| \leqq ||x - x^{(n)}|| + (1 - a)\,||x^{(n)}|| \leqq \gamma_n + \frac{\gamma_n\,||x^{(n)}||}{\alpha - \beta + \gamma_n}.$$

Des weiteren ist $||x^{(n)}|| \leqq ||x|| + ||x - x^{(n)}|| \leqq ||x|| + \gamma_n$ und folglich

$$||x - y^{(n)}|| \leqq \gamma_n\left(1 + \frac{||x|| + \gamma_n}{\alpha - \beta + \gamma_n}\right). \tag{7}$$

Hieraus folgt die einfachere Abschätzung

$$||x - y^{(n)}|| \leqq C_x \gamma_n\,, \qquad C_x = 2\left(1 + \frac{||x||}{\alpha - \beta}\right). \tag{8}$$

Das Lemma ist bewiesen. ∎

Analog erhält man die Abschätzungen

$$|x - y^{(n)}| \leqq C'_x \gamma_n\,, \qquad |||x - y^{(n)}||| \leqq C''_x \gamma_n \tag{9}$$

mit

$$C'_x = 2\left(1 + \frac{|x|}{\alpha - \beta}\right), \qquad C''_x = 2\left(1 + \frac{|||x|||}{\alpha - \beta}\right). \tag{10}$$

Satz 8.2.1. *Wenn der Raum B die Bedingungen* (i)–(iii) *aus* 8.2.1 *erfüllt und x_0, x_*, $x_*^{(n)}$ denselben Sinn wie oben haben, dann gilt*

$$|x_* - x_*^{(n)}| = O\left(\sqrt{e(x_*)}\right), \tag{11}$$

wobei $e_n(x)$ die beste Approximation des Elements $x \in B$ durch Elemente des Teilraums H_n in der Norm $||\cdot||$ ist.

Wir bemerken, daß nach Voraussetzung die Folge $\{H_n\}$ in B vollständig ist, deshalb gilt $e_n(x) \xrightarrow[n\to\infty]{} 0$. Insbesondere gilt $e_n(x_*) \xrightarrow[n\to\infty]{} 0$.

Beweis. Wie in 8.1.4 bewiesen wurde, gilt $x_*^{(n)} \in \partial M$ für hinreichend großes n. Nach Definition der besten Approximation existiert für beliebiges $\varepsilon > 0$ ein Element $x^{(n)} \in H_n$ mit $||x_* - x^{(n)}|| \leqq (1 + \varepsilon)\, e_n(x_*)$. Wegen Lemma 8.2.2 existiert ein Element $y^{(n)} \in M_n := M \cap H_n$ mit $|x_* - y^{(n)}| \leqq C_* e_n(x_*)$, $C_* = (1 + \varepsilon)\, C'_{x_*}$. Wegen Lemma 8.2.1 ist $|x_* - x_*^{(n)}| \leqq d_n^2 - d^2$, $d_n^2 = |x_0 - x_*^{(n)}|$. Da $x_*^{(n)}$ die Lösung der Aufgabe (8.1.7) ist, gilt $d_n \leqq d'_n = |x_0 - y^{(n)}|$ und

$$|x_* - x_*^{(n)}|^2 \leqq d_n'^2 - d^2 = (d'_n + d)\,(d'_n - d)\,.$$

Außerdem ist

$$d'_n = |x_0 - y^{(n)}| \leqq |x_0 - x_*| + |x_* - y^{(n)}| \leqq d + C_* e_n(x_*)\,.$$

Hieraus folgt

$$|x_* - x_*^{(n)}|^2 \leqq [2d + C_* e_n(x_*)]\, C_* e_n(x_*)\,, \tag{12}$$

und der Satz ist bewiesen. ∎

8.3. Fälle, für die sich die Abschätzung des Approximationsfehlers verbessern läßt

In einigen Fällen läßt sich die Abschätzung (8.2.11) wesentlich verbessern. In diesem Abschnitt bringen wir zwei Beispiele, die in Michlin [27] und [28] beschrieben wurden.

8.3.1. In der Abb. 1 ersetzen wir den Punkt x durch $x_*^{(n)}$. Nach dem Kosinussatz ist

$$|x_* - x_*^{(n)}|^2 = (|x_0 - x_*^{(n)}| - d)^2 + 4d\,|x_0 - x_*^{(n)}| \sin^2 \frac{\Theta_n}{2}\,,$$

wobei Θ_n den Winkel im Eckpunkt x_0 des Dreiecks $(x_0, x_*, x_*^{(n)})$ bezeichnet. Es gilt $|x_0 - x_*^{(n)}| \xrightarrow[n\to\infty]{} d$, deshalb ist $|x_0 - x_*^{(n)}| \leqq 2d$ für hinreichend großes n. Wir bezeichnen noch mit $x^{(n)}$ das Element des Teilraums H_n, das die Gleichung $|x_* - x^{(n)}| = e_n(x_*)$ realisiert, dann ist

$$d \leqq |x_0 - x_*^{(n)}| \leqq |x_0 - x^{(n)}| \leqq |x_0 - x_*| + |x_* - x^{(n)}| = d + e_n(x_*);$$

hieraus folgt $0 \leqq |x_0 - x_*^{(n)}| - d \leqq e_n(x_*)$ und mithin

$$|x_* - x_*^{(n)}| \leqq e_n^2(x_*) + 2d^2\Theta_n^2 . \tag{1}$$

Damit läuft alles auf eine Abschätzung des Winkels Θ_n hinaus. Wir nehmen an, daß die Mannigfaltigkeit ∂M hinreichend glatt ist, dann besitzt der Vektor $x_0 - x_*$ die Richtung der Normalen an ∂M. Wir beweisen diese einfache Behauptung. Wir wählen auf ∂M einen beliebigen Punkt y und legen durch die Punkte x_0, x_*, y eine zweidimensionale Ebene Q (Abb. 2), die ∂M in einer hinreichend glatten Kurve L schneidet. Wir

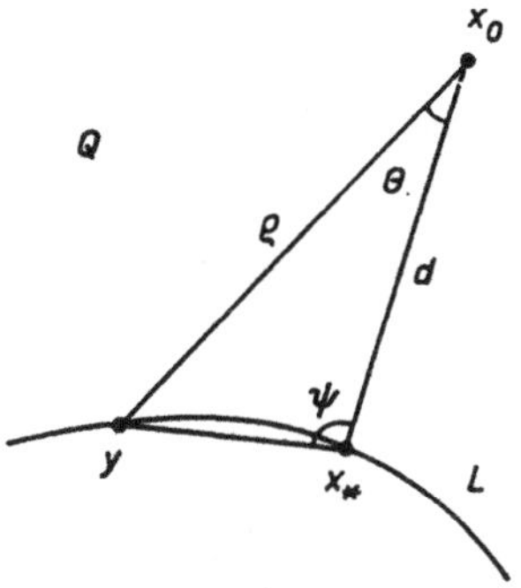

Abb. 2

führen in Q Cartesische Koordinaten (ξ_1, ξ_2) ein; als ξ_1-Achse wählen wir die durch die Punkte x_0 und x_* verlaufende und von x_0 nach x_* orientierte Gerade; die gleiche Achse wählen wir als Achse für die Polarkoordinaten, deren Zentrum wir in x_0 legen. Die Gleichung der Tangente an die Kurve L im Punkt x_* läßt sich in der Form (ξ_1 ist die Abszisse des veränderlichen Punktes x)

$$\frac{\xi_1 - \xi_{*1}}{d\xi_{*1}} = \frac{\xi_2}{d\xi_2}$$

schreiben.

Sei $\varrho = \varrho(\Theta)$ die Gleichung der Kurve L nahe dem Punkt x_* in Polarkoordinaten, dann ist $d\xi_{*1} = d(\varrho \cos \Theta) = \cos \Theta \, d\varrho - \varrho \sin \Theta \, d\Theta$. Im Punkt x_* ist aber $d\varrho = 0$, da in diesem Punkt das Minimum angenommen wird; außerdem ist in demselben Punkt $\sin \Theta = 0$. Somit ist $d\xi_{*1} = 0$, und die Tangente an L im Punkt x_* erfüllt die Gleichung $\xi_1 = \xi_{*1}$, d. h., die Gerade $\overline{x_* x_0}$ besitzt die Richtung der Normalen an ∂M.

Wie gerade bemerkt wurde, kann mittels der von uns eingeführten Polarkoordinaten die Gleichung der Kurve L in einer Umgebung des Punktes x_* in der Form $\varrho = \varrho(\Theta)$ geschrieben werden, wobei $\varrho(\Theta)$ eine hinreichend glatte Funktion von Θ mit $\varrho(0) = d$, $\varrho'(0) = 0$ ist. Wir stellen an die Mannigfaltigkeit ∂M die folgende *Forderung* T:

Es existieren positive Zahlen k_0, k_1, $\bar{k}$ derart, daß gilt

$$k_0 \leqq \tfrac{1}{2}\varrho''(0) \leqq k_1; \qquad \tfrac{1}{6}|\varrho'''(\Theta)| \leqq \bar{k}; \tag{2}$$

diese Zahlen können von x_0, aber nicht von der Wahl des zweidimensionalen Schnittes, der durch die Punkte x_0 und x_* verläuft; abhängen; die zweite Ungleichung (2) soll für hinreichend kleine Θ erfüllt sein.

Wir bezeichnen $\varrho(\Theta) - d = l(\Theta)$. Wir zerlegen $\varrho(\Theta)$ nach der Taylor-Formel und finden $l(\Theta) = k\Theta^2 + \varrho'''(\tau)\,\Theta^3/6$, $k = \varrho''(0)/2$. Hieraus folgt $\Theta^2 = l(\Theta)/k - \varrho'''(\tau)/6k$ und damit

$$\frac{1}{k_1} l(\Theta) - \frac{\bar{k}}{k_0}|\Theta|^3 \leqq \Theta^2 \leqq \frac{1}{k_0} l(\Theta) + \frac{\bar{k}}{k_0}|\Theta|^3 .$$

Sei $|\Theta| \leqq k_0/2\bar{k}$. Aus der letzten Ungleichung finden wir

$$\frac{2}{3k_1} l(\Theta) \leqq \Theta^2 \leqq \frac{2}{k_0} l(\Theta) . \tag{3}$$

Nach dem Kosinussatz ist

$$|x_* - y|^2 = d^2 + \varrho^2(\Theta) - 2d\varrho(\Theta) \cos \Theta = l^2(\Theta) + 4d(d + l(\Theta)) \sin^2 \frac{\Theta}{2} ;$$

hieraus und aus Ungleichung (3) folgt die Ungleichung

$$\beta_1 \Theta \leqq |y - x_*| \leqq \beta_2 \Theta \tag{4}$$

mit Konstanten β_1 und β_2, die nicht von dem oben beschriebenen zweidimensionalen Schnitt abhängen.

Satz 8.3.1. *Es seien die Forderung T sowie die Voraussetzungen aus Unterabschnitt* 8.2.1 *erfüllt. Dann gilt*

$$|x_* - x_*^{(n)}| \leqq C e_n(x_*) , \qquad C = \text{const} . \tag{5}$$

Beweis. Es existiert ein Element $x^{(n)} \in H_n$ mit $|x_* - x^{(n)}| \leqq (1 + \varepsilon)\, e_n(x_*)$. Nach Lemma 8.2.2 gibt es ein Element $y^{(n)} \in M \cap H_n$, das die Ungleichung $|x_* - y^{(n)}| \leqq \leqq C_* e_n(x_*)$ erfüllt. Wir benutzen die Bezeichnungen aus Abb. 3 (S. 148); alle Abstände und Winkel werden in der Metrik von $\tilde{H}$ gemessen. Infolge der Konstruktion der Näherungslösung gilt $\varrho_n < \varrho_n'$. Wir bezeichnen $l_n = \varrho_n - d$ und $l_n' = \varrho_n' - d$, dann ist $l_n < l_n'$.

Auf Grund der Ungleichung (3) gilt

$$\Theta_n^2 \leqq \frac{2}{k_0} l_n < \frac{2}{k_0} l_n' \leqq \frac{3k_1}{k_0} \Theta_2'^2$$

oder $|\Theta_n| \leqq |\Theta_n'| \sqrt{3k_1/k_0}$. Nunmehr folgt aus Ungleichung (4)

$$|x_* - x_*^{(n)}| \leqq \beta_2 \Theta_n < \beta_2 \Theta_n' \sqrt{3k_1/k_0} \leqq \frac{\beta_2}{\beta_1} \sqrt{3k_1/k_0}\, |x_0 - x^{(n)}| \leqq$$
$$\leqq \frac{\beta_2}{\beta_1} \sqrt{3k_1/k_0}\, C_* e_n(x_*) .$$

Somit ist bewiesen, daß der Approximationsfehler der Näherungslösung eine Größe der Ordnung $O(e_n(x_*))$ ist, wenn die Forderung T erfüllt ist. ∎

8.3.2. In diesem Unterabschnitt weisen wir auf eine einfache Klasse von Halbnormen hin, die die Forderung T erfüllen. Und zwar sei $|||x|||^2 = b(x) = b(x, x)$, wobei $b(x, y)$ eine auf H gegebene symmetrische bilineare Form ist, die einer nichtnegativen quadratischen Form $b(y)$ entspricht. Zur Vereinfachung der Herleitung werden wir hier $g = 0$ und $\tilde{H} = H$ annehmen.

Eine durch die Punkte x_0 und x_* verlaufende beliebige zweidimenionale Ebene kann folgendermaßen konstruiert werden. Im Raum H nehmen wir einen Punkt y derart, daß $|x_0 - y| = d$, $[x_0 - x_*, x_0 - y] = 0$, und setzen $e_1 = (x_* - x_0)/d$, $e_2 = = (y - x_0)/d$. Die durch die Gleichung $x - x_0 = \xi e_1 + \eta e_2$ definierte zweidimensionale Menge (hierbei sind ξ und η beliebige reelle Zahlen) ist eine Ebene, die durch die Punkte x_0, x_*, y verläuft; die Elemente der Gestalt $x - x_0$, die den Zahlen $\xi = 0$ und $\eta = 0$ entsprechen, sind orthogonal, deshalb kann man ξ und η als Cartesische Koordinaten auf dieser Ebene ansehen; der Koordinatenursprung entspricht dem Punkt x_0.

Wir führen Polarkoordinaten nach den üblichen Formeln $\xi = \varrho \cos \Theta$, $\eta = \varrho \sin \Theta$ ein. Wir geben die Polarkoordinaten der Punkte x_0, x_*, y an, und zwar ist $x_0 : \varrho = 0$; x_*: $\varrho = d$, $\Theta = 0$; y: $\varrho = d$, $\Theta = \pi/2$. In Polarkoordinaten ist $x = x_0 + \varrho v_\Theta/d$, wobei $v_\Theta = (x_* - x_0) \cos \Theta + (y - x_0) \sin \Theta$.

Wenn $\omega(x, y)$ eine symmetrische bilineare Form ist, gilt

$$\omega(x) := \omega(x, x) = d^{-2}\varrho^2\omega(v_\Theta) + 2d^{-1}\varrho\omega(x_0, v_\Theta) + \omega(x_0) .$$

Insbesondere wird die Mannigfaltigkeit ∂M durch die Gleichung

$$d^{-2}\varrho^2 b(v_\Theta) + 2d^{-1}\varrho b(x_0, v_\Theta) + b(x_0) - \alpha^2 = 0 \tag{7}$$

bestimmt.

Wie unschwer zu sehen ist, gilt $b(v_0) > 0$. In der Tat, für $b(v_0) = 0$ ist $|||x_0 - x_*||| = 0$ und $|||x_0||| = |||x_*||| = \alpha$; das bedeutet, daß im Gegensatz zur Annahme x_0 die Lösung der einseitigen Variationsaufgabe ist.

Somit ist $b(v_0) > 0$. Aber dann ist auch $b(v_\Theta) > 0$ für hinreichend kleine Θ. (7) ist eine quadratische Gleichung bezüglich ϱ; eine ihrer Wurzeln ist gleich $\varrho(\Theta)$, die andere ist größer als $\varrho(\Theta)$. Hieraus folgen die Ungleichungen

$$-b(x_0, v_0) = b(x_0, x_0 - x_*) > 0 , \tag{8}$$

$$b(x_0) - \alpha^2 > 0 . \tag{9}$$

Indem wir in (7) $\Theta = 0$, $\varrho = d$ setzen, erhalten wir

$$b(x_0) - \alpha^2 = -[b(v_0) + 2b(x_0, v_0)] = b(x_0 + x_*, x_0 - x_*) ,$$

und die Gleichung (7) läßt sich in der Form

$$d^{-2}\varrho^2 b(v_\Theta) - 2d^{-1}\varrho b(x_0, -v_\Theta) + b(x_0 + x_*, x_0 - x_*) = 0 , \tag{10}$$

die Ungleichung (9) in der Form

$$b(x_0 + x_*, x_0 - x_*) > 0 \tag{11}$$

schreiben.

Nun subtrahieren wir den Wert $\varrho''(0)$, differenzieren die Identität (7) zweimal nach Θ, setzen $\Theta = 0$ und erhalten schließlich

$$\varrho''(0) = d\,\frac{b(x_*, x_0 - x_*) + b(x_0 - y)}{b(x_*, x_0 - x_*)} . \tag{12}$$

Wir beweisen, daß der Nenner des Bruches (12) positiv ist. Für $\Theta = 0$ besitzt die Gleichung (10) die Gestalt

$$d^{-2}\varrho^2 b(x_0 - x_*) - 2d^{-1}\varrho b(x_0, x_0 - x_*) + b(x_0 + x_*, x_0 - x_*) = 0 , \tag{13}$$

ihre Wurzeln sind

$$\frac{d}{b(x_0 - x_*)}\{b(x_0, x_0 - x_*) \pm [b^2(x_0, x_0 - x_*) - b(x_0 - x_*)\, b(x_0 + x_*, x_0 - x_*)]^{1/2}\} =$$

$$= \frac{d[b(x_0, x_0 - x_*) \pm b(x_*, x_0 - x_*)]}{b(x_0 - x_*)} . \tag{14}$$

Bei dem Zeichen $-$ erhält man aus (14) die kleinere Wurzel der Gleichung (13) $\varrho = d$, woraus $b(x_*, x_0 - x_*) > 0$ folgt.

Aus Formel (12) folgt nunmehr $\varrho''(0) \geqq d$. Da die Form $b(x)$ auf dem gesamten Raum H gegeben ist, existiert andererseits solch eine Konstante $\overline{C} > 0$, daß $b(x_0 - y) \leq$

$\leqq \bar{C}\,|x_0 - y|^2 = \bar{C}d^2$ gilt, und wir gelangen zur Abschätzung

$$k_0 := \frac{d}{2} < \frac{1}{2}\varrho''(0) \leqq \frac{d}{2} + \frac{\bar{C}d^3}{2b(x_*, x_0' - x_*)} =: k_1\,, \tag{15}$$

in der k_0 und k_1 nicht von der Wahl des Elements y abhängen.

Nun beweisen wir, daß für kleine Θ die dritte Ableitung $\varrho'''(\Theta)$ unabhängig von Θ und y betragsmäßig beschränkt ist. Die kleinere Wurzel der Gleichung (11) ist

$$\varrho(\Theta) = \frac{d}{b(v_\Theta)}\left[b(x_0, -v_\Theta) - \sqrt{b^2(x_0, -v_\Theta) - b(x_0 + x_*, x_0 - x_*)\, b(v_\Theta)}\right]. \tag{16}$$

Wie wir sahen, gilt $b(v_\Theta) > 0$ für kleine Θ. Aus Formel (16) ist ersichtlich, daß jede Ableitung von $\varrho(\Theta)$ beschränkt ist, wenn der Radikand von unten beschränkt ist. Weiter oben wurde festgestellt, daß für $\Theta = 0$ der Radikand gleich $b^2(x_*, x_0 - x_*) > 0$ ist. Weiterhin ist

$$-v_\Theta = x_0 - x_* - 2(x_0 - x_*)\sin^2\frac{\Theta}{2} + (x_0 - y)\sin\Theta := x_0 - x_* + \eta;$$

wir bemerken $|\eta| \leqq d\left(|\Theta| + \dfrac{\Theta^2}{2}\right)$, deshalb ist $|\eta| \leqq \beta|\Theta|$ für kleine Θ, wobei β nicht von Θ und y abhängt. Der Radikand in (16) ist gleich

$$\begin{aligned} &b^2(x_0, x_0 - x_*) + 2b(x_0, \eta)\, b(x_0, x_0 - x_*) + b^2(x_0, \eta) - \\ &- [2b(x_0 - x_*, \eta) + b(\eta)]\, b(x_0 + x_*, x_0 - x_*) = b^2(x_0, x_0 - x_*) + O(|\Theta|)\,, \end{aligned}$$

und für hinreichend kleine Θ ist er von unten durch eine positive Zahl, die nicht von Θ und y abhängt, beschränkt.

Wir weisen noch darauf hin, daß die Forderung T erfüllt ist, falls für ein beliebiges Element y die Kurve L eine Gerade (oder ein Teil davon) ist: in diesem Fall ist $\varrho(\Theta) = d/\cos\Theta$, man kann $k_0 = k_1 = d/2$ setzen, und für $|\Theta| \leqq \pi/6$ ist $\bar{k} = 7d/9$.

8.3.3. Wie oben nehmen wir einen beliebigen Punkt $y \in \partial M$, legen in H eine zweidimensionale Ebene P durch die Punkte x_0, x_*, y (siehe Abb. 2) und führen in dieser Ebene Polarkoordinaten ϱ und Θ ein. Wir bemerken, daß die Halbnorm $|||\cdot|||$ auf allen Elementen der Ebene P endlich ist; wie im Abschnitt 8.2 gezeigt wurde, ist außerdem $\psi \geqq \pi/2$. Es sei wie vorhin $L = \partial M \cap P$ und $\varrho = \varrho(\Theta)$ die Gleichung der Kurve L.

Die Funktion $\varrho(\Theta)$ erreicht ihr Minimum bei $\Theta = 0$, deshalb wächst $\varrho(\Theta)$ mit wachsendem $|\Theta|$. Aus der Konvexität der Kurve L folgt, daß mit wachsendem Θ der Winkel ψ ebenfalls größer wird.

Wir machen nun folgende Annahmen: Es existieren positive Konstanten Θ_0, k, $\delta < \pi/2$ derart, daß für $|\Theta| \leqq \Theta_0$ die Ungleichungen $|\varrho'(\Theta)| \leqq k$ und $\delta + \pi/2 \leqq \psi$ gelten. Diese Konstanten können von x_0, aber nicht von der Wahl der durch die Punkte x_0 und x_* verlaufenden Ebene P abhängen.

Aus der Ungleichung $\psi \geqq \delta + \pi/2$ folgt, daß x_* ein „konischer" Punkt der Menge ∂M ist: Der Vektor $x_0 - x_*$ bildet mit jeder Sekante der Menge ∂M, die durch den Punkt x_* verläuft, einen Winkel, der kleiner als $\delta + \pi/2$ ist.

Wir beweisen, daß unter den hier formulierten Annahmen die Abschätzung (5) für den Fehler der Näherungslösung gilt.

Sei $|\Theta| \leqq \Theta_0$. Wir bezeichnen $l(\Theta) = \varrho(\Theta) - d$ und haben

$$l(\Theta) = \varrho(\Theta) - d = \varrho(\Theta) - \varrho(0) = \int_0^\Theta \varrho'(\Theta)\, d\Theta \leqq k\,|\Theta|\,. \tag{17}$$

Deshalb gilt für den Punkt x mit den Polarkoordinaten $(\varrho(\Theta), \Theta)$

$$|x_* - x|^2 = \varrho^2(\Theta) + d^2 - 2\varrho(\Theta)\, d \cos \Theta =$$
$$= l^2(\Theta) + 4\varrho(\Theta)\, d \sin^2 \frac{\Theta}{2} \leqq C_1^2 \Theta^2\,, \qquad C_1 = \text{const}\,. \tag{18}$$

Andererseits finden wir für $\lambda = |x_* - x|$

$$\sin |\Theta| = \frac{\lambda \sin \psi}{\varrho(\Theta)}\,; \qquad |\Theta| \leqq \frac{\Theta_0}{\sin \Theta_0} \frac{\lambda}{d} =: C_2\, |x_* - x|\,. \tag{19}$$

Außerdem ist

$$\lambda = \frac{\varrho(\Theta) \sin |\Theta|}{\sin \psi} \geqq \frac{\varrho^2(\Theta) \sin |\Theta|}{\cos \delta}$$

und folglich

$$l^2(\Theta) + 4\varrho(\Theta)\, d \sin^2 \frac{\Theta}{2} \geqq \frac{\varrho^2(\Theta) \sin^2 \Theta}{\cos^2 \delta}\,. \tag{20}$$

Wir beweisen, daß für hinreichend kleines Θ_0 die Ungleichung

$$4\varrho(\Theta)\, d \sin^2 \frac{\Theta_0}{2} \leqq \sigma \varrho^2(\Theta) \frac{\sin^2 \Theta}{\cos^2 \delta} \tag{21}$$

mit einer Konstanten σ, $0 < \sigma < 1$, gilt. (21) ist der Ungleichung

$$d \leqq \sigma \varrho(\Theta) \cos^2 \frac{\Theta}{2} \Big/ \cos^2 \delta$$

äquivalent, und es genügt, daß

$$d \leqq \sigma \varrho(\Theta) \cos^2 \frac{\Theta_0}{2} \Big/ \cos^2 \delta$$

ist. Wenn wir $\Theta_0 < 2\delta$ wählen, ist die letzte Ungleichung für

$$\sigma = \cos^2 \delta / \cos^2 \frac{\Theta_0}{2}$$

erfüllt. Nunmehr gilt

$$l^2(\Theta) \geqq (1 - \sigma) \frac{\varrho^2(\Theta) \sin^2 \Theta}{\cos^2 \delta} \geqq (1 - \sigma)\, d^2 \frac{\sin^2 \Theta}{\cos^2 \delta}$$

und schließlich

$$l(\Theta) \geqq C_3 |\Theta|\,, \qquad C_3 = \frac{d \sqrt{1 - \sigma} \sin \Theta_0}{\Theta_0 \cos \delta}\,. \tag{22}$$

Sei $\bar{x}^{(n)}$ das bestapproximierende Element des Unterraums H_n für das Element x_*, d. h. $e_n(x_*) = ||x_* - \bar{x}^{(n)}||$. Nach Lemma 8.2.2 existiert ein Element $y^{(n)} \in M \cap H_n$, für das $||x_* - y^{(n)}|| \leqq C e_n(x_*)$ gilt. Wir benutzen die Bezeichnungen aus Abb. 3, in der wir dieses Mal $x^{(n)} = y^{(n)}$ annehmen. Wegen der Konstruktion der Näherungslösung ist $\varrho_n' > \varrho_n$. Wir setzen $l_n = \varrho_n - d$, $l_n' = \varrho_n' - d$, so daß $l_n < l_n'$ gilt. Aus den Formeln (18), (22), (17) und (19) erhalten wir

$$|x_* - x_*^{(n)}| \leqq C_1 |\Theta_n| \leqq \frac{C_1}{C_3} l_n < \frac{C_1}{C_3} l_n' \leqq \frac{C_1 k}{C_3} |\Theta_n'| \leqq$$

$$\leqq \frac{C_1 C_2 k}{C_3} |x_* - y^{(n)}| \leqq C e_n(x_*); \qquad C = \frac{C_1 C_2 C_* k}{C_3},$$

und unsere Behauptung ist bewiesen.

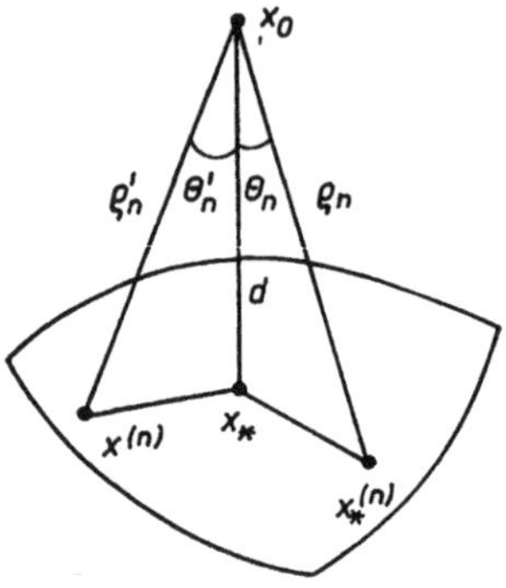

Abb. 3

8.4. Abschätzung des Approximationsfehlers für eine allgemeinere Aufgabe

8.4.1. In der Arbeit von Tjuchtin [1] wurde der Approximationsfehler des am Anfang dieses Kapitels formulierten allgemeineren Problems untersucht. In einem reflexiven Banach-Raum B mit der Norm $\|\cdot\|$ seien eine nichtleere, konvexe, abgeschlossene Menge M und ein konvexes, schwach unterhalbstetiges Funktional J gegeben; wenn die Menge M unbeschränkt ist, fordern wir zusätzlich $J(x) \xrightarrow[\|x\| \to \infty]{} +\infty$. Es wird die Aufgabe gestellt, das Element $x_* \in M$ zu bestimmen, das das Minimum des Funktionals $J(x)$ auf der Menge M realisiert. Wie zu Beginn dieses Kapitels gesagt wurde, existiert eine eindeutige Lösung dieser Aufgabe, falls das Funktional J streng konvex ist.

8.4.2. Die Näherungslösung $x^{(n)}$ dieser allgemeineren Aufgabe wird wie im Abschnitt 8.2 konstruiert: Wir wählen eine in B vollständige Folge endlichdimensionaler Teilräume $\{B_n\}$ und verstehen als $x^{(n)}$ die Lösung des Minimumproblems für das Funktional J auf der Menge $M \cap B_n$. Die Vollständigkeit der Folge $\{B_n\}$ wird in dem zitierten Artikel von Tjuchtin in folgendem Sinne verstanden. Sei $P_M(x)$ das Minkowski-Funktional der Menge M. Dieses Funktional ist folgendermaßen definiert. Sei L ein beliebiger linearer Raum und M eine konvexe Menge in L. Der Punkt $\xi \in M$ gehört zum *Kern der Menge* M (in der Terminologie des Buches von Kolmogorow und Fomin [1]; im Buch von Balakrishnan [1] heißt ξ *algebraisch innerer Punkt* der Menge M), falls für beliebiges $\eta \in L$ solch eine Zahl $a > 0$ existiert, daß gilt $(\xi + t\eta) \in M$ für $|t| < a$. Sei ξ_0 ein Punkt des Kerns der Menge M. Das Minkowski-Funktional der Menge M wird durch die Formel (siehe die oben zitierten Bücher)

$$P_M(x) = \inf_{\lambda \geqq 0} \left\{ \lambda : \frac{x - \xi_0}{\lambda} \in M \right\}, \qquad \forall x \in L \tag{1}$$

definiert. Im weiteren werden wir $\xi_0 = 0$ voraussetzen, was offensichtlich keine Einschränkung der Allgemeinheit bedeutet. Nun setzen wir $\forall x \in B$

$$E_n(x) = \inf_{x^{(n)} \in B_n} [||x - x^{(n)}|| + |P_M(x) - P_M(x^{(n)})|] . \tag{2}$$

Wir nehmen an, daß auf den Elementen der Teilräume B_n das Minkowski-Funktional endlich ist. Nach der in Tjuchtin [1] getroffenen Definition ist die Folge $\{B_n\}$ im Punkt $x \in B$ *vollständig*, wenn $\lim_{n\to\infty} E_n(x) = 0$ ist. Offensichtlich ist für diese Vollständigkeit die Beziehung $P_M(x) < \infty$ notwendig.

8.4.3. Wir führen die Funktion

$$g(\alpha) = \inf_{y \in M_\alpha} [J(y) - J(x_*)] , \tag{3}$$

$$M_\alpha = \{y \in M : ||y - x_*|| = \alpha\} ,$$

ein, die wir als *Minorante des Funktionals* J auf der Menge M bezeichnen.

Eine Abschätzung des Approximationsfehlers liefert der folgende Satz:

Satz 8.4.1. *Es seien folgende Bedingungen erfüllt:* (i) *auf allen Elementen der Teilräume B_n ist das Minkowski-Funktional endlich*; (ii) *in einer gewissen Umgebung (im Sinne der Norm von B) der exakten Lösung x_* ist das Funktional $J(x)$ endlich und erfüllt eine Lipschitz-Bedingung*; (iii) *für kleine Zahlen $\alpha \geqq 0$ ist die Funktion $g(\alpha)$ streng monoton*; (iv) *die Folge der Teilräume $\{B_n\}$ ist in dem oben erläuterten Sinne vollständig in B. Dann gilt die Abschätzung des Approximationsfehlers*

$$||x_* - x_*^{(n)}|| \leqq g^{-1}(\delta E_n(x_*)) ; \qquad \delta = \beta \max(1, ||x_*||) , \tag{4}$$

wobei β die Lipschitz-Konstante des Funktionals J in der Umgebung des Punktes x_* ist.

Bemerkung 8.4.1. In der Arbeit Tjuchtin [1] wird bewiesen, daß J eine Lipschitz-Bedingung erfüllt, falls M einen inneren Punkt besitzt.

Bemerkung 8.4.2. Beim Beweis von Satz 8.4.1 spielt ein Lemma eine große Rolle, das eine Verallgemeinerung von Lemma 8.2.2 darstellt:

Lemma 8.4.1. *Seien $x \in M$ und $x^{(n)} \in B_n$. Es existiert solch ein Punkt $y^{(n)} \in B_n \cap M$, für den gilt*

$$||x - y^{(n)}|| \leqq ||x - x^{(n)}|| + ||x|| \, |P_M(x) - P_M(x^{(n)})| . \tag{5}$$

Wir weisen auf einen wichtigen Spezialfall hin, der in der zitierten Arbeit untersucht wurde. Sei B ein Hilbert-Raum und $J(x) = |x - x_0|^2$, $x_0 \notin M$; wir nehmen an, daß M eine beliebige nichtleere, konvexe, abgeschlossene Menge in B ist. Dann gilt

Satz 8.4.2. *Wenn das Minkowski-Funktional P_M auf allen Elementen der Räume B_n endlich ist und die Folge $\{B_n\}$ im oben erläuterten Sinne im Punkt x_* vollständig ist, dann gilt*

$$||x_* - x_*^{(n)}|| = O(\sqrt{E_n(x_*)}) . \tag{6}$$

8.4.4. In diesem Unterabschnitt legen wir, ebenfalls ohne Beweis, einige Resultate der Arbeit von Demjanowitsch [4] dar. In ihr wird das Minimumproblem aus 8.1.3 für den Abstand eines gegebenen Punktes $x_0 \in H$, H ist ein Hilbert-Raum, zu einer nichtleeren, konvexen und in H abgeschlossenen Menge M untersucht. Sei H_n ein Teilraum des Raumes H; x_*, $x_*^{(n)}$ und $x^{(n)}$ haben die gleiche Bedeutung wie bisher. Wir bezeichnen

$$\forall x \in H\,, \qquad E_n(x) = \inf_{x^{(n)} \in H_n} |x - x^{(n)}|\,; \tag{7}$$

außerdem sei P_n der Orthoprojektor aus H auf H_n. Es wird folgender Satz bewiesen:

Satz 8.4.3. *Sei $M_n = M \cap H_n$ und $P_n x_* \in M_n$. Dann gilt die Abschätzung*

$$|x_* - x_*^{(n)}| \leqq E_n(x_*) + [E_n^2(x_*) + E_n(x_*)\, E_n(x_0)]^{1/2}\,. \tag{8}$$

Wir bemerken, daß, falls $E_n(x_*)$ und $E_n(x_0)$ Größen der gleichen Ordnung sind, aus (8)

$$|x_* - x_*^{(n)}| = O(E_n(x_*)) \tag{9}$$

folgt; leider ist die Bedingung $P_n x_* \in M_n$ nur schwer verifizierbar.

8.5. Über die Stabilität der exakten Lösung der einseitigen Variationsaufgabe

8.5.1. Wir betrachten das Minimumproblem für den Abstand im Hilbert-Raum H eines festen Punkts x_0 dieses Raumes zu einer nichtleeren, konvexen, abgeschlossenen Menge M:

$$|x - x_0| = \min\,, \qquad x \in M\,. \tag{1}$$

Wir stellen die Frage (siehe Michlin [29]) nach der Stabilität der exakten Lösung der Aufgabe (1) bezüglich kleiner Veränderungen ihrer Vorgaben: des Elements x_0, der Norm $|\cdot|$ des Raumes H und der Menge M. Diese Frage, die unserer Meinung nach auch von selbständigem Interesse ist, hilft uns später (siehe Abschnitt 8.6), den Verzerrungsfehler der näherungsweisen Lösung der Aufgabe (1) zu untersuchen. Die Aufgabe (1) werden wir im weiteren *einfachste* einseitige Variationsaufgabe nennen.

8.5.2. Die Norm $|\cdot|$ und die Menge M mögen unverändert bleiben, während wir das Element x_0 durch das Element $y_0 \in H$ mit $|x_0 - y_0| \leqq \delta$ ersetzen; mit δ wird hier und im gesamten Abschnitt eine kleine positive Zahl bezeichnet. Die Lösung dieser gestörten Aufgabe bezeichnen wir mit y_*. Wegen der üblichen Voraussetzung ist $x_0 \notin M$, somit ist $y_0 \notin M$ für hinreichend kleines δ, und dann gilt $x_* \neq x_0$, $y_* \neq y_0$, $x_* \in \partial M$, $y_* \in \partial M$.

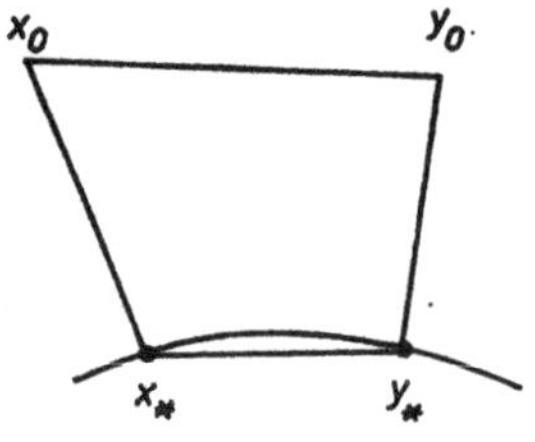

Abb. 4

Wir betrachten das Viereck aus Abb. 4. Seine vier Eckpunkte bestimmen einen dreidimensionalen (im Spezialfall zweidimensionalen) Raum E, dessen Elemente alle zu H gehören. Aus dem Beweis von Lemma 8.2.1 folgt, daß die Winkel des Vierecks in den Eckpunkten x_* und y_* stumpf oder rechtwinklig sind. Wenn durch die Punkte

x_* und y_* in E Ebenen (Geraden, falls E zweidimensional ist) gelegt werden, die senkrecht zur Verbindungsstrecke der Punkte x_* und y_* sind, dann liegen x_0 und y_0 außerhalb oder auf dem Rand der Schicht, die von den erwähnten Ebenen begrenzt wird. Hieraus folgt

$$|x_* - y_*| \leqq |x_0 - y_0| \leqq \delta , \tag{2}$$

und die Lösung der einfachsten Aufgabe ist stabil gegenüber kleinen Störungen des Elements x_0.

8.5.3. Im Raum H ersetzen wir die Norm $|\cdot|$ durch eine andere Hilbertsche Norm $|\cdot|_1$ derart, daß für alle $x \in H$ gilt

$$(1 - \delta)\,|x| \leqq |x|_1 \leqq (1 + \delta)\,|x| . \tag{3}$$

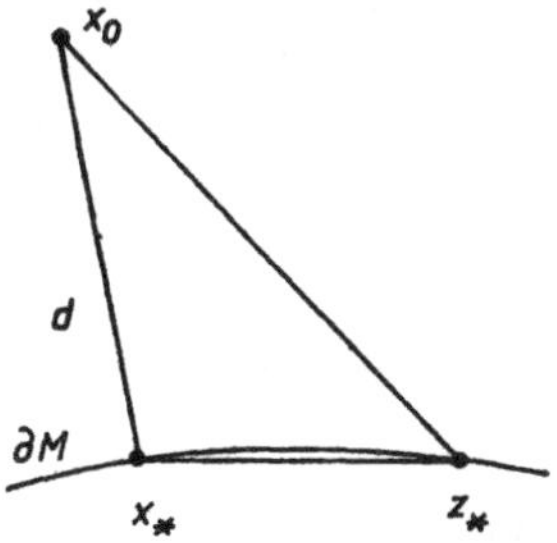

Abb. 5

Den mit der Metrik $|\cdot|_1$ versehenen Raum H bezeichnen wir mit H_1 und die Lösung der gestörten Aufgabe $|x - x_0|_1 = \min$, $x \in M$, mit z_*. Wir schätzen die Größe $|x_* - z_*|$ ab. Durch die Punkte x_0, x_*, z_* legen wir in H die zweidimensionale Ebene P und führen auf ihr die durch die Hilbertsche Norm $|\cdot|$ induzierte Euklidische Topologie ein. In den Bezeichnungen von Abb. 5 haben wir

$$|x_0 - z_*|^2 = d^2 + |z_* - x_*|^2 - 2d\,|z_* - x_*| \cos\psi .$$

Offensichtlich ist $\psi \geqq \pi/2$, im entgegengesetzten Fall wäre x_* nicht Minimalelement, deshalb gilt

$$|z_* - x_*|^2 \leqq |x_0 - z_*|^2 - d^2 . \tag{4}$$

Wenn wir analog in der Ebene P die von der Hilbertschen Norm $|\cdot|_1$ induzierte Euklidische Metrik einführen und $|x_0 - z_*|_1 = d_1$ setzen, dann erhalten wir

$$|z_* - x_*|_1^2 \leqq |x_0 - z_*|_1^2 - d_1^2 . \tag{5}$$

Für $d_1 \leqq d$ folgt aus (3)

$$|x_* - z_*|^2 \leqq \frac{|x_0 - z_*|_1^2}{(1-\delta)^2} - d^2 = \frac{d_1^2}{(1-\delta)^2} - d^2 \leqq \frac{d^2(2-\delta)}{(1-\delta)^2}\,\delta$$

oder

$$|x_* - z_*| \leqq \frac{\sqrt{2-\delta}\,d}{1-\delta}\sqrt{\delta}; \tag{6}$$

für $d_1 > d$ liefert die Ungleichung (5)

$$|x_* - z_*|_1^2 \leqq (1+\delta)\,d^2 - d_1^2 \leqq (2+\delta)\,d^2\delta ,$$

woraus

$$|x_* - z_*| \leqq \frac{|x_* - z_*|_1}{1 - \delta} \leqq \frac{\sqrt{2 + \delta}\, d}{1 - \delta} \sqrt{\delta} \tag{7}$$

folgt.

Aus den Ungleichungen (6) und (7) folgt nun

$$|x_* - z_*| \leqq C_\delta \sqrt{\delta}\,, \qquad C_\delta = \frac{\sqrt{2 + \delta}}{1 - \delta}\, d\,, \tag{8}$$

was bedeutet, daß die Lösung der einfachsten Aufgabe stabil ist bezüglich kleiner Störungen der Metrik des Raumes H.

8.5.4. Jetzt nehmen wir an, daß das Element x_0 und die Metrik des Raumes H unverändert bleiben und daß die Menge M durch eine ihr ähnliche Menge M' ersetzt wird, die wir ebenfalls als nichtleer, konvex und in der Norm von H abgeschlossen voraussetzen. Die Nähe der Mengen M und M' definieren wir hier durch folgende Forderungen: Es existiert eine bijektive Abbildung $S\colon M' \to M$ dergestalt, daß

$$|x - S^{-1}x| \leqq \delta(|x| + 1)\,, \qquad \forall x \in M\,. \tag{9}$$

Wir weisen auf eine Folgerung aus der Ungleichung (9) hin. Sei $x' \in M'$, dann ist $Sx' \in M$ und wegen Ungleichung (9) ist

$$|x' - Sx'| = |Sx' - S^{-1}Sx'| \leqq \delta(|Sx'| + 1)\,.$$

Wir setzen in derselben Ungleichung (9) $x = Sx'$, erhalten $|Sx'| \leqq (1 - \delta)^{-1}(|x'| + 1)$ und folglich

$$|x' - Sx'| \leqq \frac{\delta}{1 - \delta}(|x'| + 1)\,, \qquad \forall x' \in M'\,. \tag{10}$$

Neben der Aufgabe (1) betrachten wir die Aufgabe

$$|x' - x_0| = \min\,, \qquad x' \in M'; \tag{11}$$

ihre Lösung bezeichnen wir mit x'_*. Sei wie oben $x_0 \notin M$. Wir beweisen, daß $x_0 \notin M'$ für hinreichend kleines δ. In der Tat, für $x_0 \in M'$ ist $Sx_0 \in M$ und $|Sx_0 - x_0| \geqq d$; wie oben ist hier $d = |x_* - x_0|$. Infolge Ungleichung (10) gilt andererseits $|x_0 - Sx_0| \leqq \delta(1 - \delta)^{-1}(|x_0| + 1)$, was der vorigen Ungleichung für kleines δ widerspricht.

Wir setzen $d' = \min |x' - x_0| = |x'_* - x_0|$. Infolge Ungleichung (9) gilt

$$d' \leqq |x_0 - S^{-1}x_*| \leqq |x_0 - x_*| + |x_* - S^{-1}x_*| \leqq d + \delta(|x_*| + 1)\,,$$

und wegen $S^{-1}x_* \in M'$ ist $d' \leqq |x_0 - S^{-1}x_*| \leqq d + \delta(|x_*| + 1)$. Für $x'_* \in M'$ ist analog $Sx'_* \in M$, und infolge Ungleichung (10) gilt

$$d \leqq |x_0 - Sx'_*| \leqq |x_0 - x'_*| + |x'_* - Sx'_*| \leqq d' + \frac{\delta}{1 - \delta}(|x'_*| + 1)\,.$$

Somit ist

$$-\delta(|x_*| + 1) \leqq d - d' \leqq \frac{\delta}{1 - \delta}(|x'_*| + 1)\,. \tag{12}$$

Wir schätzen die Differenz $x_* - x'_*$ ab und erhalten

$$|x_* - x'_*| \leqq |x_* - S^{-1}x_*| + |S^{-1}x_* - x'_*| \leqq \delta(|x_*| + 1) + |S^{-1}x_* - x'_*|\,. \tag{13}$$

Wegen $S^{-1}x_* \in M'$ gilt nach Lemma 8.2.1

$$|S^{-1}x_* - x'_*|^2 \leqq |x_0 - S^{-1}x_*|^2 - d'^2 =$$
$$= [|x_0 - S^{-1}x_*| + d'] [|x_0 - S^{-1}x_*| - d'] ,$$

und nach Ungleichung (12) ergibt sich

$$|S^{-1}x_* - x'_*|^2 \leqq [\delta(1-\delta)^{-1}(|x'_*| + 1) + \delta(|x_*| + 1)] \times$$
$$\times [2d + \delta(1-\delta)^{-1}(|x'_*| + 1) + \delta(|x_*| + 1)) . \tag{14}$$

Wir setzen $|S^{-1}x_* - x'_*| = \varepsilon$. Aus der Ungleichung (13) erhalten wir $|x'_*| \leqq (1+\delta) \times \times (|x_*| + 1) + \varepsilon$. Durch Einsetzen in (14) gelangen wir zu einer quadratischen Ungleichung für ε der Gestalt

$$(1 - a\delta^2)\,\varepsilon^2 - 2b\delta\varepsilon - c\delta \leqq 0; \tag{15}$$

hierbei sind a, b, c Funktionen von δ und von $|x_*|$, die beschränkt und positiv für festes $|x_*|$ und für hinreichend kleine δ sind. Aus (15) folgt $\varepsilon \leqq C\delta^{1/2}$, $C = \text{const}$, und auf Grund der Ungleichung (13) gilt

$$|x'_* - x_*| \leqq C'\sqrt{\delta} , \quad C' = \text{const} . \tag{16}$$

Die Ungleichung (16) zeigt, daß die Lösung der Aufgabe (1) stabil gegenüber im Sinne der Ungleichung (9) kleinen Störungen der Menge M ist.

8.5.5. Wir untersuchen die Stabilität der Lösung von Aufgabe (8.1.1-2). Wegen der Resultate von Unterabschnitt 8.1.2 genügt es, sich auf den Fall $\beta = |||g||| < \alpha$ zu beschränken. Die Stabilität der genannten Aufgabe untersuchen wir für zwei Fälle, in denen sich die Menge M so ändert, daß diese Veränderung zwar als klein angenommen werden kann, sich aber nicht durch eine Beziehung vom Typ der Ungleichung (9) beschreiben läßt. In diesem Unterabschnitt betrachten wir den Fall, daß die gestörte Menge M' durch die Formel

$$M' = \{x \in H : |||x - g||| \leqq \alpha'\} \tag{17}$$

bestimmt wird, in der sich die Zahl α' wenig von α unterscheidet. Wir bemerken, daß wir uns für $g = 0$ (darauf kann man offensichtlich den allgemeineren Fall $g \in H$ zurückführen) unter den Bedingungen von 8.5.4 befinden: Als S kann die Abbildung $Sx' = \alpha x'/\alpha'$, $\forall x' \in M'$ gewählt werden. Im folgenden wird der allgemeine Fall $g \in \tilde{H}$ untersucht.

Sei zuerst $\alpha' = \alpha - \delta$. Wir setzen

$$M_- = \{x \in H : |||x - g||| \leqq \alpha - \delta\} \tag{18}$$

und

$$Qx = (1 - \sigma)\,x = x_- , \qquad \forall x \in M , \qquad \sigma > 0 , \tag{19}$$

und zeigen, daß für hinreichend kleines σ die Abbildung Q eine Injektion $M \to M_-$ ist. In der Tat ist

$$|||x_- - g||| = |||(1-\sigma)(x-g) - \sigma g||| \leqq (1-\sigma)\,\alpha + \sigma\beta =$$
$$= \alpha - \sigma(\alpha - \beta)$$

und es genügt, $\sigma = \delta(\alpha - \beta)^{-1}$ zu wählen; wir bemerken noch, daß $\sigma = C\delta$, $C = (\alpha - \beta)^{-1} = \text{const}$ ist und daß die Gleichheit

$$|x - Qx| = C\delta\,|x| \tag{20}$$

gilt.

Neben der Aufgabe (8.1.1-2) betrachten wir das Problem $|x - x_0| = \min$, $x \in M_-$, wobei M_- durch die Formel (18) bestimmt wird. Die Lösungen dieser Aufgaben bezeichnen wir entsprechend mit x_* und y_*. Sei noch $d = |x_0 - x_*|$ und $d_- = |x_0 - y_*|$. Wegen $M_- \subset M$ ist $d \leqq d_-$; außerdem ist $x_* \in M$ und deshalb $Qx_* \in M_-$. Hieraus folgt auf Grund von Ungleichung (20)

$$d \leqq d_- \leqq |x_0 - Qx_*| \leqq |x_0 - x_*| + |x_* - Qx_*| = d + C\delta\, |x_*| . \tag{21}$$

Wir schätzen die Differenz $x_* - y_*$ ab:

$$|x_* - y_*| \leqq |x_* - Qx_*| + |Qx_* - y_*| = C\delta\, |x_*| + |Qx_* - y_*| . \tag{22}$$

Wegen $Qx_* \in M_-$, ist nach Lemma 8.2.1 $|Qx_* - y_*|^2 \leqq |x_0 - Qx_*|^2 - d_-^2$. Nun folgt aus Ungleichung (21) $|Qx_* - y_*|^2 \leqq C\delta\, |x_*|\,(2d + C\delta\, |x_*|)$. Indem wir diese Abschätzung in (22) einsetzen, erhalten wir

$$|x_* - y_*| \leqq C\, |x_*|\, \delta + \sqrt{C\, |x_*|\,(2d + C\delta\, |x_*|)}\, \sqrt{\delta}; \tag{23}$$

wenn das Element x_* fest ist, ergibt sich hieraus die einfachere Ungleichung

$$|x_* - y_*| \leqq C \sqrt{\delta}\,, \qquad C = \text{const}\,, \tag{24}$$

die die Stabilität der Lösung von Aufgabe (8.1.1-2) gegenüber einer kleineren Verringerung der Zahl α beweist, falls $|||g||| < \alpha$ gilt.

Es werde nunmehr α durch $\alpha + \delta$ ersetzt. Wir setzen

$$M_+ = \{x \in H : |||x - g||| \leqq \alpha + \delta\} . \tag{25}$$

Wenn z_* die Lösung der Aufgabe

$$|x - x_0| = \min\,, \qquad x \in M_+\,, \tag{26}$$

und $d_+ = |x_0 - z_*|$ ist, dann gelten die (21) und (23) analogen Beziehungen:

$$d_+ \leqq d \leqq d_+ + C\delta\, |z_*|\,, \tag{27}$$

$$|x_* - z_*| \leqq C\, |z_*|\, \delta + \sqrt{C\, |z_*|\,(2d + C\delta\, |z_*|)}\, \sqrt{\delta}\,. \tag{28}$$

In der Ungleichung (28) ersetzen wir die linke Seite durch den kleineren Wert $|z_*| - |x_*|$. Nun ergibt sich leicht eine quadratische Ungleichung für $|z_*|$:

$$|z_*|^2 - 2\, |z_*|\, \frac{|x_*|\,(1 - C\delta) + 2Cd\delta}{1 - 2C\delta - C^2\delta^2} + \frac{|x_*|^2}{1 - 2C\delta - C^2\delta^2} \leqq 0\,,$$

aus der folgt

$$|z_*| \leqq (1 - 2C\delta - C^2\delta^2)^{-1}\, [(1 - C\delta)\, |x_*| + 2Cd\delta +$$
$$+ \sqrt{2C^2\delta^2\, |x_*|^2 + 2Cd\delta\, |x_*| + 4C^2\delta^2 d^2}]\,.$$

Für kleine δ ist der letzte Radikand eine Größe der Ordnung $O(|x_*|\,\delta + \sqrt{|x_*|\,\delta} + \delta)$ und folglich gilt $|z_*| \leqq |x_*| + O(\sqrt{|x_*|\,\delta})$. Das setzen wir in (28) ein und sehen, daß für festes x_*

$$|x_* - z_*| = O(\sqrt{\delta}) \tag{29}$$

gilt, womit die Stabilität der Lösung der betrachteten Aufgabe bezüglich kleiner Vergrößerungen der Zahl α bewiesen ist, falls $|||g||| < \alpha$ gilt.

8.5.6. Sei weiterhin $|||g||| < \alpha$, und wir nehmen an, daß g durch ein Element g' mit $|||g - g'||| \leqq \delta$ ersetzt wird; die übrigen Vorgaben bleiben unverändert. Wir erhalten damit die neue Aufgabe

$$|x - x_0| = \min , \qquad x \in M' , \tag{10}$$
$$M' = \{x \in H: |||x - g'||| \leqq \alpha\} .$$

Dabei ist

$$|||x - g||| - |||g - g'||| \leqq |||x - g'||| \leqq |||x - g||| + |||g - g'|||$$

oder

$$|||x - g||| - \delta \leqq |||x - g'||| \leqq |||x - g||| + \delta . \tag{31}$$

Wir setzen wie oben

$$M_{\pm} = \{x \in H: |||x - g||| \leqq \alpha \pm \delta\} . \tag{32}$$

Sei $x \in M_-$, dann ist $|||x - g'||| \leqq |||x - g||| + \delta \leqq \alpha$, d. h. $x \in M'$. Somit gilt $M_- \subset M'$. Genauso wird $M' \subset M_+$ gezeigt. Die Ungleichung (31) bedeutet also

$$M_- \subset M' \subset M_+ . \tag{33}$$

Bei einer Erweiterung der Menge verringert sich das Minimum, deshalb gilt (die Bedeutung der Bezeichnungen ist offensichtlich)

$$d_+ \leqq d' \leqq d_- , \qquad d_+ \leqq d \leqq d_- . \tag{34}$$

Aus den Formeln (21) und (27) folgt $d_- - d_+ = O(\delta)$, dann besitzen aber auch die Differenzen $d_- - d'$, $d_- - d$, $d' - d_+$, $d' - d$ die gleiche Ordnung. Seien weiterhin x'_* und z_* die Minimalelemente, die den Mengen M' und M_+ entsprechen. Wegen $M' \subset M_+$ ist $x'_* \in M_+$; nach Lemma 8.2.1 gilt $|x'_* - z_*|^2 \leqq d'^2 - d_+^2$ und $|x'_* - z_*| = O(\sqrt{\delta})$. Nun ist

$$|x_* - x'_*| \leqq |x_* - z_*| + |z_* - x'_*| = O(\sqrt{\delta}) ; \tag{35}$$

die Lösung von Aufgabe (8.1.1—2) erweist sich als stabil bezüglich (in der Metrik $|||\cdot|||$) kleiner Störungen des Elements g.

8.5.7. Nun seien gleichzeitig alle Parameter der Aufgabe (8.1.1-2) gestört: Das Element x_0 sei durch das Element x_1, die Norm $|\cdot|$ durch $|\cdot|_1$, die Zahl α durch $\alpha' = \alpha + \delta$ und schließlich das Element g durch ein in der Metrik $|||\cdot|||$ nahes Element g' ersetzt. Wie bisher bezeichne x_* die Lösung der ungestörten Aufgabe (8.1.1-2). Mit x_{1*}, x_{2*}, x_{3*}, x_{4*} bezeichnen wir die Lösungen der folgenden gestörten Aufgaben: x_{1*} entspricht dem Element x_1 bei den übrigen ungestörten Parametern, x_{2*} entspricht dem Element x_1 und der Norm $|\cdot|_1$ bei ungestörten α; und g, x_{3*} ist die bei ungestörtem g und den übrigen gestörten Parametern erhaltene Lösung und schließlich entspricht x_{4*} den gestörten Werten aller vier Parameter. Wie bisher setzen wir $d = |x_0 - x_*|$; sei außerdem $d_i = |x_1 - x_{i*}|$, $i = 1, 2, 3, 4$. Wir schätzen die Differenz $x_* - x_{4*}$ ab:

$$|x_* - x_{4*}| \leqq \sum_{i=1}^{4} |x_{i-1,*} - x_{i*}| , \qquad x_{0*} = x_* ;$$

nach Ungleichung (2)—(3) gilt

$$|x_* - x_{4*}| \leqq \delta + \sum_{i=2}^{4} |x_{i-1,*} - x_{i*}| . \tag{36}$$

Wie aus den Formeln (6), (29) und (35) ersichtlich ist, werden die Abschätzungen der Normen in (36) durch die Abschätzungen der Größen d_i in Abhängigkeit von d bestimmt. Wir suchen diese letzten Abschätzungen. Offensichtlich ist

$$d_1 \leqq |x_1 - x_0| + |x_0 - x_*| + |x_* - x_{1*}| \leqq d + 2\delta\,; \tag{37}$$

die Formeln (3), (8) und (37) liefern

$$\begin{aligned} d_2 &= |x_1 - x_{2*}| \leqq (1-\delta)^{-1}\,|x_1 - x_{2*}|_1 \leqq (1-\delta)^{-1}\,(|x_1 - x_{1*}|_1 + \\ &\quad + |x_{1*} - x_{2*}|_1) \leqq (1+\delta)\,(1-\delta)^{-1}\,\big(d + 2\delta + C_\delta(d+2\delta)\sqrt{\delta}\big) = \\ &= d + O(\delta)\,. \end{aligned} \tag{38}$$

Wir schätzen die Größe d_3 ab. Nach (27) ist $d_3 = d_2 + O(\delta) = d + O(\sqrt{\delta})$ für $\alpha' = \alpha + \delta$; dieselbe Beziehung gilt auch für $\alpha' = \alpha - \delta$, was aus Formel (21) folgt. Nunmehr folgt aus (34)

$$d_4 = d_3 + O(\sqrt{\delta}) = d + O(\sqrt{\delta})\,.$$

Es ist leicht zu überprüfen, daß alle Summanden in (36) Größen der Ordnung $O(\sqrt{\delta})$ sind; das bedeutet, daß die Lösung x_* stabil bezüglich kleiner Störungen aller der Parameter ist, die zu Beginn dieses Unterabschnitts aufgezählt wurden.

Durch analoge Überlegungen wird die Stabilität der Lösung von Aufgabe (1) bezüglich gleichzeitiger kleiner Störungen des Elements x_0, der Norm $|\cdot|$ und der Menge M, falls diese Störung den Bedingungen aus 8.5.4 entspricht, bewiesen.

8.6. Abschätzung des Verzerrungsfehlers

8.6.1. Sei $a(x, y)$ eine auf einer linearen Menge L definierte symmetrische bilineare Form, und die ihr entsprechende quadratische Form $a(x) = a(x, x)$ sei positiv, d. h., $a(x) \geqq 0\ \forall x$ und aus $a(x) = 0$ folgt $x = 0$. Durch Einführung des Skalarprodukts $[x, y] = a(x, y)$ und der Norm $|x| = \sqrt{a(x)}$ verwandeln wir die Menge L in einen Prä-Hilbert-Raum; die Abschließung des letzteren in der erwähnten Norm ergibt einen Hilbert-Raum, den wir mit H bezeichnen. Wir setzen H als separabel voraus; zur Vereinfachung der Schreibweise nehmen wir H noch reell an.

8.6.2. Sei $f(x)$ ein auf dem gesamten Raum H definiertes lineares, beschränktes Funktional und $M \subset H$ eine nichtleere, konvexe und in der Norm von H abgeschlossene Menge. Die Aufgabe

$$a(x) - 2f(x) = |x|^2 - 2f(x) = \min\,, \qquad x \in M\,, \tag{1}$$

besitzt eine eindeutig bestimmte Lösung und ist äquivalent der Aufgabe

$$|x - x_0| = \min\,, \qquad x \in M\,, \tag{2}$$

wobei x_0 das durch die Identität

$$f(x) = [x, x_0] \qquad \forall x \in H\,, \tag{3}$$

bestimmte Element des Raumes H ist; die Existenz und Eindeutigkeit des Elements x_0 folgt aus dem bekannten Satz von Riesz.

8.6.3. Eine Näherungslösung der Aufgabe (1) kann zum Beispiel mit dem Ritzschen Verfahren gesucht werden (im Buch von Glowinski, Lions und Tremolieres [1] wird anstelle des Ausdrucks „Ritzsches Verfahren“ der Begriff „innere Methoden“ benutzt). Wir geben eine in H vollständige Folge endlichdimensionaler Teilräume

$\{H_n\}$ vor, und es sei $\{\varphi_{1n}, \varphi_{2n}, \dots, \varphi_{Nn}\}$, $N = N(n)$, eine Basis des Teilraums H_n. Die Aufgabe (1) ersetzen wir durch die folgende:

$$|x^{(n)}|^2 - 2f(x^{(n)}) = \min\,, \qquad x^{(n)} \in H_n \cap M\,, \tag{4}$$

oder, was dasselbe ist,

$$|x^{(n)} - x_0| = \min\,, \qquad x^{(n)} \in H_n \cap M\,. \tag{5}$$

Wenn der Durchschnitt $H_n \cap M$ nichtleer ist, besitzt die Aufgabe (4) genau eine Lösung.

8.6.4. Sei

$$x^{(n)} = \sum_{k=1}^{N} a_k^{(n)} \varphi_{kn}\,, \tag{6}$$

dann ist

$$|x^{(n)}|^2 = \sum_{j,k=1}^{N} [\varphi_{jn}, \varphi_{kn}]\, a_j^{(n)} a_k^{(n)}\,. \tag{7}$$

Die Skalarprodukte $[\varphi_{jn}, \varphi_{kn}]$ werden mit gewissen Fehlern berechnet, die beliebig klein angenommen werden können. Wir bezeichnen den Berechnungsfehler der Größe $[\varphi_{jn}, \varphi_{kn}]$ mit $\gamma_{jk}^{(n)}$ und setzen $[\varphi_{jn}, \varphi_{kn}] + \gamma_{jk}^{(n)} = \alpha_{jk}^{(n)}$; die Zahlen $\alpha_{jk}^{(n)}$ sind uns bekannt. Wir bezeichnen mit M_n bzw. Γ_n die Matrizen mit den Elementen $[\varphi_{jn}, \varphi_{kn}]$ und $\gamma_{jk}^{(n)}$, $j, k = 1, 2, \dots, N$, und mit $\|M_n\|$, $\|\Gamma_n\|$ die Normen dieser Matrizen als Operatoren im $\mathbb{R}_N$.

Die Matrix M_n ist symmetrisch, was uns zu der Annahme berechtigt, daß auch die Matrix Γ_n symmetrisch ist. Man kann ebenfalls voraussetzen, daß die Matrix $M_n + \Gamma_n$ positiv definit ist; das ist immer dann erfüllt, wenn Γ_n im Vergleich zu M_n hinreichend klein ist.

Für ein beliebiges Element aus H_n der Gestalt

$$x^{(n)} = \sum_{k=1}^{N} c_k^{(n)} \varphi_{kn}$$

gilt nach Formel (7)

$$|x^{(n)}|^2 = (M_n c^{(n)}, c^{(n)})\,,$$

wobei $c^{(n)} = (c_1^{(n)}, c_2^{(n)}, \dots, c_N^{(n)})$ gesetzt ist. Die verzerrte Matrix $\tilde{M}_n := M_n + \Gamma_n$ erzeugt in H_n die neue Norm

$$|x^{(n)}|_1^2 := (\tilde{M}_n c^{(n)}, c^{(n)}) = |x^{(n)}|^2 + (\Gamma_n c^{(n)}, c^{(n)})\,.$$

Wir nehmen an, daß die Matrix Γ_n im Vergleich zu M_n in folgendem Sinne klein ist:

$$\frac{|(\Gamma_n c^{(n)}, c^{(n)})|}{(M_n c^{(n)}, c^{(n)})} \leqq \delta_1\,, \qquad \forall c^{(n)} \in \mathbb{R}_N\,, \tag{8}$$

mit einer kleinen Zahl δ_1. Wir bemerken, daß die Bedingung (8) erfüllt ist für

$$\|\Gamma_n\|\,\|M_n^{-1}\| \leqq \delta_1\,. \tag{9}$$

In der Tat, setzen wir $M_n^{1/2} c^{(n)} = p^{(n)}$, dann hat die Beziehung (8) die Gestalt

$$\frac{|(\Gamma_n M_n^{-1/2} p^{(n)}, M_n^{-1/2} p^{(n)})|}{\|p^{(n)}\|^2} = \|\Gamma_n\|\,\|M_n^{-1/2}\|^2 = \|\Gamma_n\|\,\|M_n^{-1}\|\,.$$

Wenn die Bedingung (8) erfüllt ist, gilt

$$(1-\delta)\,|x^{(n)}| \leqq |x^{(n)}|_1 \leqq (1+\delta)\,|x^{(n)}| \tag{10}$$

mit

$$\delta = \max\left(\sqrt{1+\delta_1}-1,\, 1-\sqrt{1-\delta_1}\right) = \delta_1/(1+\sqrt{1-\delta_1})\,.$$

8.6.5. Wir setzen $x_0 = x_{0n} + x_{1n}$ mit $x_{0n} \in H_n$ und $x_{1n} \perp H_n$. Die Aufgabe (5) ist äquivalent zu

$$|x^{(n)} - x_{0n}| = \min\,, \qquad x^{(n)} \in H_n \cap M\,; \tag{11}$$

das Element x_{0n} kann als Projektion von x_0 auf H_n konstruiert werden, d. h. als Lösung der Extremalaufgabe

$$\left|x_0 - \sum_{k=1}^{N} b_k \varphi_{kn}\right|^2 = \min\,,$$

was auf das Gleichungssystem

$$\sum_{k=1}^{N} b_k[\varphi_{nk}, \varphi_{jn}] = [x_0, \varphi_{jn}] = f(\varphi_{jn})\,, \qquad 1 \leqq j \leqq N\,, \tag{12}$$

führt. Dieses System läßt sich in der Form

$$[x_{0n}, \varphi_{jn}] = f(\varphi_{jn})\,, \qquad 1 \leqq j \leqq N\,,$$

darstellen; somit ist x_{0n} das durch den Satz von Riesz gegebene Element, wenn das Funktional f auf H_n eingeschränkt wird.

Das Aufstellen des Systems (12) ist mit Fehlern behaftet: Anstelle von $[\varphi_{kn}, \varphi_{jn}]$ erscheinen die Koeffizienten $[\varphi_{kn}, \varphi_{jn}] + \gamma_{kj}^{(n)} = \alpha_{kj}^{(n)}$; außerdem werden die Zahlen $f(\varphi_{jn})$ mit Fehlern behaftet berechnet; die letzteren seien $\delta_j^{(n)}$. Anstelle des Systems (12) erhalten wir also das verzerrte System

$$\tilde{M}_n \tilde{b}^{(n)} = f^{(n)} + \delta^{(n)}\,. \tag{13}$$

Hierbei ist $\tilde{b}^{(n)}$ der verzerrte Koeffizientenvektor

$$\tilde{b}^{(n)} = (\tilde{b}_1^{(n)}, \tilde{b}_2^{(n)}, \ldots, \tilde{b}_N^{(n)})\,, \qquad \delta^{(n)} = (\delta_1^{(n)}, \delta_2^{(n)}, \ldots, \delta_N^{(n)})\,. \tag{14}$$

Wir nehmen an, daß der lineare numerische Prozeß zur Bestimmung des Elements x_0 nach dem Ritzschen Verfahren in der Folge $(\mathbb{R}_N, \mathbb{R}_N)$ stabil ist; wir erinnern daran, daß dafür die starke Minimalität in H des Koordinatensystems notwendig und hinreichend ist. Dann existieren solche positiven Konstanten p, q, r, daß für $\|\Gamma_n\| \leqq r$

$$|y_{0n} - x_{0n}| \leqq p\,\|\Gamma_n\| + q\,\|\delta^{(n)}\|$$

gilt; hierbei ist y_{0n} der verzerrte Wert des Elements x_{0n}. Seien $\|\Gamma_n\|$ und $\|\delta^{(n)}\|$ hinreichend klein. Dann gilt $|y_{0n} - x_{0n}| \leqq \delta$ mit einer von n unabhängigen kleinen Zahl δ. Gleichzeitig sind infolge der notwendigen Bedingungen für die Stabilität die Normen $\|M_n^{-1}\|$ gleichmäßig beschränkt, und die Ungleichungen (9)—(10) sind ebenfalls erfüllt. Somit führt die Verzerrung dazu, daß für jedes n das Element x_{0n} und die Norm im Teilraum H_n gestört werden, und diese Störungen sind gleichmäßig klein bezüglich n. Nach dem im Abschnitt 8.5 Bewiesenen führt die Verzerrung des Elements x_{0n} zu einer Verzerrung der Lösung um $O(\|\Gamma_n\| + \|\delta^{(n)}\|)$, und die Verzerrung der Norm führt zu einer Verzerrung der Lösung um $O(\sqrt{\|\Gamma_n\|\,\|M_n^{-1}\|}) = O(\sqrt{\|\Gamma_n\|})$.

Somit gilt für die verzerrte Lösung der n-ten Näherungsaufgabe $y_*^{(n)}$

$$||y_*^{(n)} - x_*^{(n)}|| = O(\sqrt{||\Gamma_n||} + ||\delta^{(n)}||) . \tag{15}$$

Wie die Ungleichung (15) zeigt, muß, um größere Verzerrungen zu vermeiden, die Ritzsche Matrix genauer als die rechten Seiten des Ritzschen Systems berechnet werden, und zwar so, daß $||\Gamma_n|| = O(||\delta^{(n)}||^2)$ erfüllt ist.

Die Stabilität des Prozesses zur Berechnung der Koeffizienten $a_k^{(n)}$ läßt sich nicht nur in der Folge $(\mathbb{R}_N, \mathbb{R}_N)$, sondern auch in der Folge $(\overline{X}_N, \overline{Y}_N)$ (siehe Formel (3.3.4)) untersuchen. Wir formulieren das Resultat:

Der erwähnte Prozeß ist stabil, und für hinreichend kleine Normen $||\Gamma_n||_{\overline{X}_N \to \overline{Y}_N}$ gilt die Abschätzung

$$|y_*^{(n)} - x_*^{(n)}| = O(\sqrt{||\Gamma_n||_{\overline{X}_N \to \overline{Y}_N}} + ||\delta^{(n)}||_{\overline{Y}_N}) . \tag{16}$$

Diese Formel ist unter anderem auf die FEM anwendbar.

8.7. Anhang zu Kapitel 8

In diesem von W. B. Tjuchtin geschriebenen Anhang werden die Resultate einiger Arbeiten der letzten Zeit dargelegt, die Approximationsabschätzungen für die Lösung einseitiger Variationsaufgaben gewidmet sind, die sich in der Regel von der in diesem Kapitel untersuchten einfachsten Aufgabe unterscheiden. Die Näherungslösungen werden in diesen Arbeiten gewöhnlich mit der FEM gesucht.

Im Anhang werden etwas andere Begriffe und Bezeichnungen benutzt als im Haupttext von Kap. 8. Die Sobolew-Räume $\mathbf{W}_2^{(k)}$ und $\mathring{\mathbf{W}}_2^{(k)}$ werden mit $\mathbf{H}^k$ bzw. $\mathbf{H}_0^k$ bezeichnet. Die Menge der Nebenbedingungen wird mit K bezeichnet. Wenn die Nebenbedingung die Gestalt $u(x) \leqq \chi(x)$ oder $u(x) \geqq \chi(x)$ besitzt, dann heißt die Menge der Nebenbedingungen *Hindernis*; es werden Hindernisse im Gebiet und auf dem Rand in Abhängigkeit davon unterschieden, wo die erwähnte Ungleichung erfüllt ist. Weiterhin bezeichnet x einen Punkt des Euklidischen Raums; die in einem Gebiet des Euklidischen Raums gegebenen Funktionen werden meistens mit den Buchstaben u und v bezeichnet. Die Aufgaben werden in der Regel als Variationsungleichungen formuliert.

8.7.1. Im Artikel von Falk [1] wird eine Aufgabe mit Hindernis in einem ebenen Gebiet untersucht. Sei $\Omega \subset \mathbb{R}_2$ ein konvexes Gebiet mit einem Rand der Klasse $\mathbf{C}^{(2)}$ und (über wiederkehrende Indizes verläuft die Summation von 1 bis 2)

$$a(u, v) = \int_\Omega \left(a_{ij} \frac{\partial u}{\partial x_i} \frac{\partial u}{\partial x_j} + cuv \right) dx ,$$

mit

$$a_{ij}(x) \in \mathbf{C}^{(1)}(\overline{\Omega}) , \qquad a_{ij} = a_{ji} , \qquad c(x) \in \mathbf{L}_\infty(\Omega) ;$$

$$a_{ij}\xi_i\xi_j \geqq \alpha\, |\xi|^2 , \qquad \alpha > 0 , \qquad c(x) \geqq \lambda > 0 .$$

Für $f \in \mathbf{L}_2(\Omega)$ soll eine solche Funktion $u \in K$ gesucht werden, daß

$$a(u, v - u) \geqq \int_\Omega f(v - u)\, dx , \qquad \forall v \in K , \tag{1}$$

ist, wobei

$$K = \{v \in \mathbf{H}_0^1(\Omega) : v(x) \geqq \chi(x) \quad \text{fast überall in } \Omega)\};$$

ist und $\chi \in \mathbf{H}^2(\Omega)$ eine gegebene Funktion mit $\chi|_{\partial\Omega} = 0$ bedeutet.

Unter den aufgezählten Voraussetzungen gehört die Lösung der Aufgabe zur Klasse $\mathbf{H}^2(\Omega)$ (siehe Brezis und Stampacchia [1]).

Zur näherungsweisen Lösung der Aufgabe (1) wird die FEM mit stückweise linearen Koordinatenfunktionen benutzt. Sei Ω_h ein in Ω eingeschriebenes Vieleck, dessen Seitenlängen nicht größer als h sind. Dieses Vieleck wird in Dreiecke, deren Kantenlängen $\leqq h$ sind, unterteilt. Mit V_h bezeichnen wir den Raum der auf Ω_h gegebenen Funktionen, die stetig, stückweise linear und auf $\Omega \backslash \Omega_h$ gleich Null sind. Für eine beliebige Funktion $v \in \mathbf{C}(\bar{\Omega})$, die auf $\partial\Omega$ verschwindet, bezeichnen wir mit v_I ihren Interpolanten, d. h. die Funktion aus V_h, die mit v in den Eckpunkten der Triangulation übereinstimmt. Als Näherungslösung der Aufgabe (1) wird die Lösung $u_h \in K_h$ der Aufgabe

$$a(u_h, v_h - u_h) \geqq \int_\Omega f(v_h - u_h)\, dx\,, \qquad \forall v_h \in K_h\,, \tag{2}$$

verstanden, wobei die Menge K_h definiert ist durch

$$K_h = \{v_h \in V_h : v_h \geqq \chi_I \quad \text{in den Triangulationsknoten}\}\,.$$

Unter einigen „Regularitätsbedingungen" für die hier beschriebene FEM-Variante wird die Abschätzung

$$||u - u_h||_{\mathbf{H}^1(\Omega)} \leqq ch||u||_{\mathbf{H}^2(\Omega)} \tag{3}$$

aufgestellt.

In [2] verallgemeinerte Falk die Resultate aus [1] auf den Fall eines nichtkonvexen Gebiets $\Omega \subset R_2$. Wir nehmen an, daß $\partial\Omega \in \mathbf{C}^{(2)}$ ist und nur eine endliche Anzahl von Punkten besitzt, in denen die Krümmung ihr Vorzeichen ändert. Dann behält die Abschätzung (3) weiterhin ihre Gültigkeit.

8.7.2. In Scarpini und Vivaldi [1] wurde eine ebene Aufgabe mit Hindernis auf dem Rand untersucht. Sei $\Omega \subset R_2$ ein konvexes beschränktes Gebiet mit einem Rand der Klasse $\mathbf{C}^{(2)}$, $a(u, v)$ dieselbe bilineare Form wie in Abschnitt 1 und $f \in \mathbf{L}_2(\Omega)$, $\psi \in \mathbf{H}^2(\Omega)$. Es wird die Aufgabe (1) mit einem anderen Hindernis betrachtet, und zwar

$$K = \{v \in \mathbf{H}^1(\Omega) : v \geqq \psi \text{ auf } \partial\Omega\}\,. \tag{4}$$

Bekanntlich (siehe Brezis [1]) gehört unter den angegebenen Bedingungen die Lösung der Aufgabe (1), (4) zu $\mathbf{H}^2(\Omega)$.

Zur näherungsweisen Lösung der Aufgabe wird eine Methode benutzt, die der Methode aus Abschnitt 1 ähnelt. Wir schreiben in Ω ein Vieleck Ω_h ein, dessen Seitenlängen nicht größer als h sind. Ω_h wird in Dreiecke unterteilt. Mit $I_0 = \{1, 2, \ldots, N_0\}$ bezeichnen wir die Indizes der inneren Knotenpunkte, mit $I_1 = \{N_0 + 1, \ldots, N\}$ die Indizes der Knotenpunkte auf dem Rand; die Knoten selbst bezeichnen wir mit x_i; wir setzen noch $I = I_0 \cup I_1$. Des weiteren sei Γ_i der Teil von $\partial\Omega$ zwischen den Knotenpunkten x_i und x_{i+1}, Σ_i der Teil von Ω, der von der Strecke $[x_i, x_{i+1}]$ und der Kurve Γ_i begrenzt wird.

Wenn T_i ein Dreieck mit der Seite $[x_i, x_{i+1}]$, $i \in I_1$, ist, dann wird die Vereinigungsmenge $T_i \cup \Sigma_i$ als krummliniges Element betrachtet.

Mit $\varphi_i^h(x)$, $x \in \Omega$, $i \in I$, wird eine in $\overline{\Omega}$ stetige Funktion bezeichnet, die auf jedem Dreieck oder krummlinigen Element linear, im Knotenpunkt x_i gleich Eins und in allen anderen Knotenpunkten gleich Null ist. Sei

$$\mathbf{H}_h^1(\Omega) = \{v_h : v_h = \sum_{i \in I} v_i^h \varphi_i^h(x);\ v_i^h \in \mathbb{R}_1,\ \forall i \in I\}\,. \tag{5}$$

Die Näherungsaufgabe besitzt die Gestalt (2), allerdings wird K_h durch die Formel

$$K_h = \{v_h \in \mathbf{H}_h^1 : v_h(x_i) \geqq \psi(x_i),\ \forall i \in I_1\} \tag{6}$$

bestimmt. Unter einer Regularitätsbedingung der benutzten FEM gilt

$$\|u - u_h\|_{\mathbf{H}^1(\Omega)} \leqq c h^{3/4} \|u\|_{\mathbf{H}^2(\Omega)}\,. \tag{7}$$

8.7.3. Im Artikel von Brezzi, Hager und Raviart [1] wurde die Finite-Elemente-Approximation der Aufgabe mit Hindernis im Gebiet oder auf dem Rand für einige bilineare Formen untersucht.

Bei der Aufgabe mit Hindernis im Gebiet wird ein $u \in K$ mit

$$\int_\Omega [\nabla u\, \nabla(v - u) + u(v - u)]\, dx \geqq \int_\Omega f(v - u)\, dx\,, \qquad \forall v \in K\,, \tag{8}$$

$$K = \{v \in \mathbf{H}^1(\Omega) : v \geqq \psi \text{ in } \Omega,\ v|_{\partial\Omega} = g\}$$

gesucht. Hierbei ist Ω ein konvexes Gebiet der Klasse $\mathbf{C}^{(1,1)}$;

$$g, \psi \in \mathbf{H}^2(\Omega)\,, \qquad \psi|_{\partial\Omega} \leqq g\,, \qquad f \in \mathbf{L}_2(\Omega)\,.$$

Sei Ω_h ein in Ω eingeschriebenes Vieleck mit Seiten, deren Länge nicht größer als h ist, und dieses Vieleck sei auf reguläre Weise trianguliert. Für jedes Dreieck der Triangulation T_i, das eine gemeinsame Seite mit $\partial\Omega_h$ besitzt, konstruieren wir das Spiegelbild T_i' des Dreiecks T_i bezüglich der zu $\partial\Omega_h$ gehörenden Seite. Sei $R_h = \bigcup T_i'$. Wir nehmen h so klein an, daß $(\Omega_h \cup R_h) \subset \Omega$. Wir bezeichnen mit $\hat{\Omega}$ ein Gebiet, das $\Omega_h \bigcup R_h$ für jedes genügend kleine h enthält, und mit V_h die Menge der auf $\Omega_h \cup R_h$ stetigen, stückweise linearen Funktionen. Wir setzen die Lösung $u \in \mathbf{H}^2(\Omega)$ der Aufgabe (8) zu einer Funktion $\hat{u} \in \mathbf{H}^2(\hat{\Omega})$ fort. Seien $\hat{u}_{\mathrm{I}}$ und ψ_{I} die Interpolanten der Funktionen $\hat{u}$ bzw. ψ auf $\Omega_h \cup R_h$. Die Menge K_h ist folgendermaßen definiert:

$$K_h = \{v_h \in V_h : v_h \geqq \psi_{\mathrm{I}} \text{ in den Knoten auf } \Omega_h,\ v_h = \hat{u}_{\mathrm{I}} \text{ auf } \Omega \backslash \Omega_h\}\,.$$

Die Näherungslösung u_h wird in Übereinstimmung mit (8) und dem Austausch von K durch K_h bestimmt. Es wird die der Ordnung nach optimale Abschätzung des Approximationsfehlers bewiesen:

$$\|u - u_h\|_{\mathbf{H}^1(\Omega)} = O(h)\,. \tag{9}$$

Neben den stückweise linearen Koordinatenfunktionen werden zur näherungsweisen Lösung der Aufgabe (8) ebenfalls stückweise quadratische Funktionen benutzt. In diesem Fall wird unter der Bedingung, daß die exakte Lösung $u \in \mathbf{H}^{5/2-\varepsilon}(\Omega)$ erfüllt, die Abschätzung

$$\|u - u_h\|_{\mathbf{H}^1(\Omega)} = O(h^{3/2-\varepsilon}) \tag{10}$$

aufgestellt.

Die Aufgabe mit Hindernis auf dem Rand wird ebenfalls in der Form (8) gestellt, aber K wird durch die Formel

$$K = \{v \in \mathbf{H}^1(\Omega) : v|_{\partial\Omega} \geqq g\}$$

bestimmt. Der Raum V_h wird folgendermaßen definiert: V_h ist die Menge der stetigen und stückweise linearen Funktionen v_h auf Ω_h; für $Q \in \Omega/\Omega_h$ ist dabei $v_h(Q) = v_h(P)$, wobei P die Projektion von Q auf $\partial\Omega_h$ ist. Wir setzen im gegebenen Fall

$$K_h = \{v_h \in V_h\colon v_h \geqq g \text{ in den Knotenpunkten auf } \partial\Omega\} .$$

Die Näherungslösung wird als Lösung der Aufgabe (8) konstruiert, bei der K durch K_h ersetzt wurde. Unter den Voraussetzungen, daß die exakte Lösung $u \in \mathbf{H}^2(\Omega)$, daß $u, g \in \mathbf{W}_\infty^{(1)}$ nahe bei $\partial\Omega$ und daß die freie Grenze aus einer endlichen Zahl von Punkten besteht, wird die der Ordnung nach optimalen Abschätzung des Approximationsfehlers bewiesen:

$$||u - u_h||_{\mathbf{H}^1(\Omega)} = O(h) . \tag{11}$$

Somit ergibt sich bei stärkeren Restriktionen an die Lösung eine der Ordnung nach bessere Fehlerabschätzung als in der Arbeit von SCARPINI und VIVALDI [1].

8.7.4. In der Arbeit von NITSCHE [1] wird das Minimumproblem für das Funktional

$$I(v) = \int_\Omega |\nabla v|^2 \, dx - 2 \int_\Omega fv \, dx \tag{12}$$

auf der Menge $K = \{v\colon v \in \mathbf{H}_0^1(\Omega),\ v \leqq z \text{ fast überall in } \Omega\}$ untersucht. Hierbei ist $\Omega \subset R_2$ ein Gebiet mit hinreichend glattem Rand, $z \in \mathbf{W}_\infty^{(2)}(\Omega)$ und $z, f \in \mathbf{L}_2(\Omega)$ sind gegebene Funktionen.

Es wird eine reguläre Triangulation mit dem Parameter h des Gebiets Ω durchgeführt und der Raum S_h der stetigen, stückweise linearen Funktionen, die auf $\partial\Omega$ verschwinden, konstruiert. Sei $K_h = K \cap S_h$. Die Näherungsaufgabe für das Problem (12) besteht in der Minimierung des Funktionals $I(v)$ auf der Menge K_h. Seien u und u_h entsprechend die exakte und die Näherungslösung. Für $u \in \mathbf{W}_\infty^{(2)}(\Omega)$ wird die folgende Abschätzung des Approximationsfehlers bewiesen:

$$||u - u_h||_{\mathbf{L}_\infty(\Omega)} \leqq ch^2 \, |\ln h| \, ||u||_{\mathbf{W}_\infty^{(2)}(\Omega)} , \tag{13}$$

wobei $c > 0$ nicht von h abhängt.

8.7.5. Im Artikel von MITTELMAN [1] wird die Aufgabe mit Hindernis im Gebiet für ein nichtquadratisches Funktional untersucht. Und zwar sei $\Omega \subset R_n$,

$$K = \{v \in \mathbf{H}^1(\Omega)\colon v(x) \geqq \psi(x) \text{ in } \Omega,\ v|_{\partial\Omega} = f\} ,$$

wobei ψ und f gegebene Funktionen sind und $\psi|_{\partial\Omega} \leqq f$ gilt. Es wird das Minimumproblem für das Funktional

$$\int_\Omega F(\nabla u) \, dx \tag{14}$$

auf der Menge K betrachtet. Im Integral (14) ist $F \in \mathbf{C}^{(2)}(R_n)$. Wir bezeichnen $\alpha(p) = \nabla F(p) = (\alpha_1(p), \alpha_2(p), \dots, \alpha_n(p))$, $p \in R_n$, und nehmen an, daß $(\alpha(p) - \alpha(q))\,(p - q) \geqq c \max(|p|, |q|)\,|p - q|$, $\forall p, q \in R_n$; $|\cdot|$ ist die Euklidische Norm im R_n. Die Aufgabe (14) ist äquivalent der Aufgabe ein $u \in K$ zu bestimmen mit

$$a(u, v - u) := \int_\Omega \alpha_i(\nabla u) \frac{\partial}{\partial x_i} (v - u) \, dx \geqq 0 , \qquad \forall v \in K;$$

diese wird mittels der FEM mit stückweise linearen Koordinatenfunktionen approximiert. Sei $\partial\Omega \in \mathbf{C}^{(2)}$. Wir bezeichnen mit $T_1, T_2, \dots, T_m$ die Simplexe der Unterteilung und mit Ω_h die Vereinigung $\bigcup_{i=1}^m T_i$. Der Parameter h bezeichnet die größte Kantenlänge der Simplexe T_i. Es wird vorausgesetzt, daß sich die Simplexe T_i nicht überschneiden, und daß jede Seitenfläche eines beliebigen Simplex entweder die Seitenfläche eines anderen ist oder die Eckpunkte auf $\partial\Omega$ liegen. V_h bezeichnet den Raum der auf Ω_h stetigen und auf jedem Simplex T_i linearen Funktionen. Wir bezeichnen noch mit $N = N_h$ die Menge der Knotenpunkte in $\overline{\Omega}_h$. Sei

$$K_h = \{v_h \in S_h \colon v_h(x) \geqq \psi(x),\, x \in \Omega \cap N;\, v_h(x) = f(x)\,,\, x \in \partial\Omega \cap N\}\,.$$

Die Näherungslösung $u_h \in K_h$ wird als Lösung der folgenden Aufgabe bestimmt:

$$\int_{\Omega_h} \alpha_i(\nabla u_h) \frac{\partial}{\partial x_i}(v_h - u_h)\, dx \geqq 0\,, \qquad \forall v_h \in K_h\,;$$

unter der Voraussetzung $u \in \mathbf{H}^2(\Omega) \cap \mathbf{W}^{(1)}_\infty(\Omega)$ wird die Fehlerabschätzung

$$\|u - u_h\|_{\mathbf{H}^1(\Omega)} = O(h) \tag{15}$$

bewiesen.

8.7.6. In der Arbeit von Glowinski und Marocco [1] wird die folgende Aufgabe betrachtet. Sei Ω ein konvexes Gebiet im R_n und $p > 1$. Es soll die Funktion $u \in \mathring{\mathbf{W}}^{(1)}_p(\Omega)$ bestimmt werden, für die gilt

$$J(u) = \inf J(v)\,, \qquad v \in \mathring{\mathbf{W}}^{(1)}_p(\Omega)\,,$$

$$J(v) = \frac{1}{p}\int_\Omega |\nabla v|^p\, dx - \int_\Omega fv\, dx\,; \qquad f \in \mathbf{W}^{(-1)}_{p'}(\Omega)\,, \qquad \frac{1}{p} + \frac{1}{p'} = 1\,. \tag{16}$$

Sei V_h eine Schar endlichdimensionaler Teilräume in $\mathring{\mathbf{W}}^{(1)}_p(\Omega)$. Als Näherungslösung der Aufgabe (16) verstehen wir die Lösung der Aufgabe

$$J(u_h) = \inf_{v_h \in V_h} J(v_h)\,. \tag{17}$$

Die Aufgaben (16) und (17) besitzen die eindeutigen Lösungen u bzw. u_h (siehe z. B. Lions [2]).

Sei $E_h(u) = \inf_{v_h \in V_h} \|v_h - u\|_{\mathring{\mathbf{W}}^{(1)}_p(\Omega)}$. Es werden folgende Abschätzungen des Approximationsfehlers aufgestellt:

$$\begin{aligned} \|u_h - u\|_{\mathring{\mathbf{W}}^{(1)}_p(\Omega)} &\leqq C[E_h(u)]^{1/(p-1)}\,, \qquad p \geqq 2\,;\\ \|u_h - u\|_{\mathring{\mathbf{W}}^{(1)}_p(\Omega)} &\leqq C[E_h(u)]^{1/(3-p)}\,, \qquad 1 < p < 2\,, \end{aligned} \tag{18}$$

wobei C nicht von h abhängt.

Die Abschätzungen (18) sind in Tjuchtin [2] verbessert worden:

$$\begin{aligned} \|u_h - u\|_{\mathring{\mathbf{W}}^{(1)}_p(\Omega)} &\leqq C[E_h(u)]^{2/p}\,, \qquad p \geqq 2\,;\\ \|u_h - u\|_{\mathring{\mathbf{W}}^{(1)}_p(\Omega)} &\leqq C[E_h(u)]^{p/2}\,, \qquad 1 < p < 2\,. \end{aligned} \tag{19}$$

8.7.7. Sei Ω das Quadrat mit der Seitenlänge Eins in der Ebene: $\Omega = [0, 1] \times \times [0, 1]$; auf Ω seien die Funktionen u_0, v_0 gegeben, dabei gelte $u_0 \leqq v_0$ fast überall in Ω, $u_0|_{\partial\Omega} \leqq 0 \leqq v_0|_{\partial\Omega}$, $p > 2$ und

$$J(u) = \frac{1}{p}\sum_{i=1}^{2} \int_\Omega \left|\frac{\partial u}{\partial x_i}\right|^p dx - \int_\Omega fu\, dx\,. \tag{20}$$

In der Arbeit von SCARPINI [1] wird unter anderem das Problem der Abschätzung der Näherungslösung des Minimumproblems für das Funktional (20) auf der Menge

$$K = \{v \in \mathring{\mathbf{W}}_p^{(1)}(\Omega): u_0(x) \leqq v(x) \leqq v_0(x) \text{ fast überall in } \Omega\}$$

untersucht. Sei u die exakte Lösung. Für $f \in \mathbf{L}_{p'}(\Omega)$, $u_0, v_0 \in \mathbf{W}_p^{(1+\sigma)}(\Omega)$, $\sigma = 1/(p-1)$, ist $u \in \mathbf{W}_p^{(1+\sigma)}(\Omega)$ (siehe EL COLLI [1], MOSCO [1]). Sei u_h die mittels der FEM mit stückweise linearen Koordinatenfunktionen gefundene Näherungslösung. Es wird

$$\|u_0 - u_h\|_{\mathring{\mathbf{W}}_p^{(1)}(\Omega)} \leqq ch^{\sigma^2} \tag{22}$$

bewiesen, wobei c nicht von h abhängt.

8.7.8. Der Artikel von ELLIOTT [1] ist folgender Aufgabe gewidmet. Sei $\Omega \subset \mathbb{R}_2$ ein konvexes Vieleck. Es ist die Funktion $u \in \mathbf{H}_0^1(\Omega)$ zu bestimmen, für die gilt

$$J(u) := \alpha \int_\Omega u^2 \, dx + \beta \int_\Omega |\nabla u|^2 \, dx + j(u) - \int_\Omega fv \, dx = \min , \tag{22}$$

oder, was dasselbe ist,

$$\begin{gathered} \alpha(u, v-u) + \beta a(u, v-u) + j(v) - j(u) \geqq f(v-u) ; \\ a(u, v) = \int_\Omega \nabla u \, \nabla v \, dx , \qquad (u, v) = \int_\Omega uv \, dx , \qquad f \in \mathbf{L}_2(\Omega) . \end{gathered} \tag{23}$$

Hierbei sind α, β positive Konstanten,

$$j(v) = \int_\Omega \Phi(v(x)) \, dx ,$$

und die Funktion Φ wird durch die Formel

$$\Phi(\lambda) = \tfrac{1}{2}\alpha_2(\lambda - u_0)_+^2 + \tfrac{1}{2}\alpha_1(\lambda - u_0)_-^2 + L(\lambda - u_0)_+$$

bestimmt, wobei $u_0, \alpha_1, \alpha_2, L$ positive Konstanten sind,

$$\lambda_+ = \max(\lambda, 0) , \qquad \lambda_- = \min(\lambda, 0) , \qquad \lambda \in \mathbb{R}_1 .$$

Die Existenz und Eindeutigkeit der Lösung von Aufgabe (22) folgt aus allgemeinen Sätzen (siehe LIONS [1]).

Die Aufgabe (22) wird mittels einer FEM mit stückweise linearen Koordinatenfunktionen approximiert. Das Gebiet Ω wird durch eine Familie τ^h von Dreiecken überdeckt, h ist die größte Seitenlänge der Dreiecke. Sei V_h der Raum der stetigen, stückweise linearen Funktionen, die auf $\partial\Omega$ verschwinden. Mit $v_{\mathrm{I}} \in V_h$ wird der Interpolant der Funktion v in den Knotenpunkten der Triangulation bezeichnet. Wir setzen noch

$$j_h(v) = \int_\Omega \{\Phi(v)\}_{\mathrm{I}} \, dx = \frac{1}{6} \sum_{T \in \tau^h} A(T) \sum_{i=1}^{3} \Phi(v_i^T) ,$$

wobei $A(T)$ die Fläche des Dreiecks T und v_i^T der Wert der Funktion v in dem i-ten Eckpunkt des Dreiecks T ist. Es wird das diskrete Skalarprodukt

$$(w, v)_h = \sum_{T \in \tau^h} \frac{1}{3} A(T) \sum_{i=1}^{3} w_i^T v_i^T$$

eingeführt. Die Näherungsaufgabe wird folgendermaßen gestellt: Es ist die Funktion $u_h \in V_h$ zu bestimmen, die der diskreten Variationsungleichung

$$\alpha(u_h, v_h - u_h)_h + \beta a(u_h, v_h - u_h) + j_h(v_h) - j_h(u_h) \geqq (f, v_h - u_h) , \qquad \forall v \in V_h$$

genügt. (24)

Die Lösung der Aufgabe (24) existiert und ist eindeutig. Unter einigen Voraussetzungen, die die Eigenschaften der exakten Lösung betreffen, wird die folgende Abschätzung des Approximationsfehlers bewiesen:

$$||u - u_h||_{\mathbf{H}^1(\Omega)} \leqq Ch \,, \tag{25}$$

wobei C nicht von h abhängt.

9. Der elastisch-plastische Zustand nach de-Saint-Venant/v. Mises und Haar/v. Kármán

Wie bekannt wurde 1870 von DE-SAINT-VENANT erstmals eine mathematische Theorie des plastischen Zustands vorgeschlagen. Diese Theorie beschrieb den plastischen Zustand unter den Bedingungen der ebenen Deformation; sie wurde noch im gleichen Jahr von M. LEVY auf den dreidimensionalen Fall verallgemeinert. 1913 schlug v. MISES vor, den dreidimensionalen plastischen Zustand durch eine Bedingung zu beschreiben, die der Bedingung von DE-SAINT-VENANT ähnelt und gleichzeitig wesentlich einfacher ist. Wie sich später herausstellte, besitzt die Bedingung von v. MISES eine einfache mechanische Interpretation. Für die ebene Deformation stimmen die Gleichungen von DE-SAINT-VENANT und von v. MISES überein.

1909 veröffentlichten HAAR und v. KÁRMÁN ein Variationsprinzip, das es gestattete, den Spannungszustand in einem elastisch-plastischen Medium zu beschreiben, d. h. in einem Medium, das sich teils im elastischen und teils im plastischen Zustand befindet. Das Prinzip von Haar/v. Kármán stützt sich auf die Plastizitätsbedingung von de-Saint-Venant/Levy, aber ein analoges Prinzip läßt sich sehr einfach formulieren, wenn man von der Bedingung von v. Mises ausgeht.

In der Folgezeit stellte sich heraus, daß die Erscheinung des plastischen Zustands wesentlich komplizierter und vielfältiger ist und daß die Gleichungen von de-Saint-Venant/Levy und von v. Mises nur das sogenannte plastische Fließen beschreiben. In dieser Richtung müssen vor allen Dingen die Arbeiten von HENCKY, PRANDTL, PRAGER, HODGE, HILL, ILJUSCHIN, KATSCHANOW u. a. hervorgehoben werden.

In diesem Kapitel betrachten wir einige Aufgaben, die sich aus dem Prinzip von Haar/v. Kármán ergeben. Wie wir später sehen werden, fallen diese Aufgaben unter das Schema (8.1.1–2). Im Abschnitt 9.1 formulieren wir, um entsprechende Hinweise zu erleichtern, die Gleichungen von de-Saint-Venant/Levy und von v. Mises sowie das Variationsprinzip von Haar/v. Kármán. In 9.2 wird das elastisch-plastische Torsionsproblem zylindrischer Stäbe betrachtet, in 9.3 werden die ebene Deformation und im Abschnitt 9.4 das dreidimensionale Problem des elastisch-plastischen Zustands untersucht. In diesen Abschnitten werden wir uns mit der Stabilität der exakten Lösungen der genannten Aufgaben gegenüber kleinen Störungen der Vorgaben sowie mit Abschätzungen des Approximations- und Verzerrungsfehlers beschäftigen.

9.1. Die Gleichungen von de-Saint-Venant/Levy und von v. Mises. Das Variationsprinzip von Haar/v. Kármán

9.1.1. Den *Spannungstensor* bezeichnen wir folgendermaßen:

$$T = \begin{pmatrix} \tau_x & \tau_{xy} & \tau_{xz} \\ \tau_{xy} & \tau_{yy} & \tau_{yz} \\ \tau_{xz} & \tau_{yz} & \tau_{zz} \end{pmatrix}. \quad (1)$$

Wenn $\mathfrak{K} = (X, Y, Z)$ der Vektor der Volumenkräfte ist, dann erfüllt im Gleichgewichtszustand der Spannungstensor die Gleichgewichtsgleichung

$$\operatorname{div} T + \mathfrak{K} = 0 \tag{2}$$

oder, in ausführlicher Schreibweise,

$$\begin{aligned} &\tau_{xx/x} + \tau_{xy/y} + \tau_{xz/z} + X = 0\,, \\ &\tau_{xy/x} + \tau_{yy/y} + \tau_{yz/z} + Y = 0\,, \\ &\tau_{xz/x} + \tau_{yz/y} + \tau_{zz/z} + Z = 0\,; \end{aligned} \tag{3}$$

der Index nach dem Schrägstrich bedeutet die Ableitung in der entsprechenden Richtung.

Den *Verschiebungsvektor* bezeichnen wir $u = (u_x, u_y, u_z)$, den Vektor der *Verschiebungsgeschwindigkeiten* mit v, so daß gilt $v = \dot{u} = (u_{x/t}, u_{y/t}, u_{z/t})$. Wir nehmen die Deformationen und ihre Geschwindigkeiten klein an, dann läßt sich der *Tensor der Deformationsgeschwindigkeiten* folgendermaßen schreiben:

$$\frac{1}{2}\begin{pmatrix} 2v_{x/x} & v_{x/y} + v_{y/x} & v_{x/z} + v_{z/x} \\ v_{x/y} + v_{y/x} & 2v_{y/y} & v_{y/z} + v_{z/y} \\ v_{x/z} + v_{z/x} & v_{y/z} + v_{z/y} & 2v_{z/z} \end{pmatrix}. \tag{4}$$

Die *Hauptnormalenspannungen* bezeichnen wir mit $\tau_1 \geqq \tau_2 \geqq \tau_3$; sie sind die Wurzeln der Gleichung

$$\begin{vmatrix} \tau_{xx} - \tau & \tau_{xy} & \tau_{xz} \\ \tau_{xy} & \tau_{yy} - \tau & \tau_{yz} \\ \tau_{xz} & \tau_{yz} & \tau_{zz} - \tau \end{vmatrix} = 0\,. \tag{5}$$

Die größte Tangentialspannung beträgt

$$\tau_m = \frac{\tau_1 - \tau_3}{2}\,. \tag{6}$$

9.1.2. DE-SAINT-VENANT [1] formulierte die Plastizitätsbedingungen und die Gleichungen des plastischen Zustands für den Fall der ebenen Deformation; in diesem Fall sind die Spannungen und die Verschiebungen von einer der Koordinaten unabhängig, es sei dies z, so daß $u_z = \tau_{xz} = \tau_{yz} = 0$ gilt. Eine der Hauptnormalenspannungen ist gleich τ_{zz}, und die übrigen zwei sind gleich

$$\tfrac{1}{2}\left[\tau_{xx} + \tau_{yy} \pm \sqrt{(\tau_{xx} - \tau_{yy})^2 + 4\tau_{xy}^2}\right]. \tag{7}$$

Gestützt auf die Versuche von TRESCÁ formulierte DE-SAINT-VENANT die folgenden Hypothesen des plastischen Zustands:

1. Die größte Tangentialspannung im plastischen Zustand ist ein konstanter Wert, der für das gegebene Medium charakteristisch ist. DE-SAINT-VENANT bezeichnete diese Konstante mit dem Buchstaben K. Wir nennen diese Hypothese „*Plastizitätsbedingung von de-Saint-Venant*“.

2. Die Richtung der größten Gleitgeschwindigkeit stimmt mit der Richtung der größten Tangentialspannung überein.

3. Das Material ist im plastischen Zustand inkompressibel.

Außer diesen explizit formulierten Hypothesen benutzt DE-SAINT-VENANT noch zwei nichtformulierte Hypothesen:

4. τ_{zz} liegt zwischen den Hauptspannungen (7).

5. Die Ableitungen der Verschiebungen und der Verschiebungsgeschwindigkeiten nach den Koordinaten sind klein.

Die genannten Hypothesen führen auf folgende Gleichungen des plastischen Zustands im ebenen Fall:

$$\tau_{xx/x} + \tau_{xy/y} + X = 0 , \qquad \tau_{xy/x} + \tau_{yy/y} + Y = 0 ; \tag{8}$$

$$(\tau_{xx} - \tau_{yy})^2 + 4\tau_{xy}^2 = 4K^2 ; \tag{9}$$

$$\frac{(v_{y/y} - v_{x/x})}{(v_{y/x} + v_{x/y})} = \frac{(\tau_{yy} - \tau_{xx})}{2\tau_{xy}} ; \tag{10}$$

$$v_{x/x} + v_{y/y} = 0 . \tag{11}$$

Die Gleichungen (8) sind die allgemeinen Gleichgewichtsgleichungen der Festkörpermechanik, die Gleichung (9) ist die Plastizitätsbedingung von DE-SAINT-VENANT, die Gleichungen (10) und (11) entsprechen den Hypothesen 4 bzw. 2.

9.1.3. Die Gleichungen der Plastizitätstheorie im dreidimensionalen Fall erhielt LEVY [1] auf der Grundlage der Plastizitätsbedingung von de-Saint-Venant. Levy behält die Hypothesen 1, 3 und 5 von de-Saint-Venant bei. Die Hypothese 4 wird überflüssig, die Hypothese 2 wird durch die folgende allgemeinere ersetzt:

2a. Der Spannungsdeviator und der Tensor der Deformationsgeschwindigkeiten sind proportional.

Die Hypothesen von LEVY führen auf folgende Gleichungen des plastischen Zustands:

$$\frac{v_{x/x} - v_{y/y}}{\tau_{xx} - \tau_{yy}} = \frac{v_{y/y} - v_{z/z}}{\tau_{yy} - \tau_{zz}} = \frac{v_{x/y} + v_{y/x}}{2\tau_{xy}} = \frac{v_{y/z} + v_{z/y}}{2\tau_{yz}} = \frac{v_{z/x} + v_{x/z}}{2\tau_{xz}} \tag{12}$$

$$v_{x/x} + v_{y/y} + v_{z/z} = 0 . \tag{13}$$

Die Plastizitätsbedingung liefert die Gleichung

$$K^6 - (a^2 + 3b)\, K^4/2 + (a^2 + 3b)^2\, K^2/16 - (4a^3c + a^2b^2 + + 18abc + 4b^3 - 27c^2)/64 = 0 . \tag{14}$$

Hierbei sind a, b, c die Koeffizienten der Gleichung

$$-\tau^3 + a\tau^2 - b\tau + c := \begin{vmatrix} \tau_{xx} - \tau & \tau_{xy} & \tau_{xz} \\ \tau_{xy} & \tau_{yy} - \tau & \tau_{yz} \\ \tau_{xz} & \tau_{yz} & \tau_{zz} - \tau \end{vmatrix} = 0 ,$$

deren Wurzeln die Hauptnormalenspannungen sind.

Zu den Gleichungen (12)—(14) müssen die allgemeinen Gleichgewichtsgleichungen (3) hinzugefügt werden.

Wir bemerken, daß im ebenen Fall aus den Levyschen Gleichungen die von DE-SAINT-VENANT benutzte Hypothese 4 folgt. In der Tat, im ebenen Fall ist $v_z = 0$, $\tau_{xz} = \tau_{yz} = 0$, die Gleichung (13) ergibt $v_{x/x} = -v_{y/y}$, und aus der ersten Gleichung (12) folgt dann $\tau_{zz} = (\tau_{xx} + \tau_{yy})/2$. Hypothese 4 folgt jetzt aus (7).

Bemerkung 9.1.1. Die Gleichung (14) wurde im Buch des Autors „Grundgleichungen der mathematischen Plastizitätstheorie“, Verlag d. Akad. d. Wiss. d. UdSSR, 1934, angegeben. Im Artikel von LEVY [1] ist eine andere Bedingung enthalten, die allem Anschein nach falsch ist, weil aus ihr nicht die Bedingung von de-Saint-Venant für das ebene Problem folgt. Im Sammelband „Plastizitätstheorie“ (s. RABOTNOW [1]) ist die Übersetzung eines anderen Artikels von LEVY enthalten, in dem eine weitere Form der Plastizitätsbedingung gegeben wird. Wie dem Autor scheint, ist diese Form ebenfalls fehlerhaft, da die Dimensionen der Summanden in dieser Bedingung nicht übereinstimmen.

9.1.4. Wir legen kurz die Theorie von v. MISES [1] dar. Ihr wesentlicher Unterschied besteht in einer anderen Formulierung der Plastizitätsbedingung. Seien τ_1, τ_2, τ_3 die Hauptnormalenspannungen. Wir setzen

$$\zeta_1 = \frac{\tau_2 - \tau_3}{2}, \qquad \zeta_2 = \frac{\tau_3 - \tau_1}{2}, \qquad \zeta_3 = \frac{\tau_1 - \tau_2}{2}, \tag{15}$$

so daß

$$\zeta_1 + \zeta_2 + \zeta_3 = 0 . \tag{16}$$

V. MISES nimmt folgende Hypothese an, die allgemeiner als die von DE-SAINT-VENANT ist: im plastischen Zustand verbleiben die Spannungen auf der Elastizitätsgrenze; im Raum der Koordinaten $\zeta_1, \zeta_2, \zeta_3$ ist die Elastizitätsgrenze als geschlossene Kurve darstellbar, die in der Ebene (16) liegt und den Koordinatenursprung umläuft.

Nach DE-SAINT-VENANT gilt $|\zeta_i| \leqq K$, $i = 1, 2, 3$. Diese Ungleichungen bestimmen im Raum $(\zeta_1, \zeta_2, \zeta_3)$ einen Würfel, der sich mit der Ebene (16) in einem regelmäßigen Sechseck schneidet. V. MISES schlug vor, den Würfel von DE-SAINT-VENANT durch die Sphäre

$$\zeta_1^2 + \zeta_2^2 + \zeta_3^2 = 2K'^2 , \qquad K' = \text{const}, \tag{17}$$

zu ersetzen. Die Gleichung (17) wird leicht in die Form

$$\tau_i^2 := \tfrac{1}{6}\,[(\tau_{xx} - \tau_{yy})^2 + (\tau_{yy} - \tau_{zz})^2 + (\tau_{zz} - \tau_{xx})^2 + 6(\tau_{xy}^2 + \tau_{yz}^2 + \tau_{xz}^2)] = \\ = \tfrac{4}{3} K'^2 \tag{18}$$

überführt. Die Größen τ_i heißen *Intensitäten der Tangentialspannungen.*

Im ebenen Problem ist $\tau_i^2 = \frac{1}{4}(\tau_{xx} - \tau_{yy})^2 + \tau_{xy}^2$; die Plastizitätsbedingung von DE-SAINT-VENANT ergibt sich als Spezialfall der Bedingung von v. MISES, wenn

$$K' = \frac{3}{\sqrt{2}} K \tag{19}$$

gesetzt wird; dabei vereinfacht sich etwas die Bedingung von v. MISES:

$$\tau_i = K . \tag{20}$$

Die übrigen Gleichungen der Theorie des plastischen Zustands nach v. MISES stimmen mit den entsprechenden Levyschen Gleichungen überein.

9.1.5. Das Variationsprinzip von HAAR und v. KÁRMÁN wurde 1909 im Artikel [1] dieser berühmten Autoren noch vor Erscheinen der Arbeit von v. MISES [1] veröffentlicht; natürlich wurde dieses Prinzip auf der Plastizitätsbedingung von DE-SAINT-VENANT begründet. Jedoch läßt sich das Prinzip von HAAR/v. KÁRMÁN leicht unter Benutzung der Plastizitätsbedingung von v. MISES formulieren, und in diesem Fall behauptet das genannte Prinzip folgendes:

Das ein Gebiet Ω im dreidimensionalen (oder zweidimensionalen) Raum ausfüllende Medium möge sich im elastisch-plastischen Zustand befinden. Der Einfachheit halber nehmen wir an, daß die Volumenkräfte fehlen, so daß der Vektor $\mathfrak{K} = 0$ und der Spannungstensor die homogene Gleichung

$$\operatorname{div} T = 0 \tag{21}$$

erfüllen. Sei $W(T)$ die Dichte der elastischen Deformationsenergie, die mittels des Spannungstensors T ausgedrückt wird. Dann realisiert dieser Tensor im elastisch-plastischen Zustand das Minimum des Integrals

$$J(T) = \int_{\Omega} W(T)\,\mathrm{d}x \tag{22}$$

auf der Menge der symmetrischen Tensoren T, die folgenden Bedingungen genügen: (i) das Integral (22) ist endlich; (ii) T erfüllt die Gleichung (21) sowie die bekannten Cauchyschen Randbedingungen, die bedeuten, daß die am Rand des Gebiets anliegenden äußeren Kräfte bekannt sind; (iii) T genügt der einseitigen Nebenbedingung

$$\tau_i \leqq K\,, \tag{23}$$

wobei τ_i die Intensitäten der Tangentialspannungen des Tensors T sind.

Im Artikel von Haar und v. Kármán wird ein allgemeiner Satz bewiesen, aus dem unter anderem folgt: Wenn T die oben formulierte einseitige Variationsaufgabe löst, dann ist in jedem Punkt des Gebiets entweder die Eulersche Gleichung für das Funktional (22) oder die Gleichung $\tau_i = K$ (d. h. die Plastizitätsbedingung) erfüllt.

Man muß jedoch beachten, daß in der plastischen Zone ebenfalls Gleichungen erfüllt sein müssen, die die Deformationsgeschwindigkeiten enthalten; so müssen im dreidimensionalen Problem die Gleichungen (12)—(13) erfüllt sein. Deshalb folgt aus der Existenz der Lösung der Variationsaufgabe von Haar/v. Kármán noch nicht automatisch die Existenz der Lösung der Aufgabe für den elastisch-plastischen Zustand.

Das Haar-v. Kármánsche Prinzip ist eng mit dem bekannten Prinzip von Castigliano aus der Elastizitätstheorie verbunden. Wir erinnern an dieses Prinzip: Wenn der Spannungstensor das Minimum des Funktionals (22) unter den Bedingungen (i) und (ii) realisiert, dann löst dieser Tensor das Problem der Elastizitätstheorie unter den in (ii) erwähnten Randbedingungen. Somit läßt sich formal das Haar-v. Kármánsche Prinzip aus dem Prinzip von Castigliano ableiten, wenn gefordert wird, daß das Funktional von Castigliano (22) das Minimum auf der Menge der Tensoren annimmt, die nicht nur den Bedingungen (i), (ii), sondern auch der Bedingung (iii), d. h. der Ungleichung (23), genügen.

9.2. Torsion eines Stabes

9.2.1. Sei der Querschnitt G des Torsionsstabes ein endliches und, im allgemeinen, mehrfach zusammenhängendes Gebiet in der Ebene (x, y). Wenn sich der gesamte Stab im elastischen Zustand befindet, dann genügen die von identisch Null verschiedenen Spannungen $\tau_x = \tau_{xz}$ und $\tau_y := \tau_{yz}$ den Gleichungen

$$\tau_{x/x} + \tau_{y/y} = 0\,, \qquad (x, y) \in G; \tag{1}$$

$$\tau_x \cos(\nu, x) + \tau_y \cos(\nu, y) = 0; \qquad (x, y) \in \partial G; \tag{2}$$

$$\iint_G (x\tau_y - y\tau_x)\,\mathrm{d}x\,\mathrm{d}y = \mathfrak{M}; \tag{3}$$

$$\Delta\tau_x = \Delta\tau_y = 0\,. \tag{4}$$

Hierbei ist ν die Normale an ∂G, $\mathfrak{M}$ das Moment der an der Grundfläche des Stabes anliegenden äußeren Kräfte. Wenn sich der Stab im elastisch-plastischen Zustand befindet, dann bleiben die Gleichungen (1)—(3) gültig; die Gleichung (4) gilt in der elastischen Zone. Unter der Voraussetzung, daß in der plastischen Zone die Spannungen die Bedingung von de-Saint-Venant (Gleichung (9.1.14)) oder die Gleichung von v. Mises (9.1.20) erfüllen, müssen in der plastischen Zone die Gleichungen (4) durch die Gleichung

$$\tau_x^2 + \tau_y^2 = K^2 \tag{5}$$

ersetzt werden.

Wir führen den Prä-Hilbert-Raum der Vektoren $\tau = (\tau_x, \tau_y)$ ein, die der Gleichung (1) und der Randbedingung (2) genügen; die Norm wird in diesem Raum durch die Formel

$$|\tau|^2 = \iint_G (\tau_x^2 + \tau_y^2)\, dx\, dy \tag{6}$$

gegeben. Durch Vervollständigung dieses Raumes in der Metrik (6) erhalten wir einen Hilbert-Raum, den wir mit $\tilde{H}$ bezeichnen. Von den Elementen dieses Raumes werden wir sagen, daß sie (in verallgemeinertem Sinn) die Gleichungen (1)—(2) erfüllen.

Wenn sich der Stab im elastischen Zustand befindet, dann ist auf Grund des Prinzips von Castigliano das Torsionsproblem der Minimumaufgabe für das Funktional (6) auf der Menge der Vektoren, die die Gleichungen (1)—(3) erfüllen, d. h., auf der Menge der Elemente des Raums $\tilde{H}$, die die Gleichung (3) erfüllen, äquivalent. Sei $-g = -(g_x, g_y)$ ein beliebiger Vektor aus $\tilde{H}$, der dieser Gleichung genügt. Wir setzen $g + \tau = \sigma = (\sigma_x, \sigma_y)$. Dann genügt σ der homogenen Gleichung

$$\iint_G (x\sigma_y - y\sigma_x)\, dx\, dy = 0\,. \tag{7}$$

Mit H bezeichnen wir den Teilraum jener Elemente aus $\tilde{H}$, die der letzten Gleichung genügen. Auf Grund des Prinzips von Haar und v. Kármán kann die Lösung des elastisch-plastischen Torsionsproblems durch die Lösung der folgenden einseitigen Variationsaufgabe ersetzt werden:

$$\begin{aligned} &|\sigma - g| = \min\,, \qquad \sigma \in M;\\ &M = \{\sigma \in H\colon |||\sigma - g||| \leqq K\}\,, \qquad |||\tau||| = \operatorname*{sup\,ess}_{(x,y)\in G} \sqrt{\tau_x^2 + \tau_y^2}\,. \end{aligned} \tag{8}$$

9.2.2. Wir untersuchen die in Formel (8) definierte Menge M. Für betragsmäßig große $\mathfrak{M}$ ist sie leer. In der Tat ist

$$|\mathfrak{M}| \leqq \iint_G \varrho \sqrt{\tau_x^2 + \tau_y^2}\, dx\, dy\,, \qquad \varrho^2 = x^2 + y^2;$$

im elastisch-plastischen Zustand ist $\tau_x^2 + \tau_y^2 \leqq K^2$, deshalb gilt

$$|\mathfrak{M}| \leqq K \iint_G \varrho\, dx\, dy\,. \tag{9}$$

Die rechte Seite dieser Ungleichung ist eine Konstante: wenn in der Gleichung (3) $|\mathfrak{M}|$ größer als diese Konstante ist, dann ist M leer.

Wir nennen das Moment $\mathfrak{M}$ *zulässig,* falls ihm eine nichtleere Menge M entspricht. Da nötigenfalls die Orientierung der Koordinatenachsen geändert werden kann, sei o. B. d. A. $\mathfrak{M} \geqq 0$. Wir bezeichnen die kleinste obere Schranke der zulässigen Momente mit $\overline{\mathfrak{M}}$ und beweisen, daß die Menge der zulässigen Momente entweder das abgeschlossene Intervall $0 \leqq \mathfrak{M} \leqq \overline{\mathfrak{M}}$ oder das halboffene Intervall $0 \leqq \mathfrak{M} < \overline{\mathfrak{M}}$ ist. Es reicht aus zu beweisen, daß das letztgenannte halboffene Intervall in der Menge der zulässigen Momente enthalten ist.

In jeder linken Halbumgebung des Punktes $\overline{\mathfrak{M}}$ befindet sich wenigstens ein zulässiges Moment $\mathfrak{M}'$. Dem entspricht mindestens ein Vektor $\tau' = (\tau_x', \tau_y')$, so daß gilt

$$\iint_G (x\tau_y' - y\tau_x')\,dx\,dy = \mathfrak{M}'; \qquad |||\tau'||| \leqq K .$$

Sei $0 \leqq \mathfrak{M}'' < \mathfrak{M}'$. Wir setzen $\tau'' = \mathfrak{M}''\tau'/\mathfrak{M}'$. Dann ist $\tau'' \in \tilde{H}$ und

$$\iint_G (x\tau_y'' - y\tau_x'')\,dx\,dy = \mathfrak{M}'' , \qquad |||\tau''||| = \frac{\mathfrak{M}''}{\mathfrak{M}'}|||\tau'||| < K .$$

Die letzte Beziehung bedeutet, daß die dem Moment $\mathfrak{M}''$ entsprechende Menge M'' das Element τ'' enthält und deshalb nichtleer ist. Damit ist bewiesen, daß das halboffene Intervall $0 \leqq \mathfrak{M} < \overline{\mathfrak{M}}$ in der Menge der zulässigen Momente enthalten ist.

Wir zeigen nun, daß die in den Formeln (8) definierte Menge M in der Norm $|\cdot|$ abgeschlossen ist. Sei $\tau_n = (\tau_{nx}, \tau_{ny})$ eine Folge von Vektoren aus M, und es gelte $|\tau_n - \tau_0| \xrightarrow[n\to\infty]{} 0$. Wir beweisen, daß $\tau_0 \in M$. Aus der in H konvergenten Folge $\{\tau_n\}$ kann eine Teilfolge $\{\tau_{n_k}\}$ ausgewählt werden, die fast überall in G gegen τ_0 konvergiert. Wegen $|||\tau_{n_k}||| = \sup \sqrt{\tau_{n_kx}^2 + \tau_{n_ky}^2} \leqq K$ ist $\sup \sqrt{\tau_{0x}^2 + \tau_{0y}^2} \leqq K$ fast überall in G. Das bedeutet $\tau_0 \in M$, und folglich ist die Menge M abgeschlossen.

Aus bekannten allgemeinen Sätzen (siehe Abschnitt 8.1) folgt, daß die Aufgabe (8) eine eindeutige Lösung besitzt.

9.2.3. Die Aufgabe (8) ist ein Spezialfall der Aufgabe (8.1.1-2), in der unter anderem $\alpha = K$ gesetzt werden muß. Falls $0 \leqq \mathfrak{M} < \overline{\mathfrak{M}}$ gilt, existiert, wie wir in 9.2.2 sahen, in der Menge M ein Element, dessen Halbnorm kleiner als K ist. Dieses Element sei g. Auf der Grundlage der Resultate von Abschnitt 8.5 kann folgendes behauptet werden:

Die Lösung der Aufgabe (8) *ist stabil gegenüber kleinen Störungen des Vektors g und der Plastizitätskonstanten K, wenn das Torsionsmoment im halboffenen Intervall* $0 \leqq \mathfrak{M} < \overline{\mathfrak{M}}$ *liegt.*

Das Moment $\mathfrak{M}$ sei durch das Moment $\mathfrak{M}'$, das sich wenig von $\mathfrak{M}$ unterscheidet und auch im halboffenen Intervall $[0, \overline{\mathfrak{M}})$ liegt, ersetzt worden. Wenn dem Moment $\mathfrak{M}$ der Vektor g, $|||g||| < K$, zugeordnet wird, dann kann dem Moment $\mathfrak{M}'$ der Vektor $g' = \mathfrak{M}'g/\mathfrak{M}$ zugeordnet werden; für hinreichend nahe $\mathfrak{M}$ und $\mathfrak{M}'$ ist $|||g'||| < K$, und die Größe $|||g - g'|||$ ist genügend klein. Aus dem Gesagten ergibt sich die folgende Behauptung:

Die Lösung der Aufgabe (8) *ist stabil bezüglich kleiner Störungen des Torsionsmoments, die nicht aus dem Intervall* $[0, \overline{\mathfrak{M}})$ *hinausführen.*

Weiter unten werden wir zeigen, daß unter derselben Bedingung $0 \leqq \mathfrak{M} < \overline{\mathfrak{M}}$ die Lösung der Aufgabe (8) stabil gegenüber kleinen Änderungen des Gebiets G ist.

9.2.4. Im Folgenden geben wir einige bekannte Fakten aus der Theorie der elastischen Torsion eines Stabes an.

Sei G ein $(n+1)$-fach zusammenhängendes Gebiet. Dann besteht ∂G aus $n+1$ Zusammenhangskomponenten, die wir mit ∂G_j, $j = 0, 1, \dots, n$, bezeichnen; mit ∂G_0 bezeichnen wir die Komponente, die das Gebiet G von außen berandet. Wir bezeichnen noch mit G_j, $j = 1, 2, \dots, n$, jenes Gebiet, das von außen durch die Kurve ∂G_j berandet wird. Sei $G_0 = G \cup G_1 \cup \dots \cup G_n$; G_0 ist ein endliches, einfach zusammenhängendes Gebiet mit dem Rand ∂G_0. G_0 kann als kleinstes einfach zusammenhängendes Gebiet definiert werden, das das Gebiet G enthält.

Die Gleichung (1) gestattet die Einführung der sogenannten *Prandtlschen Spannungsfunktion* u durch die Beziehungen

$$\tau_x = \frac{\partial u}{\partial y}, \qquad \tau_y = -\frac{\partial u}{\partial x}. \tag{10}$$

Aus der Randbedingung (2) folgt, daß die Prandtlsche Funktion auf dem Rand des Gebiets die Bedingung

$$u|_{\partial G_j} = A_j = \text{const} \tag{11}$$

erfüllt. Durch Addition einer Konstanten zur Prandtlschen Funktion verändern sich die Spannungen nicht, deshalb kann $A_0 = 0$ festgelegt werden.

Wie aus Gleichung (4) ersichtlich ist, genügt im elastischen Gebiet die Prandtlsche Funktion der Poisson-Gleichung

$$-\Delta u = c_0, \qquad c_0 = \text{const}. \tag{12}$$

Eine bekannte Formel verknüpft das Torsionsmoment $\mathfrak{M}$ mit der Prandtlschen Funktion $u(x, y)$:

$$\mathfrak{M} = 2 \iint_G u \, dx \, dy + 2 \sum_{j=1}^{n} A_j |G_j|. \tag{13}$$

Wir setzen die Funktion u auf das gesamte Gebiet G_0 fort, indem wir $u(x, y) = A_j$, $(x, y) \in G_i$, setzen. Dann besitzt die Formel (13) die einfachere Gestalt

$$\mathfrak{M} = 2 \iint_{G_0} u \, dx \, dy.$$

9.2.5. Das Torsionsproblem kann in eine Variationsaufgabe überführt werden, die sich in ihrer Form von der Aufgabe (8) unterscheidet. Wenn sich der Torsionsstab im elastischen Zustand befindet, dann läßt sich die Aufgabe (8) mit Hilfe der Prandtlschen Spannungsfunktion folgendermaßen schreiben:

$$\begin{gathered}
\iint_G |\nabla u|^2 \, dx \, dy = \min, \\
u = \begin{cases} 0 & \text{auf } \partial G_0, \\ A_j = \text{const} & \text{auf } \partial G_j, \qquad 1 \leqq j \leqq n, \end{cases} \\
2 \iint_G u \, dx \, dy + 2 \sum_{j=1}^{n} A_j |G_j| = \mathfrak{M}.
\end{gathered} \tag{15}$$

Das ist eine Aufgabe zur Bestimmung eines relativen Minimums; nach dem Satz von Euler existiert eine solche Konstante C_0, daß

$$\delta \left\{ \iint_G [|\nabla u|^2 - 2C_0 u] \, dx \, dy - 2C_0 \sum_{j=1}^{n} A_j |G_j| \right\} = 0. \tag{16}$$

Hierbei bedeutet δ das Symbol für die Variation, und die Funktion u muß der Randbedingung aus (15) genügen. Wenn diese Funktion entsprechend der Festlegung aus

9.2.4 auf G_0 fortgesetzt wird, nimmt die Gleichung (16) die Gestalt

$$\delta \iint_{G_0} [|\nabla u|^2 - 2C_0 u]\, dx\, dy = 0 \tag{17}$$

an.

Mit $\overline{H}_0$ bezeichnen wir den aus denjenigen Funktionen gebildeten Teilraum des Raumes $\overset{\circ}{W}{}_2^{(1)}(G_0)$, die in jedem der inneren Gebiete G_j konstant sind. Die Norm in $\overset{\circ}{W}{}_2^{(1)}(G_0)$ definieren wir durch die Formel

$$|u|^2 = \iint_{G_0} |\nabla u|^2\, dx\, dy;$$

das entsprechende Skalarprodukt ist das Integral

$$[u, v] = \iint_{G_0} \nabla u\, \nabla v\, dx\, dy\,.$$

Die Variationsaufgabe (15) wird in die Form

$$|u - u_0| = \min\,, \qquad u \in \overline{H}_0\,,$$

überführt, wobei u_0, gemäß dem Satz von Riesz, durch die Identität

$$[u, u_0] = C_0 \iint_G u\, dx\, dy\,, \qquad \forall u \in \overline{H}_0$$

bestimmt ist.

Durch Anwendung des Prinzips von Haar und v. Kármán wandeln wir das elastisch-plastische Torsionsproblem in die folgende einseitige Variationsaufgabe um:

$$\begin{aligned} &|u - u_0| = \min\,, \qquad u \in \overline{M};\\ &\overline{M} = \{u \in \overline{H}_0 : |||u||| \leqq K\}; \qquad |||u||| = \sup_G \operatorname{ess} |\nabla u|\,. \end{aligned} \tag{18}$$

Die Aufgabe (18) wurde im Artikel von Lanchon [1] formuliert. Für jeden endlichen Wert C_0 besitzt diese Aufgabe eine eindeutige Lösung, die wir mit $u_* = u_*(x, y, C_0)$ bezeichnen. In Lanchon [1] wird bewiesen, daß die Lösung der Aufgabe (18) alle Differentialgleichungen und Randbedingungen des elastisch-plastischen Torsionsproblems erfüllt.

Wenn das Torsionsmoment $\mathfrak{M}$ gegeben ist, dann ist C_0 aus der Gleichung

$$2 \iint_{G_0} u_*(x, y, C_0)\, dx\, dy = \mathfrak{M} \tag{19}$$

zu bestimmen.

Jedem endlichen Wert C_0 wird nach Formel (19) genau ein zulässiger Wert $\mathfrak{M}$ zugeordnet. Umgekehrt entspricht, wie aus den Resultaten der Unterabschnitte 9.2.2-4 zu sehen ist, jedem zulässigen Wert aus dem halboffenen Intervall $0 \leqq \mathfrak{M} < \overline{\mathfrak{M}}$ genau eine Prandtlsche Funktion, die im elastischen Gebiet einer Gleichung der Gestalt (12) genügt. Mit anderen Worten, jedem zulässigen Wert $\mathfrak{M}$ aus dem Intervall $[0, \overline{\mathfrak{M}})$ entspricht genau ein endlicher Wert C_0, und für jeden Wert $\mathfrak{M} \in [0, \overline{\mathfrak{M}})$ besitzt die Gleichung (19) eine eindeutige Lösung.

9.2.6. Wir beschäftigen uns jetzt mit der Frage der Stabilität der Lösung von Aufgabe (18) gegenüber kleinen Störungen des Gebiets G. Neben der Aufgabe (18) betrachten wir dieselbe Aufgabe für einen Stab des gleichen Materials mit einem Querschnitt G', der G ähnlich ist. Die Nähe der Gebiete G und G' definieren wir folgendermaßen. Mit ξ, η und x, y bezeichnen wir die Cartesischen Koordinaten in den Gebieten

G' bzw. G; wir nehmen an, daß solch eine Koordinatentransformation S existiert, die eineindeutig G' in G und G_0' in G_0 abbildet (G_0' ist das kleinste G' enthaltende einfach zusammenhängende Gebiet), wobei die Jacobische Funktionalmatrix der Transformation S die Form $I + O(\varepsilon)$ hat und I die Einheitsmatrix und ε eine kleine positive Zahl ist. Dann gilt für die Jacobische Funktionaldeterminante J der Transformation S

$$J = 1 + O(\varepsilon)\,.$$

Das Torsionsproblem für das Gebiet G' läßt sich folgendermaßen schreiben:

$$\begin{aligned}&\iint\limits_{G_0'}\left[\left(\frac{\partial u'}{\partial \xi}\right)^2 + \left(\frac{\partial u'}{\partial \eta}\right)^2 - 2C_0'u'\right] d\xi\, d\eta = \min; \qquad u' \in \overline{H}_0'\,,\\ &\sup_{G'}\operatorname{ess}\left[\left(\frac{\partial u'}{\partial \xi}\right)^2 + \left(\frac{\partial u'}{\partial \eta}\right)^2\right] \leqq K^2;\end{aligned} \tag{20}$$

hierbei ist $\overline{H}_0'$ der aus den Funktionen aus $\mathring{W}_2^{(1)}(G_0')$ gebildete Teilraum, die in jeder der Zusammenhangskomponenten der Menge $G_0' \setminus G'$ konstant sind.

In (20) führen wir die Transformation S aus; wir bemerken, daß sie $\overline{H}_0'$ in $\overline{H}_0$ überführt. Mit der Bezeichnung $\nabla' = \left(\frac{\partial}{\partial \xi}, \frac{\partial}{\partial \eta}\right)$ erhalten wir

$$\begin{aligned}&\iint\limits_{G_0}\{(u_{/x})^2\,|\nabla' x|^2 + 2u_{/x}u_{/y}(\nabla' x, \nabla' y) + (u_{/y})^2\,|\nabla' y|^2 - 2C_0 u\}\, J\, dx\, dy = \min;\\ &u(x, y) = u'(\xi, \eta); \qquad u \in \overline{H}_0;\\ &\sup_{G}\operatorname{ess}\,\{(u_{/x})^2\,|\nabla' x|^2 + 2u_{/x}u_{/y}(\nabla' x, \nabla' y) + (u_{/y})^2\,|\nabla' y|^2\} \leqq K^2\,.\end{aligned} \tag{21}$$

Im Raum $\overline{H}_0$ führen wir eine neue Norm $|\cdot|_1$ (und entsprechend ein neues Skalarprodukt $[\cdot, \cdot]_1$) ein, indem wir

$$|u|_1^2 = \iint\limits_{G_0}\{(u_{/x})^2\,|\nabla' x|^2 + 2u_{/x}u_{/y}(\nabla' x, \nabla' y) + (u_{/y})^2\,|\nabla' y|^2\, J\, dx\, dy \tag{22}$$

setzen.

Das Funktional $l_1 u = \iint\limits_{G_0} C_0' J u\, dx\, dy$ ist in der Norm (22) beschränkt, deshalb gilt $l_1 u = [u, u_1]$ für ein Element u_1 aus $\overline{H}_0$. Schließlich bezeichne $\overline{M}'$ die Menge der Funktionen aus $\overline{H}_0$, die der letzten Beziehung aus (21) genügen, und $|||u|||_1^2$ die linke Seite dieser Beziehung. Die Aufgabe (21) nimmt die Gestalt

$$\begin{aligned}&|u - u_1|_1 = \min\,, \qquad u \in \overline{M}';\\ &\overline{M}' = \{u \in \overline{H}_0 : |||u|||_1 \leqq K\}\end{aligned} \tag{23}$$

an.

9.2.7. Beim Übergang von Aufgabe (18) zur Aufgabe (23) ändern sich alle, die Aufgabe bestimmenden Parameter: das Element u_0, die Norm $|\cdot|$ und die Menge $\overline{M}$. Wir beweisen, daß alle diese Veränderungen im Sinne der Definition aus Abschnitt 8.5 klein sind.

Zuerst beweisen wir, daß die Normen $|\cdot|$ und $|\cdot|_1$ durch eine Ungleichung der Gestalt (8.5.3) miteinander verbunden sind. Der Ausdruck unter dem Integralzeichen in (22) ist eine quadratische Form bezüglich $u_{/x}$ und $u_{/y}$; es ist unschwer zu sehen, daß ihre Eigenwerte die Form $\lambda_k = 1 + O(\varepsilon)$, $k = 1, 2$, haben. In 9.2.6 bemerkten wir, daß

$J = 1 + O(\varepsilon)$ gilt. Aus dem Gesagten folgt die Existenz einer solchen Konstanten δ_1, die nur von ε abhängt, so daß $\lim\limits_{\varepsilon\to 0} \delta_1 = 0$ und $(1 - \delta_1)^2 \leqq J\lambda_k \leqq (1 + \delta_1)^2$, $k = 1, 2$. Aber dann ist

$$(1 - \delta_1) |u| \leqq |u|_1 \leqq (1 + \delta_1) |u| .$$

Nun schätzen wir die Größe $|u_0 - u_1|$ ab. Wir betrachten die Differenz

$$[u, u_1] - [u, u_1]_1 = \iint_{G_0} \{u_{/x}u_{1/x}(1 - J |\nabla' x|^2) + u_{/y}u_{1/y}(1 - J |\nabla' y|^2) - \\ - (u_{/x}u_{1/y} + u_{/y}u_{1/x}) J(\nabla' x, \nabla' y)\} \, dx \, dy .$$

Hieraus finden wir $[u, u_1] - [u, u_1]_1 = |u| \cdot |u_1| \, O(\varepsilon)$, und folglich

$$[u, u_0 - u_1] = [u, u_0] - [u, u_1]_1 + |u| \cdot |u_1| \, O(\varepsilon) .$$

Weiterhin folgt aus $C_0 - C_0' = O(\varepsilon)$

$$[u, u_0] - [u, u_1]_1 = C_0 \iint_{G_0} u \, dx \, dy - C_0' \iint_{G_0} uJ \, dx \, dy = \\ = (C_0 - C_0') \iint_{G_0} u \, dx \, dy + C_0' \iint_{G_0} u(1 - J) \, dx \, dy = |u| \, O(\varepsilon)$$

und $[u, u_0 - u_1] = |u| (1 + |u_1|) \, O(\varepsilon)$. Wir setzen hier $u = u_0 - u_1$ und finden

$$|u_0 - u_1| \leqq C\varepsilon(1 + |u_1|) , \qquad C = \text{const} . \tag{24}$$

Hieraus folgt $|u_1| - |u_0| \leqq C\varepsilon(1 + |u_1|)$ und $|u_1| \leqq |u_0| + O(\varepsilon)$. Nun liefert dieselbe Ungleichung (24) $|u_0 - u_1| = O(\varepsilon)$; folglich existiert eine nur von ε abhängende Größe δ_2 derart, daß gilt $\lim\limits_{\varepsilon\to 0} \delta_2 = 0$ und $|u_0 - u_1| \leqq \delta_2$.

9.2.8. Wir untersuchen den Einfluß des Ersetzens von $\overline{M}$ durch die Menge $\overline{M}'$ und nehmen zuerst $G' \subset G$ an. Die oben eingeführten Räume $\overline{H}_0$ und $\overline{H}_0'$ bezeichnen wir jetzt mit $H_0(G)$ bzw. $H_0(G')$. Die Funktionen der Klasse $\overline{H}_0'(G')$ definieren wir in $G_0 \setminus G_0'$, indem wir sie dort Null setzen; danach ist $H_0(G')$ ein Teilraum des Raumes $H_0(G)$.

Weiter oben wurde S als Koordinatentransformation definiert; wir erweitern diese Definition, indem wir sie ebenfalls auf Funktionen, die in den entsprechenden Gebieten gegeben sind, übertragen, so daß für eine in G_0' definierte Funktion $u(\xi, \eta)$ gilt $(Su)(x, y) = u(\xi(x, y), \eta(x, y))$ mit $(x, y) = S(\xi, \eta)$. Durch diese Definition bildet S die Menge $\overline{M}'$ auf $\overline{M}$ ab; wir zeigen, daß dabei die Ungleichung (8.5.9) erfüllt ist. Sei $u \in \overline{M}$. Dann gilt

$$S^{-1}u = \begin{cases} u(\xi(x, y), \eta(x, y)) , & \xi(x, y) \in G_0' , \\ 0 , & \xi(x, y) \in G_0 \setminus G_0' , \end{cases}$$

und

$$|u - S^{-1}u| = \iint_{G_0 \setminus G_0'} |\nabla u|^2 \, dx \, dy + \iint_{G_0'} [\nabla'(u(\xi, \eta) - (S^{-1}u)(\xi, \eta))]^2 \, d\xi \, d\eta .$$

Das erste Integral auf der rechten Seite besitzt auf Grund der Plastizitätsbedingung von de-Saint-Venant die Ordnung $O(\varepsilon)$. Das zweite Integral ist gleich

$$\iint_{G_0'} \{(u_{/\xi})^2 [(1 - \xi_{/x})^2 + \xi_{/y}^2] + 2u_{/\xi}u_{/\eta}[(1 - \xi_{/x}) \eta_{/y} + \xi_{/y}(1 - \eta_{/x})] + \\ + (u_{/\eta})^2 [(\eta_{/x})^2 + (1 - \eta_{/y})^2] \, dx \, dy .$$

Die Jacobische Funktionalmatrix der Transformation S hat die Form $I + O(\varepsilon)$; hieraus folgt, daß das letzte Integral durch den Wert $|u|^2 \, O(\varepsilon^2)$ abgeschätzt werden kann. Somit ist

$$|u - S^{-1}u|^2 = O(\varepsilon) + |u|^2\, O(\varepsilon^2)$$

und

$$|u - S^{-1}u| \leqq O(\sqrt{\varepsilon}) + |u|\, O(\varepsilon) = (1 + |u|)\, O(\sqrt{\varepsilon})\,.$$

Das heißt, daß eine solche nur von ε abhängige Größe δ_3 mit

$$\lim_{\varepsilon \to 0} \delta_3 = 0 \qquad \text{und} \qquad |u - S^{-1}u| \leqq \delta_3(1 + |u|)$$

existiert.

Aus dem in diesem Unterabschnitt Bewiesenem folgt, daß das elastisch-plastische Torsionsproblem stabil bezüglich kleiner Störungen des Stabquerschnitts ist, falls das gestörte Gebiet innerhalb des ursprünglichen Gebietes liegt.

9.2.9. Es möge sich das Gebiet G' durch eine kleine Störung des Gebietes G ergeben, aber G' liege nicht in G. Wir konstruieren ein Gebiet $\tilde{G}$, das man durch kleine Störungen jedes der Gebiete G oder G' erhalten kann und die Eigenschaft hat, daß sowohl G als auch G' in $\tilde{G}$ liegen. Nach dem in 9.2.8 Bewiesenen unterscheiden sich die den Querschnitten G und G' entsprechenden Prandtlschen Funktionen u und u' wenig von $\tilde{u}$, der Prandtlschen Funktion für den Querschnitt $\tilde{G}$. Aber dann unterscheiden sich auch u und u' wenig voneinander.

Somit ist die Lösung des elastisch-plastischen Torsionsproblems stabil bezüglich kleiner Störungen des Stabquerschnitts, falls die Störung im Sinne von Unterabschnitt 9.2.6 klein ist.

9.2.10. Auf die Lösung des elastisch-plastischen Torsionsproblems lassen sich auf natürliche Weise die Resultate der Abschnitte 8.2 und 8.6 anwenden. Somit gilt: Wenn der Näherungswert $u_*^{(n)}$ der Prandtlschen Funktion $u_*(x, y)$ mit dem Ritzschen Verfahren (insbesondere mit der FEM) als Element des entsprechenden Raumes H_n bestimmt wird und $u_*(x, y)$ der exakte Wert der Prandtlschen Funktion ist, dann gilt

$$\begin{aligned} &|u_* - u_*^{(n)}| = O\left(\sqrt{e_n(u_*)}\right);\\ &e_n(u) = \inf_{u^{(n)} \in H_n} \left[|u - u^{(n)}| + |||u - u^{(n)}|||\right], \end{aligned} \tag{25}$$

wobei die Norm $|\cdot|$ und die Halbnorm $|||\cdot|||$ entsprechend durch die Formeln

$$|u|^2 = \iint_G |\nabla u|^2\, dx\, dy\,, \qquad |||u||| = \sup_G \operatorname{ess} |\nabla u|$$

definiert sind.

Der Verzerrungsfehler der Näherungslösung $u_*^{(n)}(x, y)$ besitzt die Form $O(\sqrt{||\Gamma_n||} + {}$ $+ ||\delta^{(n)}||)$, wobei Γ_n die Verzerrung der Ritzschen Matrix und $\delta^{(n)}$ die Verzerrung der rechten Seite des Ritzschen Systems ist.

9.2.11. In der Literatur wird der näherungsweisen Lösung von Aufgabe (18) große Aufmerksamkeit geschenkt. Im Fall des einfach zusammenhängenden Gebiets wurde dieses Problem ausführlich im Buch von Glowinski, Lions und Tremolieres [1] dargelegt; einige Ergebnisse sind in dem früher erschienenen Buch von Tschernousko und Banitschuk [1] enthalten. Dem Fall des mehrfach zusammenhängenden Gebiets ist die Arbeit von Glowinski und Lanchon [1] gewidmet. Fehlerabschätzungen fehlen in diesen Arbeiten. Für die elastisch-plastische Torsion eines Stabes mit einfach zusammenhängendem Querschnitt wurde sowohl die exakte als auch die näherungsweise Lösung in einer Reihe von Arbeiten unabhängig vom Variationsprinzip untersucht. Die erste dieser Arbeiten war die berühmte Arbeit von Naday (siehe NADAY [1]). Interessante Resultate in dieser Richtung erzielte GALIN [1—2]. Wir verweisen noch auf die Arbeit von PERLIN [1].

9.3. Das ebene Problem

9.3.1. Wir führen folgende Bezeichnungen ein: σ ist die Poisson-Zahl des elastischen Mediums,

$$T = \begin{pmatrix} \tau_{xx} & \tau_{xy} \\ \tau_{xy} & \tau_{yy} \end{pmatrix} \tag{1}$$

ist der Spannungstensor,

$$\tau_m = [\tfrac{1}{4}(\tau_{xx} - \tau_{yy})^2 + \tau_{xy}^2]^{1/2} \tag{2}$$

die maximale Tangentialspannung, X und Y sind die Komponenten der Volumenkräfte, X_ν und Y_ν die Komponenten der Oberflächenkräfte. Sei weiterhin G ein endliches Gebiet in der Ebene (x, y), $\partial G = \bigcup_{j=0}^{n} \partial G_j$ der Rand des Gebiets, ∂G_j dessen Zusammenhangskomponenten. Der Spannungstensor erfüllt innerhalb von G die Gleichgewichtsgleichungen

$$\tau_{xx/x} + \tau_{xy/y} + X = 0\,, \qquad \tau_{xy/x} + \tau_{yy/y} + Y = 0\,, \tag{3}$$

und auf ∂G die Randbedingungen

$$\begin{aligned} \tau_{xx} \cos(\nu, x) + \tau_{xy} \cos(\nu, y) &= X_\nu\,, \\ \tau_{xy} \cos(\nu, x) + \tau_{yy} \cos(\nu, y) &= Y_\nu\,. \end{aligned} \tag{4}$$

Wenn sich das Medium im elastischen Zustand befindet, dann realisiert nach dem Prinzip von Castigliano der Tensor der elastischen Spannungen, den wir $\hat{g}$ bezeichnen, das Minimum des Integrals

$$\iint_G [(1 - 2\sigma)(\tau_{xx} + \tau_{yy})^2 + 4\tau_m^2]\, dx\, dy \tag{4}$$

auf der Menge der Tensoren, die die Gleichungen (3)—(4) erfüllen. Nach der Plastizitätsbedingung von de-Saint-Venant ist im plastischen Zustand für das ebene Problem die Gleichung

$$\tau_m^2 = \tfrac{1}{4}(\tau_{xx} - \tau_{yy})^2 + 4\tau_{xy}^2 = K^2 \tag{6}$$

erfüllt. Dann ist nach dem Prinzip von Haar/v. Kármán der Tensor T_* der elastisch-plastischen Spannungen die Lösung des einseitigen Minimumproblems für das Integral (5) auf der Menge der Tensoren, die die Gleichungen (3)—(4) und außerdem die Ungleichung

$$(\tau_{xx} - \tau_{yy})^2 + 4\tau_{xy}^2 \leqq 4K^2 \tag{7}$$

befriedigen.

9.3.2. Die hier formulierte einseitige Variationsaufgabe überführen wir in eine Aufgabe der Gestalt (8.1.1-2). Wir führen den Hilbert-Raum $\tilde{H}$ der Tensoren vom

Typ (1), deren Komponenten quadratisch summierbar in G sind, mit der Norm

$$|T| = \{\iint_G [(1 - 2\sigma)(\tau_{xx} + \tau_{yy})^2 + 4\tau_m^2]\, dx\, dy\}^{1/2} \tag{8}$$

und dem entsprechenden Skalarprodukt ein. Wir führen weiterhin den Teilraum H der Tensoren aus $\tilde{H}$ ein, die die homogenen Gleichgewichtsgleichungen

$$\tau_{xx/x} + \tau_{xy/y} = 0\,, \qquad \tau_{xy/x} + \tau_{yy/y} = 0 \tag{9}$$

und die homogenen Randbedingungen

$$\tau_{xx} \cos(\nu, x) + \tau_{xy} \cos(\nu, y) = 0\,, \qquad \tau_{xy} \cos(\nu, x) + \tau_{yy} \cos(\nu, y) = 0 \tag{10}$$

erfüllen. Analog zum Vorgehen in MICHLIN [3] hinsichtlich der dreidimensionalen Aufgabe der Elastizitätstheorie kann man beweisen, daß der Raum $\tilde{H} \ominus H$ aus denjenigen Tensoren besteht, die für geeignete X, Y, X_ν, Y_ν den Beziehungen (3)—(4) und den Gleichungen der ebenen Elastizitätstheorie genügen; insbesondere gilt $\hat{g} \in \tilde{H} \ominus H$.

Mit $|||\cdot|||$ bezeichnen wir die Halbnorm

$$|||T||| = \sup_{(x,y)\in G} \text{ess}\, \tau_m \tag{11}$$

Wir setzen $\bar{g} = \hat{g} + V$, wobei V ein beliebiger Tensor aus H ist. Für $\inf_{V\in H} |||\bar{g}||| > K$ ist die einseitige Variationsaufgabe aus 9.3.1 nicht lösbar (siehe 8.1.2). Wir nehmen $\inf_{V\in H} |||\bar{g}||| < K$ an. Dann existiert ein Tensor $V_0 \in H$, so daß $|||g||| < K$ für $g = \hat{g} + V_0$ gilt. Mit der Bezeichnung $T = V - g$, $V \in H$, schreiben wir die Aufgabe aus Unterabschnitt 9.3.1 in der Form

$$\begin{aligned} &|V - g| = \min\,, \qquad V \in M;\\ &M = \{V \in H : |||V - g||| \leqq K\}\,. \end{aligned} \tag{12}$$

Diese Aufgabe läßt sich etwas vereinfachen. Es gilt $V - g = (V - V_0) - \hat{g}$; die Summanden auf der rechten Seite sind in der Metrik (8) orthogonal, und deshalb ist $|V - g|^2 = |V - V_0|^2 + |\hat{g}|^2$. Der konstante Wert $|\hat{g}|^2$ hat keinen Einfluß auf das Minimalelement V, ihn kann man weglassen. Im Endeffekt läßt sich die Aufgabe (12) durch die folgende ersetzen:

$$\begin{aligned} &|V - V_0| = \min\,, \qquad V \in M;\\ &M = \{V \in H : |||V - g||| \leqq K\}\,. \end{aligned} \tag{13}$$

Analog zu 9.2.2 kann gezeigt werden, daß die Menge M der Aufgabe (12) in der Norm $|\cdot|$ abgeschlossen ist.

Wenn der Rand des Gebiets genügend glatt ist, können die grundlegenden Aufgaben der linearen Theorie in Fredholmsche oder singuläre Integralgleichungen überführt werden; vergleiche die Bücher von MUSCHELISCHWILI [1], MICHLIN [1, 6], KUPRADSE u. a. [1]. Eine einfache Analyse dieser Gleichungen zeigt, daß bei geeigneter Wahl der notwendigen Metriken der Spannungstensor, der die zweite Randwertaufgabe der Elastizitätstheorie löst, in der Metrik C stabil bezüglich kleiner Veränderungen der Volumen- und Oberflächenkräfte und ebenfalls des vom elastischen Medium eingenommenen Gebiets ist.

Gestützt auf diese Tatsache treffen wir folgende Voraussetzung: Bei geeigneter Wahl der Metriken für die Volumenkräfte und bei geeigneter Definition einer kleinen Störung des Gebiets G ist der Spannungstensor $\hat{g}$ in der Metrik $C(\overline{G})$ stabil gegenüber kleinen Störungen der genannten Parameter; offensichtlich ist unter diesen Bedingungen $\hat{g}$ in der Metrik (8) stabil.

Bei kleinen Störungen des Tensors $\hat{g}$ und bei unverändertem Tensor V_0 wird der Tensor $g = \hat{g} + V_0$ ebenfalls etwas gestört; die Ungleichung $|||g||| < K$ bleibt dabei bestehen. Hieraus folgt, daß der Tensor g sowohl in der Metrik $C(\overline{G})$, als auch in der Metrik (8) stabil bezüglich kleiner Störungen der äußeren Kräfte und des Gebiets ist.

Wenn nur die äußeren Kräfte etwas gestört werden und das Gebiet G unverändert bleibt, dann bleiben das Element V_0 und die Metrik (8) unverändert, es ändert sich nur die Menge M. Aus den Resultaten der Unterabschnitte 8.5.5-7 folgt dann, daß der Spannungstensor, der das ebene Problem des elastisch-plastischen Zustands löst, stabil bezüglich kleiner Störungen der äußeren Kräfte und gleichfalls der Plastizitätskonstanten X ist.

9.3.3. Wir untersuchen die Frage der Stabilität der Lösung für das ebene Problem des elastisch-plastischen Zustands bei kleinen Störungen des Gebiets G. Wir nehmen an, daß die Störungen in jedem Fall die im Abschnitt 9.2 formulierten Forderungen erfüllen. Wir setzen zeitweilig noch voraus, daß für das gestörte Gebiet $G' \subset G$ gilt.

Die mit dem Gebiet G' verbundenen Objekte bezeichnen wir mit den gleichen Symbolen wie die analogen, mit dem Gebiet G zusammenhängenden Objekte, und versehen sie mit einem Strich. Das neue Problem ist der folgenden Variationsaufgabe äquivalent:

$$\begin{aligned} &|V' - V'_0| = \min\,, \qquad V' \in M'\,; \\ &M' = \{V' \in H'_0 \colon |||V' - g'||| \leqq K\}\,. \end{aligned} \tag{14}$$

Wir betrachten die Transformation S aus Abschnitt 9.2. Die sich im Ergebnis dieser Transformation ergebenden Objekte kennzeichnen wir mit dem Index 1. So gilt insbesondere

$$|T|_1^2 = \iint_G [(1 - 2\sigma)(\tau_{xx} + \tau_{yy})^2 + \tau_m^2]\, J\, dx\, dy\,, \tag{15}$$

wobei J die Jacobische Funktionaldeterminante der Transformation S ist. Aus den Eigenschaften dieser Transformation und aus der Formel (15) folgt leicht, daß die Norm $|\cdot|_1$ Ungleichungen der Gestalt (8.5.3) und (8.5.9) genügt. Der Tensor $\hat{g}$ ist nach Voraussetzung stabil gegenüber kleinen Störungen des Gebiets G; hieraus läßt sich jetzt leicht ableiten, daß die gleiche Stabilität auch die Tensoren g und V_0 besitzen. Aus den Ergebnissen vom Abschnitt 8.5 folgt, daß der Spannungstensor, der das ebene Problem der Theorie des plastisch-elastischen Zustands löst, stabil gegenüber kleinen Störungen des Gebiets ist, falls das gestörte Gebiet $G' \subset G$ ist. Die letzte Forderung ist unwesentlich, von ihr kann man sich genauso wie in 9.2.9 befreien.

9.3.4. Für das ebene Problem des elastisch-plastischen Zustands gelten Abschätzungen des Approximations- und des Verzerrungsfehlers, die denjenigen aus 9.2.10 analog sind. Darauf werden wir hier nicht ausführlicher eingehen.

9.3.5. Wir stellen die Frage: Unter welchen Umständen kann man behaupten, daß die aus dem Prinzip von Haar/v. Kármán gewonnene Lösung des ebenen Problems des elastisch-plastischen Zustands in Wirklichkeit die Lösung dieses Problems ist. Aus der Problemstellung selbst folgt, daß der auf der Grundlage dieses Prinzips erhaltene Spannungstensor T die Gleichgewichtsgleichungen (9) erfüllt (der Einfachheit halber nehmen wir an, daß die Volumenkräfte fehlen). Des weiteren wurde in der Arbeit von Haar und v. Kármán [1] gezeigt, daß dieser Tensor in der elastischen Zone die Eulersche Gleichung erfüllt, die in diesem Fall zu der Differentialgleichung

$$\Delta(\tau_{xx} + \tau_{xy}) = 0 \tag{16}$$

und zur Randbedingung (falls die Ränder des Gebiets G und der elastischen Zone einen gemeinsamen Teil haben)

$$T \cdot \nu = \mathfrak{K}_\nu \tag{17}$$

führt; hierbei ist ν die äußere Normale an ∂G, $\mathfrak{K}_\nu$ ist der Vektor der Spannungen, die auf ein „Längenelement" des Randes ∂G wirken. Auf Grund der Ergebnisse der gleichen Artikels [1] von Haar und v. Kármán erfüllt in der plastischen Zone der Tensor T die Plastizitätsbedingung von de-Saint-Venant (9.1.9).

Somit genügen in der elastischen Zone die drei Komponenten des Tensors T dem System der drei Differentialgleichungen (9) und (16); bekanntlich existiert dann solch ein Verschiebungsvektor, daß der entsprechende Deformationstensor zusammen mit dem Tensor T die Gleichungen des Hookeschen Gesetzes befriedigt.

In der plastischen Zone genügt der Tensor T dem System der Gleichungen (9) und (9.1.9). Dieser Tensor löst das ebene Problem des elastisch-plastischen Zustands, falls in der plastischen Zone ein Verschiebungsvektor existiert, der den Gleichungen (9.1.10-11) genügt und zusammen mit seinen Zeitableitungen stetig in den Vektor der elastischen Verschiebungen beim Durchgang durch den gemeinsamen Rand der elastischen und der plastischen Zone übergeht (siehe Sobolew [1]). Es läßt sich eine einfache hinreichende Bedingung dafür angeben, daß die letzte Forderung erfüllt ist, so daß das Prinzip von Haar—v. Kármán auf die Lösung des ebenen Problems des elastisch-plastischen Zustands führt. Das ist dann der Fall, wenn die Vorgaben der Aufgabe zeitunabhängig sind. In diesem Fall hängen der Spannungstensor und ebenfalls der Verschiebungsvektor in der elastischen Zone nicht von der Zeit ab; auf der Trennlinie der elastischen und der plastischen Zone ist der Vektor der Verschiebungsgeschwindigkeiten gleich Null. Und dann können die Gleichungen (9.1.10-11) befriedigt werden, indem der Vektor der Verschiebungsgeschwindigkeiten in der plastischen Zone identisch Null gesetzt wird.

Was den Verschiebungsvektor in der plastischen Zone betrifft, so wird er nicht aus den Gleichungen von de-Saint-Venant bestimmt, und er muß nur zwei Forderungen genügen: Er geht stetig in den Vektor der elastischen Verschiebungen auf dem gemeinsamen Rand beider Zonen über; er ist zeitunabhängig.

Wir bemerken, daß die hier geäußerten Überlegungen im vollen Umfang auch für das dreidimensionale Problem des elastisch-plastischen Zustands gelten (siehe Abschnitt 9.4).

9.3.6. Zum Abschluß dieses Abschnitts verweisen wir auf folgendes. Die Halbnorm (11) ist nicht stetig differenzierbar, und die Konstruktion der Näherungslösung stößt auf einige Schwierigkeiten. Die Aufgabe läßt sich vereinfachen, indem man die Halbnorm (11) durch folgende ersetzt:

$$|||T|||_p = \frac{1}{|G|^{1/2p}} \|\tau_m\|_{2p} = \frac{1}{|G|^{1/2p}} \left\{ \iint\limits_G \left[\frac{1}{4} (\tau_{xx} - \tau_{yy})^2 + 4\tau_{xy}^2 \right]^p dx\, dy \right\}^{1/2p}, \tag{18}$$

und die Ungleichung $|||V - g||| \leqq K$ ersetzen wir durch

$$|||V - g|||_p \leqq K. \tag{19}$$

In der Formel (18) ist p eine hinreichend große natürliche Zahl; offensichtlich ist die neue Halbnorm stetig differenzierbar. Wir bezeichnen die Menge der Tensoren V, die der Ungleichung (19) genügen, mit M_p. Wegen $|||\cdot|||_p \leqq |||\cdot|||$ ist die Menge M_p nichtleer, falls M nichtleer ist. Des weiteren ist die Menge M_p offensichtlich konvex. Wir beweisen, daß sie in der Norm $|\cdot|$ abgeschlossen ist. Sei $\{V_n\} \subset M_p$ eine in der erwähnten Norm (Formel (8)) gegen einen Tensor V_0 konvergierende Folge. Dann gilt $f_n \to f_0$ und $\varphi_n \to \varphi_0$ in $\mathbf{L}_2(G)$, wobei

$$f_n = V_{nxx} - V_{nyy}\,, \qquad \varphi_n = V_{nxy}\,,$$
$$f_0 = V_{0xx} - V_{0yy}\,, \qquad \varphi_0 = V_{0xy}\,.$$

Wir setzen noch $g_{xx} - g_{yy} = \tilde{f} = \tilde{\varphi}$, dann gilt in $\mathbf{L}_2(G)$

$$f_n - \tilde{f} \to f_0 - \tilde{f}\,, \qquad \varphi_n - \tilde{\varphi} \to \varphi_0 - \tilde{\varphi}\,. \tag{20}$$

Hieraus folgt die Existenz einer Teilfolge $\{V_{n_k}\}$, so daß die Beziehungen (20) für diese Teilfolge fast überall in G erfüllt sind. Nach dem Satz von Fatou (siehe z. B. WULICH [1]) gilt

$$|||V_0 - g|||_p = \frac{1}{|G|^{1/2p}}\left\{\iint\limits_G \left[\frac{1}{4}(f_0 - \tilde{f})^2 + (\varphi_0 - \tilde{\varphi})^2\right]^p \mathrm{d}x\,\mathrm{d}y\right\}^{1/2p} \leqq$$
$$\leqq \frac{1}{|G|^{1/2p}} \sup_k \left\{\iint\limits_G \left[\frac{1}{4}(f_{n_k} - \tilde{f})^2 + (\varphi_{n_k} - \tilde{\varphi})^2\right]^p \mathrm{d}x\,\mathrm{d}y\right\}^{1/2p} =$$
$$= \sup_k |||V_{n_k} - g|||_p \leqq K\,.$$

Das bedeutet $V_0 \in M_p$, folglich ist die Menge M_p abgeschlossen.

Analog lassen sich die Aufgaben aus den Abschnitten 9.2 und 9.4 (siehe nächsten Abschnitt) vereinfachen.

9.4. Das dreidimensionale Problem

9.4.1. Es seien die Vektoren $\mathfrak{K}$ der Volumen- und $\mathfrak{K}_\nu$ der Oberflächenkräfte bekannt, die auf ein elastisch-plastisches Medium wirken, das ein endliches Gebiet Ω im dreidimensionalen Raum einnimmt. Der Spannungstensor genügt in Ω der Differentialgleichung

$$\operatorname{div} T + \mathfrak{K} = 0\,, \tag{1}$$

und auf dem Rand dieses Gebiets der Randbedingung

$$T \cdot \nu|_{\partial\Omega} = \mathfrak{K}_\nu; \tag{2}$$

ν ist die äußere Normale an $\partial\Omega$.

Wenn sich das gesamte Medium im elastischen Zustand befindet, dann realisiert, nach dem Prinzip von Castigliano, der Tensor T das Minimum des Funktionals

$$\iiint\limits_\Omega \left[\frac{1 - 2\sigma}{\sigma(1 + \sigma)}(\tau_{xx} + \tau_{yy} + \tau_{zz})^2 + \tau_i^2\right] \mathrm{d}x\,\mathrm{d}y\,\mathrm{d}z \tag{3}$$

auf der Menge der Tensoren, die den Gleichungen (1)—(2) genügen; mit τ_i ist die Intensität der Tangentialspannungen bezeichnet. Indem wir das Prinzip von Haar/

v. Kármán anwenden, nehmen wir an, daß der Spannungstensor im elastisch-plastischen Zustand das Minimum des Funktionals (3) auf der Menge der Tensoren realisiert, die außer den Gleichungen (1)—(2) auch der Ungleichung (9.1.23) genügen.

9.4.2. Die soeben formulierte einseitige Variationsaufgabe bringen wir in die übliche Form. Der Spannungstensor sei in Ω quadratisch summierbar. Auf der Menge dieser Tensoren führen wir die Norm

$$|T|^2 = \iiint\limits_{\Omega} \left[\frac{1-2\sigma}{\sigma(1+\sigma)}(\tau_{xx}+\tau_{yy}+\tau_{zz})^2 + \tau_i^2\right] dx\,dy\,dz \tag{4}$$

ein und bezeichnen den dadurch erhaltenen Hilbert-Raum mit $\tilde{H}$. Die Menge der Elemente des Raumes $\tilde{H}$, die den homogenen Gleichungen

$$\operatorname{div} T = 0\,, \qquad T \cdot \nu|_{\partial\Omega} = 0 \tag{5}$$

genügen, sei H. Wie in MICHLIN [3] bewiesen wurde, ist H ein Teilraum von $\tilde{H}$. Der zu H orthogonale Teilraum besteht aus den Tensoren der elastischen Spannungen. Das heißt, $T \in \tilde{H} \ominus H$ genügt den Gleichungen (1)—(2) mit geeignet gewählten Vektoren $\mathfrak{K}$ und $\mathfrak{K}_\nu$, und es existiert solch ein Verschiebungsvektor $u = (u_x, u_y, u_z)$, daß gilt

$$\tau_{xx} = \lambda \operatorname{div} u + 2\mu u_{x/x}\,, \qquad \tau_{xy} = \mu(u_{x/y} + u_{y/x})$$

usw. Hierbei sind λ und μ die Lamé-Zahlen für das betrachtete Medium.

Sei $\hat{g}$ der Spannungstensor, der für das Gebiet Ω die Aufgaben der Elastizitätstheorie für gegebene $\mathfrak{K}$ und $\mathfrak{K}_\nu$ löst; die Komponenten dieses Tensors seien $\hat{g}_{xx}, \hat{g}_{xy}, \ldots, \hat{g}_{zz}$. Es ist klar, daß $\hat{g} \in \tilde{H} \ominus H$ gilt. Indem wir $T = V - \hat{g}$ setzen, führen wir die Variationsaufgabe aus 9.4.1 über in

$$\begin{aligned} &|V - \hat{g}| = \min\,, \qquad V \in M = \{V \in H : |||V - \hat{g}||| \leqq K\}\,;\\ &|||T||| = \tau_i\,. \end{aligned} \tag{6}$$

Wie üblich ist die Aufgabe (6) für $\varkappa = \inf\limits_{V \in H} |||V - \hat{g}||| > K$ nicht lösbar; für $\varkappa < K$ ist sie eindeutig lösbar; sie ist nicht lösbar oder besitzt eine instabile Lösung für $\varkappa = K$. Wir nehmen $\varkappa < K$ an. Dann existiert ein Tensor $V_0 \in H$ mit $|||g||| < K$, $g = V_0 + \hat{g}$. Wir bezeichnen $V = V' - V_0$, dann ist $V - \hat{g} = V' - g$. Des weiteren ist $|V - \hat{g}|^2 = |V|^2 + |\hat{g}|^2 = |V' - V_0|^2 + |\hat{g}|^2$; wir vertauschen die Bezeichnungen V' und V und bringen so die Aufgabe (6) in die Form

$$\begin{aligned} &|V - V_0| = \min\,, \qquad V \in M\,;\\ &M = \{V \in H : |||V - g||| \leqq K\}\,. \end{aligned} \tag{7}$$

Wir machen Voraussetzungen, die den entsprechenden aus der Analyse des ebenen Problems analog sind: Der Tensor der elastischen Spannungen $\hat{g}$ ist in den Metriken C und (4) stabil bezüglich kleiner Störungen der Vektoren $\mathfrak{K}$ und $\mathfrak{K}_\nu$ sowie des Gebiets Ω. Dann (vgl. 9.2.3) ist auch der Tensor g bezüglich der gleichen Störungen stabil. Indem man die Überlegungen aus Unterabschnitt 9.2.3 wiederholt, überzeugt man sich davon, daß die Lösung des dreidimensionalen Problems des elastisch-plastischen Zustands stabil bezüglich der oben genannten kleinen Störungen und ebenfalls bezüglich kleiner Störungen der Plastizitätskonstanten K ist.

9.4.3. Man überzeugt sich leicht davon, daß die allgemeine Abschätzung des Approximationsfehlers (8.2.11) auch für die Aufgabe dieses Abschnitts gilt: Wenn T_* die exakte Lösung dieser Aufgabe und $T_*^{(n)}$ ihre Näherungslösung ist, die sich durch das Ersetzen des Raums H durch einen endlichdimensionalen Teilraum H_n ergibt, dann gilt.

$$|T_* - T_*^{(n)}| = O(\sqrt{e_n(T_*)})\,; \qquad e_n(T_*) = \inf_{T_n \in H_n} ||T_* - T_n||\,;$$
$$||T|| = |T| + |||T|||\,. \tag{8}$$

Genauso gilt die allgemeine Abschätzung des Verzerrungsfehlers (8.6.15).

9.4.4. Zum Abschluß verweisen wir auf einige Arbeiten, in denen Variationsungleichungen, die sich auf elastisch-plastische Zustandsaufgaben beziehen, untersucht werden. In der Arbeit [1] untersuchte Gajewski zwei elastisch-plastische Zustandsprobleme, nämlich den ebenen Spannungszustand und die Torsion eines zylindrischen Stabes; beide Aufgaben werden für den Fall des einfach zusammenhängenden Gebiets als Variationsprobleme untersucht. Jedes dieser Probleme wird in eine Gleichung mit einem Operator überführt, der die Bedingungen des Brouwderschen Fixpunktsatzes erfüllt. Langenbach [2] erzielte ein analoges Resultat für das dreidimensionale Problem. Abschätzungen der Stabilität für die Lösung einiger Variationsungleichungen gab Gajewski [3] an; als Beispiel betrachtete er u. a. geradlinige Rohrströmungen viskoplastischer Medien. In der Arbeit [4] des gleichen Autors wird das Prinzip von Haar/v. Kármán im Rahmen der Plastizitätstheorie von Prandtl und Reuß verwendet.

Anhang. Fehler bei der Lösung linearer algebraischer Systeme

Der Anhang[1]), der insgesamt 5 Kapitel enthält, ist den Fehlern einiger Lösungsverfahren für lineare algebraische Systeme gewidmet. Dieses Problem ist eine der Schlüsselfragen der numerischen Mathematik: Äußerst viele der verbreiteten Methoden enthalten als ein Hauptelement die Überführung der gegebenen Aufgabe in ein lineares algebraisches Gleichungssystem. Es ist deshalb natürlich, daß dem Problem der Fehler bei der Lösung solcher Systeme seit langem große Aufmerksamkeit in der Forschung geschenkt wird, und es zu ihm eine umfangreiche Literatur gibt. Einen Überblick darüber zu geben erscheint uns an dieser Stelle unmöglich; wir beschränken uns darauf, einige Monographien zur uns interessierenden Thematik anzuführen.

Einen großen Beitrag zum betrachteten Thema lieferte Wilkinson [1, 2]; besonders bedeutsam erscheinen uns seine Untersuchungen zum Gaußschen Eliminationsverfahren und zum Eigenwertproblem für Matrizen. Auf den Untersuchungen Wilkinsons zum Gaußschen Verfahren basiert im wesentlichen die Monographie von Forsythe und Moler [1]. Im Buch von Wojewodin [1] werden die Fehler mit wahrscheinlichkeitstheoretischen Methoden untersucht; einen bedeutenden Platz nimmt in diesem Buch die sogenannte inverse Fehleranalyse ein. Schließlich wird im Buch von Godunow [1] das von Householder vorgeschlagene Eliminationsverfahren, das auf der Anwendung von Spiegelungsmatrizen basiert, analysiert. Unter einer gewissen Hypothese bezüglich der Fehler der Spiegelungsmatrizen erhält Godunow eine Fehlerabschätzung der Lösung eines gegebenen linearen Systems.

In diesem Teil des Buches untersuchen wir, wie schon gesagt, die Fehler einiger Lösungsverfahren für lineare algebraische Systeme. Hinsichtlich dieser Verfahren selbst beschränken wir uns auf kurze Hinweise. Diese Verfahren sind in großer Vollständigkeit und sehr verständlich in dem bekannten Buch von Faddejew und Faddejewa [1] dargelegt. Im Kapitel 1 des Anhangs werden einige für das Weitere notwendige bekannte Fakten angegeben. Kapitel 2 ist einer sehr detaillierten Darlegung des Problems der Fehler bei dem Gaußschen Eliminationsverfahren gewidmet, im Kapitel 3 werden die Fehler einiger anderer exakter Verfahren zur Lösung linearer algebraischer Systeme untersucht. Im Kapitel 4 werden die Fehler einiger Iterationsmethoden betrachtet. In dem relativ kleinen Kapitel 5 untersuchen wir die Fehler zweier Methoden zur näherungsweisen Lösung des vollständigen Eigenwertproblems für Matrizen.

[1]) Alle Formelverweise im Anhang beziehen sich auch auf Formeln aus diesem Anhang, falls nicht ausdrücklich anders vermerkt.

1. Vorbemerkungen

1.1. Lineare algebraische Systeme

1.1.1. Seien X und Y m-dimensionale Banach-Räume; meistens nehmen wir $X = Y = \mathbb{R}_m$ an, wobei $\mathbb{R}_m$ der reelle Euklidische Raum der Dimension m ist. Die Zahl m setzen wir als fest voraus.

Sei A ein linearer Operator. Im betrachteten Fall wird er durch eine quadratische $m \times m$-Matrix erzeugt, die wir mit dem gleichen Buchstaben A bezeichnen wollen; unter der Norm dieser Matrix verstehen wir die Norm des von ihr erzeugten Operators. Das entsprechende System der linearen algebraischen Gleichungen schreiben wir in der Form

$$Ax = f; \qquad x, f \in \mathbb{R}_m . \tag{1}$$

1.1.2. Es ist nicht nötig, für das lineare Gleichungssystem die Räume X_n und Y_n (siehe Abschnitt 1.1, S. 14) einzuführen. Wird es jedoch gewünscht, so kann man annehmen, daß für beliebiges natürliches n gilt: $X_n = Y_n = \mathbb{R}_m$, $f^{(n)} = f$, $x^{(n)} = x_*$, $p_n = I$, wobei I der identische Operator und x_* die Lösung des Systems (1) ist. Folglich ist der Approximationsfehler für dieses System gleich Null.

Wir betrachten die übrigen Fehler. Bekanntlich lassen sich die Lösungsverfahren für lineare algebraische Systeme in zwei Klassen unterteilen, in exakte und Iterationsverfahren. Die Algorithmen der exakten Methoden (wenn ihre Vorschriften ohne Fehler ausgeführt werden) führen nach einer endlichen Anzahl von Schritten zur exakten Lösung, aber in einer Reihe wichtiger Fälle wird die Aufgabe (1) durch eine einfachere ersetzt. So wird zum Beispiel beim Gaußschen Verfahren oder bei anderen Eliminationsmethoden das allgemeine lineare algebraische System durch ein System mit Dreiecksmatrix ersetzt; solch ein System läßt sich wesentlich einfacher lösen. Bei Methoden dieser Art treten zwei Fehler auf: der Verzerrungs- und der Rundungsfehler. Allerdings tritt zum Beispiel beim Verfahren der konjugierten Richtungen, das ebenfalls zur Klasse der exakten Verfahren gehört, der Rundungsfehler als einziger Fehler auf. Mit den Iterationsverfahren sind zwei Fehler verknüpft, der Algorithmus- und der Rundungsfehler.

Das verzerrte System (1) schreiben wir in der Form

$$(A + \Gamma) z = f + \delta . \tag{2}$$

1.2. Fehler der elementaren Operationen

1.2.1. In diesem Unterabschnitt legen wir einige Überlegungen und Fakten aus dem Buch von Godunow [1] dar. Für jede EDVA, in der die duale Zerlegung der Zahlen angewendet wird und die in Gleitkommasystem arbeitet, kann man zwei die EDVA charakterisierende Zahlen ε_1 und ε_2 angeben: die kleinste Maschinenzahl größer als Eins ist gleich $1 + \varepsilon_1$, und die kleinste positive Maschinenzahl besitzt die Gestalt $\frac{1}{2}\left(1 - \frac{\varepsilon_1}{2}\right)\varepsilon_2$. Für die BESM-6 betragen diese Zahlen

$$\varepsilon_1 = 2^{-39} \approx 0{,}182 \cdot 10^{-11} ,$$

$$\frac{1}{2}\varepsilon_2 = \frac{2^{-64}}{1 - 2^{-40}} \approx 0{,}543 \cdot 10^{-19} .$$

Es wird gezeigt, daß für die Addition und die Subtraktion zweier Zahlen die Ungleichung

$$|(a \pm b)_M - (a \pm b)| \leqq \varepsilon_1 |a \pm b| + \varepsilon_1^2 \max(|a|, |b|) + \frac{\varepsilon_2}{2} \tag{1}$$

gilt; der Index „M" bezeichnet das Resultat der entsprechenden maschinellen Operation.

Da ε_1^2 im Vergleich zu ε_1 äußerst klein ist, kann man den zweiten Summanden auf der rechten Seite weglassen, und es ergibt sich die einfachere Formel:

$$|(a \pm b)_M - (a \pm b)| \leqq \varepsilon_1 |a \pm b| + \frac{\varepsilon_2}{2}. \tag{2}$$

Im erwähnten Buch von Godunow [1] werden die analogen Formeln für die Multiplikation und die Division angegeben:

$$|(ab)_M - ab| \leqq \varepsilon_1 |ab| + \frac{\varepsilon_2}{2}; \qquad \left|\left(\frac{a}{b}\right)_M - \frac{a}{b}\right| \leqq \varepsilon_1 \left|\frac{a}{b}\right| + \frac{\varepsilon_2}{2}. \tag{3}$$

1.2.2. Die Größe ε_2 ist im Vergleich zu ε_1 klein (zumindest für die BESM-6); außerdem erscheint der Term $\varepsilon_2/2$ in den Abschätzungen (1)—(3) nur dann, wenn das Ergebnis der Operation sehr klein ist und durch Null ersetzt wird. Auf Grund dieser Überlegungen lassen wir den Term $\varepsilon_2/2$ in den Abschätzungen (1)—(3) weg und nehmen folglich an, daß mit einer Genauigkeit bis auf kleine Größen höherer Ordnung die Formel

$$|(a * b)_M - a * b| \leqq \varepsilon_1 |a * b| \tag{4}$$

gilt, wobei der Stern eine beliebige der vier arithmetischen Operationen bezeichnet. Eine der Ungleichung (4) sehr ähnliche Ungleichung wird im Buch von Forsythe und Moler [1] angegeben.

In den weiter unten hergeleiteten Fehlerabschätzungen werden wir nur die linear von ε_1 abhängenden Glieder beibehalten. Diese Abschätzungen gelten folglich mit einer Genauigkeit bis auf kleine Größen höherer Ordnung.

1.2.3. Aus Formel (3) erhält man die Folgerungen

$$|(\sum_{i=1}^m a_i)_M - \sum_{i=1}^m a_i| \leqq \varepsilon_1 (m-1) \max_{2 \leqq k \leqq m} |\sum_{i=1}^k a_i|, \tag{5}$$

$$|(\prod_{i=1}^n a_i)_M - \prod_{i=1}^n a_i| \leqq \varepsilon_1 (n-1) \prod_{i=1}^n |a_i|. \tag{6}$$

Wir beweisen die Formel (5). Die maschinelle Addition mehrerer Summanden wird nach der rekursiven Formel

$$(\sum_{i=1}^k a_i)_M = ((\sum_{i=1}^{k-1} a_i)_M + a_k)_M \tag{7}$$

durchgeführt. Wir bezeichnen $b_k = (a_1 + a_2 + \cdots + a_k)_M$ und $|b_k - \sum_{i=1}^k a_i| = \varepsilon_1 \gamma_k$. Aus den Formeln (4) und (7) folgt

$$\varepsilon_1 \gamma_{k+1} = |(\sum_{i=1}^{k+1} a_i)_M - \sum_{i=1}^{k+1} a_i| = |(b_k + a_{k+1})_M - \sum_{i=1}^{k+1} a_i| =$$

$$= |[(b_k + a_{k+1})_M - b_k - a_{k+1}] + [b_k - \sum_{i=1}^{k+1} a_i]| \leqq \varepsilon_1 [|b_k + a_{k+1}| + \gamma_k].$$

Weiterhin gilt

$$b_k + a_{k+1} = \sum_{i=1}^{k+1} a_i + \Theta \varepsilon_1 \gamma_k , \qquad \Theta = \pm 1 ,$$

und folglich

$$|b_k + a_{k+1}| \leqq |\sum_{i=1}^{k+1} a_i| + \varepsilon_1 \gamma_k .$$

Somit ergibt sich, wenn wir das Glied mit ε_1^2 vernachlässigen,

$$\gamma_{k+1} \leqq |\sum_{i=1}^{k+1} a_i| + \gamma_k .$$

Nun setzen wir hierbei $k = 2, 3, \dots, m - 1$ und summieren die sich ergebenden Ungleichungen. Infolge Formel (4) ist $\gamma_2 = |a_1 + a_2|$, und wir erhalten

$$\gamma_m \leqq \sum_{k=2}^{m} |\sum_{i=1}^{k} a_i| \leqq (m-1) \max_{2 \leqq k \leqq m} |\sum_{i=1}^{k} a_i| ,$$

was mit (5) übereinstimmt.

Aus (5) folgt die einfachere, wenngleich auch etwas grobere Abschätzung

$$|(\sum_{i=1}^{m} a_i)_M - \sum_{i=1}^{m} a_i| \leqq \varepsilon_1 (m-1) \sum_{i=1}^{m} |a_i| . \tag{8}$$

Wir wenden uns der Formel (6) zu, die offensichtlich für $n = 2$ gilt. Wir nehmen an, daß sie für eine Zahl $n - 1$ gilt, und beweisen ihre Gültigkeit für die Zahl n. Es gilt

$$(\prod_{i=1}^{n-1} a_i)_M = \big(1 + \varepsilon_1 (n-2)\, \Theta_1\big) \prod_{i=1}^{n-1} a_i , \qquad |\Theta_1| \leqq 1 ,$$

$$(\prod_{i=1}^{n} a_i)_M = \big((\prod_{i=1}^{n-1} a_i)_M\, a_n\big)_M$$

und folglich, bis auf Glieder der Ordnung ε_1^2,

$$|(\prod_{i=1}^{n} a_i)_M - \prod_{i=1}^{n} a_i| \leqq$$

$$\leqq |\big((\prod_{i=1}^{n-1} a_i)_M\, a_n\big)_M - \big((\prod_{i=1}^{n-1} a_i)_M\, a_n\big)| + |(\prod_{i=1}^{n-1} a_i)_M\, a_n - \prod_{i=1}^{n} a_i| \leqq$$

$$\leqq \varepsilon_1 |(\prod_{i=1}^{n-1} a_i)_M\, a_n| + (n-2)\, \varepsilon_1 \prod_{i=1}^{n} |a_i| =$$

$$= \varepsilon_1 |\big(1 + (n-2)\, \varepsilon_1 \Theta_1\big) \prod_{i=1}^{n} a_i| + \varepsilon_1 (n-2) \prod_{i=1}^{n} |a_i| \approx (n-1)\, \varepsilon_1 \prod_{i=1}^{n} |a_i|$$

was zu beweisen war.

1.2.4. Wir betrachten nun Fehler bei der Multiplikation von Matrizen. Wir führen folgende Definition ein: Seien $A = [a_{ij}]$ und $B = [b_{ij}]$ quadratische Matrizen derselben Ordnung m mit $|a_{ij}| \leqq b_{ij}$. Dann sagen wir, die Matrix B ist eine Majorante für die Matrix A und schreiben $A \lessdot B$. Offensichtlich ist dann $||A|| \leqq ||B||$ und $||A||_E \leqq \leqq ||B||_E$, wobei $||A||_E$ die sogenannte Euklidische Norm der Matrix A ist:

$$||A||_E = [\sum_{i,j=1}^{m} a_{ij}^2]^{1/2} .$$

Für $A = [a_{ij}]$ führen wir die Bezeichnung $\hat{A} = [|a_{ij}|]$ ein. Offensichtlich gilt $A \prec\!\!\!\cdot\, \hat{A}$. Aus einem Resultat aus dem Buch von GODUNOW [1], S. 100, folgt

$$||\hat{A}|| \leqq ||A||_E \leqq \sqrt{m}\,||A||\,. \tag{9}$$

Hierbei ist m die Ordnung der Matrix A.

Wir betrachten die Multiplikation von zwei Matrizen A_1 und A_2 der Ordnung m. Wir setzen $A_\nu = [a_{ij}^{(\nu)}]$, $A = A_1A_2 = [\alpha_{ij}]$, so daß

$$\alpha_{ij} = \sum_{q=1}^{m} a_{iq}^{(1)}a_{qj}^{(2)}\,.$$

Wir schätzen den Fehler der Zahlen α_{ij} ab. Es bezeichne δ den Fehler der Maschinenoperation. Nach Formel (4) gilt

$$|\delta(a_{iq}^{(1)}a_{qj}^{(2)})| \leqq \varepsilon_1\,|a_{iq}^{(1)}a_{qj}^{(2)}|\,.$$

Zur Berechnung von α_{ij} müßten die Zahlen $a_{iq}^{(1)}a_{qj}^{(2)}$, die uns aber nicht bekannt sind, maschinell addiert werden. Bekannt sind nur die Zahlen $b_{iqj} := a_{iq}^{(1)}a_{qj}^{(2)} + \delta(a_{iq}^{(1)}a_{qj}^{(2)})$, und sie werden addiert. Wir setzen noch

$$b_{ij} = \sum_{q=1}^{m} b_{iqj} = \alpha_{ij} + \sum_{q=1}^{m} \delta(a_{iq}^{(1)}a_{qj}^{(2)})\,.$$

Nach Formel (8) ist

$$|\delta(b_{ij})| \leqq \varepsilon_1(m-1) \sum_{q=1}^{m} |b_{iqj}|\,.$$

Die letzte Formel läßt sich vereinfachen, wenn man auf der rechten Seite die Größe b_{iqj} durch $a_{jq}^{(1)}a_{qj}^{(2)}$ ersetzt. Die sich dabei ergebende Ungleichung gilt bis auf kleine Größen höherer Ordnung:

$$|\delta(b_{ij})| \leqq \varepsilon_1(m-1) \sum_{q=1}^{m} |a_{iq}^{(1)}a_{qj}^{(2)}|\,.$$

Weiterhin liefern die Ungleichungen (4) und (8)

$$(\alpha_{ij})_M = (\sum_{q=1}^{m} b_{iqj})_M = b_{ij} + \delta(b_{ij}) =$$
$$= \alpha_{ij} + \varepsilon_1[\Theta'(m-1) + \Theta''] \sum_{q=1}^{m} |a_{iq}^{(1)}a_{qj}^{(2)}|\,; \qquad |\Theta'|, |\Theta''| \leqq 1\,.$$

Hieraus folgt

$$|\delta(\alpha_{ij})| \leqq \varepsilon_1 m \sum_{q=1}^{m} |a_{iq}^{(1)}a_{qj}^{(2)}|\,,$$

d. h., die Fehlermatrix der Matrix A besitzt als Majorante die Matrix

$$\delta(A) \prec\!\!\!\cdot\, \varepsilon_1 m\hat{A}_1\hat{A}_2\,, \tag{10}$$

und die Norm dieses Fehlers besitzt die Abschätzung

$$||\delta(A)|| \leqq \varepsilon_1 m\,||\hat{A}_1||\,||\hat{A}_2|| \leqq \varepsilon_1 m^2\,||A_1||\,||A_2||\,. \tag{11}$$

Es mögen nun drei Matrizen miteinander multipliziert werden, $A = A_1A_2A_3$. Wir setzen $A_2A_3 = B_2$. Faktisch wird A_1 nicht mit B_2, sondern mit $B_2 + \delta(B_2)$ multipliziert. Der Fehler dieser Multiplikation wird mittels Formel (11) abgeschätzt:

$$\delta(A) \prec\!\!\!\cdot\, \varepsilon_1 m\hat{A}_1\big(\widehat{B_2 + \delta(B_2)}\big) \prec\!\!\!\cdot\, \varepsilon_1 m\hat{A}_1\big(\hat{B}_2 + \widehat{\delta(B_2)}\big)\,.$$

Der Summand $\widehat{\varepsilon_1\delta(B_2)}$ besitzt die Ordnung ε_1^2; wenn wir ihn vernachlässigen, erhalten wir

$$\delta(A) \prec \varepsilon_1 m \hat{A}_1 \hat{B}_2 .$$

Offensichtlich ist $\hat{B}_2 \prec \hat{A}_2 \hat{A}_3$ und folglich

$$\|\delta(A)\| \leqq \varepsilon_1 m \, \|\hat{A}_1\| \, \|\hat{A}_2\| \, \|\hat{A}_3\| .$$

Nach Induktion gilt für $A = A_1 A_2 \dots A_s$

$$\|\delta(A)\| \leqq \varepsilon_1 m \prod_{\nu=1}^{s} \|\hat{A}_\nu\| \leqq \varepsilon_1 m^{1+s/2} \prod_{\nu=1}^{s} \|A_\nu\| . \tag{12}$$

2. Das Gaußsche Verfahren

2.1. Die Eliminationsmethode nach dem Hauptelement. Die Verzerrung der Matrix und der rechten Seite

2.1.1. Die Auswahl des Hauptelements kann auf zwei verschiedene Weisen ausgeführt werden: Man kann das größte Element der betrachteten Matrix auswählen und entsprechend ihre Zeilen und Spalten umordnen. Man kann ebenfalls das größte Element einer betrachteten Spalte auswählen, dabei müssen nur die Zeilen umgestellt werden. Für das Folgende ist dieser Unterschied unwesentlich.

Das eben erwähnte Umstellen führt dazu, daß eine neue Matrix $\bar{A}$ und neue Vektoren $\bar{x}, \bar{f}$ entstehen, die durch die Gleichung

$$\bar{A}\bar{x} = \bar{f} \tag{1}$$

miteinander verknüpft sind. Es ist unschwer zu sehen, daß

$$\|\bar{A}\| = \|A\| , \qquad \|\bar{A}^{-1}\| = \|A^{-1}\| , \qquad \|\bar{x}\| = \|x\| , \qquad \|\bar{f}\| = \|f\| . \tag{2}$$

2.1.2. Durch die Eliminationsmethode nach dem Hauptelement wird die Matrix $\bar{A}$ in ein Produkt $\bar{A} = L^{-1}U$ zerlegt, wobei L und U entsprechend eine untere und eine obere Dreiecksmatrix sind (in der Terminologie des Buches von Faddejew und Faddejewa [1] linke bzw. rechte Dreiecksmatrix). Die Matrix L ist das Produkt unterer Dreiecksmatrizen L der Gestalt (siehe Gantmacher [1])

$$L_{ij} = \begin{pmatrix} 1 & & & & \\ & 1 & & & \\ & & 1 & & \\ & & \vdots & & \\ & & \alpha_{ij}^{(0)} & & \\ & & \vdots & & 1 \end{pmatrix} \qquad \begin{array}{l} i \geqq 2 , \\ 1 \leqq j \leqq m-1 , \\ i > j ; \end{array} \tag{3}$$

die Hauptdiagonalelemente jeder dieser Matrizen sind gleich Eins, und diese Matrizen besitzen ein einziges Nichtnullelement $\alpha_{ij}^{(0)}$ unterhalb der Hauptdiagonalen im Schnittpunkt der i-ten Zeile und der j-ten Spalte. Es ist wesentlich, daß gilt

$$|\alpha_{ij}^{(0)}| \leqq 1 . \tag{4}$$

Für festes j kommutieren offensichtlich die Matrizen L_{ij}. Mit L_j bezeichnen wir das Produkt der Matrizen L_{ij}, $i = j + 1, j + 2, \ldots, m$. Dann gilt (siehe GANTMACHER [1])

$$L = L_{m-1} L_{m-2} \cdots L_2 L_1 . \tag{5}$$

L_j ist eine untere Dreiecksmatrix mit Einsen auf der Hauptdiagonalen. Die Elementen der j-ten Spalte dieser Matrix unterhalb der Hauptdiagonalen sind $\alpha_{j+1,j}^{(0)}, \alpha_{j+2,j}^{(0)}, \ldots, \alpha_{mj}^{(0)}$; die übrigen Elemente dieser Matrix sind gleich Null. Somit gilt

$$L_j = \begin{pmatrix} 1 & & & & & \\ & 1 & & & & \\ & & \ddots & & & \\ & & 1 & & & \\ & & \alpha_{j+1,j}^{(0)} & & & \\ & & \alpha_{j+2,j}^{(0)} & & & \\ & & \vdots & & 1 & \\ & & \alpha_{mj}^{(0)} & & & 1 \end{pmatrix} . \tag{6}$$

2.1.3. Durch den direkten Vorgang des Gaußschen Verfahrens wird das System (1.1.1) in ein rekursives System

$$U\bar{x} = L\bar{f} \tag{7}$$

umgeformt; der indirekte Vorgang besteht in der Lösung dieses Systems.

Die Matrix U und der Vektor $L\bar{f}$ werden mit gewissen Fehlern berechnet, die zu einer Verzerrung des Systems (7) führen. Sei Γ die Verzerrungsmatrix der Matrix U und $\bar{\delta}$ der Verzerrungsvektor des Vektors $L\bar{f}$. Anstelle des Systems (7) konstruieren und lösen wir in Wirklichkeit das verzerrte System

$$(U + \Gamma)\,\bar{z} = L\bar{f} + \bar{\delta} . \tag{8}$$

Unser nächstes Ziel ist die Abschätzung der Norm $||\Gamma||$. Dem sind die nächsten Abschnitte gewidmet. Nebenbei wird auch die Norm $||\bar{\delta}||$ abgeschätzt.

2.2. Die Matrix L

2.2.1. Wir berechnen das Produkt $L^{(j)} = L_j L_{j-1} \cdots L_2 L_1$. Wir beginnen mit $j = 2$:

$$L_2 L_1 = \begin{pmatrix} 1 & & & & & \\ 0 & 1 & & & & \\ 0 & \alpha_{32}^{(0)} & 1 & & & \\ 0 & \alpha_{42}^{(0)} & 0 & 1 & & \\ \cdot & \cdot & \cdot & \cdot & \cdot & \cdot \\ 0 & \alpha_{m2}^{(0)} & 0 & 0 & \ldots & 1 \end{pmatrix} \begin{pmatrix} 1 & & & & & \\ \alpha_{21}^{(0)} & 1 & & & & \\ \alpha_{31}^{(0)} & 0 & 1 & & & \\ \alpha_{41}^{(0)} & 0 & 0 & 1 & & \\ \cdot & \cdot & \cdot & \cdot & \cdot & \cdot \\ \alpha_{m1}^{(0)} & 0 & 0 & 0 & \ldots & 1 \end{pmatrix} .$$

Man überzeugt sich leicht davon, daß das Produkt eine untere Dreiecksmatrix mit Einsen auf der Hauptdiagonalen ist, und daß im Produkt unterhalb der Diagonalen die Nichtnullelemente nur in den beiden ersten Spalten stehen, so daß gilt

$$L^{(2)} = \begin{pmatrix} 1 & & & & & \\ \alpha_{21}^{(0)} & 1 & & & & \\ \alpha_{31}^{(1)} & \alpha_{32}^{(0)} & 1 & & & \\ \alpha_{41}^{(1)} & \alpha_{42}^{(0)} & 0 & 1 & & \\ \cdots & \cdots & \cdots & \cdots & \cdots & \cdots \\ \alpha_{m1}^{(1)} & \alpha_{m2}^{(0)} & 0 & 0 & \dots & 1 \end{pmatrix}; \tag{1}$$

die Elemente $\alpha_{i1}^{(1)}$ werden nach der Formel

$$\alpha_{i1}^{(1)} = \alpha_{i2}^{(0)}\alpha_{21}^{(0)} + \alpha_{i1}^{(0)}, \qquad i > 1, \tag{2}$$

berechnet.

2.2.2. Es ist klar, daß für $k > 2$ die Darstellung

$$L^{(k)} = \begin{pmatrix} 1 & & & & & & \\ \alpha_{21}^{(0)} & 1 & & & & & \\ \alpha_{31}^{(1)} & \alpha_{32}^{(0)} & 1 & & & & \\ \alpha_{41}^{(2)} & \alpha_{42}^{(1)} & & 1 & & & \\ \cdots & \cdots & \cdots & \cdots & \cdots & \cdots & \cdots \\ \alpha_{k1}^{(k-2)} & \alpha_{k2}^{(k-3)} & & \alpha_{k,k-1}^{(0)} & 1 & & \\ \alpha_{k+1,1}^{(k-1)} & \alpha_{k+1,2}^{(k-2)} & & \alpha_{k+1,k-1}^{(1)} & \alpha_{k+1,k}^{(0)} & 1 & \\ \alpha_{k+2,1}^{(k-1)} & \alpha_{k+2,2}^{(k-2)} & & \alpha_{k+2,k-1}^{(1)} & \alpha_{k+2,k}^{(0)} & 0 & \\ \cdots & \cdots & \cdots & \cdots & \cdots & \cdots & \cdots \\ \alpha_{m1}^{(k-1)} & \alpha_{m2}^{(k-2)} & & \alpha_{m,k-1}^{(1)} & \alpha_{mk}^{(0)} & 0 \dots & 1 \end{pmatrix} \tag{3}$$

gilt, wobei die Elemente $\alpha_{ij}^{(\varkappa)}$, $\varkappa \leqq k - 1$, nach der Formel

$$\alpha_{ij}^{(\varkappa)} = \alpha_{i,j+\varkappa}^{(0)}\alpha_{j+\varkappa,j}^{(\varkappa-1)} + \alpha_{ij}^{(\varkappa-1)} \tag{4}$$

berechnet werden.

Wir beweisen, daß die Darstellung (3)—(4) für $k + 1$ gültig ist, wenn sie für k gilt. Wir multiplizieren $L^{(k)}$ von links mit

$$L_{k+1} = \begin{pmatrix} 1 & & & & & \\ & 1 & & & & \\ & & \ddots & & & \\ & & & 1 & & \\ & & & \alpha_{k+2,k+1}^{(0)} & 1 & \\ & & & \alpha_{k+3,k+1}^{(0)} & 0 & 1 \\ & & & \vdots & & \\ & & & \alpha_{m,k+1}^{(0)} & 0 & & 1 \end{pmatrix}$$

Indem man die übliche Multiplikationsregel für Matrizen anwendet, überzeugt man sich unschwer davon, daß das Produkt $L^{(k+1)} = L_{k+1}L^{(k)}$ sich aus $L^{(k)}$ durch den Austausch von k durch $k + 1$ ergibt, wobei die Elemente $\alpha_{ij}^{(\varkappa)}$, $\varkappa \leqq k$, mittels Formel (4) berechnet werden. Damit ist die Formel (3) für alle $k \leqq m - 1$ bewiesen; für $k =$

$= m - 1$ haben wir $L^{(m-1)} = L$, und folglich gilt

$$L = \begin{pmatrix} 1 & & & & & \\ \alpha_{21}^{(0)} & 1 & & & & \\ \alpha_{31}^{(1)} & \alpha_{32}^{(0)} & 1 & & & \\ \alpha_{41}^{(2)} & \alpha_{42}^{(1)} & \alpha_{43}^{(0)} & 1 & & \\ \cdots & \cdots & \cdots & \cdots & \cdots & \cdots \\ \alpha_{m1}^{(m-2)} & \alpha_{m2}^{(m-3)} & \alpha_{m3}^{(m-4)} & \ldots & \alpha_{m,m-1}^{(0)} & 1 \end{pmatrix}. \tag{5}$$

2.2.3. Wir schätzen die Norm der Matrix L ab. L läßt sich in der Form

$$L = \sum_{k=0}^{m-1} M_k , \qquad M_0 = I ,$$

$$M_k = \begin{pmatrix} 0 & 0 & & 0 & 0 \\ \alpha_{k+1,1}^{(k-1)} & 0 & & \vdots & \vdots \\ \vdots & \alpha_{k+2,2}^{(k-1)} & & \vdots & \vdots \\ \vdots & & \ddots & 0 & 0 \\ 0 & & & \alpha_{m,m-k}^{(k-1)} & 0 \end{pmatrix}, \qquad k > 0 , \tag{6}$$

darstellen; die Nichtnullelemente der Matrix M_k, $k > 0$, stehen nur in der $(k+1)$-ten unteren Nebendiagonalen. Es gilt

$$||L|| \leqq \sum_{k=0}^{m-1} ||M_k|| = 1 + \sum_{k=1}^{m-1} ||M_k|| . \tag{7}$$

Wegen $|\alpha_{ij}^{(0)}| \leqq 1$ folgt aus der Formel (4)

$$\max_{i,j} |\alpha_{ij}^{(k)}| \leqq 2 \max_{i,j} |\alpha_{ij}^{(k-1)}| ,$$

woraus $\max\limits_{i,j} |\alpha_{ij}^{(k)}| \leqq 2^k$ folgt.

Die Matrix realisiert folgende Abbildung $R_m \to R_m$: für $x = (x_1, x_2, \ldots, x_m)$ und $y = (y_1, y_2, \ldots, y_m) = M_k x$ gilt $y_1 = y_2 = \ldots = y_k = 0$; $y_j = \alpha_{j,j-k}^{(k-1)} x_{j-k}$, $j > k$. Hieraus folgt $||M_k x|| \leqq 2^{k-1} ||x||$, $||M_k|| \leqq 2^{k-1}$ und

$$||L|| \leqq 1 + \sum_{k=1}^{m-1} 2^{k-1} = 2^{m-1} . \tag{8}$$

In einigen Fällen läßt sich die Abschätzung (8) verbessern. Und zwar gilt für

$$|\alpha_{ij}^{(0)}| \leqq \alpha < 1 \tag{9}$$

infolge Formel (4)

$$\max_{i,j} |\alpha_{ij}^{(k)}| \leqq (1+\alpha) \max_{i,j} |\alpha_{ij}^{(k-1)}| .$$

Das liefert

$$\max_{i,j} |\alpha_{ij}^{(k)}| \leqq (1+\alpha)^k \max_{i,j} |\alpha_{ij}^{(0)}| \leqq \alpha(1+\alpha)^k . \tag{10}$$

In diesem Fall ist $||M_k|| \leqq \alpha(1+\alpha)^{k-1}$ und

$$||L|| \leqq 1 + \alpha \sum_{k=1}^{m-1} (1+\alpha)^{k-1} = (1+\alpha)^{m-1} . \tag{11}$$

Bemerkung 2.2.1. Die Formel (11) ist der Ordnung nach exakt. Um uns davon zu überzeugen, betrachten wir den Fall $\alpha_{ij}^{(0)} = \alpha = \text{const}$, $0 < \alpha < 1$. Dann ist $\alpha_{ij}^{(k)} = \alpha(1 + \alpha)^k$. Es habe $x \in R_m$ nur eine von Null verschiedene Komponente $x_1 > 0$; dann ist $||x|| = x_1$ und

$$Lx = \left(x_1, \alpha x_1, \alpha(1 + \alpha)\, x_1, \dots, \alpha(1 + \alpha)^{m-2}\, x_1\right).$$

Hieraus folgt

$$||Lx||^2 = [1 + \alpha^2 \sum_{k=0}^{m-2} (1 + \alpha)^{2k}]\, x_1^2 = \left\{1 + \frac{\alpha[(1 + \alpha)^{2m-2} - 1]}{2 + \alpha}\right\} ||x||^2 \geqq$$
$$\geqq \frac{\alpha}{2 + \alpha} (1 + \alpha)^{2m-2}\, ||x||^2$$

und mithin

$$||L|| \geqq \sqrt{\frac{\alpha}{2 + \alpha}}\, (1 + \alpha)^{m-1}. \tag{12}$$

Bemerkung 2.2.2. Aus der Herleitung der Formel (11) ist klar, daß

$$||\hat{L}|| \leqq (1 + \alpha)^{m-1} \tag{13}$$

gilt (zur Definition der Matrix $\hat{L}$ siehe 1.2.4).

2.2.4. Die Ungleichung (12) zeigt, daß die Abschätzung (11) exakt ist (zumindest der Ordnung nach), wenn die Zahlen $\alpha_{ij}^{(0)}$ positiv und konstant sind. Im allgemeinen Fall ist die Abschätzung (11) aber zu grob, wie das folgende Beispiel zeigt. Seien $\alpha_{ij}^{(0)} = -\alpha = \text{const}$, $0 < \alpha < 1$. Aus der Formel (4) folgt im vorliegenden Fall $\alpha_{ij}^{(k)} = -\alpha(1 - \alpha)^k$, und die Nichtnullelemente der Matrizen M_k (Formel (7)) sind gleich $-\alpha(1 - \alpha)^k$. Hieraus folgt

$$||M_k x||^2 = \alpha^2(1 - \alpha)^{2k-2} \sum_{j=1}^{m-k} x_j^2 \leqq \alpha^2(1 - \alpha)^{2k-2}\, ||x||^2;$$
$$||M_k|| \leqq \alpha(1 - \alpha)^{k-1}; \tag{14}$$

$$||L|| \leqq 1 + \alpha \sum_{k=1}^{m-1} (1 - \alpha)^{k-1} = 2 - (1 - \alpha)^{m-1} < 2,$$

und im vorliegenden Fall ist die Norm $||L||$ unabhängig von m beschränkt.

In dem allgemeineren Fall $-\alpha \leqq \alpha_{ij}^{(0)} < 0$, $0 < \alpha < 1$, und wenn für beliebiges festes $k \leqq m - 2$ die Zahlen $\alpha_{ij}^{(k)}$ das gleiche Vorzeichen besitzen, haben die Summanden auf der rechten Seite in (4) verschiedene Vorzeichen, und es gilt eine der beiden Ungleichungen:

$$\max_{i,j} |\alpha_{ij}^{(k)}| \leqq \max_{i,j} |\alpha_{ij}^{(0)}| \cdot \max_{i,j} |\alpha_{ij}^{(k-1)}|;$$

$$\max_{i,j} |\alpha_{ij}^{(k)}| \leqq \max_{i,j} |\alpha_{ij}^{(k-1)}|.$$

Aus der ersten Ungleichung ergibt sich aber die zweite:

$$\max_{i,j} |\alpha_{ij}^{(k)}| \leqq \alpha \max_{i,j} |\alpha_{ij}^{(k-1)}| < \max_{i,j} |\alpha_{ij}^{(k-1)}|,$$

woraus nunmehr in beiden Fällen $\max_{i,j} |\alpha_{ij}^{(k)}| \leqq \alpha$ folgt. Dann ist $\forall x \in R_m$

$$||Lx||^2 \leqq ||x||^2 + \alpha^2 \sum_{i=2}^{m} \left(\sum_{j=1}^{i-1} |x_j|\right)^2 \leqq ||x||^2 \left[1 + \frac{\alpha^2 m(m-1)}{2}\right].$$

und folglich

$$||L|| \leqq \sqrt{1 + \frac{\alpha^2 m(m-1)}{2}}\,. \tag{15}$$

2.3. Fehler der Matrix L

2.3.1. Seien $\lambda_{ij}^{(k)}$ die Berechnungsfehler der Zahlen $\alpha_{ij}^{(k)}$, so daß $(\alpha_{ij}^{(k)})_M = \alpha_{ij}^{(k)} + \lambda_{ij}^{(k)}$ ist. Insbesondere ist $\lambda_{ij}^{(0)}$ der Fehler der Zahl $\alpha_{ij}^{(0)}$, die sich im Ergebnis der Division zweier Zahlen ergibt, wobei der Divisor betragsmäßig nicht größer als der Dividend ist, so daß die Ungleichung (2.1.3) gilt. Die Ungleichung (1.2.4) liefert die Abschätzung

$$|\lambda_{ij}^{(0)}| \leqq \varepsilon_1 |\alpha_{ij}^{(0)}| \leqq \varepsilon_1\,. \tag{1}$$

Aus den Formeln (2.2.4), (2.2.10) und (1.2.4) erhalten wir

$$|\lambda_{ij}^{(k)}| \leqq |\varepsilon_1(|\alpha_{i,j+k}^{(0)}|\,|\alpha_{j+k,j}^{(k-1)}| + |\alpha_{ij}^{(k-1)}|) \leqq \varepsilon_1 \alpha (1+\alpha)^k =: \lambda^{(k)}\,. \tag{2}$$

Mit Λ bezeichnen wir die Fehlermatrix der Matrix L: die Elemente der Matrix Λ auf der Hauptdiagonalen und darüber sind gleich Null, und das im Schnittpunkt der i-ten Zeile und der j-ten Spalte unterhalb der Hauptdiagonalen stehende Elemente ist $\lambda_{ij}^{(i-j-1)}$. Sei weiterhin $\tilde{\Lambda}$ die Matrix, die sich aus Λ durch Substitution von $\lambda_{ij}^{(k)}$ durch $\lambda^{(k)}$ ergibt. Offensichtlich ist $||\Lambda|| \leqq ||\tilde{\Lambda}||$. Die Norm $||\tilde{\Lambda}||$ schätzen wir mit der gleichen Methode ab, die in 2.2 für die Norm der Matrix L angewandt wurde. Und zwar ist

$$\tilde{\Lambda} = \sum_{k=0}^{m-2} \tilde{\Lambda}^{(k)}\,, \tag{3}$$

wobei $\tilde{\Lambda}^{(k)}$ die Matrix ist, deren Nichtnullelemente nur in der $(k+1)$-ten unteren Nebendiagonalen stehen und die gleich $\lambda^{(k)}$ sind. Offensichtlich ist $||\tilde{\Lambda}^{(k)}|| \leqq \lambda^{(k)}$ und deshalb

$$||\tilde{\Lambda}|| \leqq \sum_{k=0}^{m-2} \lambda^{(k)} = \varepsilon_1 \alpha \sum_{k=0}^{m-2} (1+\alpha)^k < \varepsilon_1 (1+\alpha)^{m-1}\,. \tag{4}$$

2.3.2. Eine wesentliche bessere Abschätzung ergibt sich in dem in Abschnitt 2.2 beschriebenen Fall. Hierbei besitzen die Summanden in (2.2.4) verschiedene Vorzeichen, deshalb gilt

$$|\lambda_{ij}^{(k)}| \leqq \varepsilon_1 \left||\alpha_{i,j+k}^{(0)} \alpha_{j+k,j}^{(k-1)}| - |\alpha_{ij}^{(k-1)}|\right| = \varepsilon_1 |\alpha_{ij}^{(k)}|\,.$$

Wegen $|\alpha_{ij}^{(k)}| \leqq \alpha$ ist folglich $|\lambda_{ij}^{(k)}| \leqq \varepsilon_1 \alpha$; analog zu Formel (2.2.15) ergibt sich

$$||\Lambda|| \leqq \varepsilon_1 \alpha \sqrt{\frac{m(m-1)}{2}}\,. \tag{5}$$

Die gleiche Abschätzung gilt auch für die Matrix $\hat{\Lambda}$:

$$||\hat{\Lambda}|| \leqq \varepsilon_1 \alpha \sqrt{\frac{m(m-1)}{2}}\,. \tag{6}$$

2.4. Abschätzungen von $||\Gamma||$ und $||\bar{\delta}||$

Es gilt

$$U + \Gamma = (L + \Lambda)\,\bar{A} + \Lambda' , \tag{1}$$

wobei Λ' der Fehler bei der Berechnung der Matrix $(L + \Lambda)\,\bar{A}$ ist. Die Elemente der Matrizen L, $\bar{A}$, Λ' bezeichnen wir entsprechend mit β_{ij}, $\bar{a}_{ij}$, λ'_{ij}; offensichtlich ist $\beta_{ii} = 1$; $i > j$, $\beta_{ij} = \alpha_{ij}^{(i-j-1)}$.

Der Fehler Λ' der Matrix $(L + \Lambda)\,\bar{A}$ stimmt bis auf kleine Größen höherer Ordnung mit dem Fehler der Matrix $L\bar{A}$ überein. Aus (1) folgt $\Gamma = \Lambda\bar{A} + \Lambda'$, das heißt, bis auf kleine Größen höherer Ordnung ist Γ gleich dem doppelten Fehler der Matrix $L\bar{A}$. Nach Formel (1.2.11) gilt

$$||\Gamma|| \leqq 2(m-1)\,\varepsilon_1\,||\hat{L}||\,||\hat{\bar{A}}|| = 2(m-1)\,\varepsilon_1\,||\hat{L}||\,||\hat{A}|| , \tag{2}$$

was infolge Formel (2.2.13)

$$||\Gamma|| \leqq 2(m-1)\,(1+\alpha)^{m-1}\,||\hat{A}||\,\varepsilon_1 \leqq 2m^{3/2}(1+\alpha)^{m-1}\,||A||\,\varepsilon_1 \tag{3}$$

liefert.

Wir beweisen, daß auch $||\bar{\delta}||$ die gleiche Ordnung besitzt, wobei $\bar{\delta}$ der Fehler des Vektors $L\bar{f}$ ist. Es gilt $\bar{\delta} = \Lambda\bar{f} + \delta'$, wobei δ' der Berechnungsfehler des Vektors $(L + \Lambda)\,\bar{f}$ ist, der bis auf kleine Größen höherer Ordnung gleich dem Berechnungsfehler des Vektors $L\bar{f}$ ist. Unter Benutzung der Formel (1.2.5, 8) überzeugt man sich leicht von

$$||\delta'|| \leqq \varepsilon_1\,||\hat{L}||\,||\bar{f}|| \leqq \varepsilon_1\,(1+\alpha)^m\,||f|| .$$

Dieselbe Größe schätzt auch die Norm $||\Lambda\bar{f}||$ ab, und somit ergibt sich

$$||\bar{\delta}|| \leqq 2\varepsilon_1(m-1)\,(1+\alpha)^m\,||f|| . \tag{4}$$

Unter den Bedingungen von Abschnitt 2.2.4 lassen sich die Abschätzungen (2) und (3) durch günstigere ersetzen: Nach Formel (2.2.15) gilt

$$\begin{aligned} ||\Gamma|| &\leqq 2\varepsilon_1(m-1)\,||\hat{A}||\sqrt{1+\frac{\alpha^2}{2}m(m-1)} , \\ ||\bar{\delta}|| &\leqq 2\varepsilon_1(m-1)\,||f||\sqrt{1+\frac{\alpha^2}{2}m(m-1)} . \end{aligned} \tag{5}$$

2.5. Abschätzung des Verzerrungsfehlers

2.5.1. Wir benutzen die Formel (3.1.6) von S. 47; diese Formel gilt für $||A_n^{-1}\Gamma_n|| \leqq \beta$, $0 \leqq \beta < 1$. Im vorliegenden Fall hängen die in die Formel eingehenden Größen nicht von n ab, und wir erhalten die folgende Abschätzung: Für $||A^{-1}\Gamma|| \leqq \beta$, $0 \leqq \beta < 1$, gilt

$$\xi := ||z - x|| \leqq \frac{1}{1-\beta}\,(||A^{-1}\Gamma x|| + ||A^{-1}\delta||) . \tag{1}$$

Aus den angegebenen Ungleichungen folgt die leichter verifizierbare Behauptung: Für $||A^{-1}||\,||\Gamma|| \leqq \beta$, $0 \leqq \beta < 1$, gilt

$$\xi \leqq \frac{||A^{-1}||}{1-\beta}(||\Gamma||\,||A^{-1}||\,||f|| + ||\delta||)\,. \tag{2}$$

Im betrachteten Fall muß $\bar{A}$ durch U ersetzt werden; wegen $\bar{A} = L^{-1}U$ gilt $U^{-1} = \bar{A}^{-1}L^{-1}$, $||U^{-1}|| \leqq ||\bar{A}^{-1}|| \cdot ||L^{-1}||$, und wir gelangen zur Abschätzung: Für

$$||A^{-1}||\,||L^{-1}||\,||\Gamma|| \leqq \beta\,, \qquad 0 \leqq \beta < 1\,, \tag{3}$$

gilt

$$\xi = ||z - x|| \leqq \frac{||A^{-1}||\,||L^{-1}||}{1-\beta}(||\Gamma||\,||A^{-1}||\,||f|| + ||\delta||)\,. \tag{4}$$

Die Größen $||\Gamma||$ und $||\delta||$ werden nach den Formeln des vorigen Abschnitts abgeschätzt, und das Problem reduziert sich auf die Abschätzung der Norm $||L^{-1}||$.

2.5.2. Aus Formel (2.1.5) folgt

$$L^{-1} = L_1^{-1}L_2^{-1}\dots L_{m-1}^{-1}\,, \tag{5}$$

wobei L_k durch die Formel (2.1.6) definiert ist. Wir berechnen L_k^{-1}. Sei $x \in R_m$ und $y = L_k x$:

$$\begin{aligned} &y_1 = x_1\,, \qquad y_2 = x_2, \dots, \qquad y_k = x_k\,; \\ &y_{k+1} = \alpha_{k+1,k}^{(0)}x_k + x_{k+1}\,, \\ &\dots\dots\dots\dots\dots\dots \\ &y_m = \alpha_{mk}^{(0)}x_k + x_m\,. \end{aligned}$$

Indem wir nach x_i, $i = 1, 2, \dots, m$, auflösen, finden wir

$$\begin{aligned} &x_1 = y_1\,, \qquad x_2 = y_2\,, \dots, \qquad x_k = y_k; \\ &x_{k+1} = -\alpha_{k+1,k}^{(0)}y_k + y_{k+1}\,, \\ &\dots\dots\dots\dots\dots\dots \\ &x_m = -\alpha_{mk}^{(0)}y_k + y_m\,. \end{aligned}$$

Hieraus ist ersichtlich, daß sich L_k^{-1} aus L_k durch Substitution von $\alpha_{ik}^{(0)}$ durch $-\alpha_{ik}^{(0)}$ ergibt:

$$L_k^{-1} = \begin{pmatrix} 1 & & & & & \\ & 1 & & & & \\ & & \ddots & & & \\ & & & 1 & & \\ & & & -\alpha_{k+1,k}^{(0)} & 1 & \\ & & & -\alpha_{k+2,k}^{(0)} & & \ddots \\ & & & \vdots & & \\ & & & -\alpha_{mk}^{(0)} & & & 1 \end{pmatrix}. \tag{6}$$

2.5.3. Wir beweisen jetzt die Identität

$$\begin{pmatrix} 1 & & & & & & & \\ \alpha_{21} & 1 & & & & & & \\ \alpha_{31} & \alpha_{32} & & & & & & \\ \cdots & \cdots & & & & & & \\ \alpha_{k1} & \alpha_{k2} & & \alpha_{k,k-1} & 1 & & & \\ \alpha_{k+1,1} & \alpha_{k+1,2} & \cdots & \alpha_{k+1,k-1} & 0 & 1 & & \\ \cdots & \cdots & \cdots & \cdots & \cdots & \cdots & \cdots & \\ \alpha_{m1} & \alpha_{m2} & & \alpha_{m,k-1} & 0 & \cdots & & 1 \end{pmatrix} \begin{pmatrix} 1 & & & & \\ & 1 & & & \\ & & 1 & & \\ & & \alpha_{k+1,k} & & \\ & & \alpha_{k+2,k} & & \\ & & \vdots & & \\ & & \alpha_{mk} & & 1 \end{pmatrix} =$$

$$= \begin{pmatrix} 1 & & & & & & & & \\ \alpha_{21} & 1 & & & & & & & \\ \alpha_{31} & \alpha_{32} & 1 & & & & & & \\ \cdots & \cdots & & & & & & & \\ \alpha_{k1} & \alpha_{k2} & & \alpha_{k,k-1} & 1 & & & & \\ \alpha_{k+1,1} & \alpha_{k+1,2} & \cdots & \alpha_{k+1,k-1} & \alpha_{k+1,k} & 1 & & & \\ \cdots & \cdots & \cdots & \cdots & \cdots & \cdots & & & \\ \alpha_{m1} & \alpha_{m2} & & \alpha_{m,k-1} & \alpha_{mk} & 0 & \cdots & 0 & 1 \end{pmatrix}. \tag{7}$$

Wir führen entsprechend die Bezeichnungen ϱ_{ij}, σ_{ij}, τ_{ij} für die Elemente des linken Faktors, des rechten Faktors bzw. des Produkts ein; es gilt

$$\varrho_{ij} = \sigma_{ij} = 0\,, \qquad i < j\,; \qquad \varrho_{ii} = \sigma_{ii} = 1\,;$$

$$\varrho_{ij} = \alpha_{ij}\,, \qquad i > j\,; \qquad \varrho_{ij} = 0\,, \qquad k \leqq j < i\,;$$

$$\sigma_{ij} = 0\,, \qquad j < i\,, \qquad j \neq k\,; \qquad \sigma_{ik} = \alpha_{ik}\,, \qquad i > k\,.$$

Das Produkt in (7) ist eine untere Dreiecksmatrix mit Einsen auf der Hauptdiagonalen; es genügt also, die Elemente τ_{ij} für die Werte $i \geqq 2$ und $j < i$ zu untersuchen. Sei $2 \leqq i \leqq k - 1$ und $j < i$. Wir benutzen die übliche Multiplikationsformel für Matrizen:

$$\tau_{ij} = \sum_{s=1}^{m} \varrho_{is}\sigma_{sj}\,;$$

im vorliegenden Fall ist $\varrho_{is} = 0$, $s > i$, und deshalb

$$\tau_{ij} = \sum_{s=1}^{i} \varrho_{is}\sigma_{sj}\,. \tag{8}$$

Wegen $j < k - 1$ ist $\sigma_{sj} = 0$ für $s \neq j$ und $\sigma_{sj} = 1$ für $s = j$. Im Ergebnis erhalten wir $\tau_{ij} = \varrho_{ij} = \alpha_{ij}$.

Wir betrachten nun den Fall $i \geqq k$. Hier ist

$$\varrho_{is} = \begin{cases} \alpha_{is}\,, & s \leqq k - 1\,; \\ 1\,, & s = i\,; \\ 0\,, & s \neq i\,, \quad s \geqq k\,, \end{cases}$$

und die Summe (8) wird zu

$$\tau_{ij} = \varrho_{ii}\sigma_{ij} + \sum_{s=1}^{k-1} \alpha_{is}\sigma_{sj} = \sigma_{ij} + \sum_{s=1}^{k-1} \alpha_{is}\sigma_{sj}\,.$$

Für $j \leqq k - 1$ ist $\sigma_{jj} = 1$, die übrigen σ_{sj} sind gleich Null, und mithin ist $\tau_{ij} = \alpha_{ij}$. Weiterhin gilt $\sigma_{ik} = \alpha_{ik}$ und $\sigma_{sk} = 0$ für $i = k$, $s \leqq k - 1$; im Ergebnis ist $\tau_{ik} = \alpha_{ik}$.

Für $i > j > k$ gilt schließlich $\sigma_{ij} = 0$ und $\sigma_{sj} = 0$, $s < k$, und somit $\tau_{ij} = 0$. Die Formel (7) ist bewiesen.

2.5.4. Nun ist es nicht schwer, den Ausdruck für L^{-1} zu erhalten. Nach den Formeln (6) und (7) gilt

$$L_1^{-1}L_2^{-1} = \begin{pmatrix} 1 & & & & \\ -\alpha_{21}^{(0)} & 1 & & & \\ -\alpha_{31}^{(0)} & 0 & 1 & & \\ \cdots & \cdots & \cdots & \cdots & \\ -\alpha_{m1}^{(0)} & 0 & \ldots & 0 & 1 \end{pmatrix} \begin{pmatrix} 1 & & & & \\ 0 & 1 & & & \\ 0 & -\alpha_{32}^{(0)} & 1 & & \\ \cdots & \cdots & \cdots & \cdots & \\ 0 & -\alpha_{m2}^{(0)} & 0 \ldots & 0 & 1 \end{pmatrix} =$$

$$= \begin{pmatrix} 1 & & & & \\ -\alpha_{21}^{(0)} & 1 & & & \\ -\alpha_{31}^{(0)} & -\alpha_{32}^{(0)} & 1 & & \\ \cdots & \cdots & \cdots & \cdots & \\ -\alpha_{m1}^{(0)} & -\alpha_{m2}^{(0)} & 0 \ldots & 0 & 1 \end{pmatrix}.$$

Indem wir von rechts mit $L_3^{-1}, \ldots, L_{n-1}^{-1}$ multiplizieren und jedes Mal die Formel (7) benutzen, erhalten wir schließlich

$$L^{-1} = \begin{pmatrix} 1 & & & & \\ -\alpha_{21}^{(0)} & 1 & & & \\ -\alpha_{31}^{(0)} & -\alpha_{32}^{(0)} & 1 & & \\ \cdots & \cdots & \cdots & \cdots & \\ -\alpha_{m1}^{(0)} & -\alpha_{m2}^{(0)} & \ldots & -\alpha_{m,m-1}^{(0)} & 1 \end{pmatrix}. \tag{9}$$

2.5.5. Es ist nicht schwer, die Norm von L^{-1} abzuschätzen. Sei $x \in R_m$ und $y = L^{-1}x$:

$$\begin{aligned} y_1 &= x_1 \\ y_2 &= -\alpha_{21}^{(0)}x_1 + x_2\,, \\ &\cdots\cdots\cdots \\ y_m &= -\alpha_{m1}^{(0)}x_1 - \alpha_{m2}^{(0)}x_2 - \ldots - \alpha_{m,m-1}^{(0)}x_{m-1} + x_m\,. \end{aligned}$$

Wegen $|\alpha_{ij}^{(0)}| \leqq 1$ gilt

$$\|y\|^2 = \sum_{i=1}^{m} \left(-\sum_{j=1}^{i-1} \alpha_{ij}^{(0)}x_j + x_i\right)^2 \leqq \sum_{i=1}^{m} \left(\sum_{j=1}^{i} |x_j|\right)^2 \leqq$$

$$\leqq \|x\|^2 \sum_{i=1}^{m} i = \frac{m(m+1)}{2}\|x\|^2\,,$$

und folglich

$$\|L^{-1}\| \leqq \sqrt{\frac{m(m+1)}{2}} = \frac{m}{\sqrt{2}} + O(1)\,. \tag{10}$$

Die Abschätzung (10) ist der Ordnung nach genau. In der Tat, für $x_j = \bar{x} = \text{const}$ und $\alpha_{ij}^{(0)} = 1$ gilt

$$\|y\|^2 = \bar{x}^2 \sum_{j=1}^{m} j^2 = \frac{m(m+1)(2m+1)}{6}\bar{x}^2 = \frac{(m+1)(2m+1)}{6}\|x\|^2\,,$$

woraus

$$\|L^{-1}\| \geqq \sqrt{\frac{(m+1)(2m+1)}{6}} > \frac{m}{\sqrt{3}} \tag{11}$$

folgt.

2.5.6. Wir kehren zum Verzerrungsfehler zurück. Aus den Formeln (3), (4), (10) ergibt sich die folgende Fehlerabschätzung: Für

$$\sqrt{\frac{m(m-1)}{2}}\, \|A^{-1}\|\, \|\Gamma\| \leqq \beta\,, \qquad 0 \leqq \beta < 1\,, \tag{12}$$

gilt

$$\xi = \|z - x\| \leqq \frac{1}{1-\beta} \sqrt{\frac{m(m-1)}{2}}\, \|A^{-1}\|\, (\|\Gamma\|\, \|x\| + \|\delta\|)\,. \tag{13}$$

2.6. Abschätzung des Rundungsfehlers

Der Rundungsfehler im Gaußschen Verfahren ist mit dem indirekten Vorgang verbunden, der in der Lösung des Dreieckssystems (2.1.7), oder genauer des Dreieckssystems (2.1.8), besteht, da die Matrix U und die rechte Seite $L\bar{f}$ unbekannt bleiben: Tatsächlich sind $U + \Gamma$ und $L\bar{f} + \bar{\delta}$ bekannt. Wir setzen $U + \Gamma = \tilde{U}$, $L\bar{f} + \bar{\delta} = \tilde{f}$. Wir haben das rekursive System

$$\begin{aligned} &b_{mm}\bar{z}_m = \tilde{f}_m\,, \\ &b_{m-1,m-1}\bar{z}_{m-1} + b_{m-1,m}\bar{z}_m = \tilde{f}_{m-1}\,, \\ &\dots\dots\dots\dots\dots\dots\dots \\ &b_{11}\bar{z}_1 + b_{12}\bar{z}_2 + \dots + b_{1m}\bar{z}_m = \tilde{f}_1 \end{aligned} \tag{1}$$

zu lösen; der Sinn der Bezeichnungen ist klar. Um die Lösung des Systems (1) zu erhalten, ist es notwendig, einige arithmetische Operationen auszuführen, die mit Rundungsfehlern behaftet sind. Im Ergebnis werden nicht die Größen $\bar{z}_k$, sondern gewisse andere Größen v_k berechnet. Es seien die Größen $v_n, v_{n-1}, \dots, v_{k+1}$ schon berechnet. Jede von ihnen ergibt den Wert der entsprechenden Größe $\bar{z}_m, \bar{z}_{m-1}, \dots, \bar{z}_{k+1}$ mit ihrem Fehler, also $v_i = \bar{z}_i + \gamma_i$, $k + 1 < i \leqq m$. Die folgende Gleichung des Systems (1) liefert die Größe

$$v_k = \Big(\tilde{f}_k - \sum_{i=k+1}^{m} b_{ki}v_i\Big)\frac{1}{b_{kk}} + \frac{\alpha_k}{b_{kk}}\,; \tag{2}$$

hierbei ist α_k/b_{kk} der bei der Lösung der genannten Gleichung mögliche Fehler. Aus der Beziehung (2) folgt $v_k = \bar{z}_k + \gamma_k$ mit

$$\gamma_k = \frac{1}{b_{kk}}\Big(\alpha_k - \sum_{i=k+1}^{m} b_{ki}\gamma_i\Big)$$

oder

$$\sum_{i=k}^{m} b_{ki}\gamma_i = \alpha_k\,. \tag{3}$$

Sei $|\alpha_k| \leqq \varepsilon$, so daß der absolute Fehler der Größe v_k nicht größer ist als $\varepsilon/|b_{kk}|$. Wir setzen $\gamma = (\gamma_1, \gamma_2, \dots, \gamma_m)$, $\alpha = (\alpha_1, \alpha_2, \dots, \alpha_m)$, dann ist $(U + \Gamma)\gamma = \alpha$ oder $\gamma =$

$= (U + \Gamma)^{-1}\alpha$. Des weiteren gilt

$$(U + \Gamma)^{-1} = (L\bar{A} + \Gamma)^{-1} = (I + \bar{A}^{-1}L^{-1}\Gamma)^{-1}\bar{A}^{-1}L^{-1}.$$

Wir setzen voraus, daß Γ der Ungleichung (2.5.3) genügt, dann folgt aus der letzten Ungleichung

$$\|\gamma\| \leqq \frac{\|A^{-1}\|}{1-\beta}\sqrt{\frac{m(m+1)}{2}}\,\|\alpha\|.$$

Wegen $\|\alpha\| < \sqrt{m}\,\varepsilon$ nimmt die Formel für die Abschätzung des Rundungsfehlers im Gaußschen Verfahren die Gestalt

$$\|\gamma\| \leqq \frac{\|A^{-1}\|}{1-\beta}\, m \sqrt{\frac{m+1}{2}}\,\varepsilon \tag{4}$$

an.

2.7. Die Progonka-Methode

2.7.1. Die Progonka-Methode stellt eine Modifikation des Gaußschen Verfahrens dar, die zur Lösung von Gleichungssystemen mit Bandmatrizen geeignet ist. Sie wurde von Gelfand und Lokuziewski in ihrem in den Jahren 1953—54 geschriebenen Artikel [1] vorgeschlagen und danach in verschiedenen Monographien und Lehrbüchern dargelegt; das letzte aus dieser Reihe ist wahrscheinlich das Buch von Samarski und Nikolajew [1], aus dem wir die in 2.7.2 enthaltenen Informationen über die Progonka-Methode entnommen haben.

2.7.2. Wir beschränken uns auf den Fall eines dreidiagonalen Systems (1.1.1). In ausführlicher Schreibweise besitzt es die Form

$$\begin{aligned} &c_0x_0 - b_0x_1 = f_0,\\ &-a_ix_{i-1} + c_ix_i - b_ix_{i+1} = f_i, \qquad 1 \leqq i \leqq m-1,\\ &-a_mx_{m-1} + c_mx_m = f_m. \end{aligned} \tag{1}$$

Der Eliminationsprozeß (der Gaußsche direkte Vorgang) führt zu dem rekursiven System

$$\begin{aligned} &x_m = \beta_{m+1},\\ &x_i = \alpha_{i+1}x_{i+1} + \beta_{i+1}, \qquad m-1 \geqq i \geqq 0; \end{aligned} \tag{2}$$

die Koeffizienten α_i und β_i werden mittels der folgenden Formeln bestimmt:

$$\alpha_1 = \frac{b_0}{c_0}; \qquad \alpha_{i+1} = \frac{b_i}{c_i - a_i\alpha_i}, \qquad 1 \leqq i \leqq m-1; \tag{3}$$

$$\beta_1 = \frac{f_0}{c_0}; \qquad \beta_{i+1} = \frac{f_i + \alpha_i\beta_i}{c_i - a_i\alpha_i}, \qquad 1 \leqq i \leqq m. \tag{4}$$

Der indirekte Vorgang besteht wie üblich in der Lösung des Systems (2).

Es wird der folgende Satz bewiesen:

Satz 2.7.1. *Die Koeffizienten des Systems* (1) *mögen den Bedingungen*

$$\begin{aligned} &|c_0| > \alpha\,, \quad |c_m| > 0\,; \\ &|a_i| > 0\,, \quad |b_i| > 0\,; \quad 1 \leqq i \leqq m-1\,; \\ &|c_i| \geqq |\alpha_i| + |\beta_i|\,, \quad 1 \leqq i \leqq m-1\,; \quad |c_0| \geqq |b_0|\,, \quad |c_m| \geqq |a_m|\,, \end{aligned} \tag{5}$$

genügen, wobei in mindestens einer Beziehung der letzten Zeile eine strenge Ungleichung gelte. Dann gelten die Ungleichungen

$$|c_i - a_i\alpha_i| \geqq b := \min |b_i|\,, \quad |\alpha_i| \leqq 1\,. \tag{6}$$

Wir skizzieren den Beweis dieses Satzes. Es gilt $|\alpha_1| = |b_0|/|c_0| \leqq 1$. Wenn für ein gewisses $i \leqq m-1$ die Ungleichung $|\alpha_i| \leqq 1$ gilt, dann ist

$$|c_i - a_i\alpha_i| \geqq |c_i| - |a_i| \geqq |b_i| \geqq b\,; \quad i \leqq m-1\,.$$

Weiterhin ist

$$|\alpha_{i+1}| = \frac{|b_i|}{|c_i - a_i\alpha_i|} \leqq 1\,.$$

Schließlich wird $c_m - a_m\alpha_m \neq 0$ gezeigt.

Somit sind die Bedingungen (5) hinlänglich für die Anwendbarkeit der Progonka-Methode.

Es wird ebenfalls bewiesen, daß für $|c_0| > |b_0|$ gilt $|\alpha_i| < 1$, $1 \leqq i \leqq m$. Wir nehmen deshalb $|\alpha_i| \leqq \alpha = \text{const}$, $0 < \alpha < 1$, an.

2.7.3. Die Ausführung des direkten Vorgangs führt zu einem Verzerrungsfehler; wir beschäftigen uns mit seiner Abschätzung. Die Vorgaben der Aufgabe (1) setzen wir exakt voraus. Sei g eine ungenau berechnete Größe, ihren Fehler bezeichnen wir mit δg, so daß der berechnete Wert dieser Größe gleich $g + \delta g$ ist.

Wir haben $\alpha_1 = b_0/c_0$. Nach Formel (1.2.4) ist $|\delta\alpha_1| \leqq \varepsilon_1|\alpha_1| < \varepsilon$. Man überzeugt sich leicht davon, daß bis auf kleine Größen höherer Ordnung gilt

$$|\delta\alpha_2| \leqq \varepsilon_1 \frac{|b_1|}{|c_1 - a_1\alpha_1|} \leqq \varepsilon_1 \frac{|b_1|}{|c_1| - |a_1|} \leqq \varepsilon_1\,.$$

Analog ergibt sich die allgemeine Abschätzung

$$|\delta\alpha_i| \leqq \varepsilon_1\,, \quad 1 \leqq i \leqq m\,. \tag{7}$$

2.7.4. Wir schätzen die Größen $\delta\beta_i$ ab. Vorher erhalten wir eine Abschätzung für $|\beta_i|$. Wir setzen $F = \max\limits_i |f_i|$, $B_i = |\beta_i|$. Nach Formel (4) gilt $B_1 \leqq F/|c_0|$ und weiter $B_{i+1} \leqq b^{-1}(F + \alpha B_i)$. Wir bezeichnen mit τ_i die Lösung der Differenzengleichung

$$\tau_{i+1} \leqq \frac{F}{b} + \sigma\tau_i\,, \quad \sigma = \frac{\alpha}{b}\,; \quad \tau_1 = \frac{F}{|c_0|}\,.$$

Offensichtlich ist $B_i \leqq \tau_i$. Für $\sigma = 1$ gilt $\tau_{i+1} = F/b + \tau_i$. Hieraus folgt $\tau_i = iF/b + c$, $c = \text{const}$. Wenn wir $i = 1$ setzen, finden wir $C = F/|c_0| - F/b$ und

$$|\beta_i| \leqq (i-1)\frac{F}{b} + \frac{F}{|c_0|}\,, \quad \sigma = 1\,. \tag{8}$$

Für $\sigma \neq 1$ ist $\tau_i = F(1 - \sigma^{i+1})/b(1 - \sigma)$ und

$$|\beta_i| \leq \frac{F(1 - \sigma^{i+1})}{b(1 - \sigma)}, \qquad \sigma \neq 1. \tag{9}$$

Insbesondere für $b > \alpha$ ist $\sigma < 1$ und

$$|\beta_i| \leq \frac{F}{b(1 - \sigma)} = \frac{F}{b - \alpha}. \tag{10}$$

Nunmehr kann $\delta\beta_i$ abgeschätzt werden. Die schon erwähnte Formel (1.2.4) liefert

$$|\delta\beta_i| \leq \varepsilon_1 \left| \frac{f_i + \alpha_i\beta_i}{c_i - a_i\alpha_i} \right|$$

oder, infolge der Ungleichungen (8)—(10),

$$|\delta\beta_i| \leq \begin{cases} \dfrac{\varepsilon_1 F}{b} \cdot \dfrac{2 - \sigma}{1 - \sigma}, & \sigma < 1; \\[2ex] \varepsilon_1 \dfrac{F}{b} \left[1 + \dfrac{\sigma^{i+1} - 1}{\sigma(\sigma - 1)}\right], & \sigma > 1; \\[2ex] \varepsilon_1 \dfrac{F}{b} \left(\dfrac{i - 1}{b} + \dfrac{1}{|c_0|}\right), & \sigma = 1. \end{cases} \tag{11}$$

2.7.5. Jetzt schätzen wir den Fehler des indirekten Vorgangs, den Rundungsfehler, ab. Wegen Formel (2) ist $|\delta x_m| = |\delta\beta_{m+1}|$ und $|\delta x_i| \leq \varepsilon |x_i|$, $i \leq m$, so daß $|x_i|$ abgeschätzt werden muß. Aus der Gleichung (2) folgt

$$|x_i| \leq \alpha\, |x_{i+1}| + \beta\,; \qquad \beta = \max_{0 \leq i \leq m} |\beta_i|\,.$$

τ_i genüge den Gleichungen

$$\tau_i = \alpha\tau_{i+1} + \beta\,, \qquad 0 \leq i \leq m - 1\,; \qquad \tau_m = \beta\,. \tag{12}$$

Dann ist $|x_i| \leq \tau_i$. Die Lösung der Gleichung (12) ist

$$\tau_i = \frac{\beta}{1 - \alpha}(1 - \alpha^{m-i+1}), \qquad \alpha \neq 1\,.$$

Hieraus folgt

$$|\delta x_i| \leq \varepsilon_1\beta\, \frac{1 - \alpha^{m-i+1}}{1 - \alpha} \leq \frac{\varepsilon_1\beta}{1 - \alpha}, \qquad \alpha \neq 1\,. \tag{13}$$

Für $\alpha = 1$ ist die Lösung der Gleichung (12) $\tau_i = (m - i + 1)\,\beta$, und folglich gilt

$$|\delta x_i| \leq \varepsilon_1(m - i + 1)\,\beta\,. \tag{14}$$

3. Andere exakte Verfahren

3.1. Die Methode der Spiegelungsmatrizen

3.1.1. Dieses Verfahren wurde von HOUSEHOLDER vorgeschlagen; genaueres siehe FADDEJEW und FADDEJEWA [1]. GODUNOW [1] gab folgende Modifikation des Verfahrens von HOUSEHOLDER an, die das gegebene System nicht in ein allgemeines rekursives, sondern in ein zweidiagonales System überführt. Im gleichen Buch bewies GODUNOW einen gewissen Satz über die Fehler beim Verfahren von HOUSEHOLDER.

Das Wesen der Methode der Spiegelungsmatrizen besteht in folgendem. Gegeben sei das System (1.1.1). Es wird eine orthogonale Matrix R_1 der Ordnung m konstruiert, die die erste Spalte der Matrix A in eine neue Spalte überführt, in der alle Elemente, beginnend mit dem zweiten, gleich Null sind. Das erste Element der neuen Spalte ist von Null verschieden, sonst wäre die Matrix singulär. Des weiteren wird eine zweite orthogonale Matrix R_2 konstruiert, die die zweite Spalte der Matrix R_1A in eine Spalte überführt, in der alle Elemente, beginnend mit dem dritten, gleich Null sind; dabei ist offensichtlich das zweite Element der neuen Spalte ungleich Null. Indem dieser Prozeß fortgesetzt wird, erhalten wir eine orthogonale Matrix $R = R_m R_{m-1} \dots R_1$ derart, daß die Matrix $U = RA$ eine obere Dreiecksmatrix ist, deren Hauptdiagonalelemente von Null verschieden sind.

3.1.2. Als R_k werden gewisse Spiegelungsmatrizen genommen. Darauf gehen wir etwas ausführlicher ein. Seien w ein Einheitsvektor im $\mathbb{R}_m$ und Q die zu ihm orthogonale $(m-1)$-dimensionale Hyperebene, die durch den Koordinatenursprung verläuft. Die Spiegelungsmatrix bezüglich der Hyperebene Q besitzt die Gestalt

$$R_0 = I - 2ww' , \tag{1}$$

wobei ww' die Matrix der Ordnung m und vom Rang Eins ist, die sich aus der Multiplikation der Spalte w mit der Zeile w' ergibt:

$$ww' = \begin{pmatrix} w_1^2 & w_1w_2 & \dots & w_1w_m \\ w_2w_1 & w_2^2 & \dots & w_2w_m \\ \cdot & \cdot & \cdot & \cdot \\ w_mw_1 & w_mw_2 & \dots & w_m^2 \end{pmatrix}.$$

Der Vektor w kann so gewählt werden, daß die Abbildung R_0 einen beliebig vorgegebenen Vektor s in einen Vektor überführt, der parallel einem gegebenen Koordinatenvektor e_i ist; dafür genügt es,

$$w = \frac{1}{\varrho}(s - \alpha e_i) , \qquad \alpha = \pm \|s\| , \qquad \varrho = \|s - \alpha e_i\| = \sqrt{2\alpha^2 - 2\alpha(s, e_i)} \tag{2}$$

zu wählen. Es ist zweckmäßig, das Vorzeichen von α so zu wählen, daß ϱ den größeren Wert annimmt: $\operatorname{sign} \alpha = -\operatorname{sign}(s, e_i)$.

Als R_1 nehmen wir die Spiegelungsmatrix, die die erste Spalte der Matrix A in den Koordinatenvektor $(1, 0, \dots, 0)$ des Raumes $\mathbb{R}_m$ überführt. Die Matrix R_1A hat die Form

$$R_1A = \begin{pmatrix} \times & \times & \dots & \times \\ 0 & \times & \dots & \times \\ \cdot & \cdot & \cdot & \cdot \\ 0 & \times & \dots & \times \end{pmatrix}, \tag{3}$$

wobei die Kreuze die Elemente bezeichnen, die verschieden von Null sein können (diese gelungene Symbolik entlehnen wir dem Buch von Godunow [1]).

Mit A_2 bezeichnen wir die Matrix, die sich aus der Matrix (3) durch Abschneiden der ersten Zeile und der ersten Spalte ergibt. Wir konstruieren die Spiegelungsmatrix $\bar{R}_2$ der Ordnung $m - 1$ dergestalt, daß die erste Spalte der Matrix $\bar{R}_2 A_2$ ein einziges Nichtnullelement an der ersten Stelle besitzt. Die Matrix

$$R_2 = \begin{pmatrix} 1 & 0 \\ 0 & \bar{R}_2 \end{pmatrix}$$

ist orthogonal im $\mathbb{R}_m$; man überzeugt sich leicht davon, daß

$$R_2 R_1 A = \begin{pmatrix} \times & \times & \times & \dots & \times \\ 0 & \times & \times & \dots & \times \\ 0 & 0 & \times & \dots & \times \\ \cdot & \cdot & \cdot & \cdot & \cdot \\ 0 & 0 & \times & \dots & \times \end{pmatrix}.$$

Den beschriebenen Prozeß setzen wir bis zur Ausschöpfung fort; wie unschwer zu sehen ist, muß der Zusammenhang zwischen $\bar{R}_k$ und R_k durch die Formel

$$R_k = \begin{pmatrix} I_{k-1} & 0 \\ 0 & \bar{R}_k \end{pmatrix}$$

gegeben werden, wobei I_{k-1} die Einheitsmatrix der Ordnung $k - 1$ ist, und es gilt

$$RA = R_{m-1} R_{m-2} \dots R_1 A = \begin{pmatrix} \times & \times & \dots & \times \\ 0 & \times & \dots & \times \\ \cdot & \cdot & \cdot & \cdot \\ 0 & 0 & \dots & \times \end{pmatrix}. \tag{4}$$

3.1.3. Wir schätzen den Verzerrungsfehler des Verfahrens von Householder ab. Die auf den linken Seiten der Formeln (2) auftretenden Größen seien mit so hoher Genauigkeit berechnet, daß ihre Fehler vernachlässigt werden können. Mit $\lambda_{ij}^{(0)}$ bezeichnen wir die Fehler der Elemente der Matrix R_0 (Formel (1)). Dann folgt aus der Darstellung der Matrix ww' (siehe Unterabschnitt 3.1.2) und aus der Formel (1.2.4)

$$|\lambda_{ij}^{(0)}| \leqq |\delta(w_i w_j')| \leqq \varepsilon_1 \, |w_i w_j| \,,$$

wegen $R_0 = I - 2ww'$ ergibt sich $\delta(R_0) \lessdot 2\varepsilon_1[|w_i| \, |w_j|]$. Die Norm der letzten Matrix läßt sich leicht abschätzen:

$$||[|w_i| \, |w_j|]|| \leqq ||[|w_i| \, |w_j|]||_E = \Big(\sum_{i,j=1}^{m} |w_i|^2 \, |w_j|^2\Big)^{1/2} = 1 \,.$$

Hieraus folgt

$$||\delta(R_0)|| \leqq ||\delta(R_0)||_E \leqq 2\varepsilon_1 \,. \tag{5}$$

Nun schätzen wir den Fehler Λ der Matrix $R = R_{m-1} \dots R_1$ ab. Es bezeichne Λ_k den Fehler der Matrix R_k und Λ' den Fehler der Multiplikation der Matrizen $R_m \dots R_1$. Dann gilt

$$R + \Lambda = (R_m + \Lambda_m) \dots (R_1 + \Lambda_1) + \Lambda' \tag{6}$$

Wenn wir die rechte Seite von (6) ausmultiplizieren und kleine Größen höherer Ordnung vernachlässigen, erhalten wir

$$\Lambda = \sum_{k=1}^{m-1} R_{m-1} \ldots R_{k+1} \Lambda_k R_{k-1} \ldots R_1 + \Lambda' .$$

Wegen Ungleichung (5) ist $||\Lambda|| \leqq 2(m-1)\,\varepsilon_1 + ||\Lambda'||$. Des weiteren läßt sich die Größe $||\Lambda'||$ bis auf kleine Größen höherer Ordnung wie die Norm der Fehlermatrix der Multiplikation der Matrizen $R_{m-1}, \ldots, R_1$ abschätzen. Wie die Formel (1.2.12) zeigt, ist diese Norm nicht größer als $\varepsilon_1 m \prod_{k=1}^{m-1} ||\hat{R}_k||$. Aus der Darstellung von R_k (siehe Unterabschnitt 3.1.2) ist ersichtlich, daß $||\hat{R}_k|| = \max\{||\hat{I}_k||, ||\hat{R}_k||\} = \max\{1, ||\hat{\bar{R}}||_E\}$ gilt. Für eine orthogonale Matrix R der Ordnung s ist die Summe der Quadrate aller ihrer Elemente gleich s und folglich gilt $||\hat{R}|| \leqq ||R||_E = \sqrt{s}$. Dann ist $||\hat{\bar{R}}_k|| \leqq \sqrt{m-k+1}$, und der uns interessierende Fehler ist nicht größer als $\prod_{k=1}^{m-1} \sqrt{m-k+1} = \sqrt{m!}$. Somit gilt $||\Lambda'|| \leqq \varepsilon_1 m \sqrt{m!}$ und

$$||\Lambda|| \leqq \varepsilon_1\left(m\sqrt{m!} + 2(m-1)\right) . \tag{7}$$

Man muß darauf hinweisen, daß diese Abschätzung für große m äußerst pessimistisch ist.

3.1.4. Sei Γ der Fehler der Matrix U. Analog zu dem im Abschnitt 2.4 Gesagtem gilt

$$U + \Gamma = (R + \Lambda)\, A + \Lambda'' , \tag{8}$$

wobei Λ'' der Fehler der Multiplikation der Matrizen $R + \Lambda$ und A ist. Infolge Formel (1.2.10) gilt $\Lambda'' \preccurlyeq \varepsilon_1 m\, ||\widehat{R + \Lambda}||\, ||\hat{A}||$ oder, wenn kleine Größen höherer Ordnung vernachlässigt werden, $\Lambda'' \preccurlyeq \varepsilon_1 m\, ||\hat{R}||\, ||\hat{A}||$. Weiterhin folgt aus (8) $\Gamma = \Lambda A + \Lambda''$, $||\Gamma|| \leqq ||\Lambda||\, ||A|| + ||\Lambda''||$ und auf Grund der Formeln (7)—(8) gilt

$$||\Gamma|| \leqq \varepsilon_1(m\sqrt{m!} + 3m - 2)\, ||A|| . \tag{9}$$

Analoge Überlegungen wie im Abschnitt 2.4 zeigen

$$||\delta|| \leqq \varepsilon_1(m\sqrt{m!} + 3m - 2)\, ||A|| . \tag{10}$$

Wir setzen $m\sqrt{m!} + 3m - 2 = \sigma_m$; offensichtlich ist $\varepsilon_1\sigma_m$ hinreichend klein, falls m nicht sehr groß ist. Wir benutzen die Formeln (2.5.2—3), in denen jetzt A durch $U = R^{-1}A$ ersetzt werden muß; da aber die Matrix R orthogonal ist, gilt $||U^{-1}|| \leqq ||A^{-1}||$, und in den Formeln (2.5.2—3) braucht der Faktor $||A^{-1}||$ nicht verändert zu werden, während $||\Gamma||$ und $||\delta||$ durch die Ungleichungen (9)—(10) ersetzt werden. Im Resultat ergibt sich folgende Abschätzung für den Verzerrungsfehler des Verfahrens von Householder: Sei $P_A = a = ||A||\, ||A^{-1}||$ die Konditionszahl der Matrix A und

$$\varepsilon_1 a \sigma_m \leqq \beta , \qquad 0 \leqq \beta < 1 , \tag{11}$$

dann gilt

$$\xi = ||z - x|| \leqq \varepsilon_1 \frac{a\sigma_m}{1-\beta}(||x|| + ||f||) \leqq \varepsilon_1 \frac{a\sigma_m\, ||f||}{1-\beta}(||A^{-1}|| + 1) . \tag{12}$$

3.1.5. Wir schätzen jetzt den Rundungsfehler ab, der im indirekten Vorgang entsteht, d. h. bei der Lösung des rekursiven Systems

$$(U + \Gamma)\, z = Rf + \delta\,. \tag{13}$$

Wie im Abschnitt 2.6 setzen wir $U + \Gamma = \tilde{U}$, $Rf + \delta = \tilde{f}$ und schreiben das System (13) in der Form (2.6.1); das führt zu den Beziehungen

$$v_k = z_k + \gamma_k\,, \qquad (U + \Gamma)\,\gamma = \alpha\,, \tag{14}$$

wobei α der durch die Beziehung (2.6.2) gegebene Fehlervektor ist. In Analogie zu 2.6 gilt weiterhin

$$\gamma = (U + \Gamma)^{-1}\alpha = (RA + \Gamma)^{-1}\alpha = (I + A^{-1}R^{-1}\Gamma)^{-1}\,A^{-1}R^{-1}\alpha\,.$$

Wir setzen voraus, daß die Ungleichungen (9) und (11) erfüllt sind, deshalb ist

$$||A^{-1}R^{-1}\Gamma|| \leqq ||A^{-1}||\;||\Gamma|| \leqq \beta\,, \qquad ||I - A^{-1}R^{-1}\Gamma||^{-1} \leqq (1-\beta)^{-1}$$

und $||\gamma|| \leqq ||A^{-1}||\;||\alpha||/(1-\beta)$. Aus der Annahme $|\alpha_k| \leqq \varepsilon$ folgt $||\alpha|| \leqq \varepsilon\sqrt{m}$ und schließlich die Abschätzung des Rundungsfehlers

$$||\gamma|| \leqq \frac{||A^{-1}||}{1-\beta}\sqrt{m}\,\varepsilon\,. \tag{15}$$

3.2. Die Methode der Quadratwurzeln

Dieses von Banachiewicz vorgeschlagene Verfahren ist ausführlich im Buch von Faddejew und Faddejewa [1] dargelegt.

3.2.1. Die Matrix A in der Gleichung (1.1.1) möge positiv definit sein. Dann läßt sie sich in der Form

$$A = S^*S \tag{1}$$

darstellen, wobei S eine obere Dreiecksmatrix und S^* die adjungierte Matrix ist. Sei $A = [a_{ij}]$, $S = [s_{ij}]$ und $s_{ij} = 0$, $i > j$. Dann ist

$$a_{ij} = \sum_{k=1}^{i} s_{ki}s_{kj} \tag{2}$$

woraus folgt

$$\begin{gathered} s_{11} = \sqrt{a_{11}}\,; \qquad s_{1j} = \frac{a_{1j}}{s_{11}}\,, \qquad j > 1\,; \\ s_{ii} = \sqrt{a_{ii} - \sum_{k=1}^{i-1} s_{ki}^2}\,, \qquad i > 2\,; \qquad s_{ij} = \frac{a_{ij} - \sum\limits_{k=1}^{i-1} s_{ki}s_{kj}}{s_{ii}}\,, \qquad j > i \geqq 2\,. \end{gathered} \tag{3}$$

Nachdem die Matrizen S und S^* konstruiert sind, wird die Aufgabe in zwei rekursive Systeme überführt:

$$S^*f' = f\,, \qquad Sx = f'\,. \tag{4}$$

3.2.2. Im vorliegenden Fall treten drei Fehlerquellen auf: der Verzerrungsfehler der Matrix S und die bei der Lösung der Systeme (4) entstehenden Rundungsfehler.

3.2.3. Zuerst schätzen wir den Fehler ab, der beim Ziehen der Quadratwurzeln entsteht. Gewöhnlich wird die Quadratwurzel nach der rekursiven Formel

$$x_{n+1} = \frac{1}{2}\left(\frac{a}{x_n} + x_n\right) \tag{5}$$

berechnet; die Berechnung wird beendet, wenn $|x_{n+1} - x_n| \leqq \varepsilon$ gilt, ε ist eine gegebene positive Zahl. Wir zeigen, daß dabei, falls kleine Größen höherer Ordnung vernachlässigt werden, die Ungleichung

$$|x_n - \sqrt{a}| \leqq \varepsilon \tag{6}$$

erfüllt ist. Es gilt $x_{n+1} = x_n + \Theta\varepsilon$, $|\Theta| \leqq 1$. Das setzen wir in (5) ein und erhalten somit die quadratische Gleichung $x_n^2 + 2\varepsilon\Theta x_n - a = 0$. Hieraus folgt $x_n = -\varepsilon\Theta + \sqrt{a + \varepsilon^2\Theta^2}$ und

$$|x_n - \sqrt{a}| = |\sqrt{a + \varepsilon^2\Theta^2} - \sqrt{a} - \varepsilon\Theta| \leqq \frac{\varepsilon^2}{2\sqrt{a}} + \varepsilon \approx \varepsilon\,.$$

Zur Vereinfachung der nachfolgenden Abschätzungen nehmen wir $\varepsilon \leqq \varepsilon_1 \sqrt{a}$ an; dann gilt

$$|\lambda| \leqq \varepsilon_1 \sqrt{a}; \tag{7}$$

hierbei ist $\lambda = x_n - \sqrt{a}$.

Wir bezeichnen nun mit λ_{ij} die Fehler der Zahlen s_{ij} und mit Λ den Fehler der Matrix S. Aus der Formel (3) folgt, daß bis auf kleine Größen höherer Ordnung $|\lambda_{ij}| \leqq \varepsilon_1 |s_{ij}|$. Somit besitzt die Matrix Λ als Majorante die Matrix $\varepsilon_1 \hat{S}$, und deshalb gilt

$$||\Lambda|| \leqq \varepsilon_1 ||\hat{S}|| \leqq \varepsilon_1 \sqrt{m} \sqrt{||A||}\,. \tag{8}$$

3.2.4. Durch die Verzerrung der Matrizen S und S^* lösen wir in Wirklichkeit nicht die Systeme (4), sondern die Systeme

$$(S^* + \Lambda^*)\, y = f\,, \qquad (S + \Lambda)\, z = y\,. \tag{9}$$

Wir schätzen die Norm $||z - x||$ ab. Aus (9) finden wir

$$(S^* + \Lambda^*)\,(S + \Lambda)\, z = f = Ax$$

oder, wenn wir ausmultiplizieren und die kleine Größe zweiter Ordnung $\Lambda^*\Lambda$ weglassen,

$$Az + (S^*\Lambda + S\Lambda^*)\, z = Ax\,.$$

Wir multiplizieren von links mit A^{-1} und erhalten

$$z - x = A^{-1}(S^*\Lambda + \Lambda^*S)\, z;$$

hieraus folgt

$$||z - x|| \leqq 2\, ||A^{-1}||\, ||S||\, ||\Lambda||\, ||z|| \leqq 2P_A\, ||z||\, \varepsilon_1 \sqrt{m}\,.$$

Also ist $||z - x||$ eine Größe der Ordnung ε_1. Auf der rechten Seite der letzten Ungleichung ersetzen wir $||z||$ durch $||x||$ und erhalten eine Abschätzung, die bis auf kleine Glieder höherer Ordnung gültig ist:

$$||z - x|| \leqq 2P_A\, ||A^{-1}||\, ||f||\, \varepsilon_1 \sqrt{m}\,. \tag{10}$$

Formel (10) liefert eine Abschätzung des Verzerrungsfehlers in der Methode der Quadratwurzeln. Auf die Abschätzung des Rundungsfehlers gehen wir hier nicht ein; man erhält diese genauso wie beim Gaußschen Verfahren.

3.3. Die Methode des Änderns

3.3.1. Diese Methode wird im Buch von Faddejew und Faddejewa [1] beschrieben. Wie in diesem Buch hervorgehoben wird, ist es zweckmäßig, diese Methode beim Ritzschen und beim Bubnow-Galerkin-Verfahren anzuwenden, wenn die bereits gefundene Näherung präzisiert werden soll.

3.3.2. Das Wesen dieser Methode besteht in folgendem. Die Matrix A in Gleichung (1.1.1), die wir hier mit

$$A_m = \begin{pmatrix} a_{11} & a_{12} & \dots & a_{1m} \\ a_{21} & a_{22} & \dots & a_{2m} \\ \cdot & \cdot & \cdot & \cdot \\ a_{m1} & a_{m2} & \dots & a_{mm} \end{pmatrix}$$

bezeichnen wollen, erhält man aus der Matrix

$$A_{m-1} = \begin{pmatrix} a_{11} & a_{12} & & a_{1,m-1} \\ a_{21} & a_{22} & & a_{2,m-1} \\ \cdot & \cdot & \cdot & \cdot \\ a_{m-1,1} & a_{m-1,2} & \dots & a_{m-1,m-1} \end{pmatrix}$$

der Ordnung $m - 1$ durch Rändern, d. h. durch Hinzufügen der m-ten Zeile und der m-ten Spalte; das schreiben wir folgendermaßen:

$$A_m = \begin{pmatrix} A_{m-1} & u_{m-1} \\ v_{m-1} & a_{mm} \end{pmatrix}. \tag{1}$$

Hierbei sind u_{m-1} und v_{m-1} entsprechend der Spaltenvektor und der Zeilenvektor:

$$u_{m-1} = (a_{1m}, a_{2m}, \dots, a_{m-1,m}),$$

$$v_{m-1} = (a_{m1}, a_{m2}, \dots, a_{m,m-1}).$$

Die beiden Matrizen A_m und A_{m-1} seien nichtsingulär, und es sei A_{m-1}^{-1} bekannt In Faddejew und Faddejewa [1] wird gezeigt, daß die Matrix A_m^{-1} in der Form

$$A_m^{-1} = \begin{pmatrix} P_{m-1} & r_{m-1} \\ q_{m-1} & \dfrac{1}{\alpha_m} \end{pmatrix} \tag{2}$$

konstruiert werden kann, wobei P_{m-1} eine quadratische Matrix der Ordnung $m - 1$, q_{m-1} ein Zeilenvektor und r_{m-1} ein Spaltenvektor jeweils von der Dimension $m - 1$

und α_m eine Zahl ist. Für diese vier Objekte gelten die folgenden Formeln:

$$\alpha_m^{-1} = a_{mm} - (v_{m-1}, A_{m-1}^{-1} u_{m-1}) \,, \tag{3}$$

$$r_{m-1} = -\frac{1}{\alpha_m} A_{m-1}^{-1} u_{m-1} \,, \tag{4}$$

$$q_{m-1} = -\frac{1}{\alpha_m} v_{m-1} A_{m-1}^{-1} \,, \tag{5}$$

$$P_{m-1} = A_{m-1}^{-1} + \frac{1}{\alpha_m} A_{m-1}^{-1} u_{m-1} v_{m-1} A_{m-1}^{-1} \,. \tag{6}$$

Wir erklären die Bezeichnungen. Das Symbol $A_{m-1}^{-1} u_{m-1}$ ist das übliche Produkt der Matrix A_{m-1}^{-1} und des Vektors u_{m-1}; die Klammern in Formel (3) bezeichnen das übliche Skalarprodukt der Vektoren v_{m-1} und $A_{m-1}^{-1} u_{m-1}$. Des weiteren ist $v_{m-1} A_{m-1}^{-1}$ das Produkt des Zeilenvektors v_{m-1} und der quadratischen Matrix A_{m-1}^{-1}; ist

$$A_{m-1}^{-1} = \begin{pmatrix} \alpha_{11} & \alpha_{12} & & \alpha_{1,m-1} \\ \alpha_{21} & \alpha_{22} & & \alpha_{2,m-1} \\ \cdots & \cdots & \cdots & \cdots \\ \alpha_{m-1,1} & \alpha_{m-1,2} & \cdots & \alpha_{m-1,m-1} \end{pmatrix},$$

dann ist $v_{m-1} A_{m-1}^{-1}$ der Vektor

$$v_{m-1} A_{m-1}^{-1} = \Big(\sum_{k=1}^{m-1} a_{mk} \alpha_{k1}, \sum_{k=1}^{m-1} a_{mk} \alpha_{k2}, \ldots , \sum_{k=1}^{m-1} a_{mk} \alpha_{k,m-1} \Big) \,.$$

Schließlich ist $u_{m-1} v_{m-1}$ die folgende Matrix der Ordnung $m - 1$:

$$u_{m-1} v_{m-1} = \begin{pmatrix} a_{1m} a_{m1} & a_{1m} a_{m2} & & a_{1m} a_{m,m-1} \\ a_{2m} a_{m1} & a_{2m} a_{m2} & & a_{2m} a_{m,m-1} \\ \cdots & \cdots & \cdots & \cdots \\ a_{m-1,m} a_{m1} & a_{m-1,m} a_{m2} & \cdots & a_{m-1,m} a_{m,m-1} \end{pmatrix},$$

und das Produkt in Formel (6) ist das übliche Produkt der drei quadratischen Matrizen der Ordnung $m - 1$: A_{m-1}^{-1}, $u_{m-1} v_{m-1}$, A_{m-1}^{-1}.

Die mit Hilfe der Methode des Ränderns gewonnene Lösung des Systems (1.1.1) kann man folgendermaßen schreiben: Die rechte Seite f schreiben wir als $\begin{pmatrix} f^* \\ f_m \end{pmatrix}$, wobei $f^* = (f_1, f_2, \ldots , f_{m-1})$ ist, mit x^* bezeichnen wir die Lösung des abgeschnittenen Systems $A_{m-1} x^* = f^*$ und mit y^* die Lösung des Systems $A_{m-1} y^* + u_{m-1} = 0$, dann gilt

$$x = A^{-1} f = \begin{pmatrix} x^* \\ 0 \end{pmatrix} + \frac{f_n - (v_{m-1}, x^*)}{a_{mm} + (v_{m-1}, y^*)} \begin{pmatrix} y^* \\ 1 \end{pmatrix}. \tag{7}$$

3.3.3. Wir schätzen die Norm $\|A_m^{-1}\|$ ab. Sei x ein beliebiger Vektor aus R_m, $x = (x_1, x_2, \ldots , x_m)$. Nach Formel (2) gilt

$$A^{-1} x = \Big(\sum_{k=1}^{m-1} p_{1k} x_k + r_{1,m-1} x_m, \sum_{k=1}^{m-1} p_{2k} x_k + r_{2,m-1} x_m, \ldots$$
$$\ldots , \sum_{k=1}^{m-1} p_{m-1,k} x_k + r_{m-1,m-1} x_m, \sum_{k=1}^{m-1} q_{k,m-1} x_k + \frac{1}{\alpha_m} x_m \Big) \,; \tag{8}$$

Die Bezeichnungen sind klar. Hieraus folgt

$$||A^{-1}x||^2 = \sum_{j=1}^{m-1} \left(\sum_{k=1}^{m-1} p_{jk}x_k + r_{j,m-1}x_m\right)^2 + \left(\sum_{k=1}^{m-1} q_{k,m-1}x_k + \frac{1}{\alpha_m}x_m\right)^2 \leqq$$

$$\leqq \left(\sum_{j,k=1}^{m-1} p_{jk}^2 + \sum_{j=1}^{m-1} r_{j,m-1}^2 + \sum_{k=1}^{m-1} q_{k,m-1}^2 + \frac{1}{\alpha_m^2}\right) ||x||^2$$

und somit

$$||A\alpha^{-1}|| \leqq (||P_{m-1}||_E^2 + ||r_{m-1}||^2 + ||q_{m-1}||^2 + \alpha_m^{-2})^{1/2}; \tag{9}$$

hierbei bedeutet $||P_{m-1}||_E$ die Euklidische Norm der Matrix P_{m-1}.

Es läßt sich eine weitere Abschätzung angeben, die in einigen Fällen genauer als (9) ist. Wir setzen $\check{x} = (x_1, x_2, \ldots, x_{m-1}, 0)$, $\bar{x} = (0, 0, \ldots, 0, x_m)$, so daß $x = \check{x} + \bar{x}$ gilt. Wegen $A^{-1}x = A^{-1}\check{x} + A^{-1}\bar{x}$ gilt $||A^{-1}x||^2 \leqq 2\,||A^{-1}\check{x}||^2 + 2\,||A^{-1}\bar{x}||^2$. Infolge Formel (8) ist

$$||A^{-1}\check{x}||^2 = ||P_{m-1}\check{x}||_{R_{m-1}}^2 + (q_{m-1}, \check{x})_{R_{m-1}}^2 \leqq (||P_{m-1}||^2 + ||q_{m-1}||^2)\,||\check{x}||^2;$$

$$||A^{-1}\bar{x}||^2 = (||r_{m-1}||^2 + \alpha_m^{-2})\,||\bar{x}||^2;$$

hierbei ist $||P_{m-1}||$ die Operatornorm der Matrix P_{m-1}. Aus den Ungleichungen ergibt sich

$$||A^{-1}x||^2 \leqq 2 \max (||P_{m-1}||^2 + ||q_{m-1}||^2, ||r_{m-1}||^2 + \alpha_m^{-2})\,||x||^2 \tag{10}$$

oder

$$||A^{-1}|| \leqq \sqrt{2} \max \left(\sqrt{||P_{m-1}||^2 + ||q_{m-1}||^2}, \sqrt{||r_{m-1}||^2 + \alpha_m^{-2}}\right).$$

Abschätzungen der in den rechten Seiten der Ungleichungen (8)—(10) auftretenden Größen ergeben sich unmittelbar aus den Formeln (3)—(6):

$$\begin{aligned} ||P_{m-1}|| &\leqq ||A_{m-1}^{-1}||\,(1 + ||u_{m-1}||\,||v_{m-1}||\,||A_{m-1}^{-1}||)\,,\\ ||q_{m-1}|| &\leqq |\alpha_m|^{-1}\,||A_{m-1}^{-1}||\,||v_{m-1}||\,,\\ ||r_{m-1}|| &\leqq |\alpha_m|^{-1}\,||A_{m-1}^{-1}||\,||u_{m-1}||\,,\\ |\alpha_m^{-1}| &= |a_{mm} - (v_m, A_{m-1}^{-1}u_m)|\,. \end{aligned} \tag{11}$$

3.3.4. Wir kommen nun zu den Fehlerabschätzungen. Zuerst nehmen wir an, daß die Elemente a_{jk} der Matrix A nicht genau gegeben sind, und λ_{jk} seien die Fehler der Zahlen a_{jk}, wobei uns eine Abschätzung dieser Fehler bekannt ist, $|\lambda_{jk}| \leqq \lambda = \text{const}$; außerdem setzen wir voraus, daß uns eine obere Schranke der Norm $||A^{-1}||$ bekannt ist. Mit Γ_{m-1} bezeichnen wir den Fehler der Matrix A_{m-1}; offensichtlich gilt $||\Gamma_{m-1}|| \leqq$ $\leqq (m-1)\,\lambda$. Sei λ so klein, daß $||\Gamma_{m-1}A_{m-1}^{-1}|| \leqq \beta$, $0 \leqq \beta < 1$. Dann gilt

$$\begin{aligned} ||(A_{m-1} + \Gamma_{m-1})^{-1}|| &\leqq (1-\beta)^{-1}\,||A_{m-1}^{-1}||\,,\\ ||(A_{m-1} + \Gamma_{m-1})^{-1} - A_{m-1}^{-1}|| &\leqq (1-\beta)^{-1}\,||\Gamma_{m-1}||\,||A_{m-1}^{-1}||\,. \end{aligned} \tag{12}$$

Wir beschäftigen uns mit der Normabschätzung der Fehler der in (11) auftretenden Größen. Wir bezeichnen mit λ_α, λ_u, λ_v entsprechend die Fehler der Zahl α_m^{-1} und der Vektoren u_{m-1}, v_{m-1}. Es ist sofort klar, daß $||\lambda_u||, ||\lambda_v|| \leqq \sqrt{m-1}\,\lambda$. Infolge Formel (3) gilt

$$\alpha_{m-1}^{-1} + \lambda_\alpha = a_{mm} + \lambda_{mm} - \left(v_{m-1} + \lambda_v, (A_{m-1} + \Gamma_{m-1})^{-1}(u_{m-1} + \lambda_u)\right) + \mu_\alpha; \tag{13}$$

μ_α ist der resultierende Fehler der arithmetischen Operationen, die zur Berechnung der Größe α_m^{-1} notwendig sind. Aus (13) folgt eine Gleichheit, die bis auf kleine Summanden höherer Ordnung gültig ist:

$$\lambda_\alpha = \lambda_{mm} - (\lambda_v, A_{m-1}^{-1} u_{m-1}) - (v_{m-1}, A_{m-1}^{-1}\lambda_u - A_{m-1}^{-1}\Gamma_{m-1}A_{m-1}^{-1}u_{m-1}) + \mu_\alpha .$$

Hieraus folgt

$$|\lambda_\alpha| \leqq \lambda + \lambda\sqrt{m-1}\,||A_{m-1}^{-1}||\,||u_{m-1}|| +$$
$$+ ||v_{m-1}||\,[||A_{m-1}^{-1}||\,\lambda\sqrt{m-1} + ||A_{m-1}^{-1}||^2\,\lambda(m-1)\,||u_{m-1}||] + \mu_\alpha =$$
$$= \lambda[1 + \sqrt{m-1}\,||A_{m-1}^{-1}||\,(||u_{m-1}|| + ||v_{m-1}||) +$$
$$+ ||u_{m-1}||\,||v_{m-1}||\,||A_{m-1}^{-1}||^2\,(m-1)] + \mu_\alpha =$$
$$= \lambda(1 + \sqrt{m-1}\,||A_{m-1}^{-1}||\,||u_{m-1}||)\,(1 + \sqrt{m-1}\,||A_{m-1}^{-1}||\,||v_{m-1}||) + \mu_\alpha;$$

hierbei benutzten wir die Identität $(A_{m-1} + \Gamma_{m-1})^{-1} - A_{m-1}^{-1} = -A_{m-1}^{-1}\Gamma_{m-1}A_{m-1}^{-1}$. Die Größe μ_α läßt sich einfach abschätzen: Bis auf kleine Größen höherer Ordnung gilt $\mu_\alpha \leqq |\alpha_m^{-1}|\,\varepsilon_1$. Somit erhalten wir

$$\lambda_\alpha \leqq \lambda(1 + \sqrt{m-1}\,||A_{m-1}^{-1}||\,||u_{m-1}||)\,(1 + \sqrt{m-1}\,||A_{m-1}^{-1}||\,||v_{m-1}||) +$$
$$+ \varepsilon_1\,|\alpha_m^{-1}|\,. \tag{14}$$

Wenden wir uns der Abschätzung der Norm $||\lambda_r||$ des Fehlers von Vektor r_{m-1} zu. Die Berechnung nach Formel (4) liefert in Wirklichkeit den Vektor

$$r_{m-1} + \lambda_r = -(\alpha_m^{-1} + \lambda_\alpha)\,(A_{m-1} + \Gamma_{m-1})^{-1}\,(u_{m-1} + \lambda_u) + \mu_r .$$

Wenn kleine Größen höherer Ordnung vernachlässigt werden, gilt

$$\mu_r \leqq \varepsilon_1\,||u_{m-1}||\,||\hat{A}_{m-1}^{-1}||$$

und

$$\lambda_r = -\lambda_\alpha A_{m-1}^{-1}u_{m-1} - \alpha_m^{-1}A_{m-1}^{-1}\lambda_u - \alpha_m^{-1}A_{m-1}^{-1}\Gamma_{m-1}A_{m-1}^{-1}u_{m-1} + \mu_r .$$

Hieraus folgt

$$||\lambda_r|| \leqq |\lambda_\alpha|\,||A_{m-1}^{-1}||\,||u_{m-1}|| + \varepsilon_1\,||\hat{A}_{m-1}^{-1}||\,||u_{m-1}|| +$$
$$+ \lambda\,|\alpha_m^{-1}|\,||A_{m-1}^{-1}||\,\sqrt{m-1}\,(1 + \sqrt{m-1})\,. \tag{15}$$

Analog ergibt sich die Abschätzung für die Norm des Fehlervektors λ_q des Vektors q_{m-1}:

$$||\lambda_q|| \leqq |\lambda_\alpha|\,||A_{m-1}^{-1}||\,||v_{m-1}|| + \varepsilon_1\,||\hat{A}_{m-1}^{-1}||\,||v_{m-1}|| +$$
$$+ |\alpha_m^{-1}|\,||A_{m-1}^{-1}||\,\lambda\sqrt{m-1}\,(1 + \sqrt{m-1})\,. \tag{16}$$

Es verbleibt noch, die Norm des Fehlers der Matrix P_{m-1} abzuschätzen; diesen Fehler bezeichnen wir mit Λ_p. Nach Formel (6) gilt

$$P_{m-1} + \Lambda_p = (A_{m-1} + \Gamma_{m-1})^{-1} +$$
$$+ (\alpha_m^{-1} + \lambda_\alpha)\,(u_{m-1} + \lambda_u)\,(v_{m-1} + \lambda_v)\,(A_{m-1} + \Gamma_{m-1})^{-1} + M_p; \tag{17}$$

M_p bezeichnet den resultierenden Fehler der in der rechten Seite der Formel (6) auftretenden arithmetischen Operationen. Es ist unschwer zu sehen, daß

$$M_p \leqq \varepsilon_1\,||\hat{A}_{m-1}^{-1}||\,(1 + |\alpha_m^{-1}|\,||u_{m-1}||\,||v_{m-1}||\,||\hat{A}_{m-1}^{-1}||)\,. \tag{18}$$

Indem wir in (17) die kleinen Glieder von höherer Ordnung vernachlässigen, erhalten wir

$$\begin{aligned}\Lambda_p = &-A_{m-1}^{-1}\Gamma_{m-1}A_{m-1}^{-1} + \lambda_\alpha A_{m-1}^{-1}u_{m-1}v_{m-1}A_{m-1}^{-1} + \\ &+ \alpha_m^{-1}[-A_{m-1}^{-1}\Gamma_{m-1}A_{m-1}^{-1}u_{m-1}v_{m-1}A_{m-1}^{-1} + \\ &+ A_{m-1}^{-1}(u_{m-1}\lambda_v + \lambda_u v_{m-1})\, A_{m-1}^{-1} - \\ &- A_{m-1}^{-1}u_{m-1}v_{m-1}A_{m-1}^{-1}\Gamma_{m-1}A_{m-1}^{-1}] + M_p = \\ = &A_{m-1}^{-1}[-\Gamma_{m-1} + \lambda_\alpha u_{m-1}v_{m-1} + \alpha_m^{-1}(\Gamma_{m-1}A_{m-1}^{-1}u_{m-1}v_{m-1} + \\ &+ u_{m-1}\lambda_v + \lambda_u v_{m-1} - u_{m-1}v_{m-1}A_{m-1}^{-1}\Gamma_{m-1})]\, A_{m-1}^{-1} + M_p\,.\end{aligned}$$

Unter Benutzung der Ungleichung (18) finden wir hieraus

$$\begin{aligned}\|\Lambda_p\| \leqq \|A_{m-1}^{-1}\|^2 \{&(m-1)\,\lambda + |\lambda_\alpha|\, \|u_{m-1}\|\, \|v_{m-1}\| + \\ &+ |\alpha_m^{-1}|\, [2\lambda(m-1)\, \|A_{m-1}^{-1}\|\, \|u_{m-1}\|\, \|v_{m-1}\| + \\ &+ \|u_{m-1}\|\, \|\lambda_v\| + \|\lambda_u\|\, \|v_{m-1}\|]\} + \\ &+ \varepsilon_1 \|A_{m-1}^{-1}\|\, (1 + |\alpha_m^{-1}|\, \|u_{m-1}\|\, \|v_{m-1}\|\, \|A_{m-1}^{-1}\|)\,. \qquad (19)\end{aligned}$$

Mit Hilfe von Formel (7) ist es nicht schwer, eine Fehlerabschätzung der Lösung des Systems (1.1.1) mittels der Methode desRänderns anzugeben. Wir weisen darauf hin, daß sich die Formeln für die Fehler wesentlich vereinfachen, wenn die Elemente der Matrix A exakt gegeben sind.

Man kann ebenfalls das Rändern der Matrix durch einige Zeilen und Spalten betrachten. Es ergeben sich analoge, aber etwas komplizierte Formeln für die Lösung und die Fehlerabschätzungen.

3.4. Das Verfahren der konjugierten Richtungen

3.4.1. Wir geben einige Informationen zum Verfahren der konjugierten Richtungen, die ausführlicher im Buch von Faddejew und Faddejewa [1] dargelegt sind. Sei A eine nichtsinguläre Matrix der Ordnung m, und die Matrizen B und C der gleichen Ordnung m seien dergestalt, daß die Matrix

$$K = CAB \qquad (1)$$

positiv definit ist. Für eine positiv definite Matrix A kann $B = C = I$ gewählt werden; im allgemeinen Fall kann man $B = A^*$, $C = I$ oder $B = I$, $C = A^*$ setzen. Wir konstruieren ein System „K-orthonormierter" Vektoren $s_1, s_2, \ldots, s_m$; das bedeutet

$$(Ks_i, s_j) = \delta_{ij}\,. \qquad (2)$$

Die Lösung x des Systems (1.1.1) suchen wir in der Form

$$x = B \sum_{i=1}^{m} a_i s_i = \sum_{i=1}^{m} a_i B s_i\,. \qquad (3)$$

Dann ist

$$Ax = \sum_{i=1}^{m} a_i A B s_i = f$$

oder, wenn von links mit C multipliziert wird,

$$\sum_{i=1}^{m} a_i K s_i = Cf\,.$$

Auf Grund der Beziehung (2) gilt folglich

$$x = \sum_{i=1}^{m} (Cf, s_i)\, Bs_i \,. \tag{4}$$

3.4.2. Die Vektoren s_i werden gewöhnlich unter Benutzung der bekannten Orthogonalisierungsmethode in der vom Skalarprodukt $[x, y] = (Kx, y)$ induzierten Metrik $|x| = \sqrt{[x, x]} = \sqrt{(Kx, x)}$ aus einer beliebig gewählten Basis im R_m konstruiert. Es ist bekannt, daß der Orthogonalisierungsprozeß numerisch instabil sein kann, weswegen dann die Anwendung der Formel (4) zu großen Fehlern führen kann. Wir stellen diesbezüglich einige Überlegungen an.

Es sei ein System m linear unabhängiger Vektoren $\varphi_1, \varphi_2, \dots, \varphi_m$ gegeben. Gemäß dem Orthogonalisierungsprozeß setzen wir

$$\begin{aligned} &\psi_1 = \varphi_1\,, \qquad \omega_1 = \frac{\psi_1}{|\psi_1|}\,; \\ &\psi_k = \varphi_k - \sum_{j=1}^{k-1} [\varphi_k, \omega_j]\, \omega_j, \qquad \omega_k = \frac{\psi_k}{|\psi_k|}\,, \qquad 2 \leqq k \leqq m\,. \end{aligned} \tag{5}$$

Wie leicht zu sehen ist, gilt $|\psi_k| = |\varphi_k| \sin\alpha_k$, wobei α_k der Winkel zwischen dem Vektor φ_k und dem von $\varphi_1, \varphi_2, \dots, \varphi_{k-1}$ aufgespannten Unterraum ist. Wenn die Vektoren $\varphi_1, \varphi_2, \dots, \varphi_k$ „fast linear abhängig" sind, so daß φ_k einer gewissen Linearkombination der Vektoren $\varphi_1, \varphi_2, \dots, \varphi_{k-1}$ nahe ist, dann ist $\sin\alpha_k$ klein; es ist deshalb natürlich, $\min\limits_{1\leqq j\leqq k} \sin\alpha_j$ als Maß der linearen Unabhängigkeit der genannten Vektoren zu wählen. Wir zeigen, daß dieses Maß in der Metrik $|\cdot|$ beliebig klein sein kann, sogar wenn die betrachteten Vektoren im R_m orthogonal sind.

3.4.3. Wir betrachten ein Beispiel. Sei $m = 2$ und

$$K = A = \begin{pmatrix} 1 & 0 \\ 0 & a \end{pmatrix}, \qquad a > 0\,.$$

Für $x = (x_1, x_2)$, $y = (y_1, y_2)$ ist

$$[x, y] = x_1 y_1 + a x_2 y_2\,, \qquad |x|^2 = x_1^2 + a x_2^2\,.$$

Wir setzen $\bar{x} = (\cos\theta, \sin\theta)'$, $\bar{y} = (-\sin\theta, \cos\theta)'$. Diese Vektoren sind orthogonal und haben die Länge Eins im R_2. Wir schätzen den Winkel α zwischen diesen Vektoren in der Metrik $[\cdot, \cdot]$ ab. Wir haben

$$\begin{aligned} \cos\alpha &= \frac{[\bar{x}, \bar{y}]}{|\bar{x}|\,|\bar{y}|} = \frac{(a-1)\cos\theta\sin\theta}{[(\cos^2\theta + a\sin^2\theta)(\sin^2\theta + a\cos^2\theta)]^{1/2}} = \\ &= \frac{a-1}{\sqrt{1 + a(\tan^2\theta + \cot^2\theta + a^2)}}\,. \end{aligned} \tag{6}$$

Der Wert des Winkels α ist für $\theta = \pi/4$ minimal. In diesem Fall ist $\sin\alpha = 2\sqrt{a}/(a+1)$. Wenn die Zahl a hinreichend groß oder hinreichend klein ist (in beiden Fällen bedeutet das, daß die Konditionszahl der Matrix K hinreichend groß ist), dann ist der Winkel zwischen $\bar{x}$ und $\bar{y}$, der in der Metrik von R_2 gleich $\pi/2$ ist, in der Metrik $[\cdot, \cdot]$ beliebig klein, und in dieser Metrik können die angegebenen Vektoren „fast linear abhängig" sein. Das ist nicht der Fall, wenn die Zahl a nicht zu groß und nicht zu klein ist.

3.4.4. Es ist nicht schwer, die folgende allgemeinere Behauptung zu beweisen: Wenn die Konditionszahl der Matrix K hinreichend groß ist, dann existieren im $\mathbb{R}_m$ orthogonale Vektoren, so daß der Winkel zwischen ihnen in der K-Metrik beliebig klein ist. Durch eine im $\mathbb{R}_m$ orthogonale Transformation kann die Matrix K in eine Diagonalmatrix überführt werden. Die letztere bezeichnen wir mit K', so daß $K' = L^{-1}KL$ gilt. Für $(\bar{x}, \bar{y}) = 0$ ist auch $(L\bar{x}, L\bar{y}) = 0$. Außerdem ist $(K'\bar{x}, \bar{y}) = (L^{-1}KL\bar{x}, \bar{y}) = (KL\bar{x}, L\bar{y})$; hieraus folgt, daß der Winkel zwischen den Vektoren $L\bar{x}$ und $L\bar{y}$ in der K-Metrik mit dem Winkel zwischen den Vektoren $\bar{x}$ und $\bar{y}$ in der K'-Metrik übereinstimmt. Es genügt folglich, den Winkel in der K'-Metrik zwischen im $\mathbb{R}_m$ orthogonalen Vektoren zu untersuchen. Es gilt $K' = \operatorname{diag}(\lambda_1, \lambda_2, \dots, \lambda_m)$, wobei λ_i die Eigenwerte der Matrix K sind; sie können wachsend angeordnet werden, $\lambda_1 \leqq \lambda_2 \leqq \dots \leqq \lambda_m$. Sei $\bar{x} = (\xi_1, 0, \dots, 0, \xi_m)$, $\bar{y} = (\eta_1, 0, \dots, 0, \eta_m)$; da diese Vektoren im $\mathbb{R}_m$ orthonormiert sind, kann $\xi_1 = \eta_m = \cos\theta$, $\xi_m = -\eta_1 = \sin\theta$ gesetzt werden. Der Winkel α in der K-Metrik zwischen diesen Vektoren wird durch die Formel

$$\cos\alpha = \frac{(\lambda_m - \lambda_1)\cos\theta\sin\theta}{[(\lambda_1\cos^2\theta + \lambda_m\sin^2\theta)(\lambda_1\sin^2\theta + \lambda_m\cos^2\theta)]^{1/2}} = \frac{(a-1)\cos\theta\sin\theta}{[(\cos^2\theta + a\sin^2\theta)(\sin^2\theta + a\cos^2\theta)]^{1/2}}$$

bestimmt; hierbei ist $a = \lambda_m/\lambda_1$ die Konditionszahl der Matrix K. Die letzte Formel stimmt mit der Formel (6) überein, und für den betrachteten Fall gilt die Schlußfolgerung aus 3.4.3: *Wenn die Konditionszahl der Matrix K hinreichend groß ist, wird der Winkel α beliebig klein.*

3.4.5. Es gilt eine Behauptung, die in gewisser Weise eine Umkehrung der eben bewiesenen Behauptung ist: *Wenn die Vektoren $\varphi_1, \varphi_2, \dots, \varphi_m$ orthogonal im $\mathbb{R}_m$ sind, dann gilt*

$$\sin\alpha_k \geqq \frac{1}{a}, \qquad 1 \leqq k \leqq m, \tag{7}$$

wobei a die Konditionszahl der Matrix K ist. Wir bezeichnen mit λ_1 und λ_m entsprechend den kleinsten und den größten Eigenwert der Matrix K. Dann ist $a = \lambda_m/\lambda_1$, und für einen beliebigen Vektor x aus $\mathbb{R}_m$ gilt

$$\sqrt{\lambda_1}\,||x||_{\mathbb{R}_m} \leqq |x| \leqq \sqrt{\lambda_m}\,||x||_{\mathbb{R}_m}. \tag{8}$$

Wie im Unterabschnitt 3.4.2 festgestellt wurde, ist

$$\sin\alpha_k = \frac{|\psi_k|}{|\varphi_k|} = \frac{1}{|\varphi_k|}\Big|\varphi_k - \sum_{j=1}^{k}[\varphi_k, \omega_j]\,\omega_j\Big|.$$

Die Summe auf der rechten Seite ist eine Linearkombination der Vektoren $\varphi_1, \varphi_2, \dots, \varphi_{k-1}$:

$$\sum_{j=1}^{k-1}[\varphi_k, \omega_j]\,\omega_j = \sum_{j=1}^{k-1} b_j\varphi_j.$$

Hieraus folgt

$$\sin\alpha_k = \frac{1}{|\varphi_k|}\Big|\varphi_k - \sum_{j=1}^{k-1} b_j\varphi_j\Big| \geqq \frac{\sqrt{\lambda_1}}{|\varphi_k|}\Big|\Big|\varphi_k - \sum_{j=1}^{k-1} b_j\varphi_j\Big|\Big| \geqq \frac{\sqrt{\lambda_1}}{|\varphi_k|}||\varphi_k|| \geqq \frac{\sqrt{\lambda_1}}{\sqrt{\lambda_m}} = \frac{1}{\sqrt{a}},$$

was zu beweisen war.

Eine allgemeinere Behauptung wurde im Artikel von Michlin [36] bewiesen.

3.4.6. Wir kehren zu Unterabschnitt 3.4.2 zurück. Wenn die Konditionszahl und die Ordnung der Matrix K nicht zu groß sind, dann verläuft die Orthogonalisierung der Vektoren ohne große Fehler. Wir verweilen hier nicht bei der Herleitung der Fehlerabschätzung für das Verfahren der konjugierten Richtungen; der Leser kann das unter Benutzung der Methoden aus den vorigen Abschnitten leicht selbst ausführen.

4. Iterationsverfahren

4.1. Die Methode der sukzessiven Approximation

4.1.1. Im einfachsten Fall wird die Methode der sukzessiven Approximation folgendermaßen realisiert: Es sei im Gleichungssystem (1.1.1) $A = I - B$, so daß dieses System die Gestalt $x = Bx + f$ annimmt; wir wählen einen beliebigen Vektor x_0 und setzen danach

$$x_{n+1} = Bx_n + f; \qquad n = 0, 1, \ldots . \tag{1}$$

Für die Konvergenz des Prozesses (1) für beliebiges x_0 ist notwendig und hinreichend $\varrho = \varrho(B) < 1$; $\varrho(B)$ ist der Spektralradius des Operators B:

$$\varrho(B) = \lim_{n\to\infty} ||B^n||^{1/n} : \tag{2}$$

Für Matrizen ist diese Bedingung der folgenden äquivalent: Alle Eigenwerte der Matrix B sind dem Betrag nach kleiner als Eins. Insbesondere konvergiert der Prozeß für $||B|| < 1$. Hinsichtlich der hier formulierten Behauptungen siehe FADDEJEW und FADDEJEWA [1].

4.1.2. Mit dem Prozeß der zukzessiven Approximation sind Algorithmus- und Rundungsfehler verknüpft; Approximations- und Verzerrungsfehler treten hierbei nicht auf. Der Algorithmusfehler wird einfach abgeschätzt: Der Einfachheit halber setzen wir $x_0 = f$ und erhalten

$$x_* = \sum_{n=0}^{\infty} B^n f; \tag{3}$$

hieraus folgt

$$\zeta_n = ||x_* - x_n|| = ||\sum_{k=n+1}^{\infty} B^k f|| \leqq ||f|| \sum_{k=n+1}^{\infty} ||B^k|| .$$

Wir wählen ein $\varepsilon > 0$ derart, daß $\varrho + \varepsilon < 1$; für hinreichend große k ist dann $||B^k|| \leqq$ $\leqq (\varrho + \varepsilon)^k$ und

$$\zeta_n \leqq ||f|| \frac{(\varrho + \varepsilon)^{n+1}}{1 - \varrho - \varepsilon} ; \tag{4}$$

Insbesondere gilt für $||B|| < 1$

$$\zeta_n \leqq ||f|| \frac{||B||^{n+1}}{1 - ||B||} . \tag{5}$$

4.1.3. Wir untersuchen den Rundungsfehler für den Prozeß (1). Für allgemeine rekursive Prozesse wurde eine Abschätzung des Rundungsfehlers im Kapitel 4, S. 75 ff., angegeben. Für den Prozeß (1) läßt sich die Herleitung dieser Abschätzung vereinfachen und präzisieren, wie wir jetzt zeigen werden.

Zuerst bemerken wir, daß

$$\|x_n\| \leqq \sum_{k=0}^{\infty} \|B^k\|\,\|f\|$$

gilt; das folgt unmittelbar aus der Formel $x_n = \sum_{k=0}^{n} B^k f$ und aus der Konvergenz der Reihe $\sum_{k=0}^{\infty} \|B^k\|$. Seien nunmehr $v_0 = x_0 = f$, $v_1, v_2, \ldots, v_{k-1}$ exakt bekannte Vektoren. Mit $\bar{x}_k$ bezeichnen wir den genauen Wert des Vektors

$$\bar{x}_k = Bv_{k-1} + f \tag{6}$$

und mit v_k den maschinellen Wert der rechten Seiten von Gleichung (6), und es sei $\alpha_k = v_k - \bar{x}_k$. Die Größen auf der rechten Seite sind alle exakt gegeben, aus Formel (1.2.4) läßt sich leicht ableiten, daß

$$\|\alpha_k\| \leqq \varepsilon(\|\hat{B}\|\,\|v_{k-1}\| + \|f\|)\,. \tag{7}$$

Wir bestimmen den Zusammenhang zwischen v_j und x_j. Das Element $x_0 = f$ ist genau vorgegeben, deshalb ist $v_0 = \bar{x}_0 = x_0$. Des weiteren gilt

$$v_1 = \bar{x}_1 + \alpha_1 = Bv_0 + f + \alpha_1 = x_1 + \alpha_1\,,$$

$$v_2 = \bar{x}_2 + \alpha_2 = Bv_1 + f + \alpha_2 = Bx_1 + f + B\alpha_1 + \alpha_2 = x_2 + B\alpha_1 + \alpha_2;$$

nach Induktion ergibt sich

$$v_j = x_j + \sum_{i=1}^{j} B^{j-i}\alpha_i\,. \tag{8}$$

Das setzen wir in Formel (7) ein:

$$\begin{aligned}\|\alpha_k\| &\leqq \varepsilon_1[\|\hat{B}\|\,(\|x_{k-1}\| + \max_{j\leqq k-1} \|\alpha_j\| \sum_{i=1}^{k-1} \|B^{k-1-i}\|) + \|f\|] \leqq \\ &\leqq \varepsilon_1(C_1 + C_2 \max_{i\leqq k} \|\alpha_i\|);\end{aligned} \tag{9}$$

offensichtlich kann man setzen

$$C_1 = (\|\hat{B}\| \sum_{k=0}^{\infty} \|B^k\| + 1)\,\|f\|; \qquad C_2 = \sum_{k=0}^{\infty} \|B^k\|\,. \tag{10}$$

Insbesondere gilt für $\|B\| = q < 1$:

$$C_1 = \left(\frac{\|\hat{B}\|}{1-q} + 1\right)\|f\|\,, \qquad C_2 = \frac{1}{1-q}. \tag{11}$$

Es mögen $\varepsilon_1 C_2 < 1$ und $\max_{i\leqq k} \|\alpha_j\| = \|\alpha_l\|$, $l \leqq k$, sein. Für $l = k$ ergibt sich sofort die Abschätzung des Rundungsfehlers

$$\|\alpha_k\| \leqq \frac{\varepsilon_1 C_1}{1 - \varepsilon_1 C_2}\,. \tag{12}$$

Ist $l < k$, dann ersetzen wir in (9) k durch l und sehen, daß α_l der Ungleichung (12) genügt. Dabei ist $||\alpha_i|| \leqq ||\alpha_l||$ für $i \leqq k$, d. h., α_k genügt derselben Ungleichung. Somit ist die Ungleichung (12) für alle k gezeigt.

Wenn C_2 nicht sehr groß ist, genügt der Rundungsfehler bis auf kleine Größen höherer Ordnung der einfacheren Ungleichung

$$||\alpha_k|| \leqq \varepsilon_1 C_1 \,. \tag{13}$$

4.2. Transformation des Gleichungssystems

4.2.1. Oft kann die Methode der sukzessiven Approximation nicht auf ein gegebenes System angewendet werden, sondern auf ein System, das sich aus dem gegebenen durch eine Transformation ergibt. Meistens wird die folgende Transformation benutzt: Das System (1.1.1) wird durch ein System ersetzt, das ihm äquivalent ist und von einem ganzzahligen Parameter n abhängt:

$$x = x + H_n(f - Ax)\,, \tag{1}$$

wobei H_n eine nichtsinguläre Matrix ist. Die sukzessiven Näherungen werden nach der Formel

$$x_{n+1} = x_n + H_n(f - Ax_n) \tag{2}$$

bestimmt, der Vektor x_0 wird beliebig vorgegeben. Für die Konvergenz des Prozesses (2) ist notwendig und hinreichend, daß

$$(I - H_kA)\,(I - H_{k-1}A)\,\ldots\,(I - H_1A) \xrightarrow[k\to\infty]{} 0\,. \tag{3}$$

Insbesondere können die H_n Kugelmatrizen sein, dann kann man sie als skalare Faktoren ansehen. Ein anderer interessanter Spezialfall ergibt sich für konstante Matrizen $H_n = H$. Einige Beispiele dieser Art untersuchen wir in den folgenden Unterabschnitten.

Die eben angesprochenen Probleme sind ausführlich bei FADDEJEW und FADDEJEWA [1] dargelegt.

4.2.2. Die Matrix A in Gleichung (1.1.1) sei positiv definit, λ_1 und λ_m seien entsprechend ihr kleinster und größter Eigenwert. Wir setzen $H_n = H = 2/(\lambda_1 + \lambda_m)\,I$, so daß das System (1) die Gestalt

$$x = \left(I - \frac{2}{\lambda_1 + \lambda_m}A\right)x + \frac{2}{\lambda_1 + \lambda_m}f \tag{4}$$

annimmt.

Die obere und untere Schranke des Operators $I - 2A/(\lambda_1 + \lambda_m)$ betragen entsprechend

$$1 - \frac{2\lambda_1}{\lambda_1 + \lambda_m} = \frac{\lambda_m - \lambda_1}{\lambda_1 + \lambda_m}; \qquad 1 - \frac{2\lambda_m}{\lambda_1 + \lambda_m} = -\frac{\lambda_m - \lambda_1}{\lambda_1 + \lambda_m}.$$

Hieraus ergibt sich

$$\left\| I - \frac{2}{\lambda_1 + \lambda_m}A \right\| = \frac{\lambda_m - \lambda_1}{\lambda_m + \lambda_1} = \frac{P_A - 1}{P_A + 1} := q < 1\,; \tag{5}$$

dabei ist $P_A = \lambda_m/\lambda_1$ die Konditionszahl der Matrix A. Aus der Ungleichung (5) folgt, daß die sukzessiven Näherungen für das System (4) wie eine geometrische Reihe mit dem Quotienten q konvergieren. Wir bestimmen die Koefffzienten, die in den Abschätzungen des Algorithmus- und des Rundungsfehlers vorkommen. Die Formel (4.1.5) liefert unmittelbar

$$\zeta_n \leqq \frac{2q^{n-1}}{1-q} \frac{||f||}{\lambda_1 + \lambda_m}. \tag{6_1}$$

Des weiteren gilt infolge der Formeln (4.1.10-11)

$$C_1 = ||\hat{B}|| \max_k ||x_k|| + C_2 \leqq \left(\frac{||\hat{B}||}{1-q} + 1\right) \frac{2\,||f||}{\lambda_1 + \lambda_m};$$

$$B = I - \frac{2A}{\lambda_1 + \lambda_m}; \qquad C_2 \leqq \frac{1}{1-q} \frac{2}{\lambda_1 + \lambda_m} ||f||.$$

Da bei Vergrößerung von C_1 und C_2 die Fehlerabschätzungen gültig bleiben, setzen wir

$$C_1 = \frac{2\,||f||}{\lambda_1 + \lambda_m} \left(\frac{||\hat{B}||}{1-q} + 1\right), \qquad C_2 = \frac{2\,||f||}{(1-q)(\lambda_1 + \lambda_m)}. \tag{6_2}$$

Die Beziehungen (6) schätzen zusammen mit den Formeln (4.1.12-13) den Rundungsfehler im vorliegenden Fall ab.

Manchmal (z. B. bei der Anwendung des Ritzschen Verfahrens) kommt es vor, daß die Zahlen λ_1 und λ_m unbekannt, dafür aber Zahlen $0 < \lambda_0 < \lambda_1$ und $\Lambda_0 > \lambda_m$ bekannt sind. In diesem Fall kann man das System (4) durch das folgende ersetzen:

$$x = \left(I - \frac{2}{\lambda_0 + \Lambda_0} A\right) x + \frac{2}{\lambda_0 + \Lambda_0} f. \tag{7}$$

Man überzeugt sich leicht davon, daß

$$\left\| I - \frac{2}{\lambda_0 + \Lambda_0} A \right\| \leqq q_0 := \frac{\Lambda_0 - \lambda_0}{\Lambda_0 + \lambda_0} < 1$$

und daß die sukzessiven Näherungen konvergieren. Abschätzungen des Algorithmus- und Rundungsfehlers lassen sich ebenfalls leicht herleiten.

Die Transformation (4) wurde von Natanson [2] für beliebige beschränkte und positiv definite Operatoren in einem beliebigen Hilbert-Raum vorgeschlagen.

4.2.3. „Der zyklische Einzelschrittprozeß" oder das „Seidelsche Verfahren" wird ausführlich im Buch von Faddejew und Faddejewa [1] untersucht, und wir beschränken uns hier auf die allgemeinsten Hinweise. Der zyklische Einzelschrittprozeß ist ein für das System der Gestalt $x = Bx + f$ formulierter Iterationsprozeß. Sei $B = [b_{ij}]_{i,j=1}^m$, dann besitzt die den Prozeß bestimmende Formel die Gestalt

$$x_i^{(n)} = \sum_{j=1}^{i-1} b_{ij} x_j^{(n)} + \sum_{j=i}^{m} b_{ij} x_j^{(n-1)} + f_i. \tag{8}$$

Wir setzen

$$M = \begin{pmatrix} 0 & & & \\ b_{21} & 0 & & \\ \cdot & \cdot & \cdot & \cdot \\ b_{m1} & b_{m2} & \dots\ b_{m,m-1} & 0 \end{pmatrix}, \qquad N = \begin{pmatrix} b_{11} & b_{12} & \dots & b_{1m} \\ & b_{22} & \dots & b_{2m} \\ & \cdot & \cdot & \cdot \\ & & & b_{mm} \end{pmatrix},$$

dann läßt sich (8) in der Form

$$x_n = Mx_n + Nx_{n-1} + f$$

oder in der äquivalenten Form

$$x_n = (I - M)^{-1} Nx_{n-1} + (I - M)^{-1} f$$

schreiben. Somit ist der zyklische Einzelschrittprozeß der übliche Prozeß der sukzessiven Approximation für die Gleichung

$$x = (I - M)^{-1} Nx + (I - M)^{-1} f, \tag{9}$$

die äquivalent der Gleichung $x = Bx + f$ ist. Für die Konvergenz dieses Prozesses ist die Bedingung, daß der Spektralradius des Operators $(I - M)^{-1} N$ kleiner als Eins ist, notwendig und hinreichend, letzteres ist äquivalent dazu, daß alle Wurzeln der Gleichung

$$\begin{vmatrix} b_{11} - t & b_{12} & b_{13} & \dots & b_{1m} \\ b_{21}t & b_{22} - t & b_{23} & \dots & b_{2m} \\ \cdot & \cdot & \cdot & \cdot & \cdot \\ b_{m1}t & b_{m2}t & b_{m3}t & \dots & b_{mm} - t \end{vmatrix} = 0$$

betragsmäßig kleiner als Eins sind.

Der Algorithmus- und der Rundungsfehler für den zyklischen Einzelschrittprozeß werden nach den Formeln (4.1.10-13) abgeschätzt, in denen die entsprechenden Konstanten für $f \sim (I - M)^{-1} f$ und $B - (I - M)^{-1} N$ zu berechnen sind.

Im Buch von Faddejew und Faddejewa wird eine hinreichende Bedingung für die Konvergenz des zyklischen Einzelschrittprozesses angegeben, die wesentlich leichter nachzuprüfen ist, als die oben formulierte Bedingung.

4.2.4. Im Artikel von Kozjakin und Krasnoselski [1] wird die Klasse der Gleichungen der Form (1.1.1) mit den folgenden Eigenschaften untersucht:

$$M_1 \|x\|^2 \leqq (Ax, x) \leqq M_2 \|x\|^2; \qquad 0 < M_1 \leqq M_2 < \infty; \tag{10}$$

$$\|A - A^*\| \leqq 2k, \qquad k \geqq 0, \tag{11}$$

wobei die Zahlen M_1, M_2, k fest sind. Die Ungleichung (10) bedeutet, daß der symmetrische Teil $(A + A^*)/2$ des Operators A positiv definit ist. Das System (1) mit der Matrix A, die die hier ausgezählten Bedingungen erfüllt, wird mit Hilfe der Methode der sukzessiven Approximation nach folgender Formel gelöst:

$$x_{n+1} = x_n - p(Ax_n - f), \tag{12}$$

wobei p eine Zahl ist. Es wird gezeigt, daß bei geeigneter Wahl dieser Zahl die Näherungen (12) wie eine geometrische Reihe mit einem Quotienten $q < 1$ konvergieren; die Formeln für p und q haben folgende Gestalt:

$$p = \begin{cases} \dfrac{M_1}{M_1^2 + k^2}, & 2k^2 \geqq (M_2 - M_1) M_1, \\[2ex] \dfrac{2}{M_1 + M_2}, & 2k^2 < (M_2 - M_1) M_1; \end{cases} \tag{13}$$

$$q = \begin{cases} \dfrac{k}{\sqrt{M_1^2 + k^2}}, & 2k^2 \geqq (M_2 - M_1) M_1, \\[2ex] \dfrac{\sqrt{4k^2 + (M_2 - M_1)^2}}{M_1 + M_2}, & 2k^2 < (M_2 - M_1) M_1. \end{cases} \tag{14}$$

Wir bemerken, daß für $k = 0$, d. h. für eine positiv definite Matrix A, die Formeln (13) und (14) bis auf die Bezeichnungen mit den entsprechenden Formeln aus 4.2.2 übereinstimmen, so daß das Resultat von KOZJAKIN und KRASNOSELSKI als Verallgemeinerung des Resultats von NATANSON für nicht positiv definite Matrizen angesehen werden kann. Es ist notwendig, darauf hinzuweisen, daß die hier angegebene Verallgemeinerung äußerst nichttrivial ist.

Die Abschätzungen für den Algorithmus- und den Rundungsfehler ergeben sich unmittelbar aus den Formeln (4.1.5) und (4.1.12-13), wenn in den letzteren B und f durch $I - pA$ und pf ersetzt werden.

4.2.5. Wir verweilen kurz beim Relaxationsverfahren. Sei A eine positiv definite Matrix und x ein beliebiger Vektor, den wir als Näherungslösung des Systems (1.1.1) ansehen; die exakte Lösung bezeichnen wir mit x_*. Den Fehler der Näherungslösung x kann man durch die sogenannte „Fehlerfunktion" $F(x) = \big(A(x - x_*), x - x_*\big)$ abschätzen. Wir stellen die Aufgabe, einen Vektor x' zu finden, der sich von x nur in der i-ten Komponenten unterscheidet und für den $F(x') < F(x)$ gilt. Sei $x' = x + \alpha e_i$, e_i ist der i-te Koordinatenvektor. Es läßt sich leicht beweisen, daß

$$F(x') = F(x) + \frac{1}{a_{ii}}(\alpha a_{ii} - r_i)^2 - \frac{r_i^2}{a_{ii}}; \tag{15}$$

hierbei ist a_{ii} das i-te Diagonalelement der Matrix A und r_i die i-te Komponente des Defekts des Vektors x: $r_i = (Ax - f, e_i)$. Wir wollen erreichen, daß die Summe des zweiten und des dritten Summanden auf der rechten Seite von (15) negativ ist; das ist der Fall für $|\alpha a_{ii} - r_i| \leqq |r_i|$ oder

$$\alpha = q\frac{r_i}{a_{ii}}, \qquad 0 < q < 2. \tag{16}$$

Dabei beträgt die Änderung der Fehlerfunktion

$$F(x') - F(x) = -\frac{q(2-q)}{a_{ii}} r_i^2. \tag{17}$$

Die Wahl von q kann in den angegebenen Grenzen beliebig erfolgen. Wenn $q = 1$ ist, dann spricht man von der *vollständigen Relaxation*, da in diesem Fall sich die Fehlerfunktion maximal verkleinert. Bei $q \neq 1$ spricht man von der *unvollständigen Relaxation*; für $q < 1$ heißt sie *Unterrelaxation*, für $q > 1$ *Überrelaxation*.

Wenn der Relaxationsprozeß zyklisch ist, d. h., jedem i, $1 \leqq i \leqq m$, entspricht genau ein Wert des Relaxationsfaktors q_i, dann erweist sich der Relaxationsprozeß als Spezialfall des Prozesses der sukzessiven Approximation. Und zwar gilt: Wenn D und Q Diagonalmatrizen sind, $D = \operatorname{diag}(a_{11}, a_{22}, \ldots, a_{mm})$ und $Q = \operatorname{diag}(q_1, q_2, \ldots, q_m)$, dann ist der Relaxationsprozeß der Prozeß der sukzessiven Approximation für das System

$$x = (I - QD^{-1}A)\,x + QD^{-1}f, \tag{18}$$

das dem System (1.1.1) äquivalent ist. Wenn der genannte Prozeß konvergiert (in FADDEJEW und FADDEJEWA [1] wird die Konvergenz für die Unterrelaxation bewiesen), dann lassen sich der Algorithmus- und Rundungsfehler mit Hilfe der Formeln (4.1.5) und (4.1.12-13) abschätzen, in denen B durch $I - QD^{-1}$ und f durch $QD^{-1}f$ zu ersetzen sind.

4.3. Die Methoden des steilsten Abstiegs und der minimalen Defekte

4.3.1. Die Fehler der Methode des steilsten Abstiegs wurden in den Abschnitten 3.8 und 4.4 des Hauptteils des Buches für den Fall untersucht, daß der in Gleichung (1.1.1) auftretende Operator A ein beschränkter, positiv definiter Operator in einem beliebigen Hilbert-Raum ist. Diese Methode ist folglich auch für lineare algebraische Systeme mit positiv definiten Matrizen anwendbar. Alle in den eben erwähnten Abschnitten gemachten Aussagen bleiben für solche Systeme gültig.

4.3.2. Die Methode der minimalen Defekte wurde 1952 von Krasnoselski und S. Krein für Systeme mit positiv definiten Matrizen vorgeschlagen. Kusnezow wies auf die Anwendbarkeit dieser Methode auf einige Klassen nichtsymmetrischer Matrizen hin. Samasrki gab einen Konvergenzbeweis für diese Methode. Kozjakin und Krasnoselski legten in ihrem Artikel [1] die Methode der minimalen Defekte in hinreichend allgemeiner Form dar und gaben einen neuen Konvergenzbeweis, der für entsprechende Klassen von Operatoren in einem beliebigen Hilbert-Raum gilt; im gleichen Artikel ist auch eine Bibliographie zu diesem Problem enthalten.

Die Matrix des Systems (1.1.1) möge den Bedingungen (4.2.10-11) genügen. Gemäß der Methode der minimalen Defekte wird zur Lösung des erwähnten Systems der Iterationsprozeß

$$x_{n+1} = x_n - p_n(Ax_n - f) \tag{1}$$

konstruiert, wobei der Zahlenparameter p_n so gewählt wird, daß die Norm des Defekts $r_{n+1} = Ax_{n+1} - f$ minimal wird. Aus (1) finden wir

$$r_{n+1} = Ax_{n+1} - f = Ax_n - f - p_nA(Ax_n - f) = r_n - p_nAr_n\,.$$

Hieraus folgt

$$||r_{n+1}||^2 = ||r_n||^2 - 2p_n(Ar_n, r_n) + p_n^2\,||Ar_n||^2\,,$$

und die Norm $||r_{n+1}||$ ist für

$$p_n = \frac{(Ar_n, r_n)}{||Ar_n||^2} \tag{2}$$

minimal. Es wird gezeigt, daß für die Dimension $m \geqq 2$

$$||r_{n+1}|| \leqq q\,||r_n|| \tag{3}$$

gilt, wobei

$$q = \frac{M_2^2 - M_1^2 + 4k(k^2 + M_1M_2)^{1/2}}{(M_1 + M_2)^2 + 4k^2}\,.$$

Es ist wesentlich, daß $q < 1$ ist. In der Tat, die Differenz zwischen dem Nenner und dem Zähler läßt sich folgendermaßen abschätzen:

$$\begin{aligned}(M_1 + M_2)^2 + 4k^2 - M_2^2 + M_1^2 - 4k\sqrt{k^2 + M_1M_2} &= \\ = 2M_1(M_1 + M_2) - 4k\,(\sqrt{k^2 + M_1M_2} - k) &= \\ = 2M_1(M_1 + M_2) - \frac{4kM_1M_2}{\sqrt{k^2 + M_1M_2} + k} &> \\ > 2M_1(M_1 + M_2) - 2M_1M_2 = 2M_1^2 > 0\,.\end{aligned}$$

Hieraus folgt, daß die Methode der minimalen Defekte für jede Matrix konvergiert, die den Bedingungen (4.2.10-11) genügt.

4.3.3. Wir zeigen, daß für $k = 0$, d. h. A ist positiv definit, die Methode der minimalen Defekte für die Gleichung (1.1.1) mit der Methode des steilsten Abstiegs für die äquivalente Gleichung $A^{3/2}x = A^{1/2}f$ übereinstimmt. Für $k = 0$ gilt

$$p_n = \frac{(Ar_n, r_n)}{(A^2r_n, r_n)} = \frac{||A^{1/2}r_n||^2}{(AA^{1/2}r_n, A^{1/2}r_n)}.$$

Wir bezeichnen $A^{1/2}x = \tilde{x}$, $A^{1/2}f = \tilde{f}$, $A^{1/2}r_n = \tilde{r}_n$. Die Gleichung $A^{3/2}x = A^{1/2}f$ geht in die Gleichung $A\tilde{x} = \tilde{f}$ über. Wir bemerken, daß $\tilde{r}_n$ der Defekt der Gleichung $A\tilde{x} = \tilde{f}$ ist, wenn x_n anstelle von x eingesetzt wird. In den neuen Bezeichnungen ist

$$p_n = \frac{||\tilde{r}_n||^2}{(A\tilde{r}_n, \tilde{r}_n)},$$

was bis auf die Bezeichnungen mit σ_n (Formel (3.8.2), im Hauptteil S. 68) übereinstimmt. Die Gleichung (1) geht in die Gleichung über, die den Prozeß der sukzessiven Approximation für die Methode des steilsten Abstiegs bestimmt.

Wir weisen noch darauf hin, daß im allgemeinen Fall $k \geqq 0$ die Zahl p_n für große n der Quotient zweier kleiner Zahlen ist, die folglich mit großer Genauigkeit berechnet werden müssen.

Es ist leicht zu sehen, daß $||I - p_nA|| \leqq \bar{q} < 1$ für beliebiges n gilt, so daß die Verzerrungs- und Rundungsfehler des Prozesses (1) beschränkt sind; das braucht nicht so zu sein, wenn die letzte Ungleichung verletzt ist.

5. Eigenwerte einer Matrix

5.1. Das Verfahren von Krylow

5.1.1. Die Eigenwerte einer quadratischen Matrix A sind die Wurzeln der Gleichung

$$\det(A - \lambda I) = 0; \tag{1}$$

das Polynom auf der linken Seite dieser Gleichung heißt charakteristisches Polynom der Matrix A. Das Verfahren von Krylow (genaueres siehe Faddejew und Faddejewa [1]) erlaubt es, relativ einfach das charakteristische Polynom zu berechnen; diese Methode besteht in folgendem:

Sei $A = [a_{ij}]_{i,j=1}^m$. Wir betrachten das homogene Gleichungssystem $(A - \lambda I)x = 0$, oder ausführlicher

$$\lambda x_i = \sum_{j=1}^{m} a_{ij}x_j; \qquad i = 1, 2, \dots, m; \tag{2}$$

dieses System besitzt genau dann eine nichttriviale Lösung, wenn λ ein Eigenwert der Matrix A ist.

Die erste der Gleichungen (2) multiplizieren wir nacheinander mit $\lambda, \lambda^2, \dots, \lambda^{m-1}$, und jedesmal ersetzen wir auf der rechten Seite die Produkte $\lambda x_1, \lambda x_2, \dots, \lambda x_m$ durch die entsprechenden rechten Seiten der Gleichungen (2). Im Ergebnis ergibt sich das neue System

$$\lambda^k x_1 = \sum_{j=1}^{m} b_{kj} x_j\,, \qquad k = 1, 2, \dots, m; \tag{3}$$

$$b_{1j} = a_{1j}; \qquad b_{kj} = \sum_{i=1}^{m}{}' b_{k-1,i} a_{ij}\,, \qquad k > 1\,.$$

Die Bedingung für die nichttriviale Lösbarkeit des neuen Systems ist

$$\begin{vmatrix} b_{11} - \lambda & b_{12} & \dots & b_{1m} \\ b_{21} - \lambda^2 & b_{22} & \dots & b_{2m} \\ \cdot & \cdot & \cdot & \cdot \\ b_{m1} - \lambda^m & b_{m2} & \dots & b_{mm} \end{vmatrix} = 0\,. \tag{4}$$

Die Determinante (4) kann man verhältnismäßig leicht nach den Elementen der ersten Spalte entwickeln, dazu reicht es aus, m Determinanten der Ordnung $m - 1$ auszurechnen.

Wenn das System (2) eine nichttriviale Lösung besitzt, dann ist das System (3) ebenfalls nichttrivial lösbar. Hieraus folgt, daß alle Wurzeln der Gleichung (1) ebenfalls der Gleichung (4) genügen, und dann ist die linke Seite dieser Gleichung durch das charakteristische Polynom teilbar. Im vorliegenden Fall sind Divisor und Dividend Polynome vom gleichen Grad, deshalb ist der Quotient eine Konstante. Der Vergleich der Koeffizienten bei λ^m ergibt für diese Konstante den Wert

$$N = \begin{vmatrix} b_{12} & b_{13} & & b_{1m} \\ b_{22} & b_{23} & & b_{2m} \\ \cdot & \cdot & \cdot & \cdot \\ b_{m-1,2} & b_{m-1,3} & \dots & b_{m-1,m} \end{vmatrix}.$$

Es kann der Fall $N = 0$ vorkommen, dann ist die Gleichung (4) eine nicht verwendbare Identität. Wir setzen $N \neq 0$ voraus. Dann läßt sich, wie gerade gesagt wurde, das Polynom (4) relativ leicht berechnen, und das Problem wird auf die Nullstellenbestimmung eines bekannten Polynoms zurückgeführt.

5.1.2. Wir analysieren die Fehler des Verfahrens von Krylow. Die Matrix A setzen wir exakt gegeben voraus. Zuerst schätzen wir die Fehler der Elemente b_{kj} ab. Es gilt

$$b_{2j} = \sum_{i=1}^{m} a_{1i} a_{ij}\,.$$

Hieraus folgt $|\delta b_{2j}| \leqq \varepsilon_1 |b_{2j}|$. Weiter ist

$$b_{3j} = \sum_{i=1}^{m}{}' b_{2i} a_{ij}$$

und folglich

$$\delta b_{3j} = \sum_{i=1}^{m}{}' (b_{2i} + \delta b_{2i})\, a_{ij} - \sum_{i=1}^{m} b_{2i} a_{ij} + \theta \varepsilon_1 |b_{3j}| =$$

$$= \sum_{i=1}^{m}{}' \delta b_{2i} a_{ij} + \theta \varepsilon_1 |b_{3j}| = \varepsilon_1 (\theta_1 \sum_{i=1}^{m} |b_{2i} a_{ij}| + \theta |b_{3j}|); \qquad |\theta|, |\theta_1| \leqq 1\,.$$

Nunmehr ist

$$|\delta b_{3j}| \leqq 2\varepsilon_1 \hat{b}_{3j}; \quad \hat{b}_{3j} = \sum_{i=1}^{m}{}' |b_{2i} a_{ij}| .$$

Nach Induktion finden wir

$$|\delta b_{kj}| \leqq \varepsilon_1 (k-1)\, \hat{b}_{kj}; \qquad \hat{b}_{kj} = \sum_{i=1}^{m} |b_{k-1,i} a_{ij}| . \tag{5}$$

Die Auflösung der Determinante (4) ergibt die Gleichung m-ten Grades

$$\sum_{k=0}^{m} b_k \lambda^k = 0 , \tag{6}$$

wobei, vom Vorzeichen abgesehen, $b_0 = \det B$, und B die Matrix der Elemente b_{kj} ist; für $k \neq 0$ sind b_k Minore der Elemente der ersten Spalte der Matrix B. In Wirklichkeit bleiben die Koeffizienten b_k unbekannt; anstelle der Gleichung (6) erhalten wir eine verzerrte Gleichung der Gestalt

$$\sum_{k=0}^{m} (b_k + \delta b_k)\, \lambda^k = 0 . \tag{7}$$

Bis auf kleine Größen höherer Ordnung werden die δb_k wie Produkte von ε_1 mit einer Summe gewisser Minore der Matrix B abgeschätzt. Somit wird jedes Element des Polynoms (6) um eine Größe der Ordnung $\varepsilon_1 a$, $a = \text{const}$, und das ganze Polynom (6) um eine Größe der Ordnung

$$\varepsilon_1 a \sum_{k=0}^{m} |\lambda|^k = \varepsilon_1 a \frac{|\lambda|^{m+1} - 1}{|\lambda| - 1}$$

verzerrt.

Die Zahl r_0 sei derart, daß alle Nullstellen des Polynoms (6) im Kreis $|\lambda| < r_0$ enthalten sind; dann ist die Verzerrung des genannten Polynoms nicht größer als die Zahl

$$\varepsilon_1 a \frac{r_0^{m+1} - 1}{r_0 - 1} . \tag{8}$$

Wir erinnern daran, daß als r_0 jede Zahl, die die Ungleichung

$$r_0 > 1 + \frac{1}{|b_m|} \max_{0 \leqq k \leqq m-1} |b_k| \tag{9}$$

erfüllt, gewählt werden kann.

5.2. Fehler bei der Nullstellenberechnung eines Polynoms

5.2.1. Wir klären, wie die Wurzeln des Polynoms (6) verzerrt werden, wenn jeder seiner Koeffizienten eine Verzerrung erfährt, die die Zahl $\varepsilon_1 a$, $a = \text{const}$, nicht übersteigt. Dieses Polynom bezeichnen wir mit $f(\lambda)$, seine Verzerrung mit $\varphi(\lambda)$. Sei α eine Wurzel des Polynoms $f(\lambda)$ der Vielfachheit $p \geqq 1$. Wenn ε_1 hinreichend klein ist, dann existiert eine solche Zahl $\varepsilon > 0$, daß

$$\min_{|\lambda - \alpha| = \varepsilon} |f(\lambda)| > \varepsilon_1 a \frac{r_0^{m+1} - 1}{r_0 - 1} . \tag{1}$$

5.2.2. Die Wahl von ε kann folgendermaßen erfolgen, Wir entwickeln $f(\lambda)$ in Potenzen von $(\lambda - \alpha)$:

$$f(\lambda) = (\lambda - \alpha)^p \sum_{k=0}^{m-p} c_k(\lambda - \alpha)^k\,, \qquad c_0 \neq 0\,.$$

Für $|\lambda - \alpha| = \varepsilon$ gilt

$$|f(\lambda)| \geqq \varepsilon^p[|c_0| - \sum_{k=1}^{m-p} |c_k|\, \varepsilon^k]\,.$$

Sei ε so klein, daß

$$\sum_{k=1}^{m-p} |c_k|\, \varepsilon^k \leqq \frac{|c_0|}{2}\,. \tag{2}$$

Dann gilt

$$|f(\lambda)| \geqq \frac{|c_0|}{2} \varepsilon^p\,. \tag{3}$$

Auf Grund von Formel (5.1.8) genügt es nunmehr

$$\varepsilon > \left(\frac{2\varepsilon_1 a}{|c_0|} \frac{r_0^{m+1} - 1}{r_0 - 1}\right)^{1/p} \tag{4}$$

zu fordern, wenn ε_1 so klein ist, daß sich die Beziehungen (2) und (4) nicht widersprechen.

Nach dem Satz von Rouche (siehe z. B. SMIRNOW [2]) besitzt das verzerrte Polynom $f(\lambda) + \varphi(\lambda)$ im Kreis $|\lambda - \alpha| < \varepsilon$ genau p Wurzeln $\alpha_1, \alpha_2, \ldots, \alpha_p$; das bedeutet, daß die Verzerrung der Wurzel α nicht die Zahl ε übersteigt.

5.2.3. Es sei $f(\lambda) + \varphi(\lambda) = g(\lambda)$. Wir nehmen an, daß alle Wurzeln des Polynoms $g(\lambda)$ reell sind; beim Eigenwertproblem ist das für symmetrische Matrizen immer der Fall. Mehrfache Nullstellen lassen sich ausschließen, indem $g(\lambda)$ durch den größten gemeinsamen Teiler der Polynome $g(\lambda)$ und $g'(\lambda)$ geteilt wird. Auf Grund des Satzes von Sturm können diese Wurzeln separiert werden, d. h., für jede Wurzel α kann man ein Intervall (β_1, γ_1) angeben, das die Wurzel α und keine andere Wurzel des Polynoms $g(\lambda)$ enthält. Die Zahlen β_1 und γ_1 kann man als grobe Näherungen entsprechend von unten und von oben für die Wurzel α ansehen. Diese Werte können mit vielen Methoden präzisiert werden, z. B. mit der Newtonschen Tangentenmethode, der Sehnenmethode oder der Methode der Intervallhalbierung.

Die der Idee nach einfachste ist die Intervallhalbierung; man muß darauf hinweisen, daß sie auch automatisch eine Fehlerabschätzung liefert: Nach N Halbierungen des Intervalls erhalten wir ein Intervall (β_N, γ_N) der Länge $(\gamma_1 - \beta_1)/2^N$. β_N und γ_N kann man als Näherungswerte von α entsprechend von unten und von oben wählen. Die Fehler der Newtonschen Methode wurden im Abschnitt 7.5 behandelt.

5.3. Die unmittelbare Berechnung der Koeffizienten des charakteristischen Polynoms

5.3.1. Sei A eine $m \times m$-Matrix. Wir führen Konstruktionen aus, die durch die folgenden Formeln beschrieben werden:

$$\begin{aligned} &A_1 = A\,, && p_1 = \operatorname{Sp} A_1\,, && B_1 = A_1 - p_1 I;\\ &A_2 = AB_1\,, && p_2 = \tfrac{1}{2}\operatorname{Sp} A_2\,, && B_2 = A_2 - p_2 I;\\ &\cdots && && \\ &A_{m-1} = AB_{m-2}\,, && p_{m-1} = \frac{1}{m-1}\operatorname{Sp} A_{m-1}\,, && B_{m-1} = A_{m-1} - p_{m-1} I;\\ &A_m = AB_{m-1}\,, && p_m = \frac{1}{m}\operatorname{Sp} A_m\,, && B_m = A_m - p_m I\,. \end{aligned} \tag{1}$$

Es läßt sich beweisen:

a) *$p_1, p_2, \dots, p_m$ sind Koeffizienten des charakteristischen Polynoms $f(\lambda)$ der Matrix A, das in der Form*

$$f(\lambda) = (-1)^m (\lambda^m - p_1\lambda^{m-1} - p_2\lambda^{m-2} - \dots - p_m) \tag{2}$$

geschrieben wird;

b) *die Matrix B_m ist eine Nullmatrix;*

c) *wenn die Matrix A nichtsingulär ist, dann gilt*

$$A^{-1} = \frac{1}{p_m} B_{m-1}\,. \tag{3}$$

Im Buch von Faddejew und Faddejewa [1] heißt die oben dargelegte Methode *Modifikation von D. K. Faddejew des Verfahrens von Leverrier.* Dort werden ebenfalls die Beweise der Behauptungen a)—c) und eine Bibliographie dieses Problems gegeben.

5.3.2. Wir schätzen den Fehler des in 5.3.1 dargelegten Verfahrens ab. Aus den im Kapitel 1 dargelegten Fehlerabschätzungen und der Tatsache, daß die Elemente a_{ij} der Matrix A als exakt gegeben vorausgesetzt werden, folgen die Beziehungen

$$\delta a_{ij}^{(1)} = 0\,, \qquad |\delta p_1| \leqq \varepsilon\,|p_1|\,. \tag{4}$$

Wir bezeichnen mit $a_{ij}^{(k)}$ und $b_{ij}^{(k)}$ entsprechend die Elemente der Matrizen A_k und B_k, so daß $b_{ij}^{(k)} = a_{ij}^{(k)} - p_k\delta_{ij}$ ist, und schätzen die Fehler der Elemente $a_{ij}^{(k)}$, $k \geqq 2$, ab. Wegen $A_k = AB_{k-1}$ folgt

$$a_{ij}^{(k)} = \sum_{s=1}^{m} a_{is}(a_{sj}^{(k-1)} - p_{k-1}\delta_{sj})$$

und

$$\delta a_{ij}^{(k)} = \sum_{s=1}^{m} a_{is}(\delta a_{sj}^{(k-1)} - \delta_{sj}\delta p_{k-1}) + \theta\varepsilon_1 a_{ij}^{(k)}; \qquad |\theta| \leqq 1\,.$$

Hieraus ergibt sich

$$|\delta a_{ij}^{(k)}| \leqq \sum_{s=1}^{m} |a_{is}(\delta a_{sj}^{(k-1)} + |\delta p_{k-1}|\,\delta_{sj})| + \varepsilon_1\,|a_{ij}^{(k)}|\,. \tag{5}$$

Die rekursive Ungleichung (5), die Anfangsungleichungen (4) und die Beziehungen

$$k p_k = \sum_{i=1}^{m} a_{ij}^{(k)}$$

erlauben es, Fehlerabschätzungen für die Elemente der Matrizen A_k, B_k und die Koeffizienten des charakteristischen Polynoms (2) anzugeben; eine Fehlerabschätzung für die inverse Matrix A^{-1} unter Benutzung der Beziehung (3) kann ebenfalls angegeben werden.

Literaturverzeichnis

AGMON, S., A. DOUGLIS und L. NIRENBERG
[1] Estimates near the boundary for solutions of elliptic partial differential equations satisfying general boundary conditions I. Comm. on pure and appl. Math. **XII** (1959), 623–727.
[2] Estimates near the boundary for solutions of elliptic partial differential equations satisfying general boundary conditions II. Comm. on pure and appl. Math. **XVII** (1964), 35–92.

ANDERSSEN, R. S., F. R. DE HOOG und M. A. LUCAS (eds.)
[1] The application and numerical solution of integral equations. Alphen aan den Rijn 1980.

ANSELONE, P. M.
[1] Collectively compact operator approximation theory and applications to integral equations. Englewood Cliffs 1971.

ATAKISCHIEWA, R. CH. (Атакишиева, Р. Х.)
[1] Устойчивость метода Бубнова—Галеркина для уравнения с вполне непрерывным оператором в банаховом пространстве. ДАН Азерб. ССР **22** (1966) 1, 7—11.

AUBIN, J. P.
[1] Approximation of elliptic boundary-value problems. New York 1972 (russ. Übers.: Приближенное решение эллиптических краевых задач. Москва 1977).

BABUŠKA, I., M. PRÁGER und E. VITÁSEK
[1] Numerical processes in differential equations. Prague 1966 (russ. Übers.: Численные процессы решения дифференциальных уравнений. Москва 1969).

BALAKRISHNAN, A. V.
[1] Applied functional analysis. New York-Heidelberg-Berlin 1976 (russ. Übers.: Прикладной функциональный анализ. Москва 1980).

BARI, N. K. (Бари, Н. К.)
[1] Обобщение неравенств С. Н. Бернштейна и А. А. Маркова. Изв. АН СССР, серия мат., **18** (1954) 2, 159—176.

BERESIN, I. S., und N. P. SHIDKOW
[1] Numerische Methoden, Bd. I. Berlin 1970.

BERGER, G., und M. MARX
[1] Interpolation über ein Dreiecksnetz. Wiss. Z. Univ. Halle **25** (1976) 1, 43–48.

BERTRAM, G.
[1] Verschärfung einer Fehlerabschätzung zum Ritz-Galerkinschen Verfahren von Kryloff für Randwertaufgaben. Numer. Math. **1** (1959) 3, 135–141.

BIRMAN, M. SCH. (Бирман, М. Ш.)
[1] О методе Фридрихса расширения положительно определенного оператора до самосопряженного. Зап. Ленингр. Горн. ин-та **33** (1956) 3, 132—136.

BÖRSCH-SUPAN, W.
[1] Bemerkungen zur Fehlerabschätzung beim Ritz-Galerkinschen Verfahren nach Krylow. Numer. Math. **2** (1960) 2, 79–83.

BRAMBLE, J. H., und M. ZLAMAL
[1] Triangle elements in the finite element method. Math. of Comp. **24** (1970) 112, 809–820.

BREZIS, H.
[1] Problèmes unilateraux. J. de Math. pure et appl. **51** (1972), 1–168.

BREZIS, H., und G. STAMPACCHIA
[1] Sur la régularité de la solution d'inéquation elliptiques. Bull. Soc. Math. de France **96** (1968), 153–180.

BREZZI, F., W. W. HAGER und P. A. RAVIART
[1] Error estimates for the finite element solution of variational inequalities. Part I, Primal theory. Numer. Math. **28** (1977), 431–443.

CALDERON, A. P.
[1] Lebesgue spaces of differentiable functions and distributions. Partial differential equations. AMS Proc. of symposia in pure math. **IV** (1961), 33–49.

CHARRIK, I. JU. (Харрик, И. Ю.)
[1] О приближении функций, обращающихся в нуль, функциями особого вида. Мат. сборн. **37** (1955), 353—384.
[2] О приближении функций, обращающихся в нуль вместе градиентом на границе области, функциями особого вида. Мат. сборн. **47** (**89**) (1959) 2, 177—208.
[3] О приближении функций, обращающихся в нуль на границе области вместе с частными производными, функциями особого вида. Сиб. мат. ж. **4** (1963) 2, 408—425.

CIARLET, PH.
[1] The finite element method for elliptic problems. Amsterdam-New York-Oxford 1978 (russ. Übers.: Метод конечных элементов для эллиптических задач. Москва 1980).

COURANT, R.
[1] Variational methods for the solution of equilibrium and vibrations. Bull. Amer. Math. Soc. **49** (1943) 1, 1–23.

DELVES, L. M., und J. WALSH (eds.)
[1] Numerical solution of integral equations. Oxford 1974.

DEMJANOWITSCH, JU. K. (Демьянович, Ю. К.)
[1] Устойчивость метода сеток для эллиптических задач. ДАН СССР **164** (1965) 1, 20—23.
[2] Об устойчивости проекционных методов. Зап. научн. семин. ЛОМИ АН СССР **23** (1971), 5—15.
[3] Об устойчивости и длительности вычислений в вариационно-разностном методе. Зап. научн. семин. ЛОМИ АН СССР **80** (1978), 5—29.
[4] Об оценках скорости сходимости проекционных методов решения некоторых вариационных неравенств. Деп. в ВИНИТИ, 1980, No. 1247—80 ДЕП.

DEMJANOWITSCH, JU. K., und S. G. MICHLIN (Демьянович, Ю. К., Михлин, С. Г.)
[1] О сеточной аппроксимации функций соболевских пространств. Зап. научн. семин. ЛОМИ АН СССР **35** (1973), 6—11.

DOWBYSCH, L. N. (Довбыш, Л. Н.)
[1] Устойчивость метода Ритца для задач спектральной теории операторов. Труды мат. ин-та им. Стеклова АН СССР **84** (1965), 78—92.

DSHISCHKARIANI, A. W. (Джишкариани, А. В.)
[1] Некоторые оценки погрешности метода Ритца-Галеркина для обыкновенных дифференциальных уравнений. Труды Тбил. мат. ин-та **25** (1959), 285—306.
[2] Оценки погрешности метода Ритца для неоднородного дифференциального уравнения. Сообщ. АН Груз. ССР **25** (1960) 3, 257—262.
[3] О быстроте сходимости приближенного метода Ритца. ЖВМиМФ **3** (1963) 4, 654—663.
[4] О быстроте сходимости метода Бубнова-Галеркина. ЖВМиМФ **4** (1964), 343 до 348.

[5] О быстроте сходимости обобщенных методов Ритца и Бубнова-Галеркина. Сообщ. АН Груз. ССР **46** (1967) 3, 553—560.
[6] О методах Ритца и Бубнова-Галеркина. Сообщ. АН Груз. ССР **45** (1967) 1, 11—16.
[7] О методе Бубнова-Галеркина. ЖВМиМФ **7** (1967) 6, 1398—1402.
[8] О методе Ритца для одного нелинейного уравнения. Сообщ. АН Груз. ССР **51** (1968) 1, 19—24.
[9] О методах наименьших квадратов и Бубнова-Галеркина. ЖВМиМФ **8** (1968) 5, 1110—1116.
[10] О приближенном методе Ритца для одного нелинейного уравнения. Труды Тбил. мат. ин-та **36** (1969), 29—46.
[11] Устойчивость метода Ритца для одного нелинейного уравнения. ЖВМиМФ **10** (1970) 4, 841—847.
[12] К решению сингулярных интегральных уравнений приближенными проекционными методами. ЖВМиМФ **19** (1979) 5, 1149—1161.
[13] О сходимости невязки в методе конечных элементов. ДАН СССР **254** (1980) 5, 1052—1055.
[14] К решению сингулярных интегральных уравнений коллокационными методами. ЖВМиМФ **21** (1981) 2, 355—362.

Duvaut, G., und J. L. Lions
[1] Sur les inéquations en mécanique et en physique. Paris 1972 (russ. Übers.: Неравенства в механике и физике. Москва 1980).

El Kolli, A.
[1] Régularité de la solution et majoration de l'erreur d'approximation pour un problème de Dirichlet non linéaire. Compt. Rend. Acad. Sci. Franc. Ser. A, **277** (1973), 735—737.

Elliott, C. M.
[1] On the finite element approximation of an elliptic variational inequality arising from an implicite time discretisation of the Stefan problem. IMA J. Numer. Anal. **1** (1981) 1, 115—126.

Faddejew, D. K., und W. N. Faddejewa
[1] Numerische Methoden der linearen Algebra. Berlin 1964.

Falk, R. S.
[1] Error estimates for the approximation of a class of variational inequalities. Math. of Comp. **28** (1974), 963—971.
[2] Approximation of an elliptic boundary value problem with unilateral constraines. RAIRO, Anal. Numer. **9** (1975), 5—12.

Forsythe, G. E., und C. B. Moler
[1] Computer solution of linear algebraic systems. Englewood Cliffs 1967 (russ. Übers.: Численное решение систем линейных алгебраических уравнений. Москва 1969).

Forsythe, G. E., und W. R. Wasow
[1] Finite-difference methods for partial differential equations. New York-London 1960 (russ. Übers.: Разностные методы решения дифференциальных уравнений в частных производных. Москва 1963).

Gabdulchajew, B. G. (Габдулхаев, Б. Г.)
[1] Об одном прямом методе решения интегральных уравнений. Изв. ВУЗ, Мат., **1965**, 3, 51—60.
[2] Приближенное решение сингулярных интегральных уравнений методом механических квадратур. ДАН СССР **179** (1968) 2, 260—263.
[3] Оптимальные аппроксимации решений линейиых задач. Казань 1980.

Gabdulchajew, B. G., und P. N. Duschkow (Габлулхаев, Б. Г., Душков, П. Н.)
[1] Метод механических квадратур для сингулярных интегральных уравнений. Изв. ВУЗ, Мат., **1974**, 12, 3—14.

Gajewski, H.
[1] Zur Lösung einer Klasse konvexer Minimalprobleme der Plastizitätstheorie. ZAMM **49** (1969) 1/2, 83—89.

[2] Zur numerischen Stabilität des Ritzschen Verfahrens bei nichtlinearen Gleichungen. Math. Nachr. **43** (1970) 1—6, 291—311.
[3] Stabilitätsaussagen für einige Aufgaben mit freier Grenze. ZAMM **57** (1977), 439—447.
[4] Ein Verfahren zur Ermittelung elastisch-plastischer Spannungsfelder. *In*: Schröder, K. (Hrsg.), Beiträge zur Spannungs- und Dehnungsanalyse, V. Berlin 1968, 15—32.

Galin, L. A. (Галин, Л. А.)
[1] Упруго-пластическое кручение стержней полигонального сечения. Прикл. мат. и мех. **8** (1944) 4, 307—322.
[2] Упруго-пластическое кручение призматических стержней. Прикл. мат. и мех. **13** (1949) 3, 287—296.

Gantmacher, F. R.
[1] Matrizenrechnung. Berlin 1958.

Gawurin, M. K. (Гавурин, М. К.)
[1] Лекции по методам вычислений. Москва 1971.

Gelfand, I. M., und Lokuziewski, O. W. (Гельфанд, И. М., Локуциевский, О. В.)
[1] Метод прогонки для решения разностных уравнений. *В книге*: Гоудунов, С. К., Рябенький, В. С., Введение в теорию разностных схем, Добавление II. Москва 1962, 283—309.

Gelman, I. W. (Гельман, И. В.)
[1] К задаче о минимуме нелинейного функционала. Уч. зап. Ленингр. Пед. ин-та им. Герцена **166** (1958), 255—263.

Glowinski, R., und H. Lanchon
[1] Torsion élasto-plastique d'une barre cylindrique de section multiconnexe. J. de mécanique **12** (1973), 151—171.

Glowinski, R., J. L. Lions und R. Tremolieres
[1] Methodes de résolution numérique des inéquations variationnelles. Paris 1974 (russ. Übers.: Численное исследование вариационных неравенств. Москва 1979).

Glowinski, R., und A. Marocco
[1] Sur l'approximation par éléments finis d'ordre un, et la rélation par pénalisation-dualité d'une classe de problémes de Dirichlet non linéaires. RAIRO, Anal. Numer. **R-2** (1975), 41—76.

Gochberg, I. Z., und I. A. Feldman
[1] Faltungsgleichungen und Projektionsverfahren zu ihrer Lösung. Berlin 1974.

Godunow, S. K. (Годунов, С. К.)
[1] Решение систем линейных уравнений. Новосибирск 1980.

Godunow, S. K., und W. S. Rjabenki (Годуньов, С. К., Рябенький, В. С.)
[1] Введение в теорию разностных схем. Москва 1962 (engl. Übers.: The theory of difference schemes. An introduction. Amsterdam 1964).

Golowkin, K. K. (Головкин, К. К.)
[1] О приближении функций в произвольных нормах. Труды мат. ин-та им. Стеклова АН СССР **70** (1964), 26—37.

Golub, G. M.
[1] Bounds for round-off errors in the Richardson second order method. BIT **2** (1962) 4, 212—223.

Goursat, E.
[1] Cours d'analyse mathématique, T. III. 5. ed., Paris 1942.

Gusman, Ju. A., und L. A. Oganesjan (Гусман, Ю. А., Оганесян, Л. А.)
[1] Оценка сходимости конечноразностных схем для вырожденных эллиптических уравнений. ЖВМиМФ **5** (1965) 2, 351—357.

Haar, A., und T. von Kármán
[1] Zur Theorie der Spannungszustände in plastischen und sandartigen Zuständen. Nachr. d. Königl. Gesellsch. d. Wiss. zu Göttingen, 1909, H. 2, 204—218.

Henky, H.
[1] Über einige statisch bestimmte Fälle des Gleichgewichts in plastischen Körpern. ZAMM **3** (1921) 4, 241—251.

Hille, E., G. Szegö und J. D. Tamarkin
[1] On some generalisations of a theorem of A. Markoff. Duke Math. J. **3** (1937), 729—739.

Iljin, W. P. (Ильин, В. П.)
[1] О сходимости вариационных процессов. ДАН СССР **81** (1951) 2, 137—140.
[2] Оценка погрешности в методе Ритца для обыкновенных дифференциальных уравнений. Труды мат. ин-та им. Стеклова АН СССР **53** (1959), 43—63.
[3] Некоторые неравенства в функциональных пространствах и их применение к исследованию сходимсоти вариационных процессов. Труды мат. ин-та им. Стеклова АН СССР **53** (1959), 64—127.
[4] Свойства некоторых классов дифференцируемых функций многих переменных, заданных в n-мерной области. Труды мат. ин-та им. Стеклова АН СССР **66** (1962), 227—363.
[5] Некоторые замечания о сходимости последовательности функций полиномиального типа в пространствах $W_p^{(l)}(G)$. Зап. научн. семин. ЛОМИ АН СССР **11** (1968), 73—96.

Jaskowa, G. N., und M. H. Jakowlew (Яскова, Г. Н., Яковлев, М. Н.)
[1] Некоторые условия устойчивости метода Петрова-Галеркина. Труды мат. ин-та им. Стеклова АН СССР **66** (1962), 182—189.

Junghanns, P., und B. Silbermann
[1] Zur Theorie der Näherungsverfahren für singuläre Integralgleichungen auf Intervallen. Math. Nachr. **103** (1981), 199—244.

Kantorowitsch, L. W. (Канторович, Л. В.)
[1] Об одном методе приближенного решения дифференциальных уравнений в частных производных. ДАН СССР **2** (1934), 532—536.
[2] Об одном эффективном методе решения экстремальных задач для квадратичных функционалов. ДАН СССР **48** (1945) 7, 455—460.
[3] Функциональный анализ и прикладная математика. УМН **3** (1948), 6 (28), 89—185.

Kantorowitsch, L. W., und G. P. Akilow
[1] Funktionalanalysis in normierten Räumen. Berlin 1964.

Kantorowitsch, L. W., und W. I. Krylow
[1] Näherungsmethoden der höheren Mathematik. Berlin 1956.

Karpilowskaja, E. B. (Карпиловская, Э. Б.)
[1] О сходимости интерполяционного метода для обыкновенных дифференциальных уравнений. УМН **8** (1953) 3 (55), 111—118.
[2] О сходимости метода коллокации. ДАН СССР **151** (1963) 4, 766—769.
[3] О сходимости метода коллокации для некоторых граничных задач математической физики. Сиб. мат. ж. **4** (1963) 3, 632—640.

Kolmogorow, A. N., und S. W. Fomin
[1] Reelle Funktionen und Funktionalanalysis. Berlin 1975.

Kornejew, W. G. (Корнеев, В. Г.)
[1] Некоторые вопросы построения и исследования схем метода конечных элементов. Числ. мет. мех. сплошн. среды **5** (1974) 5, 59—87.

Kornejew, W. G., und S. Je. Ponomarjow (Корнеев, В. Г., Пономарев, С. Е.)
[1] Применение криволинейных конечных элементов в схемах решения линейных эллиптических уравнений порядка $2n$. Числ. мет. мех. сплошн. среды **5** (1974) 5, 78—97.

Kozjakin, V. S., und M. A. Krasnosel'skii
[1] Some remarks on the method of minimal residues. Numer. Funct. Anal. and Optim. **4** (1981—1982) 3, 211—239.

Krasnoselski, M. A. (Красносельский, М. А.)
[1] Сходимость метода Галеркина для нелинейных уравнений. ДАН СССР **73** (1950) 6, 1121—1124.

Krasnoselski, M. A., u. a.
[1] Näherungsverfahren zur Lösung von Operatorgleichungen. Berlin 1973.

Krylow, N. M. (Крылов, Н. М.)
[1] Избранные труды. т. 3. Киев 1961.

Kupradse, W. D., u. a. (Купрадзе, В. Д., и др.)
[1] Трехмерные задачи математической теории упругости и термоупругости. Москва 1976.

Ladyshenskaja, O. A., und N. N. Uralzewa (Ладыженская, О. А., Уральцева, Н. Н.)
[1] Линейные и квазилинейные уравнения эллиптического типа. Москва 1973.

Lanchon, H.
[1] Solution du problème de torsion d'une barre cylindrique de section quelconque. Comptes Rend. de Acad. Sci. Franc., Ser. A, **269** (1969), 791—794.

Langenbach, A.
[1] Die Linearisierung nichtlinearer Gleichungen. Math. Nachr. **24** (1962), 33—51.
[2] Monotone Potentialoperatoren. Berlin 1976.

Lehmann, N. J.
[1] Eine Fehlerabschätzung zum Ritzschen Verfahren für inhomogene Randwertaufgaben. Numer. Math. **2** (1960) 2, 60—66.

Lévy, M.
[1] Mémoire sur les équations générales des mouvements intérieurs des corps solides ductiles au delà des limites où l'élasticité pourrait les ramener à leur premier état. Comptes Rend. de Acad. Sci. Franc. **70** (1870), 1323—1325.

Lions, J. L.
[1] Controle optimal de systemes gouvernés par des équations aux dérivées partielles. Paris 1968 (russ. Übers.: Оптимальное управление системами, описываемыми уравнениями в частных производных. Москва 1972).
[2] Quelques méthodes de résolution des problèmes aux limites non lineares. Paris 1969 (russ. Übers.: Некоторые методы решения нелинейных краевых задач. Москва 1972).

Mamatow, A. S. (Маматов, А. З.)
[1] Применение метода Галеркина к некоторому квазилинейному уравнению параболического типа. Вестн. ЛГУ **1981**, 13, 37—45.
[2] О погрешности и устойчивости метода Бубнова-Галеркина для квазилинейных параболических задач с производной по времени в граничном условии. Деп. в ВИНИТИ, 1981, No. 146—81 ДЕП.

Martschuk, G. I. (Марчук, Г. И.)
[1] Методы вычислительной математики. Новосибирск 1973.

Michlin, S. G. (Михлин, С. Г.)
[1] Интегральные уравнения и их проложения. Москва—Ленинград 1949.
[2] Проблема минимума квадратичного функционала. Москва 1952.
[3] Variationsmethoden der mathematischen Physik. Berlin 1962.
[4] Об устойчивости метода Ритца. ДАН СССР **135** (1960) 1, 16—19.
[5] Некоторые условия устойчивости метода Ритца. Вестн. ЛГУ **1961**, 13, 40—51.
[6] Многомерные сингулярные интегралы и интегральные уравнения. Москва 1962 (engl. Übers.: Multidimensional singular integrals and integral equations. London 1965).
[7] Об устойчивости некоторых вычислительных процессов. ДАН СССР **157** (1964) 2, 271—273.
[8] Numerische Realisierung von Variationsmethoden. Berlin 1969.
[9] О функциях Коссера. *В сборн.*: Проблемы математического анализа. Ленинград 1966, 59—69.
[10] Lehrgang der mathematischen Physik. Berlin 1975.

[11] Неравенства типа А. А. Маркова и полиномиальные приближения по Ритцу. *В книге*: Дифференциальные уравнения с частными производными. Москва 1970, 158—169.
[12] О вариационно-разностном методе для многомерных краевых задач. Зап. научн. семин. ЛОМИ АН СССР **23** (1971), 99—114.
[13] О вариационно-разностном методе для одномерных краевых задач. ДАН СССР **198** (1971) 1, 39—41.
[14] О сеточной аппроксимации вырождающихся одномерных дифференциальных уравнений второго порядка. Вестн. ЛГУ **1973**, 1, 52—67.
[15] Спектр пучка операторов теории упругости. УМН **28** (1973) 3 (171), 43—82.
[16] О числе обусловленности вариационно-сеточной матрицы. Вестн. ЛГУ **1973**, 13, 162—164.
[17] Вариационно-сеточная аппроксимация. Зап. научн. семин. ЛОМИ АН СССР **48** (1974), 32—188.
[18] Об одном методе приближенного решения интегральных уравнений. Вестн. ЛГУ **1974**, 13, 26—33.
[19] О новом методе приближенного решения интегральных уравнений. Вестн. ЛГУ **1976**, 1, 35—44.
[20] Замечания о резольвентном методе. Зап. научн. семин. ЛОМИ АН СССР **58** (1976), 5—13.
[21] О приближенном решении интегральных уравнений со слабой особенностью. Вестн. ЛГУ **1976**, 13, 31—36.
[22] Approximation auf dem kubischen Gitter. Berlin 1976.
[23] Об одном варианте резольвентного метода. Вестн. ЛГУ **1978**, 1, 54—59.
[24] О постоянных множителях в оценках погрешности вариационно-сеточной аппроксимации. Зап. научн. семин. ЛОМИ АН СССР **80** (1978), 125—166.
[25] О методе наименьших квадратов для многомерных сингулярных интегральных уравнений. *В сборн.*: Комплексный анализ и его приложения. К 70-летию акад. И. Н. Векуа. Москва 1978, 401—408.
[26] О приближенном решении односторонних вариационных задач. УМН **34** (1979) 4 (208), 166.
[27] О приближенном решении односторонних вариационных задач. Изв. ВУЗ, Мат., **1980**, 2, 45—58.
[28] О погрешности приближенного решения односторонних вариационных задач. Вестн. ЛГУ **1980**, 13, 46—50.
[29] Об устойчивости решений односторонних вариационных задач; приложения к теории пластичности. Зап. научн. семин. ЛОМИ АН СССР, **102** (1980), 68—101.
[30] Погрешность искажения в простейшей односторонней вариационной задаче. Вестн. ЛГУ **1981**, 13, 45—50.
[31] Konstanten in einigen Ungleichungen der Analysis. Leipzig 1982.
[32] О погрешности метода Бубнова-Галеркина для эллиптических краевых задач. Зап. научн. семин. ЛОМИ АН СССР, **111** (1981), 137—144.
[33] О погрешностях вычислительных процессов. I. Изв. ВУЗ, Мат., **1981**, 7, 62—71.
[34] О погрешностях вычислительных процессов. II. Изв. ВУЗ, Мат., **1981**, 8, 32—38.
[35] Некоторые новые теоремы об устойчивости вычислительных процессов. Вестн. ЛГУ **1982**, 19, 16—21.
[36] Замечания о координатных функциях. Изв. ВУЗ, Мат., **1958**, 5, 91—94.

Michlin, S. G., und S. Prössdorf
[1] Singuläre Integraloperatoren. Berlin 1980.

Michlin, S. G., und R. K. Radewa (Михлин, С. Г., Радева, Р. К.)
[1] О приближенном решении сингулярных интегральных уравнений. Изв. ВУЗ, Мат., **1974**, 5, 158—162.

Michlin, S. G., und Ch. L. Smolizki
[1] Näherungsmethoden zur Lösung von Differential- und Integralgleichungen. Leipzig 1969.

von Mises, R.
[1] Mechanik der festen Körper im plastisch-deformabilen Zustand. Nachr. v. d. Königl. Gesellsch. d. Wiss. zu Göttingen, 1913, H. 4.

[2] Bemerkungen zur Formulierung des mathematischen Problems der Plastizitätstheorie. ZAMM **4** (1925) 2, 147–149.

MITTELMAN, H. D.

[1] On the approximate solution of nonlinear variational inequalities. Numer. Math. **29** (1978), 451–452.

MORRY, Jr., B.

[1] Multiple integrals in the calculus of variation. New York 1966.

MOSCO, U.

[1] Implicit variational problems and quasi variational inequalities. *In*: Lecture Notes in Mathematics, vol. 543, Berlin-Heidelberg-New York 1976, 83–136.

MUSCHELISCHWILI, N. I.

[1] Einige Grundaufgaben zur mathematischen Elastizitätstheorie. Leipzig 1966.

NADAI, A.

[1] Plasticity. A mechanics of the plastic state of matter. New York-London 1931 (russ. Übers.: Пластичность. Москва-Ленинград 1936).

NATANSON, I. P. (Натансон, И. П.)

[1] Конструктивная теория функций. Москва-Ленинград 1949.

[2] К теории приближенного решения уравнений. Уч. зап. Ленингр. Пед. ин-та **64** (1948), 3—8.

NITSCHE, J.

[1] L — convergence of finite element approximation. *In*: Lecture Notes in Mathematics, vol. 606, Berlin-Heidelberg-New York 1977, 261–274.

ODEN, J. T.

[1] Finite elements of nonlinear continua. New York 1972 (russ. Übers.: Конечные элементы в нелинейной механике сплошных сред. Москва 1976).

OGANESJAN, L. A., und L. A. RUCHOWEZ (Оганесян, Л. А., Руховец, Л. А.)

[1] Вариационно-разностные методы решения эллиптических уравнений. Ереван 1979.

OMODEI, B. J.

[1] Stability of the Rayleigh-Ritz-Galerkin procedure for elliptic boundary value problems. A thesis submitted to the Australian National Univ., 1975.

PERLIN, P. I. (Перлин, П. И.)

[1] Упруго-пластическое кручение стержней овального поперечного сечения. Инж. сборн. **31** (1961), 202—205.

PRÖSSDORF, S., und A. RATHSFELD

[1] A spline collocation method for singular integral equations with piecewise continuous coefficients. Int. Equ. and Oper. Th. 7 (1984), 536–560.

PRÖSSDORF, S., und G. SCHMIDT

[1] A finite element collocation method for singular integral equations. Math. Nachr. **100** (1981), 33–60.

[2] A finite element collocation method for systems of singular integral equations. Preprint P-Math-26/81. AdW d. DDR, Inst. f. Math., Berlin 1981.

PRÖSSDORF, S., und B. SILBERMANN

[1] Projektionsverfahren und die näherungsweise Lösung singulärer Gleichungen. Leipzig 1977.

[2] Über Näherungsverfahren zur Lösung singulärer Gleichungen. Tagungsber. II. Teil, 7. TMP, TH Karl-Marx-Stadt 1979, 95–114.

RABOTNOW, Ju. N. (Hrsgb.) (Работнов, Ю. Н.)

[1] Теория пластичности. Сборник статей. Москва 1948.

RITZ, W.

[1] Über eine neue Methode zur Lösung gewisser Variationsprobleme der mathematischen Physik. J. f. d. reine u. angew. Math. **135** (1908) H. 1.

RUCHOWEZ, L. A. (Руховец, Л. А.)
[1] К вопросу о построении вариационно-разностных схем для эллиптических уравнений. ЖВМиМФ **12** (1972) 3, 202—205.

DE-SAINT-VENANT, B.
[1] Sur l'établissement des équations des mouvements intérieurs opérés dans les corps ductiles au delà des limites ou l'élasticité pourrait les ramener à leur premier état. Comptes Rend. Acad. Sci. Franc. **70** (1870), 473—480.

SAMARSKI, A. A., und JE. S. NIKOLAJEW (Самарский, А. А., Николаев, Е. С.)
[1] Методы решения сеточных уравнений. Москва 1978.

SAPRUDSKI, JA. M. (Запрудский, Я. М.)
[1] Стійкисть методу Тальоркіна — Петрова у банаховому просторі. ДАН УССР, сер. А, **1972,** 4, 309—312 (ukrainisch).

SCARPINI, F.
[1] Some nonlinear complementary system algorithms and applications to unilateral boundary value problems. Ann. Math. pura ed appl. **123** (1980), 185—202.

SCARPINI, F., und M. A. VIVALDI
[1] Error estimates for the approximation of some unilateral problems. RAIRO, Anal. Numer. **11** (1977) 2, 197—208.

SCHAPOSCHNIKOWA, T. O. (Шапошникова, Т. О.)
[1] Некоторые оценки сходимости вариационных методов. Вестн. ЛГУ **1971**, 19, 64—69.
[2] Априорные оценки погрешности некоторых вариационных методов. Диссертация, ЛГУ 1973.
[3] Априорные оценки погрешности некоторых вариационных методов в соболевских пространствах. *В сборн.*: Вариационно-разностные методы в математической физике. СО АН СССР, Новосибирск 1976, 182—194.
[4] Априорные оценки погрешности вариационных методов в банаховых пространствах. ЖВМиМФ **17** (1977) 5, 1144—1152.

SMIRNOW, W. I.
[1] Lehrgang der höheren Mathematik, Teil III, 1. Berlin 1964.
[2] Lehrgang der höheren Mathematik, Teil III, 2. Berlin 1964.

SOBOLEW, S. L. (Соболев, С. Л.)
[1] The problem of propagation of plastical state. Труды Сейсм. ин-та АН СССР **49** (1935).
[2] Введение в теорию кубатурных формул. Москва 1974.

STRANG, G.
[1] Approximation in the finite element method. Numer. Math. **19** (1972), 91—98.

STRANG, G., und G. FIX
[1] A Fourier analysis of the finite element method. *In*: Proc. of the CIME Summer School, Rome 1971.
[2] An analysis of the finite element method. Englewood Cliffs 1973 (russ. Übers.: Теория метода конечных элементов. Москва 1977).

SUWOROW, S. G. (Суворов, С. Г.)
[1] К вопросу об устойчивости вычислительного процесса. Вестн. ЛГУ **1982**, 7, 115—116.

TALDYKIN, A. T. (Талдыкин, А. Т.)
[1] Системы элементов гильбертова пространства и ряды по ним. Мат. сборн. **29 (71)** (1951) 1, 79—120.

TEMPLE, G.
[1] The general theory of relaxation methods applied to linear systems. Proc. of Royal Soc., ser. A, **169** (1939), 476—500.

TJUCHTIN, W. B. (Тюхтин, В. Б.)
[1] Об оценке погрешности приближенных решений односторонних вариационных задач. Вестн. ЛГУ **1981**, 13, 65—69.
[2] О скорости сходимости приближенных методов решения односторонних вариационных задач. I. Вестн. ЛГУ **1982**, 13, 111—113.

TOPOLJANSKI, D. B., und JA. M. SAPRUDSKI (Тополянский, Д. Б., Запрудский, Я. М.)
[1] Исследование устойчивости метода Бубнова-Галеркина для некоторых операторных уравнений с переменными коэффициентами. Укр. мат. ж. **26** (1974) 5, 621—634.

TSCHERNOUSKO, F. L., und N. W. BANITSCHUK (Черноусько, Ф. Л., Баничук, Н. В.)
[1] Вариационные задачи механики и управления. Москва 1973.

TSCHISTOW, K. JE. (Чистов, К. Е.)
[1] Вариационно-сеточная аппроксимация на регулярной треугольной сетке. Изв. ВУЗ, Мат., 1981, 11, 58—63.
[2] Устойчивость вариационно-сеточного процесса на симплектических сетках. Изв. ВУЗ, Мат., 1982, 4, 61—65.

TUCKER, T. S.
[1] Stability of nonlinear computing schemes. SIAM Journ. of Numer. Anal. **6** (1969), 72—81.

VAINIKKO, G. M. (Вайникко, Г. М.)
[1] Оценки погрешности метода Галеркина для линейного дифференциального уравнения. Уч. зап. Тартусск. ун-та **129** (1962), Труды по мат. и мех. III, 394—416.
[2] Оценка погрешности метода Ритца для линейного однородного уравнения. Уч. зап. Тартйсск. ун-та **129** (1962), Труды по мат. и мех. III, 417—427.
[3] Некоторые оценки погрешности метода Бубнова-Галеркина. I. Асимптотические оценки. Уч. зап. Тартусск. ун-та, **150** (1964), Труды по мат. и мех., IV, 188 до 201.
[4] Некоторые оценки метода Бубнова-Галеркина. II. Оценка n-го приближения. Уч. зап. Тартусск. ун-та, **150** (1964), Труды по мат. и мех., IV, 202—215.
[5] Асимтотические оценки погрешности проекционных методов в проблеме собственных значений. ЖВМиМФ **4** (1964) 3, 405—425.
[6] Оценка прогрешности метода Бубнова-Галеркина в проблеме собственных значений. ЖВМиМФ **5** (1965) 4, 587—607.
[7] Необходимые и достаточные условия устойчивости метода Галеркина-Петрова. Уч. зап. Тартусск. ун-та **177** (1965), 141—147.
[8] О сходимости и устойчивости метода коллокации. Диф. ур-ия **1** (1965) 2, 244—254.
[9] О быстроте сходимости некоторых приближенных методов типа Бубнова-Галеркина в проблеме собственных значений. Изв. ВУЗ, Мат., **1966**, 2, 35—45.
[10] О сходных операторах. ДАН СССР **179** (1968) 5, 1029—1031.
[11] Funktionalanalysis der Diskretisierungsmethoden. Leipzig 1976.

VARGA, R. S.
[1] Functional analysis and approximation theory in numerical analysis. Philadelphia 1971 (russ. Übers.: Функциональный анализ и теория аппроксимации в численном анализе. Москва 1974).

WELIJEW, M. A. (Велиев, М. А.)
[1] Исследование устойчивости метода Бубнова-Галеркина для нестационарных задач. ДАН СССР **157** (1964) 1, 16—19.
[2] Об устойчивости метода Бубнова-Галеркина для нестационарных задач. *В сборн.*: Вопросы вычислительной математики и вычислительной техники. Баку 1964, вып. 3.
[3] Об устойчивости метода Бубнова-Галеркина для уравнения 1-го порядка в гильбертовом пространстве. Сиб. мат. ж. **IX** (1968) 3, 783—789.

[4] Об устойчивости метода Бубнова-Галеркина для уравнений первого порядка с переменными коэффициентами в гильбертовом пространстве. Диф. ур-ия **5** (1969) 3, 479—487.
[5] Некоторые достаточные условия устойчивости метода Бубнова-Галеркина для уравнений второго порядка в гильбертовом пространстве. Уч. зап. Азерб. ун-та, сер физ.-мат. наук, **1972**, 3, 17—24.
[6] К устойчивости метода Бубнова-Галеркина для одного класса вырождающихся параболических уравнений. Научн. труды Азерб. ун-та. Вопросы прикл. мат. и киберн. **1979**, 1, 30—34.
[7] Об устойчивости метода конечных элементов для параболических уравнений. ДАН Азерб. ССР **37** (1981) 4, 3—6.
[8] К устойчивости метода Бубнова-Галеркина для линейных уравнений в гильбертовом пространстве. ДАН Азерб. ССР **37** (1981) 5, 3—6.
[9] Устойчивость метода Бубнова-Галеркина для линейных уравнений второго порядка с переменными коэффициентами. ДАН Азерб. ССР **37** (1981) 7, 8—11.

Wilkinson, J. H.
[1] Rounding errors in algebraic processes. Notes on appl. science. Englewood Cliffs 1963.
[2] The algebraic eigenvalue problem. Oxford 1965 (russ. Übers.: Алгебраическая проблема собственных значений. Москва 1970).

Wojewodin, W. W. (Воеводин, В. В.)
[1] Ошибки округления и устойчивость в прямых методах линейной алгебры. Москва 1969.

Woźniakowski, H.
[1] Round-off error analysis of iterations for large linear systems. Numer. Math. **30** (1978), 301—314.

Wulich, B. S. (Вулих, Б. З.)
[1] Краткий курс теории функций вещественной переменной. Москва 1973.

Ženíšek, A.
[1] Interpolation polynomials on the triangle. Numer. Math. **15** (1970), 283—296.
[2] Hermite interpolation on simplexes in the finite element method. Proc. EQUADIFF-III, Brno 1972.
[3] Polynomial approximations on tetrahedrons in the finite element method. J. Appr. Th. **7** (1973) 4, 334—351.

Zlámal, M.
[1] On the finite element method. Numer. Math. **12** (1968), 394—408.

Symbolverzeichnis

$\mathbf{C}(\Gamma)$	Raum der stetigen Funktionen auf Γ
$\mathbf{C}^{(r)}(\Gamma)$	Raum der r-fach stetig differenzierbaren Funktionen auf Γ
$\mathbf{C}^{(r,\alpha)}(\Gamma)$	Raum der r-fach hölderstetig differenzierbaren Funktionen auf Γ
$\mathbf{D}^{\alpha}$	totale α-te Ableitung
$\mathbf{H}^k$, $\mathbf{H}_0^k$	Symbole für $\mathbf{W}_2^{(k)}$ und $\mathring{\mathbf{W}}_2^{(k)}$ in 8.7 (s. S. 159)
$\mathbf{L}_p(\Gamma)$	Raum der zur p-ten Potenz integrierbaren Funktionen auf Γ
$\mathbf{L}_\infty(\Gamma)$	Raum der meßbaren fast überall beschränkten Funktionen auf Γ
$o(\cdot)$, $O(\cdot)$	Landau-Symbole
$\mathbb{R}_m$	m-dimensionaler Euklidischer Raum
$\mathbf{W}_p^{(m)}(\Omega)$	Sobolew-Raum aller Funktionen $f \in \mathbf{L}_p(\Omega)$, die verallgemeinerte Ableitungen bis zur Ordnung m in $\mathbf{L}_p(\Omega)$ besitzen
$\mathring{\mathbf{W}}_p^{(m)}(\Omega)$	Sobolew-Raum aller Funktionen $f \in \mathbf{W}_p^{(m)}(\Omega)$ mit Randwerten $f\|_{\partial\Omega} = 0$
$\partial\Omega$	Rand der Menge
$\frac{\partial}{\partial x}$	partielle Ableitung nach x
$[,]$	energetisches Skalarprodukt
$\\|\cdot\\|_{(s),\Omega}$, $\\|\cdot\\|_s$	Norm in $\mathbf{W}_2^{(s)}(\Omega)$
$\\|\cdot\\|_{s,\Omega}$, $\\|\cdot\\|_s$	Norm in $\mathbf{L}_s(\Omega)$
$\\|\cdot\\|_{\mathbf{S}}$	Norm im Banach-Raum $\mathbf{S}$
$\|\cdot\|$	energetische Norm
$\\|\cdot\\|_{\mathbf{S}\to\mathbf{S}'}$	Norm eines Operators vom Banach-Raum $\mathbf{S}$ in den Banach-Raum $\mathbf{S}'$
$\\|\|\cdot\\|\|$	Halbnorm

Namenverzeichnis

Sachverzeichnis

Bei Fragen zur Produktsicherheit wenden Sie sich bitte an:
If you have any questions regarding product safety,
please contact:

Walter de Gruyter GmbH
Genthiner Straße 13
10785 Berlin
productsafety@degruyterbrill.com